Forest Restoration in Landscapes Beyond Planting Trees

森林景观恢复

——不只是种树

[瑞]史蒂芬·曼索瑞安
[法]丹尼尔·沃劳瑞　　主编
[英]尼盖尔·杜德莱

王春峰　王冬梅　史常青　吴　卿
李　叶　谢　娜　张　艳　杨秀梅　　译
王晓英　阳文兴　燕　楠　田　甜

韩　峥　王百田　王礼先　　校译

中国林业出版社

图书在版编目（C I P）数据

森林景观恢复:不只是种树 ：引进版 / (瑞典) 曼索瑞安, (法) 沃劳瑞, (英) 杜德莱 主编 ；王春峰 等译. -- 北京 ：中国林业出版社, 2011.10
书名原文: Forest Restoration in Landscapes :Beyond Planting Trees
ISBN 978-7-5038-6298-4

Ⅰ. ①森… Ⅱ. ①曼… ②沃… ③杜… ④王… Ⅲ.①森林景观－森林生态学 Ⅳ. ①S718.5

中国版本图书馆 CIP 数据核字(2011)第 172631 号

Translation from the English language edition:
Forest Restoration in Landscapes. Beyond Planting Trees
by S. Mansourian; D. Vallauri; N. Dudley (Eds.) (in cooperation with WWF International)

中国林业出版社
责任编辑：李　顺　　出版咨询：（010）83223051

出 版：中国林业出版社（100009 北京西城区德内大街刘海胡同 7 号）
印 刷：三河祥达印装厂
发 行：新华书店北京发行所
电 话：（010）83224477
版 次：2011 年 10 月第 1 版
印 次：2011 年 10 月第 1 次
开 本：787mm×960mm 1 / 16
印 张：24
字 数：540 千字
定 价：80.00 元

序 1

全球森林正处在持续退化和消失之中。虽然随着保护森林的呼声日益高涨，而且全球目前的森林退化和消失的速度比20世纪有所减缓，但仍以每年约1300万公顷左右的绝对量在消失，而森林退化现象更是比比皆是，这带给我们不仅是各种树木的消失，而且森林提供的大量产品和服务功能也随之减少或消失，残存的森林面临更大压力。

应对森林退化和丧失的重要方式就是开展森林恢复。从全球来看，各国政府以及自然资源保护者们都在试图利用各种战略和手段致力于恢复森林。然而，在过去的实践中，人们常常将森林恢复过程视为各种形式的造林和再造林（人工更新），甚至简单地理解为“刨坑栽树”，结果导致许多森林恢复努力的效果不佳。究其根源，与人们对森林恢复的认识存在局限性有着很大关系。

应该看到，随着人口、资源、环境之间矛盾的日益加深，如何利用有限的资源实现有效地恢复森林确实面临许多挑战，这就需要我们认真地去重新审视如何有效地恢复森林这个问题。众多的森林恢复实践告诉我们，单纯从提高木材生产能力的角度，仅仅关注某一个特定的造林地点是否适合某些树种生长，已不能适应我们对森林恢复的多种需求；同时，我们也会发现，对森林恢复成效的多种追求，也难以在单个立地层面完全得以实现。这就需要我们跳出技术层面，跳出特定的造林地点去从更大的尺度上思考森林恢复的途径和需要达到的功能，这就要从景观层面开展森林恢复的基本背景着手。

《森林景观恢复——不只是种树》就是一本全面介绍如何从景观层面开展森林恢复的专著。本书出自WWF这一全球性保护组织之手，侧重于阐述如何从维护生态系统完整性和保护生物多样性角度。同时本书着眼于在景观层面协调和平衡森林恢复所预期达到的各种功能，并将在单个立地层面上难以实现，甚至有时是相互矛盾的需求实现在景观层面的统一，从而更好地实现保护的目标。书中阐述的在景观尺度开展森林恢复时需要特别关注的问题是具有普遍适用价值，也充分反映了人们对森林恢复的认识由立地层次上升到景观层次，很大程度上反映了当今恢复生态学发展的最新成果。

本书认为，从景观尺度上开展森林恢复的关键点是要将森林恢复置于景观尺度上加以实施，而不应仅仅局限于单个地点上。要在景观尺度上对森林恢复进行科学规划，统筹考虑森林恢复需要达到的社会、经济和生态功能。这并非意味着必须将整个景观都植上树，而是要将林地和森林布设在最需要的地方。要做到这一点，就不仅仅需要从生态演替的角度，待恢复的地区森林的变迁过程，不同树种的适应性，保护生物多样性的需求等等技术层面看问题，而且需要全面分析特定景观中过去出现的森林退化和丧失的根源，以及未来森林恢复后，能否减少或消除导致过去森林退化和消失的原因。而很重要的一点就是要从景观层面充分考虑景观不同利益相关者对森林恢复的利益诉求，要形成激励机制，让他们真正积极地参与到森林恢复的规划决策和实践之中，从而确保森林恢复后续成效的持久性。我很高兴地看到，本书通过列举大量的案例，介绍了森林景观恢复中涉及的这些重要观点和做法，细细品味，都会给我们带来很多启发。

众所周知，中国政府历来十分重视森林恢复工作，而且已经取得世界瞩目的成绩，森林覆盖率已提升到20.36%，人工林保存面积也位于世界前列。但是也应该看到，我们在恢复森林的观念上还确实存在重数量、轻质量的短期行为，森林面积增长的速度比较快，但森林整体功能还比较差。大面积人工林的营造由于各个方面协调处理不当而引起一些争议。实际上，无论是恢复森林还是发展林业，往往并不是单纯的技术层面或者林业部门的问题。我们确实需要从更大的尺度、从社会经济发展的大背景下去考虑问题。在中央提出科学发展观，构建人与自然和谐和生态文明社会的总体要求下，从事森林恢复的管理者、实践者和教学科研单位，都确实需要更多地思考恢复后的森林究竟如何才能充分发挥多种功能的问题。

我高兴地看到本书的几位中青年译者都是从事林业管理和教学的工作者，他们敏锐地感知到当今全球森林恢复的所倡导的理念和实践，利用业余时间翻译了这本非常有价值的著作。这是一项非常有意义的工作，将使得更多从事森林恢复实践和教学的人能够进一步了解全球森林恢复正在关注的问题，以正确理解森林恢复的做法，进一步改进我们的工作。我怀着对本书的中青年译者赏识的心情，为此书作序，以期它的出版能够对推进国内森林恢复的生产实践和教学科研工作起到积极的促进作用。

沈国舫

2010年4月17日

序 2

诺贝尔委员会把去年的和平奖授予了万嘎瑞·马太（Wangari Maathai），因为她种植了3000万株树木。这是不是这个时代的一种标志呢？我们相信是这样。我们认为，虽然在20世纪通过建立全球保护区网络而使得森林保护取得了重大进展，但21世纪将是一个森林恢复的时代。万嘎瑞·马太成为第一位获此殊荣的非洲女性，这个事实本身就是一项重大成就。更值得关注的是，这项荣誉向来是和政治方面的杰出贡献联系在一起，因而备受尊崇，但这次却授予了在环境方面取得成就的人，而且这不是一般环境方面的成就，而是森林恢复，这令人十分欣慰。这不仅使我们这些在世界自然基金会（WWF）这样的全球性保护组织中工作的人认识到森林恢复在全球的重要性，而且也得到了诺贝尔委员会的认同。我还要强调的是，还不仅仅是诺贝尔委员会的成员们持有这一观点。为了提高对森林恢复重要性的认识，2003年，世界自然基金会（WWF）、世界自然保护联盟（IUCN）和英国林委会共同发起了一个旨在推进森林景观恢复的全球伙伴关系，以提高人们对森林恢复重要性的认识，还邀请了所有决策者和具有影响力的组织加入到森林恢复行动中。现在，这个伙伴关系的成员包括瑞士、芬兰、萨尔瓦多和意大利等多个国家，以及联合国粮农组织（FAO）、国际林业研究中心（CIFOR）、国际热带木材组织（ITTO）等国际组织，而且成员数量还在不断扩大。

过度破坏森林已使得我们再也不能忽视正在日益减少的各种森林资源。如果我们坐等到明天再去恢复森林，那就太晚了。如果留下的森林资源太少，那就需要更长的时间来恢复健康的森林，且难度更大、成本更高，甚至有可能来不及了。

世界自然基金会意识到恢复森林的紧迫性，因此，借助这本著作，邀请那些具有实践经验的人、研究人员和决策者们来一道为我们的森林做些实实在在的事情。正如诺贝尔委员会所指出的那样：资源日益减少导致了很多战火。如果我们什么也不做，这将很可能成为危及我们未来和后代安全的新祸根。

爱默卡·阿约库（Emeka Anyaoku）
世界自然基金会主席

前　言

对于世界自然基金会这一全球性保护组织来讲，要达到永久保护森林的目标，需要在大范围内开展工作，综合全球各种战略和政策以保护、管理和恢复森林。

在理想的情况下，森林恢复不是必需的。但是，当前大量的森林栖息地已遭受严重破坏后，对它们能否长期存在并提供各种生态服务就会存在着质疑。因此，如果我们要实现生态保护，维持那些依赖自然资源的人们的基本生计，就迫切需要考虑森林恢复。

不管是为了保护生物多样性还是维护环境平衡，仅仅依靠各种保护区和可持续经营战略来保护森林已远远不够。联合国环境规划署（UNEP）已将全球大部分陆地地表划为退化土地，这些土地存在着大范围的生态、社会和经济问题。由于全球每年毁林估计高达1600万 hm^2，森林退化和毁林就成为了全球性问题中特别重要的方面，要扭转这种破坏局面则是21世纪面临的最大且最为复杂的挑战之一。

世界自然基金会对全球200个生态区，也是全球最具生物多样性保护重要性的地区的分析证实了这些问题。例如，20%以上的森林生态区域已至少丧失了85%的森林，有时仅仅留存下1%～2%。毁林对59%的淡水生态区域是一个重要威胁。森林的退化、破碎化和毁林则威胁着许多具有超凡魅力的标志性保护物种（非洲象、亚洲象、大猩猩、犀牛、大熊猫和虎）。

毁林也不仅仅受到自然资源保护主义者关注。根据世界银行报告，在发展中国家中，大约有10亿人直接或者间接地依靠森林提供各种产品和服务为生，森林还为世界上许多最贫困的人提供了基本安全网。

世界自然基金会的使命是阻止我们星球的退化，构建一个人类和自然和谐共存的世界。数十年的过度开发已将我们带入了一个不平衡的世界：贫富之间不平衡、自然资源供给和需求之间不平衡、生物多样性需要和各种人类需要之间不平衡。世界自然基金会的森林恢复方法是，在生态区保护背景下，力求调整这些不平衡，以恢复能使生物多样性和人类都受益的健康景观。

本书汇集了70多名作者从大量实践中吸取的经验和积累的技术。通过引用全球范围内大量的例子加以解释说明，旨在用一种容易获取的方式对已取得的知识和技术进行综合，指出了需要进一步探索的领域，从而使本书具有实用性和可操作性。世界自然基金会希望鼓励野外工作者——我们自己组织中的或其他对保护和发展感兴趣的组织中的——那些在实地应对森林减少和退化的人们，应用景观尺度的森林恢复，以实现他们和我们共同的保护目标。

查理斯·海尔斯博士
世界自然基金会(国际)项目主任

编者说明

编写本书旨在帮助读者们理解怎样在景观尺度上将森林恢复与保护和发展的各个方面结合起来。A、B 和 C 篇分别介绍了在大尺度上制定和实施森林恢复计划时涉及的各种要素，包括在政治、经济和社会方面需要考虑的各种事项，它们不但会影响大规模的森林恢复，而且自身也会受到影响。D 篇则关注一些更具体的问题，包括根据不同原因对不同森林栖息地中的森林进行恢复。

虽然我们相信要成功地恢复景观，一般都要进行大尺度规划，但可能要在景观内的一个或多个点上进行实施。本书也采取了类似的做法，即在全面考虑的基础上，逐渐着眼于各个点上采取的各项行动。A、B、C 篇向我们介绍了一些基础内容，而 D 篇则向我们提供了更多适用于不同情况的特别工具和考虑问题的视角。我们建议在读完 A、B、C 篇的全部章节后再阅读 D 篇的相关章节。

最后一部分(E 篇)讨论了迄今为止，从各种实践中积累的经验教训，对将来大规模开展森林恢复相关工作提出了建议。

每章都是从介绍问题开始，通过一些简单的例子加以说明，适当地展示了一些良好和不良的做法。在简要阐述未来需要开展的工作后，还列出了一些有用的工具，最后给出了一组重要的参考文献。鉴于本书包涵的主题非常广泛，因此我们有意识地使每章保持简短，只对所述及的许多技术进行了简要介绍，对那些想更详细地了解某些特定问题的读者来说，我们还为他们提供了获取这些信息的详细途径。

参加本书撰稿的作者数量众多。虽然我们一直坚持在森林景观恢复框架下撰写本书，但在如何理解和应用森林景观恢复框架方面则不可避免地存在着一些细微差别。我们坚持基于实践经验的观点，而不是严格的蓝图。我们将非常感激读者能通过实践，对各章内容给予批评指正。

致　谢

编者首先要感谢Mark Aldrich，James Aronson，Chris Elliott和Pedro Regato最初提出编写本书的设想，以及在出版过程中提供的有力支持。同时，代表世界自然基金会国际部(WWF International)，感谢70多位作者提供的专业知识。在没有任何报酬且非常有限的时间内，他们帮助我们完成了在这个迅速发展的领域里所涉及的广泛研究。

以下人员审核了相关章节的内容，并为我们提供了许多非常有益的意见。他们是：Chris Elliott(世界自然基金会国际部)，Louise Holloway，Jack Hurd(大自然保护协会)，Val Kapos(联合国环境项目－世界保护监测中心)，John Parrotta(美国林务局)，Duncan Pollard(世界自然基金会国际部)，Fulai Sheng(保护国际)，P. J. Stephenson(世界自然基金会国际部)，以及Colin Tingle(NR Group)。

特别要感谢Tom McShane花费时间阅读整个书稿，并提出了许多意见。

Nelda Geninazzi在帮助组织各种编辑会议方面发挥了重要作用。特别值得一提的是，Katrin Schikorr还帮助编者整理了相关参考文献。

本书作者们还要特别感谢以下人员为有关章节所作的贡献：他们是Jose Maria Rey Benayas，Andre Rocha Ferretti，Karen Holl，Ramdan Lahouati，N. Lassettre，Stewart Maginnis，Hal Mooney，Guy Preston，Mohamed Raggabi，Peter Schei，Kristin Svavarsdottir。

本书作者们也要感谢以下机构对编写本书提供的支持，从而使得作者们能将各章节的编写工作付诸实施。提供支持的机构是：欧洲生活环境项目"水与森林"，法国科学研究部，法国国家森林办公室(ONF)以及水务局(Agence RMC)，欧盟委员会(EC)(生物多样性保护、破碎化景观恢复与可持续利用项目)(BIOCORES)，由国家科学基金资助的波多黎各长期生态研究项目，日本政府(CIFOR/日本支持的关于过去森林重建经验研究项目)，以及Generalitat Valenciana和Fundacion Bancaja。来自CIFOR的作者们还要特别感谢各位参与研究和提供帮助的人员，以及各国参加研讨会和案例研究的人员，他们为"回顾森林重建行动：从过去的行动中吸取经验教训"项目提供了很有价值的贡献，也为本书这一章奠定了基础。

最后，世界自然基金会要感谢拉法基公司(Lafarge)对发展森林景观恢复项目给予的支持。

本书综合了多篇文章，反映的是作者自身观点，不代表其所在机构的观点。毋庸置疑，尽管本书在成稿过程中得到了方方面面的巨大帮助，但疏漏之处在所难免，文责将由编者承担。

目　录

序 1
序 2
前言
编者说明
致谢

A 篇　森林恢复的广阔前景

第一部分　森林景观恢复概述 …… 2
　第 1 章　森林景观恢复的背景 …… 2
　第 2 章　森林景观恢复战略与术语概览 …… 7
第二部分　当前森林景观恢复面临的挑战 …… 13
　第 3 章　森林退化和丧失对生物多样性的影响 …… 13
　第 4 章　森林退化和丧失对人类福祉的影响及森林恢复与社会和政治的关系 …… 19
　第 5 章　气候变化背景下的森林景观恢复 …… 28
第三部分　现代大规模保护中的森林景观恢复 …… 35
　第 6 章　森林景观恢复对生态区保护愿景的战略贡献 …… 35
　第 7 章　为什么我们需要从景观角度考虑森林恢复? …… 45
　第 8 章　森林景观恢复重在协商 …… 53

B 篇　森林景观恢复的关键准备步骤

第四部分　规划过程概述 …… 58
　第 9 章　制定森林恢复规划框架 …… 58
第五部分　明确并应对挑战或制约因素 …… 64
　第 10 章　评估和处理森林恢复项目中的威胁 …… 64
　第 11 章　不利的政策导向 …… 69
　第 12 章　土地所有权与森林恢复 …… 74
　第 13 章　世界自然基金会(WWF)森林景观恢复经验与挑战 …… 84
第六部分　规划方法 …… 88
　第 14 章　森林景观恢复的对象和目标 …… 88
　第 15 章　森林恢复中对照景观的确定与应用 …… 95
　第 16 章　目标选定、时机把握与进度测量中的制图和建模 …… 100

第 17 章 森林景观恢复的政策干预 …… 106
第 18 章 冲突管理和谈判 …… 111
第 19 章 世界自然基金会(WWF)在大规模保护项目中对森林景观恢复进行干预的实践经验 …… 121
第七部分 监测与评价 …… 128
第 20 章 按照适应性管理周期监测森林景观恢复项目 …… 128
第 21 章 监测与评价森林景观恢复成效 …… 133
第八部分 森林景观恢复融资与促进 …… 141
第 22 章 森林景观恢复中获得长期资金支持的机会 …… 141
第 23 章 森林景观恢复和环境服务支付 …… 146
第 24 章 碳汇知识项目和森林景观恢复 …… 151
第 25 章 通过市场营销和宣传推进森林景观恢复 …… 156

C 篇 森林景观恢复的实施

第九部分 恢复生态功能 …… 162
第 26 章 改善现有原生森林景观的质量 …… 162
第 27 章 恢复土壤和生态系统过程 …… 168
第 28 章 针对目标物种积极恢复北方森林栖息地 …… 173
第 29 章 将森林景观中的枯死木恢复为重要微生境 …… 179
第 30 章 恢复保护区的价值 …… 184
第十部分 恢复社会经济价值 …… 189
第 31 章 利用非木质林产品恢复环境、社会和经济功能 …… 189
第 32 章 对薪炭林恢复的历史考查 …… 196
第 33 章 恢复水质和水量 …… 200
第 34 章 恢复景观的传统文化价值 …… 204
第十一部分 景观层面森林恢复工具的选择 …… 209
第 35 章 在立地层面恢复林木覆盖的技术方法综述 …… 209
第 36 章 刺激天然更新 …… 218
第 37 章 自然演替的管理与引导 …… 224
第 38 章 人工林树种的选择 …… 229
第 39 章 森林防火道 …… 236
第 40 章 将农林复合系统作为森林景观恢复的工具 …… 241

D 篇 解决森林恢复的具体问题

第十二部分 不同森林类型的恢复 …… 248
第 41 章 热带干旱区森林恢复 …… 248

第 42 章 热带湿润区阔叶林恢复 …… 254
第 43 章 热带山地森林恢复 …… 260
第 44 章 洪泛平原森林恢复 …… 265
第 45 章 地中海地区森林恢复 …… 272
第 46 章 温带森林恢复 …… 279

第十三部分 干扰后的森林景观恢复 …… 287
第 47 章 火灾后的森林景观恢复 …… 287
第 48 章 风暴之后的森林恢复 …… 295
第 49 章 森林恢复中的入侵物种风险管理 …… 302
第 50 章 侵蚀控制的首要步骤 …… 307
第 51 章 废弃地的森林恢复 …… 313
第 52 章 过伐热带林恢复 …… 318
第 53 章 露天矿区复垦 …… 326
第十四部分 森林景观恢复中的人工林 …… 333
第 54 章 人工商品林在森林景观恢复中的作用 …… 333
第 55 章 恢复人工同龄林中生物多样性 …… 338
第 56 章 工业原料林建设中的最佳实践 …… 346

E 篇 经验教训和展望

第 57 章 世界自然基金会在生态区尺度上开展森林恢复的经验教训 …… 354
第 58 章 热带退化林地可持续重建的三要素：地方参与、生计需求、制度安排 …… 358
第 59 章 展望：携手并进，推进森林景观恢复 …… 367
附件 …… 376

A 篇

森林恢复的广阔前景

第一部分　森林景观恢复概述

第 1 章　森林景观恢复的背景

尼盖尔·杜德莱(Nigel Dudley)、史蒂芬尼·曼索瑞安(Stephanie Mansourian)
和丹尼尔·沃罗瑞(Daniel Vallauri)

本章要点

森林景观恢复是在生态区保护基础上，有计划地促进已发生了毁林或退化的景观重新获得生态完整性，提高其造福人类的功能的过程。景观恢复方法通过恢复景观中各种森林的功能，有助于在满足人类和生物多样性等多种需求中获得一种平衡，并为获得某种结果而需要进行取舍。

1.1　背景

从史前开始，人类就一直在积极地利用各种森林。已知的最古老文字就记述，在公元17世纪前，刻在亚叙国12根楔形牌匾上的吉尔伽美什(Gilgmesh)史诗中，就引述了森林丧失带来的各种问题。在维吉尔(Virgil)的草原诗中也强调要培育好树木。公元30世纪前的田园诗中还记述了罗马帝国推进各种乡村价值。世界上关于森林经营最古老的记载是在日本，持续了2000年，记载了那些为生产建造庙宇所用木材而进行森林经营的活动。几个世纪前，人们就认识到需要大规模恢复森林。如在16世纪，也就是伊丽莎白一世女王时期，英国政论作家约翰·艾维莉就撰写过一本小册子，旨在号召开展大规模植树活动。在近代，全世界许多林业部门已努力开展了多项更新造林活动，主要在欧洲、美洲东北部、澳大利亚、新西兰，并进一步扩展到许多热带地区。在过去20年中，通过数以百计的各种援助和保护项目，建立了各种树木苗圃，开展了一些植树项目，以实现提供诸如薪柴等产品，以及恢复生态功能和保护生物多样性的目的。随着国际生态恢复学会(SERI)在全球传播各种知识，关于生态恢复的科学知识已被概念化了，并应用到了不同类型的生态系统中，其中就包括各种森林景观。既然已经出版了很多好的著作，那为什么我们还要另外出版一本关于森林恢复的著作呢?

森林退化和丧失是全球性问题，诸多理由使得恢复森林正变得日益迫切。在 20 世纪 90 年代中，估计每年净丧失的森林达到了 940 万 hm^2，这还不包括退化。如包括退化，则普遍认为这一面积会更大。热带地区是现在各种形式的森林丧失最为集中、最为严重的地区，当然并不仅仅局限于那里。如果并不强调质量的话，在曾经出现过严重毁林的许多温带国家中，森林正在逐渐恢复。由于各种森林都具有提供木材和重要的非木质林产品以及诸如固定土壤、稳定气候等多种环境服务功能，全球各类森林面积的减少就会大大增加社会和经济成本，并对依赖森林的生物多样性构成严重威胁。森林退化和丧失已经导致了多种物种的灭绝，也对水文系统和数以百万计人的生计造成了损害，而那些依靠各种森林为生的人中很多是全球最贫困的人群。为了确保各种森林功能得以维护，仅对许多地方残存的各种森林采取保护和管理措施是不够的，恢复森林已成为各种经营管理战略中的第三个核心组成部分。

遗憾的是，现在的很多森林恢复项目都部分或全部以失败告终，这是因为这些项目所选择的树木未能成活，或者是由以前导致森林丧失的同样原因而致使恢复的森林迅速被毁。在热带地区工作的人经常会看到，标注着这些项目捐资方的牌子还立在那里，牌子上面的油漆正在剥落，而苗圃也已经被遗弃了，这已是不足为怪的事情了。甚至是在那些栽植的树木已经成活并生长成熟时，这些项目也未必受到欢迎。这一点可从对西欧许多地方利用外来单一无性系针叶树种造林引起的广泛争议，以及在热带地区建立人工林种植园引起的持续不断的激烈争论中得到证明。

在森林保护的生态和社会目标中，也常常存在着二者不能兼顾的情况。要么是森林恢复只考虑了社会或经济需求，而没有考虑对生态的深远影响，要么是森林恢复只有一个狭隘的保护目标，而没有考虑人们的多种需求。

随之而来，就会发现许多问题。到目前为止，大多数森林恢复都是在一些立地上开展的，希望提供一项或有限的林产品和服务功能。这些项目常常鼓励有时甚至是强行种树，并未考虑当初这里的树木为什么丧失了，也没有力图关注一下导致森林丧失的各种直接或潜在的原因。这些项目特别注重植树，而植树往往是一种最为昂贵的大面积恢复森林覆盖率的方式，巨额投资甚至使得政府、捐资者和非政府部门望而却步。由于森林恢复需要很长时间，必须要制定长远计划。遗憾的是，追求短期政治利益常常取代了对长期利益的优先考虑，许多做法就被简化了。

以上对森林恢复情况的介绍并非要低估在认识森林恢复的生态和社会功能方面已采取的许多重大步骤，这些步骤有许多已在本书中做了总结。事后批评是容易做到。同时我们也注意到成功的森林恢复项目确实带来了各种效益。尽管如此，包括我们在内的很多人都认为应对当前森林恢复面临的挑战，需要一些新的思路，最重要的恐怕还是要将大规模森林恢复及由其产生的各种影响联系起来。

1.1.1　采取一种更为广泛的方式

越来越多从事保护事业的政府和非政府机构已经认识到，为了使得保护措施产生持久影响力，需要采取一些有别于过去的做法，就是要在一个较大尺度范围内开展工作。为了制定保护计划，虽然用了很多有用的方法来定义生态单元，但生态区(ecoregion)的概念正在逐渐被全球保护组织所接受，其中就包括世界自然基金会(WWF)。生态区被界定为大面积土地或者水体，其中包含着地理上有明显区别的自然群落，这些群落的环境条件相似，物种及其生态的动态过程相同，并且在生态上相互作用的方式对于其长期持续性至关重要。基于各种生态区制定大规模规划是适宜的，通常包括对一些小的景观优先区进行识别。从保护角度看，这些小的景观优先区特别重要，它们本身就是由很多具有不同经营制度的地点或栖息地组成(见“森林景观恢复对生态区保护愿景的战略贡献”一章)。

正如这里所采用(图1-1)的那样，景观一般要比生态区小，它是在制定规划过程中，从生态区中识别出来的有代表性的重要保护区域。但关键是，景观比单一地点要大，几乎能够涵盖多种不同经营管理方法。

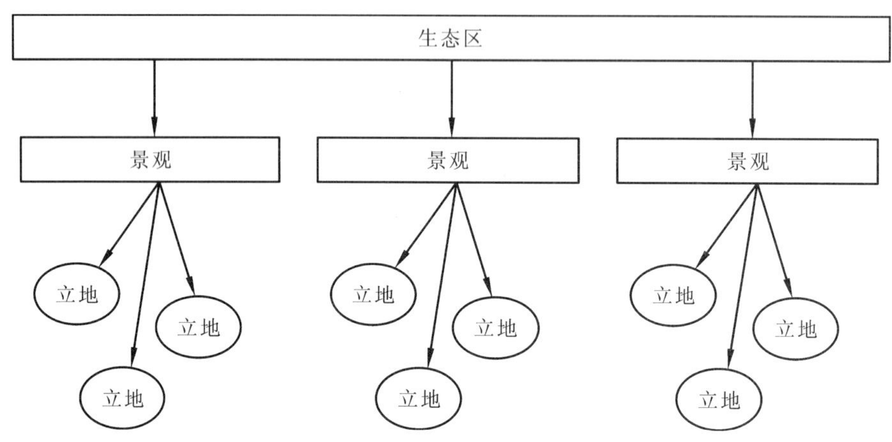

图1-1 生态区与景观及立地之间关系图

因本书出自一个保护组织，所以对生态和生物多样性问题则有所偏好。然而，各种森林都具有多种经济和社会功能，森林恢复需要同时关注多种需求。而仅在一个立地上，要做到满足多种需求是不可能的。比如，在一个适合特定或敏感物种生存的环境中，很难做到同时满足大规模工业用材和薪材采伐。将森林恢复的重点转移到景观层面上的一个重要原因还在于，我们期望在景观层面上，可以提供足够大的面积来对森林恢复活动进行规划，协商达成各种方案，权衡景观这样一个镶嵌体系应承担的各种功能，使得其中的森林恢复活动能够满足多种需求。因此，森林景观恢复的各种目标不仅仅是保护，而且还涵盖着发展。我们还邀请了许多专家，在本书中同时提供了社会工具和方法。我们相信，要在大尺度范围内成功地恢复森林，就要依赖于正确地整合社会和环境的各种需求，这些应是森林恢复过程中的基本组成部分，而不是额外的备选方案。

2000年，世界自然基金会(WWF)和世界自然保护联盟(IUCN)共同召集了一批来自不同组织、不同地区和不同学科的专家给森林景观恢复下了一个定义：森林景观恢复是一个在发生了毁林或退化的景观上，有计划地重新实现生态完整性并促进人类福祉的过程。这个定义受到了认可，其核心方法和理念也贯穿于本书。加拿大公园管理部门(Parks Canada)将生态完整性进一步描述为生态系统发展的状态，这种状态具有特定的地理特征，完整地包括了当地原生物种和支持这些物种的过程，这些物种和过程的数量展示其具有一定活力。人类福祉包括多种因素，如金钱、健康、和平、稳定、公平治理，这些因素都会使得人类生活变得舒适。

1.1.2　森林景观恢复的特定要求

如果能使一小片森林的复杂性得到恢复，这本身就是一项成就。然而，在一个较大尺度范围上——即景观层面上，为满足多种不同需求而去恢复一大片森林就意味着更大挑战。在较大尺度的空间范围内，多种影响、压力、利益相关者和栖息地并存，它们都在以某种方式增加恢复的难度。然而，景观层面也提供了足够空间来对森林恢复进行规划并加以实施，以满足多种需求。

因此，各种优先保护对象必须要和可持续发展的其他方面保持平衡。各种特殊用途和优先保护对象可能就得被集中到部分森林景观中，并且这是和多个利益相关者协商同意和利弊权衡后的结果。但为了获得上述结果，所面临的任务一般都很复杂，这是不能通过在立地上开展恢复的方法来解决的。这是因为以立地为基础的方法只注重个别森林类型所产生的有限效益。要使得在恢复的森林生态系统中，在所需要的各种产品和服务间取得一种平衡，就要在一个较大尺度范围内来进行构思、规划和实施。

在森林景观恢复过程中，要确定哪里需要森林，哪里不需要森林。这种恢复的目标并不意味着一定要在整个景观层面上恢复森林，实际上在空间变得越来越狭小的世界里，在土地利用方式存在多种竞争性选择的情况下，要做到恢复整个景观层面上的森林往往也是不可能的，这就要从经济、社会需求角度，识别哪些地方更需要森林，并进一步搞清在一个特定地点、什么类型的森林可能最有用。虽然从保护角度看，保持高度自然性往往非常重要，但从经济、社会需求角度看则可能不是这样。即使是在那些专门用于保护的自然景观中，有时也需要有文化景观，因为这些文化景观已经存在相当长时间了，以至于留存下来的生物多样性已经适应了这些条件，或者不能为完整发挥功能的生态系统提供足够的空间(如考虑到在长时间内，森林会发生各种变化和再生)。

为满足各种社会需求，在经营的森林中可能会有多种不同的优先保护对象。有时，这些优先保护对象会与各种保护要求相重叠。例如，有些为生产木质林产品而经营的森林就具有极丰富的生物多样性，但有些情况下就不是这样。在景观中寻求一种平衡比试图保证让每一小片森林都发挥其可能发挥的作用显得更为重要。因此，在大多数情况下，开展大规模森林恢复就要关注多种甚至是竞争性的需求，而满足这些需求本身就要求有多种不同类型的森林(可能包括各种天然林和人工林)。有时这些要求还相当特殊，如当地社区需要特殊的非木质林产品或者需要维持某个流域的水质。要根据自然特点，实现土地多种功能的组合，就需要在一个更大尺度范围上而不是在单个小片森林中进行规划和实施。

1.2　结论

对从事与森林相关工作的人员来讲，传统森林恢复就意味着为满足一些功能(生产木材或纸浆，保护土壤)而种植不同树木。对许多保护者来讲，森林恢复要么是在退化林地上恢复原生森林，要么就是种植连接保护区的森林廊道。对于大多数对社会发展感兴趣的人来讲，森林恢复的重点应该是种植各种树木，用以生产薪柴、水果或者作为防护林，或作为牲口的围栏。可悲的是，很多森林恢复项目根本没有花费精力去了解当地人真正想要什么。如果真是这样去做了的话，你就会发现，当地人有许多不同想法和需求，这些需求常常甚至是相互排斥的。为了尽可能地恢复森林的多种功能，在协调人与自然的需求以及在大尺度范围内开展森林恢复规划方面，还有待进行更多的学习、宣传、推广。这要求具备开展跨学科工作的能力，涉及到农业、适宜于森林的各种创造收入的活动、水资源问题以及各种特定的社会需求。更为重要的也许是寻找如何能有效地将最受影响的人组织起来进行讨论的方式，而不是因为职责所在或者是出于出资机构的期望。这样做不但很重要，而且也是维护自然和人类福祉所必须的。

通过生态区保护，世界自然基金会(WWF)已经认识到，虽然在大尺度范围内开展工作既复杂又耗资费时，但和各种规模小且常常互不关联的项目相比，从景观层面上恢复森林是以更持续的方式应对保护，对森林恢复本身来讲确实是一种挑战。

参考文献

Carrere, R., and Lohmann, L. 1996. Pulping the South: Industrial Plantations and the World Paper Economy. Zed Books and the World Rainforest Movement, London and Montevideo.

Eckholm, E. 1979. Planting for the Future: Forestry for Human Needs. Worldwatch Paper number 26. Worldwatch Institute, Washington, DC.

FAO. 2001. Global Forest Resource Assessment 2000: Main Report. FAO Forestry Paper 140. Food and Agriculture Organisation of the United Nations, Rome.

Perlin, J. 1991. A Forest Journey: The Role of Wood in the Development of Civilisation. Harvard University Press, Cambridge, MA, and London.

Perrow, M. R., and Davy, A. J. 2002. Handbook or Ecological Restoration, vol. 1 and 2. Cambridge University Press, Cambridge, UK.

Society for Ecological Restoration International. Science and Policy Working Group. 2002. The SER Primer on Ecological Restoration, www. ser. org.

Tompkins, S. 1989. Forestry in Crisis: The Battle for the Hills. Christopher Helm, London.

Whisenant, S. G. 1999. Repairing Damaged Wildlands—a Process-Oriented, Landscape-Scale Approach. Cambridge University Press.

WWF and IUCN. 2000. Minutes, Restoration workshop, Segovia, Spain (unpublished).

第2章　森林景观恢复战略与术语概览

史蒂芬尼·曼索瑞安(Stephanie Mansourian)

由于不加区分地使用，导致恢复这个术语出现了混乱，甚至在实际从事这项工作的人当中也不能就此术语的含义形成一致意见。

斯坦特夫和马德森(Stanturf & Madsen)，2002年

本章要点

为了推进不同战略，在研究森林恢复时出现了很多术语，这可能是导致混淆的根源。

伴随着对生态区进行良好的保护和管理，世界自然基金会(WWF)正在实施森林景观恢复(FLR)，并将其作为对大范围、生物学上具有重要性的地区(如生态区)整体进行保护的内容。

森林景观恢复是一种恢复森林的方式，旨在恢复一系列生态功能，并在人类的各种需求和生物多样性保护之间寻求一种平衡，是在谈判基础上而获得的一种平衡。

虽然在大尺度范围内开展森林景观恢复要比在单个立地上开展森林恢复面临更大挑战，但在大尺度范围内开展森林景观恢复可能更为有效和持续，这一点现在已得到了广泛认同。

森林景观恢复旨在形成一种景观，在景观中包括了各种有价值的森林，而不是将整个景观都恢复成森林。

2.1　背景

当森林退化或丧失时，我们所失去的远不只是森林中的各种树木。森林提供着大量的产品和服务功能，包括物种栖息地、土著人的家园、休闲娱乐场所、食物、各种药材，以及多种环境服务功能，如固定土壤等。当森林面积减少时，对余下的森林的压力就增加了。

为扭转森林退化或丧失的趋势，虽然人们已采取了各种措施，但收效甚微。这是因为在很多情况下，森林恢复就意味着进行大规模造林和再造林(主要使用外来速生树种)，而这种做法只能取得非常有限的保护效果。为了支持木材工业或创造就业，许多政府一直在采取这种做法，这和那些为缓解洪涝和其他各种灾害而采取的简单化措施的效果是一样的。另外，虽然有些政府一直在设法重建各种原生森林，但在数千年的人为干扰后，当地

立地条件和景观已经改变了，重建各种原生森林几乎不可能。

用不同术语来描述不同方法会导致一些混乱或误解。本书中我们试图囊括大多数目前应用的英文术语，这些术语出自于国际生态恢复协会(SERI)。虽然这个协会在对不同术语和概念进行分类和定义方面做了很好的工作，但必须注意到，当把这些术语翻译成其他语言时，则显然具有一定的复杂性。

2.2 案例

以下我们将介绍一些术语，这些术语的定义已列在国际生态恢复协会新近编写的关于生态恢复的知识读本中。

2.2.1 生态恢复

生态恢复被定义为帮助已退化、遭受破坏的生态系统进行恢复的过程。这是一个启动和加快生态系统恢复，有意识地使之保持健康、完整和可持续性的过程。

例一：为了重建一片当地的原生森林，2000 年，苏格兰的一家叫做“边界森林信托”的非政府组织，和多家合作伙伴一起在苏格兰南部高地卡里佛兰购买了一片 600hm^2 的土地，用以恢复当地的原生森林，而这个地方几乎完全裸露。通过深埋在泥炭中的花粉化石，使得人们有可能对以前生长在这个地方的各种物种的特性进行鉴别。在此基础上进行了森林恢复规划，目标是重建过去生长在这里的多个树种的混交林。数千种当地树种的种子从附近残存的原生森林中收集起来。自项目开始以来，在卡里佛兰共计造林 103.13hm^2 (165008/株)，而在这个项目点的上半部，则通过自然更新方式恢复森林。

2.2.2 重建

重建所强调的是对生态系统过程、生产力和各种服务功能进行修复。从树种组成和群落结构角度看，其目标还包括恢复先前存在的生物完整性。

例二：位于肯尼亚蒙巴萨的巴姆布瑞有一处面积为 1200hm^2 的水泥采石场，那里曾是森林。为了在这个业已废弃的采石场上重建森林，从 1971 年开始就开展了各种试验，在已遭受严重破坏的土壤上，只有木麻黄、*Conocarpus lancifolius* 和椰子 3 个树种能够在如此困难的立地上生长。木麻黄是一种可固氮、耐旱、耐盐的树种，它实际上可在几乎没有土壤的立地上生长；*Conocarpus* 是一种耐旱、耐盐、耐水淹的湿生树种。由于蛋白质含量高，木麻黄的枯枝落叶开始分解得很慢，营养循环过程因此受阻，后来通过引入当地一种以干树叶为食的红腿百足虫后，分解过程就开始了，问题也就得到了解决。这个地方现在生长着 200 多种沿海森林物种，有一条著名的天然小径。自 1984 年开放以来，每年吸引着约 10 万游客。

2.2.3 复垦

在北美地区和英国，复垦这个术语通常针对矿区而言。复垦的主要目标是稳定地形、确保公共安全、提高审美效果。从当地来看，这样做就是要将矿区土地变为有用的土地。

例三：在亚马逊中部帕拉省的楚莫伯塔斯(Trombetas in Para)有一座大型露天铝土矿，所处的地区属于赤道常绿雨林区，相对而言未受干扰。那里实施了一个复垦项目，以尽可能地恢复原生森林。在过去的15年里，每年大约复垦100hm^{2}矿区土地。首先，平整采矿点的土地，在上面覆盖15cm表土，这些表土是该地采矿前揭除并堆存的(不到6个月)。然后，开挖90cm宽的深沟(行距1m)，再利用直播、截干或者容器苗，沿着交替的深沟，按照2m间距种植各种树木(每公顷2500株)。在该项目实施过程中，大约对160种当地树种进行了适应性试验，源自当地天然林的常用树种达70多种。13年后，大多数地点的树木和灌木种类都比刚开始种植时要多，这是因为表土中储藏着种子，或者有些种子是来自周边森林。在项目区靠近原生森林的地方，新树种密度较大，这一点也不足为奇，因为大多数新树种的种子小，在鸟、蝙蝠和陆生哺乳动物的帮助下，很快得以传播，最远达到与原生森林相距640m的地方。

2.2.4　造林/再造林

造林和再造林是指在以前没有树木生长的地方通过人工方式进行植树。此外，在《联合国气候变化框架公约》和《京都议定书》的背景下，造林和再造林有一致认可的特定含义。造林是指通过直接人为措施，如栽植、播种和(或)人工促进天然下种方式，将至少过去50年没有森林的土地转变为森林。

例四：在20世纪中叶，苏格兰政府林业部门已在长期遭受毁林的大面积土地上进行了造林，最初种植的树木被作为一种战略资源。和前面介绍的“边界森林信托”项目相比，这些造林活动并未试图重建原生森林，而是采用了单一的外来树种，主要是源自阿拉斯加的北美云杉或欧洲大陆的挪威云杉，栽植密度一般都很大，以至于林下实际上没有下层植被生长。

在《联合国气候变化框架公约》下，再造林被定义为：通过直接人为措施，如栽植、播种和(或)人工促进天然下种的方式，将曾经为有林地而后来是无林的土地再次转变为森林。

例五：早在20世纪70年代，为了向造纸厂提供原料，马达加斯加就规划建立大规模人工林基地。到1990年，大约造林80000hm^2，97%是松类。由于当地人感到这个项目并不能为他们带来更多利益，就组织起来反对这个项目，结果给社会和政治造成了严重的紧张局面。

2.2.5　世界自然基金会如何定义森林恢复

2005年，世界自然基金会(WWF)和世界自然保护联盟(IUCN)就一直在提出这些问题：森林恢复意味着什么？在我们实施的各种生态区项目中，如何能够成功而持久地恢复森林？这两个组织都认为需要恰当地定义森林恢复的相关术语。特别是这两个组织多年来一直从事大规模保护工作，它们认为对森林恢复知识和各种方法的认识还存在着差距。值得关注的是，森林恢复与景观中的各种人工林基地、农林复合系统、次生林、生物廊道，甚至单一树木究竟有着怎样的关系？

2000年7月，世界自然基金会(WWF)和世界自然保护联盟(IUCN)邀请了许多从事地区性保护的工作人员、林务官、经济学家和其他相关专业人士，来帮助他们共同推进森林恢复，并将森林景观恢复定义为：在毁林或退化的景观中，通过规划以重新获得生态完整性和促进人类福祉的过程。

森林景观恢复的关键要素如下：

(1)在景观范围内而不是在单个立地上实施。也就是说，针对森林恢复进行的规划是在景观背景下，考虑社会、经济和生态要素的基础上进行的，但并不意味着一定要把整个景观都种上树，而要从战略角度，将林地和森林布设在那些需要的地方，以实现一致认同的一系列功能(如为一些特殊物种提供栖息地、固定土壤，为当地社区提供建筑材料)。

(2)兼顾社会、经济和生态方面。让景观中的利益相关者有最大的可能性积极地参与到森林恢复中。

(3)关注森林丧失和退化的根源。有时候只要排除那些导致森林丧失的原因(如不利的激励和放牧)就能够实现森林恢复。这也就意味着如果不能消除导致森林丧失和退化的根源，则恢复森林的任何做法将很可能白费。

(4)选择一揽子的解决方案。不存在可以适用于所有情况的单一恢复森林技术。在每种情况下，都需要包括多种要素，但如何去做则需要根据当地条件来决定。一揽子的解决方案中可能包括各种实用技术，如农林复合系统、改进的栽植方式，在景观范围内进行天然更新，还包括政策分析、培训和研究。

(5)为了制定一种能够被广泛接受且具有持续性的解决方案，在规划和决策过程中会涉及多个利益相关方。在决定什么是森林景观恢复的长期目标时，为了取得一致，或者至少是形成一种可被各方面接受的妥协方案，理想的决策过程应该包括景观中不同利益相关群体的代表。

(6)识别和商讨可权衡利弊的方案。这和上面一点相关，在不能取得一致意见时，不同利益相关群体需要协商，并就次优方案达成一致，这个次优方案对某个利益相关群体来讲可能是次优的，但对整个群体来讲，是可以被各方接受的。

(7)不仅仅强调森林的数量，而且强调森林的质量。在考虑森林恢复时，决策者们往往想到的主要是植树面积。然而，提高现有森林的质量常常能够以较低的成本获得较大的效益。

(8)旨在恢复森林的一系列产品、服务功能和过程，而不仅仅是森林本身的面积。虽然树木本身是重要的，但不能仅仅局限于树木本身，还应包括所有和健康森林相关的要素，如营养循环、固定土壤、药材和食源植物、栖居森林中的各种动物等。在规划过程中，对所有潜在利益加以考虑，就会使得我们更为关注森林恢复的技术、立地和树种的选择问题。通过提供多种而不仅是一两种价值，不同利益相关者在讨论利弊得失时会更具灵活性。

森林景观恢复超越了增加森林面积本身，其目标在于建立一种包括各种价值的森林，如一部分可提供木材；一部分可与提供生计的粮食作物混交以提高产量并保护土壤；一部分可改善生物多样性栖息地和增加生计产品的供应。世界自然基金会认为，在景观范围内促进对人类和生物多样性的总体利益是可能的。

2.3 工具简介

在大多数从事森林保护和林业工作的机构中，虽然可以找到广义森林恢复的定义和解释，但实际中却很少能够实现。这是由于森林恢复很复杂，大范围的森林恢复需要来自从实践到政策层面的相互呼应，许多从事实际工作的人不知如何下手。

下面介绍一些可利用的实用指南：

(1)生态恢复协会(SERI)已经开发了许多用以指导森林恢复的指南(参见“生态恢复项目开发和管理指南”，2000 年，见 *www.ser.org* 网站)。

(2)国际热带木材组织(ITTO)针对退化和次生热带林的恢复、经营和重建制定了一些指南。

(3)国际林联(IUFRO)正在执行一个特别项目，项目名称是森林培育术语(SilveVoc)。这个项目目的是纠正林业技术术语的用法，在 *www.iufro.org/science/special/silvavoc/* 网站上可以找到。

(4)大自然保护协会(TNC)已经针对在什么时候、什么地方进行森林恢复制定了一些指南(见《地理的新希望：何时何地考虑生态区恢复规划》，*www.conservationonline.org* 网站)。

(5)2003 年，世界自然基金会(WWF)和世界自然保护联盟(IUCN)出版了一本书，由戴维·拉姆勃和冬·格尼莫尔撰写，书名是《退化森林的恢复和重建》。该书包括了针对具体地点进行森林恢复的技术(本书有一篇文章对《退化森林的恢复和重建》进行了总结)，也强调了一些存在的差距。

(6)剑桥大学出版社出版了一部两卷本的《生态恢复手册》，书中包括了有关森林恢复方面的大量资料。

还应该注意，美国农业部及其许多州政府林业部门也制定了许多和植树相关的指南。但由于这些指南可能只适用于一些特定情况(处理与一种或另外一个特定物种相关的各种问题)，对于在生态区范围内或在具有复杂生物结构的大尺度范围内进行森林恢复则具有局限性。

在本书其他章节中，还对现有的适用于森林恢复特定方面的一些工具进行了总结。

2.4 未来需求

考虑到森林恢复相关术语产生的背景以及广泛的兴趣，各种概念和定义正在被大张旗鼓地加以宣传，为此，需要关注以下几点：

(1)要更为全面而严格地应用一系列广为接受的定义(诸如那些由生态恢复协会(SERI)提供的定义)；

(2)将更多精力和资源放在“做事”上，而不是放在“下定义”上；

(3)为了对这些已被接受的概念和好的经验加以宣传，需要进一步开展各种交流和研讨以加以分享；

（4）和其他相关领域的专家群体，如发展工作者、林务官员、从事推广工作的官员等共同分享在森林恢复领域中被接受的一些概念。

参考文献

Baer, S. 1996. Rehabilitation of Disused Limestone Quarries Through Reafforestation (Baobab Farm, Mombasa, Kenya). World Bank/Unep Africa Forestry Policy Forum, Nairobi, August 29 – 30, 1996.

Faralala. 2003. Rapport de Reconnaissance dans Cinq Paysages Forestiers. WWF, Madagascar.

ITTO Policy Series No. 13. 2002. Guidelines on the Restoration, Management and Rehabilitation of Degraded and Secondary Tropical Forest. Yokohama, Japan.

Lamb, D., and Gilmour, D. 2003. Rehabilitation and Restoration of Degraded Forests. IUCN, Gland, Switzerland and Cambridge, UK, and WWF, Gland, Switzerland.

Ormerod, S. J. 2003. Restoration in applied ecology: editor's introduction. Journal of Applied Ecology 40: 44 – 50.

Perrow, M., and Davy A., eds. 2002. Handbook of Ecological Restoration. Cambridge University Press, Cambridge, England.

Society for Ecological Restoration International. Science and Policy Working Group. 2002. The SER Primer on Ecological Restoration, www. ser. org/.

Stanturf, J. A., and Madsen, R 2002. Restoration concepts for temperate and boreal forests of North America and Western Europe. Plant Biosystems 136(2): 143 – 158.

The Nature Conservancy (TNC). 2002. Geography of Hope Update: When and Where to Consider Restoration in Ecoregional Planning. www. conserveonline. org.

United Nations Framework Conference on Climate Change (UNFCCC) Subsidiary Body for Scientific and Technological Advice. 2003. Land Use, Land-Use Change and Forestry: Definitions and Modalities for Including Afforestation and Reforestation Activities Under Article 12 of the Kyoto Protocol. Eighteenth session, Bonn, June 4 – 13, 2003.

第二部分　当前森林景观恢复面临的挑战

第3章　森林退化和丧失对生物多样性的影响

尼盖尔·杜德莱(Nigel Dudley)

本章要点

对现有森林状况进行评估是开展森林恢复的前提。

对生态状况进行评估时，应该考虑生物多样性、自然程度和生态完整性等普遍问题。

已有许多工具支持国家、景观和立地层面的评估，包括评估国家层面的未开发森林、景观层面的森林质量的工具以及许多针对立地的评估工具，如高价值森林评估工具。

3.1　背景

3.1.1　需求评估和森林丧失的可能影响

对森林状况进行评估是规划和实施各种森林恢复项目的前提。恢复是一个过程，对森林来说，总体上就是要重建生态系统，使之达到早期或者我们更希望的状态或阶段。恢复森林的需求已成为广泛共识。例如，在保护区工作计划中，生物多样性公约就建议各国政府应适当地恢复各种栖息地和退化的生态系统，以对建立各种生态网络、生态走廊、缓冲区做出贡献。因为时间和资源有限，森林恢复必须具有战略性，要将重点放在恢复那些对生物多样性或社会最具重要性的森林，并且要考虑4项保护生物学的目标：即代表性、维护进化(生态过程)、保护物种和大的栖息区域。为了对那些通过恢复可带来最大效益的特定地点进行筛选，需要在合理的范围内进行细致分析。从保护角度来看，这就意味着对森林丧失产生的各种影响进行评估，包括分析生物多样性、真实性和生态完整性。

对生物多样性的各种影响　森林完全丧失后，对生物多样性的影响最为明显。这是因为生活在森林中的大多数物种不能在非森林的生境中生活。然而，测量小生境丧失和破碎化产生的各种影响比较困难。经营管理常常使各种森林趋于单纯化，减少了生物多样性和树木年龄的差异。如果比较老的或枯死的树木消失了，许多与这些树木有着联系的物种也就消失了，而先锋树种或草类物种则可能会增加。监测生物多样性的成本很高，而且我们对许多生态系统并未完全了解。在过去的一些年里，特定物种的临界指标或阈值(critical thresholds)这一概念也越来越受到关注，就是说，如果低于这个临界指标，种群数量就会逐步下降，最终可能会灭绝。因此，只要知道了这些临界指标，就能在制定各种森林恢复战略规划以及对森林恢复产生的影响进行监测时发挥重要作用。

对自然性或真实性的各种影响 在生态系统范围内，对森林总体自然性的影响进行测量比调查生物多样性要容易一些，而且还可以部分地作为生物多样性调查的一种替代方式。一般来讲，森林的自然性越高，其中可能存留的原生要素物种就越多。从世界范围来看，森林的真实性正在迅速下降。在大多数西欧国家中，只有不到1%的森林被联合国划定为未受干扰的森林。在非洲、太平洋和亚马孙地区，至少经受过一次采伐的森林的比例也正在不断增加。

生态完整性 这个概念涵盖了上述问题的许多方面。加拿大公园管理部门将其定义为决定自然区域特征和持续性的一种状态，包括各种非生物组成部分和原生物种及生物种群组成、丰度、变化率和支持的过程。

对森林恢复的各种选择进行评估也应该考虑已经发生的森林丧失和退化的原因是什么。许多恢复项目以失败告终，就是因为没有重视引起森林退化的多种压力，而恢复后的森林正经受着和原生森林同样的命运。如果人口和经济压力显示存在着薪柴不足问题，那么所种植的树木就会在其成熟或达到可利用的大小前，早早地被砍伐烧掉了。另一方面，了解到这些压力的特征后，就可以和当地社区共同制定森林恢复规划，这种让各方共同受益的工作方式，会大大增加森林恢复获得成功的机会。对森林恢复的各种选择进行评估需要关注以下3个方面：

(1)森林丧失和退化对生物多样性、自然性和生态完整性的各种影响；

(2)导致变化的各种关键因素；

(3)在采取了森林恢复措施后，生物多样性、自然性和生态完整性发生的各种变化。

虽然对前两个方面进行评估可以通过单一调查来解决，但要对各种变化趋势进行评估就需要建立一个监测体系。

3.2 案例

3.2.1 新卡里道尼尔(New Caledonia)

在新卡里道尼尔，各种森林总体丧失的情况对生物多样性和生态完整性构成了严重威胁。这个岛上现在仅残存了2%的干旱森林，这些已经是支离破碎的干旱森林总共不足300hm^2，对现存的生物多样性构成了极大威胁。根据世界自然保护联盟(IUCN)物种生存委员会的评估结果，有117种干旱森林物种受到威胁，有几种可能已经灭绝。例如：1988年在利普瑞德岛(Lepredour)上发现了海桐(*Pittosporum tanianum*)，在一个区域里，这个树种遭受了外界引入的兔子和鹿的严重破坏，1994年曾宣布了这个树种已经灭绝，但2002

年又发现了这个树种。这种破坏程度说明，为了保护和扩大这种可能已处于极低数量的物种，就急需恢复森林面积，并谨慎地设计一系列干预措施。

3.2.2 西欧

尽管采取了扩大森林资源的措施，经营管理和人类干扰引起的各种变化已将大多数欧洲国家接近自然的森林降到不足其原有数量的1%。从整个欧洲来看，差不多只有900万hm^2森林被确认是未经人类干扰的森林，这些森林大部分分布在俄罗斯联邦和斯堪的纳维亚。瑞典统计该国16%的森林为天然林，芬兰的天然林占5%，挪威天然林占2%。大多数欧洲国家，天然林所占比例常常处在0~1%。例如，瑞士统计结果是0.6%。即使在芬兰、瑞典这样森林资源丰富的国家里，许多生活在森林中的物种也正受到威胁，因为这些森林只能提供栖息地和生态系统预期功能的一部分。在这些国家里，恢复森林的面积所面临的挑战比恢复自然生态过程和小栖息地要小(森林面积有时也是重要的)。这就需要建立特定的监测指标，这方面工作现在已经开始了，例如欧洲森林保护部长级会议方式。

3.2.3 巴西大西洋地区森林

在巴西大西洋地区森林中，森林丧失和破碎化正在威胁着当地物种。虽然国际上的注意力常常关注亚马逊森林的各种威胁，但是巴西大西洋地区的森林丧失情况更为严重。这里的森林已经减少到了仅为原来数量的7%。由于残存的森林支离破碎，在基因层面上，种群相互隔离，由此对生物多样性的威胁正在增加。巴西大西洋地区森林中生存着许多本地物种，大约包括19种灵长类动物和92%的两栖类动物，尤其是金狮绢毛猴，其栖息地范围不足原来的2%。由于在保护方面做了许多努力，它们的种群已经从20年前不足200只上升到现在大约1000只。然而，其种群数量仍然被认为是低于保持长期活力的要求，并且其亚种群被隔离在支离破碎的残存森林中。因此，森林恢复工作要特别注意将那些具有高度生物学重要性的破碎森林重现连接起来。

3.2.4 乌干达

在乌干达，森林连通性的丧失正在分离山地大猩猩种群，甚至在森林覆盖率比较高的地区也是如此。世界上残存的山地大猩猩栖息在乌干达、卢旺达和民主刚果边界山区的那些相互隔离的雨林中。世界上有一半已知种群，即350个个体山地大猩猩分布在卢旺达布温迪稠密的森林保护区(Bwindi Impenetrable Forest Reserve)。另外一个大的种群是在维龙加火山地区(Virunga volcanoes area)。有些则分布在吗嘎英嘎国家公园(Mgahinga National Park)中。从基因角度看，这些种群都不够大，不能够在很长时间内保持安全，但在这两个保护区中，这些种群具备自然繁衍能力。从其长期生存的角度看，将分布在这两个保护区中的种群联系起来是很重要的，但两个保护区间的土地都已被转化为农地，采取任何一项恢复森林措施都需要进行长时间规划和协商(此信息来自布温迪保护区公园的工作人员)。

认识到什么已经丧失了，什么正面临着丧失的危险，应成为那些将保护生物多样性作为多个目标之一的森林恢复活动的基础。还要进一步理解，为维护生物多样性，需要什么类型和质量的森林。比如，对大型哺乳动物和各种鸟类来讲，连通性是关键问题的话，人工管理的次生林，甚至种植园或者遮荫生长的咖啡可能都是适宜的。如果对森林生物多样性的威胁是一般性的，那么森林恢复工作就可能应该将目标定位在使恢复的森林尽可能趋向自然。

3.3 工具简介

开展生物多样性详查不但成本很高，而且还要有很高的专业技能。各种生物多样性详查方法已经变得越来越复杂。由于时间和资金有限，许多简化方法也得到了开发。

3.3.1 国家层面的调查

开展国家层面的调查能够帮助搞清问题的范围和残存的有价值森林栖息地所在地点。通常，这应作为开展森林恢复的起点。联合国欧洲经济委员会和粮农组织曾要求各国报告其未受人为干扰的森林的比例，这里所说的未受人为干扰的森林是指那些残存下来、且至少在过去 200 年中没有受过各种经营措施干扰的森林。在此基础上就创建了一个虽然相当粗略但却有效的、针对温带国家的全球数据库。但针对热带地区还没有试图去做类似的事情，还没有针对森林恢复的进展建立一种非常有用的衡量方式。一些国家如奥地利、法国和英国也分别对古代遗留下来的森林进行了详查。

3.3.2 高保护价值森林(HCVF)

这是世界自然基金会(WWF)用以识别那些在景观中具有最高保护价值和社会价值的森林的方法，他们提出了 6 种不同类型的高保护价值森林：(1)集中分布在国家、区域或全球层面具有重要生物多样性保护价值的林区(如地方特有动植物种类分布区、各种濒危物种的残遗保护区)；(2)包括各种国家、区域或全球层面重大景观森林的林区，即使这些森林中的物种并不全是自然形成的，但大多数有活力的种群呈现着多种自然分布状态和丰度；(3)那些处在或者其中就分布着多种珍稀、受到威胁或濒危的生态系统的林区；(4)在各种关键情况下提供基本自然生态服务功能的林区；(5)对于满足当地社区的多种基本需求具有重要性的林区；(6)对当地社区传统文化特征具有重要性的林区。虽然高保护价值森林开始提出时，旨在针对各个立地层面上开展各种评估，但现在正在发展成为针对景观层面的方法。

3.3.3 森林质量评估

世界自然基金会(WWF)和世界自然保护联盟(IUCN)已经开发了一种针对森林质量进行景观评价的方法，这种方法是通过各种指标来描绘多种生态和社会价值，包括识别自然性或真实性的各种要素，主要包括组成、类型、生态功能、过程、适应性和面积(也参见第 26 章“恢复现有各种当地森林景观的质量”)。这种评估包括 7 个步骤：对各种目标进行识别、确定需要开展评估的景观、选择一套评估工具(各种相关指标)、收集针对每个指标的信息、进行评估、报告结果、纳入管理之中。信息收集可通过初步研究、阅读文献和实地访谈来获得。评估是一个参与式的过程，其范围和深度则可根据具体情况和目标而改变。

3.3.4　未开发森林分析法

未开发森林分析法是世界资源研究所和全球森林观察所采用的方法。这种方法将各种未开发的森林定义为未受大量人类活动干扰而导致破碎化(各种定居点、道路、皆伐、铺设管道、输电线、采矿等)的森林。在这样的森林里，相当长的时期内都没有可觉察到的人为影响，而且在足够长的时期内，确保通过自然生态过程(包括火灾、风和病虫害)形成这种森林。这种森林的规模也应足够大，能够适应边缘效应，并能在多数自然干扰事件发生后存活下来。这种森林只含自然下种的当地植物种类，支持那些和生态系统相关的多数原生物种种群。这种方法主要应用于国家层面。

3.3.5　立地调查方法

现有调查方法各种各样，包括一些专门为保护工作者进行快速调查而开发的方法，如由大自然保护协会建立的生态快速评估法。现在，越来越多的调查从依赖外来专家扩展到通过访谈或者和当地社区合作的方式进行，这些当地社区常常对重要动植物种群状况相当了解，这些信息源通常被看成是传统生态知识。

3.4　未来需求

尽管在各种调查方法中还涉及许多专门技能，但是，对生物多样性还需要更多了解，或者更重要的是，对生态完整性进行监测要有准确的方法，这就使得我们能够随着时间的推移而对森林恢复的各种结果适当地加以评价，并为森林恢复设立多种现实目标。总的来说，在很多生态系统中，仍然需要多种方法来监测森林恢复对生物多样性和生态系统产生的各种影响。

参考文献

Bryant, D., Nielsen, D., and Tangley, L. 1997. The Last Frontier Forests: Ecosystems and Economies on the Edge. World Resources Institute, Washington, DC.

Dudley, N., Schlaepfer, R., Jackson, W., and Jeanrenaud, J. E In press. A Manual on Forest Quality.

ECE and FAO. 2000. Forest Resources of Europe, CIS, North America, Australia, Japan and New Zealand. U. N. Regional Economic Commissions for Europe and the Food and Agriculture Organisation, Geneva and Rome.

Jennings, S., Nussbaum, R., Judd, N., et al. 2003. The High Conservation Value Toolkit, Proforest, Oxford (three-part document).

Ministerial Conference on the Protection of Forests in Europe. 2002. Improved Pan-European Indicators for Sustainable Forest Management: as adopted by the MCPFE expert level meeting, October 7-8, 2002, Vienna, Austria.

Parks Canada. Undated. http://www.pc.gc.ca/progs/np-pn/eco_ integ/index_ e.asp.

Sayre, R., et al. 2002. Nature in Focus: Rapid Ecological Assessment. The Nature Conservancy and the Island Press, Covelo and Washington, DC.

Smith, W., et al. 2000. Canada's Forests at a Crossroads: An Assessment in the Year 2000. Global Forest Watch, World Resources Institute, Washington, DC. See also the Global Forest Watch Web site: http://www.globalforestwatch.org.

Vallauri, D., and Géraux, H. 2004. Recréer des forêts tropicales sèches en Nouvelle Calédonie. WWF France, Paris.

第4章　森林退化和丧失对人类福祉的影响及森林恢复与社会和政治的关系

玛丽·霍布莉(Mary Hobley)

森林是穷人的外衣(威斯托比 Westoby，1989)。

从世界范围来看，森林从两个方面对减少贫困起着重要作用。首先，森林发挥着重要的安全网作用，能够帮助农村人口避免贫困，或者帮助那些处于贫困中的人缓解其贫困状况；其次，森林在促进农村人口脱贫方面的能力实际上还有待开发。[森德林等(Sunderlin et al)，2004]。

本章要点

穷人依赖森林，并将森林作为安全网，以避免或缓解他们面临的贫困，有时，他们还将森林作为一种重要的脱贫方式。

当我们试图要理解森林恢复对社会的可能影响时，重要的是应该认识到贫困程度不同，贫困者依赖森林的方式也不同。

目前已经有许多工具，可以帮助我们认识森林恢复带来的各种潜在利益。但在应用这些工具时，我们需要谨慎对待存在的问题，以免忽视了社会上的那些最贫困群体。

4.1　背景

各种森林、森林产品及其服务在直接或间接地为数百万人提供着生计来源，向他们提供了很大一部分的物质、经济和精神生活的需求。世界银行估计，全世界12亿最贫困人口中，90%左右以不同方式依靠着各种森林。林区常常也是贫困率较高的地方，而森林则成为贫困人口的生计依靠。林区常常地处边远农村地区，那里基础设施很差，从市场中获取利益和其他基础服务的能力都很有限。在这些地区，选择生计方式的余地相当有限，对当地社区来讲，它们所面临的挑战并不仅仅是在景观中恢复森林，而是如何改善其社会和政治状况，以增强这些社区保障生计的能力。

本章要考虑森林退化和丧失对人类福祉的各种影响。在大多数层面上，首先会提出一个简单问题：森林退化和丧失会对谁产生影响？这一点很重要，因为森林退化和丧失以不同方式对人们产生影响。为了探求这个问题，我们需要对人类福祉这个概念进行解析，然后，再看看各种森林和人们之间是以何种方式相互联系。本章主要还是关注那些受森林覆盖率和质量变化不利影响最大的群体——穷人，特别是那些生活在林区的穷人。要提出的第二个问题是，导致毁林和森林退化的原因是什么，回答了这个问题实际上也就为毁林和森林退化对谁产生影响提供了答案。我们还要在这个过程中列出主要术语和概念，以便对此加以理解。这些术语和概念就是毁林、森林退化、人类福祉、生计、人民和影响。

导致森林退化和丧失的驱动力复杂多样。从林地转化为其他用途的极端毁林情况，到由于多种形式的过度利用导致的难以察觉的森林退化，在有的情况下，毁林是缓慢发生的，而在有些情况下，毁林发生得很迅速，这就要看导致森林发生变化的外部压力情况。是谁在促使森林发生这样的变化，谁又从这种变化中获益，这些都有助于我们认定毁林产生的各种影响。但做到这些实际上也并不简单，因为它们之间并没有简单的因果联系。森林丧失可能给一些人带来了损失，而对另外一些人来讲，则又可能是获益的。如毁林后就允许各种形式的农地利用方式，许多木材公司也会从木材采伐中获益，但一般情况下，当地人从中获益甚少，森林所在当地的社会和环境会因为毁林而付出高昂代价。

按照瓦翁德(Wunder)和联合国粮农组织的定义，毁林(或者称为森林丧失)是指大幅度清除森林植被，使得森林植被的覆盖率低于10%的情况。毁林将给当地人带来灾难性后果。在外来机构对森林实施大规模皆伐的情况下，森林资源遭受破坏后就不能向当地人提供任何替代生计。而在其他情况下，毁林可能是一个旨在改变土地利用方式的有计划的前期行动。如将林地变为农业用地后，从对生计影响的结果看，这可能是提供了一种比森林更为安全的替代生计。

森林退化是指森林结构、生产力和原生物种多样性的丧失。退化地点可能仍会保留着一些树木或者森林，但是却失去了这些森林以前所具有的生态完整性。森林退化是一种降低森林质量的过程，在实际中，这常常是多个事件链中的一部分，这些相互关联的事件最终会导致毁林。

影响：所谓影响，它关注的是某种干扰给各种受益人的生活带来的长期和可持续的改变，它要么和干扰的特定对象相关联，要么和那些干扰引起的未曾预料的变化相联系。这些未曾预料的变化也可能会出现在那些非受益群体的生活当中。影响既可能是积极的，也可能是消极的。对于后者我们也一样要加以重视。

福祉这个概念是用来描述众多个体如何体验世界的各种要素，及如何和世界产生互动的各种能力。福祉包括获取实物、收入或消费的能力，教育和健康的水平，承受风险情况及其脆弱性，个人意见被听到的机会和行使权力的能力，特别是与保障生计安全相关联的各种决策。因为这个概念考虑了个人生活经历各方面变化的影响，当这个概念和生计联系起来使用时，就是一个非常强有力的概念。

生计是一个有用的概念，它的定义是：人们创造和维持他们的生活手段、提高他们及其后代福祉的能力。但这些能力要取决于能否从政治、经济和生态角度做出各种选择，这些选择能否付诸实施，以及对平等、资源权属和参与式决策的预期。

在一个连续过程中，个人对福祉的体验会有差异。对一些人来讲是不幸的事情，而对另一些人来讲则是福祉。福祉不会一成不变，在人的生命周期中，它会发生变化。那些被划为极端贫困的人群常常经受着不幸，特别表现为面临着很大脆弱性和很高风险。而那些被划为正在得到改善的贫困人群一般会体验较高的福祉水平。为了理解森林退化和丧失可能产生的不同影响，重要的就是能够对人们的各种脆弱性加以区分。

当我们在观察获取各种林产品能力的变化所产生的影响时，要考虑的一个重要问题就是农户脆弱性和面临的风险。农户和农户中的不同个体对脆弱性程度和面临风险有不同体验，这是很清楚的。这一点在对森林质量发生变化所产生的各种影响进行评价时显得尤为重要，因为它在农户之间和农户内部产生了不同的影响。

森林主要通过两种方式对人们的生计及减少其脆弱性产生影响。作为一种安全网，森林可以帮助农村人避免贫困；并且能够帮助穷人缓解贫困；还可以进一步借助其潜力使一些人摆脱贫困。为了理解森林丧失或恢复可能带来的影响，有必要从脆弱性和与森林及其产品的关系的角度来对人群进行定义（见表 4-1 森林退化和毁林对不同群体影响的例子）：很少有或没有能力在社会上流动的极端贫困人群、几乎没有能力在社会上流动来应对贫困的人群、有一些能力在社会上流动以改善贫困状况的人群。这样分类有助于强调理解农户和个人社会情况的重要性。在某个社会背景下，如果不考虑贫困程度对人群相对脆弱性和机会带来的各种差别，各种旨在恢复森林的努力，很多情况下就很容易忽视那些极端贫困的人，在最坏的情况下，还会加重他们的贫困状况。

在这样的背景下，人们和森林之间的各种不同关系同样很重要，它们可被划分为：狩猎者和采集者、轮耕者、将森林收益投入农业的社区和依靠销售林产品维持生计的人群。对于这四类和森林相关的人来讲，他们对贫困的体验不一样。例如，我们不能说所有轮耕者都是极端贫困人群，或者说所有进行农业生产的社区所面临的贫困状况都在改善中。我们很难就森林变化对个人生计的影响一概而论。在同一个社区里，人们对森林和荒地的依赖性也是不同的。一般来讲，极端贫困人群对源自自然栖息地中的各种资源的依赖程度最高，而贫困状况正在逐步好转的人群对森林的依赖程度则较低。那些生计和森林资源联系最紧密的群体，如狩猎、采集以及轮耕者群体则最容易受到资源变化的影响，也最不可能改变其获取生计的方式。

应该注意到，这样分类决不意味着这些类别不会发生变化。随着国家和当地环境发生各种变化，分类也会发生变化。例如，日益增加的市场渗透对各种选择产生着深远影响，或者迫使人们改变他们赖以生存的基础。这里关键要认识到人和森林之间的关系具有多样性，因此森林及其相关景观的变化，给那些生活在森林及其周边的人们的生计带来了多种影响。

4.1.1　和森林的各种关系

从简单地考虑社区转而到关注单一农户和福祉是很重要的。许多人都设想各个社区都有共同利益，或者如果存在着冲突，通过和不同利益群体一道可以解决这种冲突，但情况并非总是如此。这一点在考虑森林覆盖率及其质量变化影响，以及不同农户如何感受这些变化时尤为重要。对某些对森林最具依赖性的人们来说，森林变化对其影响可能是毁灭性的。而另外一些人，由于他们具有比较广泛的生计选择，仅仅是部分地依赖森林，森林面积和质量发生各种变化时，对其影响则相对较小。在此情形下，社区中的单个农户对森林恢复的反应也各不相同。因此，具有广泛基础，且经过仔细安排的参与式过程的重要性则不能低估，这个过程和社会流动性联系起来，包括构建不同社会群体的能力，使他们在这个过程中能够充分发表自己的观点。

农村中的最贫困人群会极度地依靠森林，但对另一些不那么贫困的人来讲，森林对他们的作用是间接的，常常更多是作为一种预防贫困的手段，它提供着重要的季节性的安全网，而后面这种作用常常是暂时性的，因为贫困人群可创造其他资产来摆脱贫困。森林本身作为脱贫手段的情况并不多见。但是，特别是当这些影响和诸如放牧、农业这样的土地利用方式产生的影响联系在一起时，森林生产的各种产品和服务功能确实对人们的生计产生着深远影响。

表 4-1　毁林和森林退化的例子

<table>
<tr><th>过程</th><th>产品</th><th>处于极度贫困状况下的穷人</th><th>处于能够应付贫困状况的穷人</th><th>处于逐步改善状况下的穷人</th></tr>
<tr><td>毁林</td><td>森林转化为农业</td><td>失去了从森林资源中获取利益的机会。
由于没有权力去获得土地，将不能获得农地，可能成为别人的劳动力，大大地被边缘化了。</td><td>失去了从森林资源安全网中获利的机会和能力
可能成为别人转化林地用途时的劳动力。</td><td>丧失从森林资源安全网中获利的机会和能力，在森林采伐下，可能获得土地，能够获得影响地方决策的机会。</td></tr>
<tr><td rowspan="3">森林退化</td><td>各种食物：食物多样化、适口性，满足季节性的食物短缺，小吃，在洪灾、饥荒和战争等期间的应急食物。
各种燃料：薪柴和木炭，不仅对农村，对城市能源的重要性也在增加。
各种药材：对于那些远离医疗服务体系的边远农村地区来讲，大量传统的植物药材是很重要的。
木材</td><td>当减少了获得各种食物、燃料和药材的机会时，他们的生计就变得更不安全、更脆弱。尤其在森林覆盖高的地区，这一群体对森林资源高度依赖，最易受到机会减少或森林质量下降的影响。这些产品几乎不需要资本投入，对于极度贫困的人群来讲，他们更愿获得这些产品。
减少对木材的利用机会对这个群体的影响不大，因为他们几乎没有什么权力来从对高价值森林的控制中获益；从木材中获取的各种利益大多数被来自城市的精英们获得了。</td><td>各种林产品对于处于能够应付贫困状况的穷人来讲，其重要性体现在两个方面：(1)作为一种安全网；(2)作为一种为家庭获取收入的途径；对妇女来讲，这些林产品常常是她们获取收益的惟一途径，因此，虽然这方面的收入在家庭收入中所占比例很小，但对女性来讲却是十分重要的。
虽然这个群体具有较好的各种社会网络和福利水平，他们可能会有更多的机会为采伐木材的合同人提供劳力，但是，就像处在极度贫困下的群体一样，这个群体不可能从木材采伐收益中直接获取利益。</td><td>由于具有更多的资产和多种机会，这个群体具有多种生计途径，对森林状况的改变不很敏感，能够从替代林产品中获益。虽然如此，这个群体还是需要森林提供的安全网功能，否则，这个群体中的家庭会更脆弱，难以适应突如其来的变化。
具有较大的承受风险的能力，能够对低成本技术(如电锯)，进行投资。能够从木材采伐中获得有限的利益。具有较好的社会网络，有较大的可能性成为木材采伐者。</td></tr>
<tr><td rowspan="2">各种环境服务</td><td colspan="3">对所有利益群体来讲，森林的各种环境服务功能对于维护水资源供给、增加土壤肥力、提高农业生产力、维护当地良好的生态系统都很重要。
森林环境服务功能的退化会被那些没有别的生计选择的群体明显地感受到。</td></tr>
<tr><td></td><td></td><td>这个群体具有多种生计途径和较好的风险承受能力，这就意味着对各种森林环境服务功能发生的微小变化具有更强的适应性。</td></tr>
<tr><td colspan="5">根据 Brocklesby(2004)和 Hobley(2004)的工作编写的，并根据脆弱性和表达意见的能力，对贫困程度加以区分。</td></tr>
</table>

农村生活的普遍特征是具有风险和不确定性。风险源自于干旱和洪涝等自然灾害，还有商品价格波动、疾病和死亡、社会关系变化、政局不稳和军事冲突。有些风险事件，如干旱或者洪涝会同时对一个社区或地区的众多农户产生影响。其他风险事件，如疾病，就是针对特定农户而言，但也会因特定农户的总体承受力及其在生计方面采取的策略不同，对其产生不同影响。而森林发生灾难性的丧失，如火灾或者皆伐，则会影响整个社区，但影响强度则未必均衡。

并不只是森林的完全丧失会对人类福祉产生不利影响，例如，现存森林中特定的非木质林产品的丧失，对于那些依靠出售和利用这些产品的农户来讲，同样是灾难性的。市场条件发生变化，特别是认识到非木质林产品在国际和国内市场上的价值后，可能会使那些极度贫困人群更加不利，因为精英群体会掌控这些有价值的自然资源，并主导着从市场中获益的渠道。

4.1.2　森林恢复的不同社会影响的内涵

4.1.2.1　对森林恢复中的各种问题加以指导

当我们在考虑各种形式的景观恢复时，必须考虑森林可能从两个主要方面对生计产生影响：一是避免或减缓贫困，那就是森林资源会起到一种安全网的功能，或者作为一种弥补短缺的方式，包括提供零用钱；二是消除贫困，就是通过发挥储蓄、投资、积累资产和永久性增加收入和财富的功能，森林资源能够帮助农户摆脱贫困。

为了改善森林变化对目标群体福祉的影响，在对森林恢复进行规划时，针对所要恢复的自然性和范围，一系列问题能够指导我们做出各种回应。这些问题是否有用，在一定程度上取决于如何提出这些问题。应用参与式过程很重要，它会使人们能够影响到土地利用决策，并控制这些决策产生的结果。在参与式过程中，不仅是让善于表达的人群和比较富裕的群体有一定机会来发表意见，更要让极端贫困人群的声音被大家听到：

(1)利用各种林产品的频率或者时间是什么，以及多少家庭劳动力从事林产品利用活动?

(2)各种林产品在农户生计中起到什么作用?作为农户投入的一部分，在满足农户生计的各种目标中，其重要性是什么?

(3)降低从森林中获益机会有什么影响?森林是否作为其使用者的一种关键性的经济和生态缓冲方式?是否有一些替代方式?比如在森林之外的各种树木，需要投入的非森林或树木资源，或者收入?

(4)各种林产品将来可能有什么重要性?各种森林资源利用者是否面临着增加或减少林产品需求的情况?或者林产品生产和贸易是否潜存着扩大或减少的情况?

4.2　案例

森林退化和丧失对许多人的生计和福祉无疑会产生重要影响，包括那些具有生计保障的人和极端贫困人群。因此，理解森林变化的不同影响及其对生计和生计选择的潜在影响特别重要。

巴绒(Byron)和阿农德(Arnold)提供了一种有用的分类方式，能够帮助我们理解和指导实际中应该如何去做。很清楚，并没有适用于所有情况的通用解决方案，支持森林景观恢复的任何做法都必须建立在认真评估的基础上，这种评估应涵盖着人们与其所利用和经营的森林之间的各种关系，以及对他们当前生计产生的制约和变化的愿望和潜力。一般有五种情况。

(1)森林继续是生计体系的核心。满足当地人或者主要利益相关方的多种需求可能是森林恢复和经营的主要目标，应反映到管理制度和各种权属安排之中(也参见第12章“土地所有权与森林恢复”)。

(2)林产品起着重要的补充性和安全网作用。要确保使用森林的人具有从森林资源中获益的能力，从森林中获得林产品。但在林区中，森林资源使用者常常不是唯一的。因此，对森林进行管理和控制可能最好还是基于不同利益相关群体之间对资源进行分享的制度安排。要成功地恢复森林就需要在承认不同利益相关群体对森林的用益权的同时加以规划。在世界各地的许多案例中，包括印度的联合森林管理和加纳的合作经营，国家和地方森林利用者们共同对森林经营做决策，共同分配林产品带来的各种利益，这就为经营森林的双方提供了利益激励机制。然而，在很多情况下，国家仍然不愿意让这些协议涵盖高价值森林，保留着它们对获益能力的控制，却限制了当地人从森林及其产品中获益的能力。尼泊尔山区实施的社区林业是一种将森林经营和利益转移到当地社区的成功案例。然而，即使在那里，尼泊尔政府也不愿将社区拥有的经营权扩展到高价值森林中。

(3)林产品起着重要作用，但通过非森林渠道来提供则更为有效。为适应农林复合系统的需要，应对一定比例的森林进行管理，管制和权属需要与个体而不是集体形式的管理保持一致，尽管集中管理可能是这种转变所需要的。类似例子很多，如在中美洲实施的PASOLAC项目，就一直在和多个社区共同工作，这些社区所处的环境严重退化，且不能确保减少他们免受极端自然事件的影响。为了对维护和管理自然资源及其服务提供资金和实物形式的补偿，这个项目支持农民自己来识别和提出培训需求，同时，还将农户、林产品和当地市场结合起来。这种方法将人力和社会资本与当地适应性资源管理技术以及创新资金机制结合起来，既是一种重要的结合方式，更是一种新的进展，而不再是一般性的技术层面支持。

(4)在探索增加参与者从林业生产活动中获利的各种机会时，他们需要得到帮助。在小农户进入市场并从市场中获益的过程中，需要破除其中存在的许多制约，提高其获取贷款、技能、市场服务的能力。墨西哥的PROCYMAF项目为此提供了一个好的例子。这个项目注重强化生产者组织和克服价值链中的差距，并将这一内容和提供商业服务捆绑在一起，这些商业服务就是发展生产者组织中的领导，提高成员们的各种技能。世界各地的各个项目正把重点放在更好地收获和销售各种非木质林产品方面，提高对价值链的了解，并帮助生产者在一个消息更通畅和稳定的环境中提高进入市场的技能。

(5)在撤出没有出路的林产品生产经营活动时，参与者需要得到帮助。在这方面的一个重要案例是为了市场销售而进行的薪柴采集活动，这常常是由妇女承担。但妇女们认为，她们宁愿从事一些其他较容易的工作，这些工作在体力上不会像薪柴采集那样劳累，而且工资也不会很低。从事薪柴采集和销售常常是不得已而为之，并不能摆脱贫困制约。

4.3　工具简介

基线评估　为了理解人们生计和福祉及其承受的风险和脆弱性，在生计分析主题下，汇集了许多分析工具，包括调查方法和参与式评估方法。这些方法将在本书的其他章节中加以讨论。包括 *www. livelihoods. org* 在内的一些网站上，可以找到这些工具及应用这些工具的指南。在基线评估的基础上，就有可能和当地人共同寻找不同方法，以支持当地人和森林及林产品之间的各种关系。当明显存在风险和脆弱性时，基线可作为评估项目实施和后期生计干预导致的变化程度的基础。

促进参与的各种工具　正如已讨论那样，表达意见是一种改变关系和权力的基本要素。提高穷人影响决策和政策的能力是森林恢复工作的重要组成部分。参与式工具和社会动员方法都可用来提高人们的各种能力，但常常是在穷人生计变得更有保障时，意见表达才最强烈。

以社区为基础的成本效益分析　对很多社区来讲，改变它们的森林和林地用途则要更多地依赖于对个体和集体的成本效益分析。如果和别的土地利用方式相比，森林能够带来较大利益，社区就很可能会经营管理森林。不论采取何种方式进行森林景观恢复，这种分析都是其中的重要部分，除非这些成本和效益已经得到了理解，并被作为要素在森林恢复过程中得到了考虑，否则，如果维护森林的成本明显超过了预计的收益，森林恢复将会失败。这时生态服务补偿体系就成为分析的重要部分，而重要的是，要改变对当地的激励方式和对待森林的态度。此外，关注从市场中获益的能力也很重要，如果从市场中获益的能力很差、林产品价值低，就会成为重要障碍，就不能对当地人形成有效激励。

提高从绿色市场中获益的能力　改变人们生计和森林资源之间关系的另一个要素就是要提供多种机制和资金，使得当地人能够从诸如流域管理、生物多样性保护等生态服务市场中获益。森林认证也能够用来帮助森林管理者从较高价值的市场中获益。虽然对于小的社区群体来讲，认证成本很高，还需要做更多工作，以提供一些有助于促进社区经营的天然林木材进入绿色市场并从中获益的标准，但是拉丁美洲基于社区的森林认证已经取得了许多成功经验。

保障所有权和经营权　所有权清晰或者至少具有长期经营权，对于任何森林恢复工作来讲都是重要的。现在存在着多种社区模式，这些社区拥有森林并采取了明显的激励措施，促进了对森林的良好经营。所有权常常是具有高度竞争性的，它要求政府做细致的工作，以构建一种能够使得不同形式的所有权进行流转的环境。这也要求有重要证据来证明改变所有权的安排确实从根本上带来了环境和社会效益。

4.4　未来需要

在各种形式的森林恢复过程中，特别是在那些因关注保护而得到推进的各种森林恢复项目中，需要在项目规划和实施中融合一些关键信息：一是要认识到森林、产品和服务对于不同人群的重要性是不同的，森林范围和质量的变化所产生的影响也是不同的；二是要认识到森林在防止贫困和减少贫困中的作用；三是在决策过程中，需要人们的参与，使得人们有能力在一种制度和政治环境中清晰地表达他们的意愿，并能够得到回应；四是要认识到需要对构建生计提供支持，以减少人们所面临的各种风险，消除各种脆弱性；五是要认识到单靠森林并不一定能使得人们摆脱贫困，但是能够为处在贫困中的人们提供保障；六是应支持在提供服务方面实行权力下放，那样能够具有社会回应性，并适应于具体的经济和生态条件；七是还需要认真考虑森林恢复的各种影响。就像森林退化的影响不会被所有的生计群体同等地感受到一样，森林恢复也是如此。对某些群体来讲，恢复森林覆盖率可能还有潜在的负面影响。森林恢复的受益者并不是那些生活在森林附近的当地人，而是处在下游的享用森林服务功能的人。因此，需要认真考虑森林恢复中的各种成本和效益的分配问题。

参考文献

Arnold, M. 2001. 25 Years of Community Forestry. FAO, Rome.

Blankenberg, E 1995. Methods of Impact Assessment Research Programme, Resource Pack and Discussion. Oxfam UK/I and Novib, the Hague.

Brocklesby, M. A. 2004. Planning against risk: tools for analysing vulnerability in remote rural areas. Chars Organisational Learning Paper 2, DFID, London, www. livelihoods. org.

Byron, N. , and Arnold, M. 1997. What futures for the people of the tropical forests? CIFOR working paper No 19. CIFOR, Bogor, www. cifor. cgiar. org.

de Satgé, R. 2002. Learning about livelihoods: insights from Southern Africa. Periperi Publications, South Africa and Oxfam Publishing, Oxford.

Hobley, M. 2004. The Voice-responsiveness framework: creating political space for the extreme poor. Chars Organisational Learning Paper 3, DFID, London, www. livelihoods. org.

IISD, SEI, IUCN, and Intercooperation. 2003. Livelihoods and climate change: increasing the resilience of tropical hillside communities through forest landscape restoration. Information Paper 2 IUCN and SDC, www. iucn. org/themes/ceesp/ index. html.

Lamb, D. , and Gilmour, D. 2003. Rehabilitation and Restoration of Degraded Forests. IUCN and WWE Gland Switzerland and Cambridge, UK.

Molnar, A. , Scherr, S. J. , and Khare, A. 2004. Who conserves the world's forests? Community-driven strategies to protect forests and respect rights. Forest Trends, and Ecoagriculture Partners, Washington, DC, www. forest-trends. org.

Ribot, J. C. 2002. Democratic Decentralisation of Natural Resources: Institutionalising Popular Participation. World Resources Institute, Washington, DC.

Scherr, S. J. , White, A. , and Kaimowitz, D. 2003. Making markets work for forest communities. International Forestry Review 5(1): 67 - 73.

Sunderlin, W. D. , Angelsen, A. , and Wunder, S. 2004. Forests and poverty alleviation. CIFOR, Bogor, www. cifor. cgiar. org.

Westoby, J. 1989. Introduction to World Forestry. Basil Blackwell, Oxford.

World Bank. 2001. World Development Report 2000 - 2001. World Bank, Washington.

Wunder, S. 2001. Poverty alleviation and tropical forests what scope for synergies? World Development 29

(11)：1817 - 1833.

补充阅读

Forestry Research Programme (FRP). 2004. Community forestry gets the credit. Forestry Research Programme Research Summary 006, FRE Kent.

第 5 章　气候变化背景下的森林景观恢复

珍尼佛 · 柏因格(Jennifer Biringer)，劳拉 · 汉森(Lara J. Hansen)

本章要点

气候变化增加了恢复森林的必要性。通过增加天然和健康森林的面积，不但能够帮助森林生态系统应对当前的各种变化，而且能够缓解未来气候变化的影响。

需要注意的是，要避免过度单纯地依靠森林来获取碳汇。对于试图通过恢复森林来增加碳储量的做法，一定要通过评估以仔细地判别这种做法的真正价值。

那些用以分析脆弱性的工具可以用来帮助设计有效的森林恢复战略，这些可能包括减少森林片段化，增加森林的连通性，有效地建立缓冲区和维护基因多样性。

5.1　背景

当前，对生物多样性的最大威胁来自气候变化，这一点已经得到证实。气候变化正在对各种生态系统产生影响。人类活动向大气中排放的温室气体主要源自燃烧化石燃料，气候将继续发生变化。因此，可以预见，气候变化的影响将会变得更加激烈而明显。虽然气候变化加大了森林恢复的难度，但反过来看，森林恢复也是一种促使森林生态系统适应气候变化的经营措施。

气候变化将加大森林生态系统在生物物理方面的压力，这包括干旱、热浪、增加蒸散、改变水文季节性变化、病虫害和竞争。影响强度和类型将取决于森林所处地域。这些压力，将和过度采伐、外来物种入侵、污染和土地利用变化这样非气候因素共同对生物多样性构成威胁，导致森林生态系统组成和分布发生变化。因此，为了增大森林恢复项目成功的可能性，在设计森林恢复项目时，需要对这些变化加以考虑。

从另一方面看，森林恢复项目也可以被看成是促进生态系统适应气候变化的重要措施。人类发展已经导致了动植物栖息地丧失和森林破碎化以及退化，因此，提高森林适应气候变化能力，首先要设法增强和保护生态系统自然地应对各种变化和压力的能力。研究表明，达到这一点的第一步是努力构建一个健康或不受干扰的生态系统，这样的生态系统可以借助其内在的多样性，自然地形成适应各种变化的能力，因此也就具有较强的适应性。任何旨在增强生态系统健康的森林恢复活动也就应当被看成是在建立或增强生态系统的缓冲潜力，以抵御气候变化的不利影响。应当提醒的是，任何健康稳定的系统承受变化的范围和程度都是有限的。因此，为了增强适应性，并和减少温室气体排放这一气候变化根源形成一致，需要在森林恢复过程中采取谨慎做法。

对许多具有林业专业背景的人来说，森林恢复项目的伴生优势是吸收二氧化碳，能够帮助降低大气中的温室气体浓度。虽然森林能够固碳，但是森林也会排碳，在气候变化背景下，要使得森林在很长时期内成为一种可靠的碳汇，特别是使森林起到有效的减缓气候变化的作用，不是一项简单的策略（关于碳汇项目的更多内容参见第24章“碳汇知识项目和森林景观恢复”）。

对于那些将森林恢复项目的重点放在固碳的地方，应在项目规划中充分分析气候变化的影响，以确定在哪些地方恢复森林能真正产生净吸收汇的效益。例如，由于气候变暖和变干的趋势会导致森林火灾发生频率的增加，可能比在减少碳排放方面所采取的任何措施的影响都大。相对于减缓，由于最近才揭示了气候变化对生态系统产生的各种影响，因此，在增强适应性方面的成功案例还并不多。然而，随着大气中温室气体浓度的增加，全球温度已经上升了0.7℃，发生在生态系统中的物种灭绝事件和大规模变化是可以预见的，许多森林类型已经受到了不利影响，这些森林包括山地云雾林、干旱区森林和北方地区的森林。人们认为许多已经发生的物种灭绝事情都和气候变化有关，例如在两栖类动物中发生的灭绝事件。在沿海地区，海平面上升使得红树林的脆弱性正在日益增加。为了保证生态系统有健康结构和功能，作为一种手段，森林恢复在促使生态系统适应大范围变化过程中起到了很大作用。有关这个问题的深入介绍见框图5-1。

框图5-1 理解增强适应性和森林恢复与保护之间相互作用的框架

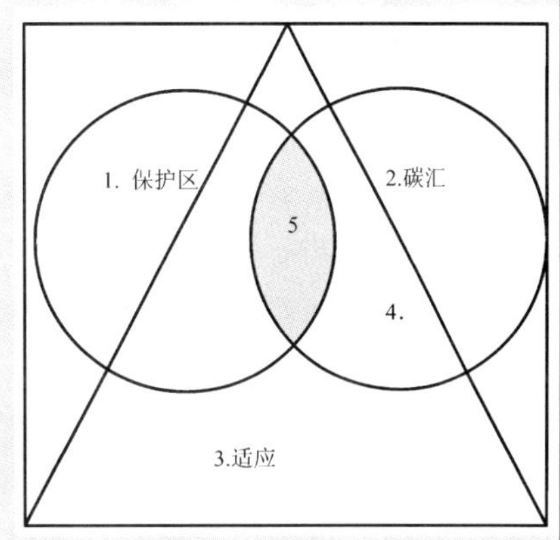

1. 保护：单纯地对一些森林进行保护并不能够增强森林对气候变化的适应性，许多热带山地云雾林提供了很好的例证。在温度升高1℃时，根据预测，澳大利亚的热带雨林世界遗产保护区中的栖息地将减少50%，随着当地环境条件变得越来越温暖和干燥，两栖类和其他适应了凉爽环境的物种就没有向高地进行迁徙的选择。

2. 通过恢复森林来吸收碳：很多案例都表明种树能够储碳，但是却没有和保护或者增强适应性相协调。虽然仅从发挥储碳效益的角度考虑，人们经常栽种桉树这样的外来树种，而这样种植可能会引起景观退化，因此，也就不能减缓气候变化。

3. 适应性：森林恢复是通过多种经营管理措施增强适应性的一种做法。例如，为了应对诸如虫害和火灾发生方式变化所采取的各种措施，也就是良好林业做法的具体方面，要在气候变化出现时给予特别关注。 而那些增加资源利用有效性的活动也会提高适应性。在喀麦隆，通过提高木柴炉灶燃烧效率，做饭所需木柴用量减少了75%，而这些木柴是来自红树林的，这样，通过减少采伐量，增强了红树林生态系统的适应性。这种做法也减少了红树林退化，提高了红树林对气候变化影响的适应能力。

4. 碳汇和适应性：如果在规划森林恢复项目时考虑了气候变化，就能够将森林恢复和适应性协同起来。无论是被动还是主动地进行森林恢复，这些恢复活动就要针对那些需要适应气候变化的地区，鼓励种植那些在各种新的气候条件下具有较强抗性的树种。

5. 保护、碳汇和适应性的交互作用：通过森林恢复来建立缓冲区，能够增加保护区对气候变化的适应性，并同时起到碳汇作用。这种情况和上面介绍过的情况类似，只是森林恢复关注的是在气候变化条件下，通过扩大保护区边界来增强保护区的适应性。

6. 保护和适应性：保护能够增强对气候变化影响的适应性。在未受干扰的适宜栖息地内，栖息地边界范围的扩展就能够为物种在气候变化条件下提供多种需求。一个成功的保护区体系包括识别和保护成熟林分、功能群体、关键物种和气候避难所的内容。

5.2 案例：适应性管理战略下的红树林恢复

怎样将森林恢复作为一种手段，来增强对气候变化的抗御和适应能力，红树林提供了一个具体实例。很显然，红树林容易受到海平面上升的不利影响，这是因为海平面上升后，会改变沉积物的动态、引起侵蚀并改变盐分状况。沉积物是红树林得以生存的重要基础。而在许多地方，预测当海平面上升时，沉积物的堆积率会降低一半。红树林的生存将依赖于采取积极的恢复措施。另外，将红树林作为森林恢复的试验场所的原因是，红树林生态系统相对比较简单，而且气候变化导致红树林生态系统的脆弱性和人类之间的关系相对较为清晰。人们预测低海岸地区，特别是在热带非洲、南亚和南太平洋地区所要经受的全球气候变化影响最为严重，因为这些地方是全球人口最为密集的地区，那些依靠红树林资源提供木材和支撑养虾业的沿海社区，其生计的脆弱性日益取决于气候变化。

恢复红树林能够在很大程度上延缓气候变化对相关人群和自然社区的不利影响。作为陆地、淡水和海洋系统的交汇处，红树林在沿海生态系统中起着综合作用。在沉积海岸带，如三角洲地区，红树林可以大面积扩展，但红树林扩展能否赶上海平面升高则取决于这些地方的沉积物供应情况。红树林为海洋动态过程及陆地和河口提供着保护，会预防侵蚀和水流汇合时出现的紊乱。红树林还能够对水体起到就地过滤的作用，从而保护海草繁殖场所，使得珊瑚礁免遭河流携带的悬浮物沉积的影响，并且能够为许多鱼种提供栖息地。人们预测气候变化将会使水质进一步恶化。但是从全球来看，许多红树林系统已经退化或者被毁。一旦这些正在起着缓冲作用的红树林系统丧失了，就很难再提供保护功能，这一点早已得到公认，因此许多单个项目一直在试图重建红树林系统，然而，过去开展的这些红树林恢复项目往往只强调种树，结果成活率很差，如在印度西孟加拉地区的一些红树林恢复项目，所报告的成活率不到2%。

因此，需要采取一些新的方法来恢复红树林。与稳定状态下恢复森林不同的是，在气候变化背景下，在那些已经退化的地方，仅简单地恢复红树林远远不够。在气候正在迅速发生变化的环境中进行森林恢复，需要考虑多种因素。在开始实施一个恢复项目之前，要采取两个步骤：一是对红树林丧失的原因进行评估，并且评价在可能的情况下如何消除导致红树林丧失的原因；二是要考虑和气候变化相关的因素，如本例子中海平面上升如何影响红树林系统。

越南进行的大规模恢复红树林的做法已能够使当地资源利用者获益，增强对红树林的保护，防止风暴潮和海平面上升对红树林的不利影响。在越南开展的红树林恢复项目已沿着 100km 的海岸线种植了 18000hm^2 的红树林，这不仅能够建立一个比较稳定的海岸线，使之能够在海洋状况发生变化时得以存在下去，而且还使得海洋资源能够收获的数量逐步增加。

在设计成功的红树林恢复项目过程中，最重要的是要了解水文情况(包括潮汐流的频率和持续期)。需要在项目设计过程中充分考虑对海平面上升状况的各种预测结果，以便将红树林种植到从长远来看也比较适宜的地方，或者是那些能够使得红树林自身得到自然扩展或再生的地方(在不存在导致红树林退化的各种压力的地方，出现红树林自然扩展的情况将需要 15 ~30 年)。如果海岸线正在发生变化，恢复红树林可能就不能在原生地，而要到其他地方去实施。

5.3　工具简介

这部分为那些正在考虑森林恢复的管理者提供了一个综合气候变化知识的框架。正如框图 5-1 所概述的那样。这是建立在对适应性应如何与恢复和保护相结合这个问题的理解上。

5.3.1　脆弱性分析

为了理解气候变化将如何影响现有森林系统，可以对所选定地区的脆弱性进行分析。作为第一阶段，在世界自然基金会(WWF)的《购买时间：在自然系统中构建抵御和适应气候变化能力的使用者手册》中。列举了许多来自不同地区的例子，这些例子是从众多文献中收集的。要获得有关一个特定地点的更具体信息，通过搜集文献可以让我们发现针对所研究的项目区是否已进行了脆弱性分析。

如果关于所选地区受气候变化影响的信息有限，就需要对其进行脆弱性分析，以便能够将分析结果纳入到项目设计中。可以将熟悉气候变化和那个地区生物学方面的专家请来，共同对这个地区的脆弱性进行分析，其结果将有助于指导项目设计，以便能够在气候变化条件下考虑各种可行的备选方案。在大范围上，通过将生物地理模型，如霍尔德里奇(Holdridge)生命区域分类模型和综合循环模型(GCMs)结合起来，可以预测在二氧化碳浓度加倍情形下将发生的各种变化。生物地球化学模型模拟了温度、降雨、土壤湿度和其他气候因子变化对水、氮、营养物的影响，以及对碳的增加、减少和内部循环过程的影响，可以预测生态系统生产力变化。各种全球植被动态模型则是综合了植被组成和分布的动态变化以及生物、地理、化学过程，针对特定物种，将其现在的趋势和古生态学数据加以比较和研究，以发现一些迹象证明各种物种是如何适应气候变化的。

脆弱性分析能够帮助我们评估哪些系统或者这些系统的哪些方面对气候变化影响具有较大适应性和抵御能力。这类信息能够帮助我们识别哪些地区可以有长久的潜力使残遗物种避免各种气候变化影响，成为它们的“避难所”。虽然有些残遗种“避难地”有其独特地理位置，但是通过森林经营管理和恢复措施能够增强其适应性。

5.3.2 将森林恢复作为一种适应战略

在分析了脆弱性之后，为了增强适应性，下一步就需要看看可利用的适应性措施有哪些。有效的脆弱性分析可以确定生态系统的哪一部分——如物种或功能，对变化最为脆弱，还会研究系统中的哪一部分对生态系统健康是至为关键的。森林如何适应气候变化可有多种选择，这些选择适用于受气候变化影响且存在很大风险的森林社区，以及那些在考虑了目前的适应状况后，应将保护置于优先地位的社区。由于景观具有足够的连通性和栖息地规模，在那些能够产生自然适应过程如迁徙、选择和结构变化的地方，物种将具有长期的适应力。

通过提供一系列干预措施，森林恢复能够减少气候变化的影响。森林景观恢复的基本原则是，在一个较大范围内从事森林恢复活动，以增加生态系统中各种可用选择的数量，包括为增加不同地点之间连通性而建立的各种廊道、缓冲区，以及在森林恢复措施中所提到的异质性问题。以下是一些重要措施：

(1)减少森林破碎化程度，提高连通性。诺思(Noss)针对生态系统破碎化的不利影响提供了一个总体看法，世界各地都有大量文献对此加以描述。随着边缘和内部栖息地比率的增加，边缘效应将对森林和小气候的稳定性产生影响，森林抵抗各种不良影响的能力最终会受到损害。当具有很强扩散能力的外来草本植物生存环境处于有利状况的时候，许多当地物种会因此受到分隔，结果，森林生态系统出现的破碎化会加剧生物多样性的丧失。因此，森林恢复战略首先应该关注那些能够通过人为干扰，将现存破碎化的森林连接成为一个更为连贯的整体的地方。

(2)提供多种缓冲区和土地利用选择。除非单个保护区面积非常大，否则边界固定不变的保护区将不能很好地适应变化的环境。在气候变化情况下，如果保护区内部条件不适宜，缓冲区就可能为物种提供适宜的条件。缓冲区增大了保护区范围内的斑块，而且交错的缓冲区可使一些物种之间有可能进行迁徙。理想的缓冲区应该比较大，保护区及其周边土地的管理者们必须要有很大的灵活性，通过调整景观中的土地管理活动，改变栖息地的适宜性。有研究显示低地森林被毁造成的上升气流效应会引起底层云的上升，因此，在热带地区山地云雾林周边，可以设立特别缓冲区。在气候变化背景下，在保护区周边恢复森林，例如，通过持续不断地更新提供木材或者非木质林产品、保护流域或将其作为旅憩场所，都能够帮助维持保护区的质量。

(3)通过森林恢复来维护基因的多样性和促进生态系统健康。为适应气候变化而选择具有适应能力的物种则依赖于基因的变化。维护基因多样性的各种措施应该得到应用，特别是在退化景观中，或者在具有商业价值的种群中(但由于择伐，具有商业价值的种群中的基因多样性常常很低)。在生物多样性已经减少的地方恢复森林，特别是利用源自低海拔地方的种源，可以对维护生态系统适应性起到重要作用。霍格(Hogg)和施瓦兹(Schwarz)建议在加拿大南部寒温带森林中采用辅助更新方法来恢复森林，因为在那些地方，较为干旱的条件可能会降低针叶树种的自然更新能力。在加拿大哥伦比亚省也有类似情况，为了长期维护生产力，可能需要通过人工措施来促进海岸松的各种基因型在整个景观中的分布。此外，可将在一个特定景观中能够适应各种影响的物种特别选作再造林树种。例如，在易发生火灾的地方，可种植那些长有厚厚树皮的树种，以便在火灾发生频率和严重性大为增加的情况下确保树木具有较大的成活率。

5.4　未来需要

有关森林恢复在构建森林对气候变化适应性方面的作用的相关研究还处在初始阶段。针对森林恢复作为构建适应性措施这一问题，虽然正在开展野外试验，但我们还远没有形成具有权威性的行动指南。遗憾的是，这就是目前开展保护实践的现实。虽然我们还要继续收集更多信息，但现在则需要根据所掌握的最佳知识做出各种决定，否则，我们就会丧失各种机会。

为了满足这些需要，我们建议增加野外项目，以便能够通过试验来确定森林恢复在构建森林对气候变化适应性方面的作用并加以拓展。这些野外项目需要针对不同森林类型进行，并尽可能多地进行重复试验。特别是在树种结构、组成和功能之间关系复杂而功能又受到气候变化影响的情况下，需要进一步强化对这些项目的监测。监测结果将使我们能够从构建森林适应性的具体措施中吸取教训，并且能够使我们将其和类似的景观管理，或者在其他具有相似栖息地类型的不同地区开展的旨在构建适应性的项目加以比较。

从理想的情况看，构建适应性的经营战略将从另一个层面来服务于综合性森林经营规划，而综合性森林经营规划的目标就是要保持森林生态系统整体的健康。例如，在世界自然基金会(WWF)诸多生态区愿景规划中都将气候变化脆弱性作为各种保护措施决策的一个新的组成部分。在规划期间，这些旨在构建适应性的计划就考虑了气候变化，并且将确保和其他森林经营优先领域形成协同效应。鉴于许多科学、政府和非政府机构也正在掌握气候变化影响和适应性方面的专门技术，在开展任何一个森林恢复项目的时候，应努力和这些机构建立伙伴关系以共同分析气候变化影响，让他们为森林恢复活动提出建议，这将会使森林恢复更有成效。

参考文献

Biringer, J. 2003. Forest ecosystems threatened by climate change: promoting long-term forest resilience. In: Hansen, L. J., Biringer, J. E., and Hoffman, J. R. eds. Buying Time: A User's Manual for Building Resistance and Resilience to Climate Change in Natural Systems. WWF. Washington, pp. 41 – 69. (Also online at www. panda. org/climate/ pa_ manual)

Dale, V., Joynce, L., McNurlty, S., et al. 2001. Climate change and forest disturbances. Bioscience 51 (9): 723 – 734.

Hansen, A., Neilson, R., Dale, V., et al. 2001. Global change in forests: responses of species, communities, and Biomes. Bioscience 51(9): 765 – 779.

Hansen, L. J., Biringer, J. L., and Hoffman, J. R. eds. 2003. Buying Time: A User's Manual for Building Resistance and Resilience to Climate Change in Natural Systems. WWF. Washington, 242 pages. (Also online at www. panda. org/climate/pa_ manual.)

Hogg, E., and Schwarz, A. 1997. Regeneration of planted conifers across climatic moisture gradients on the Canadian prairies: implications for distribution and climate change. Journal of Biogeography 24: 527 – 534.

Intergovernmental Panel on Climate Change (IPCC). 2001. Impacts, Adaptations and Vulnerability. Working Group II, Third Assessment Report. Cambridge University Press, Cambridge, UK, 1032 pages.

Kumaraguru A. K., and Beamish, FW. H. 1981. Lethal toxicity of permethrin (NRDC 143) to rainbow trout, *Salmo gairdneri*, in relation to body weight and water temperature. Water Research 15: 503 – 505.

Lawton, R., Nair, U., Pielke, R., and Welch, R. 2001. Climate impact of tropical lowland deforestation on nearby montane cloud forests. Science 294 (5542): 584 – 587.

Lewis, R., and Streever, B. 2000. Restoration of mangrove habitat. WRP Technical Notes Collection (ERDC TN-WRP-VN-RS-3. 2), U. S. Army Engi neer Research and Development Center, Vicks burg, MS. www. wes. army. mil/el/wrp.

McLusky, D. S., Bryant, V., and Campbell, R. 1986. The effects of temperature and salinity on the toxicity of heavy metals to the marine and estuarine invertebrates. Oceanography and Marine Biology Annual Review 24: 481 – 520.

Noss, 2000. Managing forests for resistance and resilience to climate change: a report to World Wildlife Fund U. S., 53 pages.

Noss, R. 2001. Beyond Kyoto: forest management in a time of rapid climate change. Conservation Biology 15 (3): 578 – 590.

Rehfeldt G., Ying, C., Spittlehouse D., and Hamilton, D., Jr. 1999. Genetic response to climate in *Pinus contorta*: niche breadth, climate change and reforestation. Ecological Monographs 69(3): 375 – 407.

Sanyal, E 1998. Rehabilitation of degraded mangrove forests of the Sunderbans of India. Programme of the International Workshop on the Rehabilitation of Degraded Coastal Systems. Phuket Marine Biological Center, Phuket, Thailand, January 19 – 24, p. 25.

Sekula, J. 2000. Circumpolar boreal forests and climate change: impacts and managerial responses. An unpublished discussion paper prepared jointly by the IUCN Temperate and Boreal Forest Programme and the IUCN Global Initiative on Climate Change.

Tri, N. H., Adger, W. N., and Kelly, P. M. 1998. Natural resource management in mitigating climate impacts: the example of mangrove restoration in Vietnam. Global Environmental Change 8(1): 49 – 61.

补充阅读

Krankina, O., Dixon, R., Kirilenko, A., and Kobak, K. 1997. Global climate change adaptation: examples from Russian boreal forests. Climatic Change 36(1 – 2): 197 – 215.

第三部分　现代大规模保护中的森林景观恢复

第6章　森林景观恢复对生态区保护愿景的战略贡献

约翰·毛瑞松(John Morrison)，杰夫·沙叶(Jeff Sayer)，考比·洛克斯(Colby Loucks)

本章要点

生态区保护是一种体现大规模、长期性和灵活性的概念，其目的在于满足生物多样性保护的4个目标：代表性、维护进化过程、维持有活力的种群、适应性。

在退化的景观中，各种生态区恢复的目标和战略对于成功实现生态区保护愿景至关重要。但是，由于森林恢复可能需要花费很大精力，因此森林恢复的作用要在量化生物多样性保护四大的量化目标背景下确定。

6.1　背景

大多数人都意识到，由于人类日益主导着地球，全球森林面积正在减少。正如本书前面章节所反映的那样，人们也感受到了这种情况对生物多样性和人类产生的各种影响。应对森林丧失的一种自然的方式就是开展各种形式的森林恢复活动。

从全球来看，自然资源保护者们正在采用各种战略致力于恢复全球森林。在一些情况下，这种努力包括试图提高农业集约化程度，以减少对土地的需求；更多地关注木材产品的价值而不是蓄积量，利用用材林基地集约化生产木材。另一个战略是降低对各种农业土地的利用强度，促进自然和人类的交融。在我们利用周围景观时，让更多当地物种和社区介入其中，并让这些景观提供所需的生态系统服务，使其更加自由地发挥功能。

在很多情况下，各种利益和利益相关者之间在如何利用土地方面存在着竞争。这就使得我们必须从战略角度，或者为了一个(或多个)特定目的，考虑包括森林恢复在内的所有森林保护活动，是用于保护还是服务于其他目的。在理想的情况下，应该通过参与式过程来识别战略重点，这将引导我们形成对未来土地利用状态的一种长期愿景。从保护角度来讲，无论是提供各种生态服务(流域保护、应对气候变化等)，还是满足那些依靠森林而生存的物种的需要，增加森林数量，提高森林质量都是十分重要的综合性目标。然而，由于在土地利用方式上，发展和保护之间存在着激烈竞争，如何恢复以及在哪里恢复森林才最为有效是至关重要的。换句话说，从保护的角度看，虽然森林面积增加总是有益的，但如果可能的话，恢复森林应更多地注重实现保护和社会的目标（也参见第九部分“恢复生态功能”和第十部分“恢复社会经济价值”）。同时，满足各种保护和社会目标就会最大程度地增加森林恢复活动的持续性，并使之得到当地支持。在帕拉拿高地（Parana）的大西洋森林中开展的各种森林恢复活动就为这种从整体角度考虑森林恢复提供了一个范例。在这个生态区中，通过采用那些被当地人持续利用的乡土树种，提高了片林的连通性（也参见第34章案例“寻找保护和恢复阿根廷的大西洋森林的经济上可持续方法的案例研究”）。那么，我们应该试图达到的主要保护目标究竟是哪些呢？

6.1.1 生物多样性和生态区保护的四个目标

生物多样性和生态区保护的目标如下：

(1)代表各种保护景观和保护区网络中具有明显特征的自然群落；

(2)构建和保持生物多样性的生态或进化过程；

(3)维持有物种活力的种群；

(4)保护足够大的自然栖息地群，以适应各种大规模干扰和长期变化。

由于常常是在大的时空尺度上实施这些保护目标，设计各种保护项目时，要具有跨越国家和世纪的眼光。在过去的几十年里，大规模保护项目已被众多保护组织视为标准化做法，是应对以立地为特征的保护活动的一种方式，而以立地为特征的保护活动之间经常相互脱节、彼此孤立，也未从战略角度来考虑问题。虽然以立地为基础的保护仍将是一种重要方式，但是许多人仍在就对保护进行干预的规模进行争论，各种立地上的保护活动可以被纳入到较大规模的（景观和生态区）保护愿景中。在利用大的生物地理单元作为框架来实现各种保护目标的看法背后，就是各种自然群落、物种，甚至是人类对生物多样性的威胁也是在大尺度上迁移和展开的，而并不考虑各种政治意义上的边界。在与各种生态区相同的尺度上采取各种设想的行动，以及这些行动试图保护的各种生态过程，都应该比在相互之间没有联系的立地上采取保护行动更为有力和有效。在世界自然基金会（WWF）这一全球性的保护组织中，则通过生态区保护方式推动了保护行动的进展。生态区保护实际上是一种理念，这种理念主张采用大的生物地理单元作为一个场所来实现上述四项保护目标。生态区保护规划的实际过程的是一系列具体的路径，这些路径主要依托各方面专家、计算机运算。或者通过这两者结合以识别优先保护区域。

目前，在生态区保护主题下，一系列空间范围已经受到了关注。世界自然基金会（WWF）已将全球的生态区边界整合在一起形成了一个生态区边界系统，大自然保护协会（TNC）也在使用这个系统。但各种保护行动在这个系统中的分布并不均衡。世界自然基金会（WWF）已经确立了825个陆地生态区（图6-1），其中大部分属于亚类型（热带干旱型、热带湿润型、温带湿润型等）的森林生态区。世界自然基金会（WWF）通过分析，在这些陆地生态区中进一步确立了237个具有特别重要保护价值的类型区，将其命名为全球200个生态区。200个重要生态区就是世界自然基金会（WWF）生态区保护行动项目的重点。

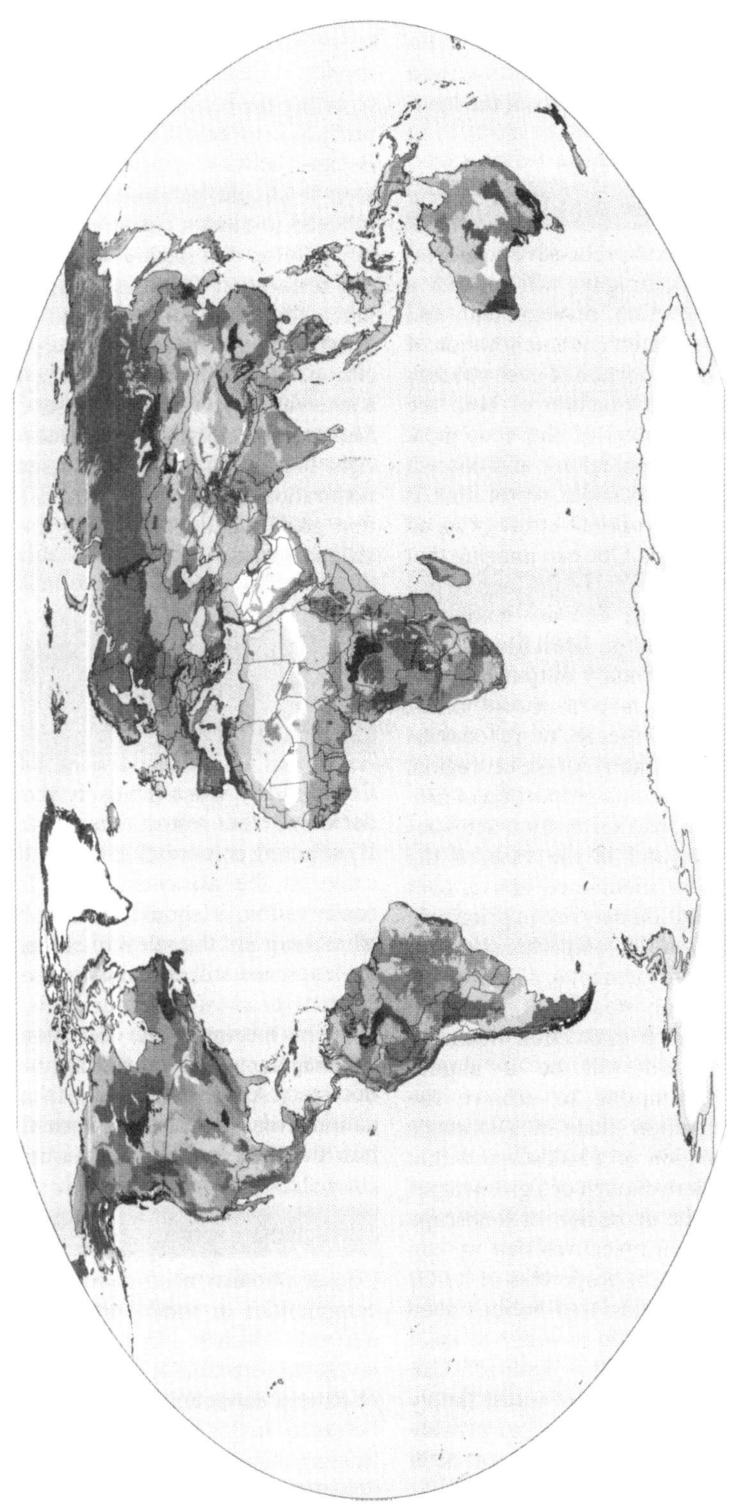

图 6-1　世界陆地生态区〔源自：世界自然基金会(WWF)〕

在对各种生态区进行分析的过程中，常常要鉴别优先区域或者优先景观，这些优先区域或者优先景观就是进一步制定保护计划和行动的主要对象。因此，一般情况下，按照从最大到最小的顺序对空间规模的划分是：全球200个生态区、陆地生态区、优先景观。但这种划分也不是一成不变的，实际上也存在着规模非常小的生态区（只有几十平方千米）和非常大的优先景观（数千平方千米）。下面要讨论的这些原则适用于从景观到生态区的不同规模。

6.1.2 保护、经营和恢复

在生态区中实施的综合性保护战略牵涉到保护、经营和恢复，需要考虑减缓或改善各种威胁。每个适宜的战略的重要性是生态区内所处位置和总体保护状况二者的函数，它将随着时间推移而发生变化。例如，在所有生态区或景观中，恢复并不一定都是适宜的战略。人们可以想象一下，在那些由众多荒野或大的森林群落构成的生态区域，如亚马孙，现在在那里恢复森林可能就不是重点。许多生态区愿景主要产出就是一张优先区域图，保护活动主要在优先区域开展，而不是在周围地区开展。然而，即使在优先区之外，也可以适当地开展一定比例的保护、经营和恢复活动。在上面所提及的荒野生态区情况下，从长期来看，随着更多综合性保护和良好的经营措施付诸实施，在这些生态区中，森林恢复的优先程度可能会上升。

从保护的角度看，生态区的景观中，决定保护、经营和恢复的比重应该是实现上述四大目标的战略的自然结果。在生态区或者景观中，有足够的特定目标栖息地来满足代表性目标。我们仅需对其中一部分（或很大部分）目标加以保护吗？或者是包含栖息地的地区需要积极还是被动的方式实现既定的目标？具有多种用途的现有森林缓冲区是在现在的状态下仅仅通过经营就能提供景观连通性，还是需要通过森林恢复来重建连通性呢？

各种森林恢复活动包括主动开展种植、经营（如清除入侵性物种）和更多被动性恢复措施（创造条件以允许通过自然方式恢复高质量森林）。由于主动式的森林恢复是资源密集型过程（需要大量投入），一般作为实现保护目标的最后一项可选方案。从保护角度看，关键是不应将各种森林恢复活动理解成为了恢复而恢复，而应该将其视为一种战略性的应对措施，以满足在实现各种保护目标过程中的特定需求。湄公河下游的生态区一直致力于在保护、经营和恢复之间寻求适当平衡，这就是在构建生态区愿景过程中所强调的保护目标。

6.2 案例：森林恢复及其四项保护目标

从概念上讲，决定是否需要进行恢复是一件相对简单的事情。在上述四大保护目标的基础上，通过确立各种具体的保护目标，相关生态区或景观优先区是否仍然包含着必要部分，以满足上述四大保护目标，就应该很快变得清晰了。如果有一些目标没有考虑到，或者生态区（景观）过于破碎，则可能需要开展一些恢复活动。下面的讨论阐述了在四大保护目标的基础上，如何识别开展森林恢复的需求。

6.2.1 代表性

在一些类型的自然保护网络中，自然资源保护者们需要关注所有自然群落。而这些网络一般都有不同层面的保护工作相互交织在一起。重要的是各种自然群落的相互交织实际上在大的干扰发生前就已经存在了，并不是现在才出现。当所有这些原生群落可能不再以必要的数量和质量形式存在着的时候，就可能要应用森林恢复手段。在气候变化背景下，当各种物种需要通过迁移以适应各种变化的条件时，这一点就显得特别现实。

在任何保护规划活动中，第一步是要获得或者开发一张针对整个生态区/优先景观、能够反映历史时期(有时候称为潜在的)的自然群落类型的图。一定数量的分层图(包括植被图、潜在植被图、或者各种植物群落或生态系统图)就足以满足这一目的。在土地利用发生变化而难以制作这些图的情况下，可能要开发一些环境区域的图，这些图是综合土壤或地质、海拔和气候分类的结果。如果能认真地开发出这些环境区域的图，他们就可以代表独特的环境分类，反映出生活在其中的各种物种。

针对每个自然群落类型(或者环境区域)来选择其中代表性的类型或区域是常规做法。虽然要做到这一点并易事，但努力确定目标层面的应该是什么(宁可基于单个栖息地，也不要是一种包罗万象的方案)则是保护生物学家们最为关注的方面。从粗略估计入手是适当的，对这种估计还可以不断改进。而传统的代表性目标则偏向于包括所有方案。一旦每个历史自然群落的适当层次的代表性被确定了(20%，30%或者50%等)，和目标代表性数量相比就可能会发现，未经干扰的特定类型栖息地较少，这是要进行森林恢复的标志。马达加斯加(Madagascar)和新喀里多尼亚(New Caledonia)的干旱森林就是重要的例子。因为森林转化一直在进行，就需要开展森林恢复来实现最基本的栖息地代表性目标。

也应该注意到，每个自然群落自身是由适当交错的系列阶段所组成的。需要特别关注与自然范围内的变异相适应的系列阶段，保护自然范围内处在各种系列阶段的自然群落的能力，必要时还应使之得到增强。为此，则可能需要开展一些森林恢复活动。例如，和历史情况相比，在温带森林生态区相对缺少原始或老龄林的情况下，采取措施以增加各种晚期系列阶段的比例就是森林恢复的适当措施。

已经发现许多生态区项目，特别是那些在发达国家或者人口密度大的国家中实施的生态区项目，低地和河口群落的数量都很缺乏，许多已经被人们占用了。很显然，在这样的情况下，如果要满足各种代表性目标，恢复必须是总体保护战略中的一个重要组成部分。

6.2.2 有活力的种群

实际上这一目标的思路是所有物种都应该保持有活力的种群，但实践中对所有物种制订保护计划是不可能的(如果不是出于别的原因，实际上也没有真正地识别过所有物种)。因此，在大规模保护项目的实施期间，要特别注意选择关键物种。选择关键物种是因为这些物种受到了很大威胁，属于栖息地的特定物种，或者是因为它们对地域极为敏感，可作为许多小范围生存物种的保护伞。被选择的关键物种的数量将因生态区或优先景观的变化而变化，但一般来讲，可确定5到20个以便于操作。

在确定了关键物种名录之后，下一步就是要确定繁殖个体的数量，这个数量代表有活力的种群，或者在优先景观的情况下，是指潜在而有活力的亚种群。这不是一个繁琐的决定，有许多文献在讨论繁殖个体数量，这些繁殖个体构成了具有活力的种群，但这方面还缺乏共识。在一些情况下，还必须针对特定物种和资源密集型种群进行活力分析(PVA)。如果难以对一个活力种群数量做出估计，或者可能的个体数量存在着诸多限制因素，底线就是应该选择目标水平，以代表最大的、可设想的、可实现的种群水平。

为了实现各种恢复目标，必须单独分析每个关键物种的特殊需求。必须考虑最小斑块大小，连接各种斑块以扩大有效栖息地的面积(繁殖、饲养，或者巢穴和洞穴面积)、廊道宽度、特定栖息地需求(植物物种)、对水的可及度等度量方法。在分析确定每个物种栖息地和总面积需求的过程中，应该很快明确是否有足够栖息地来满足特定物种种群活力的需要。在那些极度退化的生态区中，常常会出现这样的情况。

森林恢复活动常常用于将现在互不相连的各种栖息地斑块重新连接起来。这就是目前在喜马拉雅山脉东部的特瑞阿克(Terai Arc)地带开展的工作所关注的焦点：通过促进社区管理森林，将10个保护区重新连接起来(图6-2)。老虎一般不愿意跨越超过5km^2 的非栖息地，由于现在的保护区不够大，难以维护有活力的老虎种群。我们还期望相关种群产生一定的交错。注意到在现存保护区之间的森林覆盖存在的空隙，因此，鼓励在这些空隙地带发展社区森林使得各种虎、大角犀牛和亚洲象在主要栖息地斑块之间能够迁徙。在其他一些仍然存有各种食肉动物的破碎生态区中，包括在有美洲虎生活的南美洲大西洋森林和

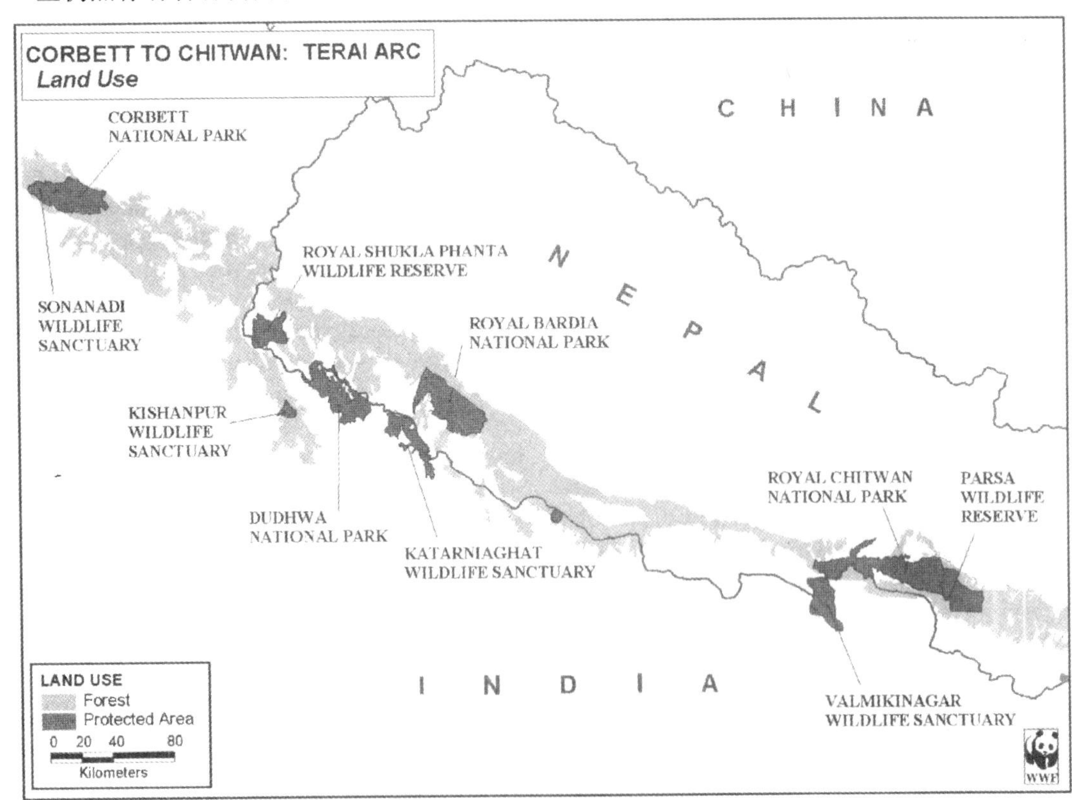

图6-2 通过森林恢复(浅色)将保护区(深色)重新连接起来。[源自：世界自然基金会(WWF)]

有各种狼和灰熊生活的北美洲落基山脉北部生态区中，森林恢复就是一种重要活动。

6.2.3　生态进化过程

许多创造和维持生物多样性的生态进化过程很复杂，常常不能被人们充分了解。在制定保护计划时，基因流动、迁徙、授粉、种子扩散、捕食和被捕食者间的动态变化和营养循环是诸多要素中需要考虑的方面。所有这些方面都可能从各种恢复中受益。这是因为许多物种(以及它们所涉及的各种过程)将会对恢复的森林质量予以积极回应，而其中有些物种则显然比其他物种获益更大。正如上面一些例子所展示的那样，基因流动和迁徙都能够从各种恢复的森林廊道中直接受益。同样，诸如授粉或者种子扩散这样的关键过程，如果这些功能因森林面积不够而受到威胁，进而不能支持相应的物种，那么采取各种恢复活动则是适宜的。

在一些地区，森林面积减少会给这些地区带来一种不可逆的区域性气候变化威胁。恢复森林面积(同时满足较小规模的代表性目标，并重新布局，以使地带性敏感物种所在林区的面积最大化)应是高度优先的活动。

特瑞阿克(Terai Arc)地带也是这类保护目标的范例。通过将互不相连的森林斑块重新连接起来，老虎的亚种群、近成年虎扩散的生态过程、基因流动、捕食和被捕食者动态就能够得到恢复。存在有大型捕食者的各种体系中，常常是自上而下的力量起主导作用(在这种情况下是大象和老虎)，因此在整个景观中重新引入老虎和大象，将有助于让许多自然生态过程重新回到一个更为自然的动态平衡中。然而，在较大区域中，不应忽视小规模栖息地中特定物种的需求(特别是繁殖和获取食物的需求)。

6.2.4　环境变化

针对必将发生的环境变化(即使没有人为引起气候变化的额外恶果)制定计划是保护过程中涉及的一个重要理念。各种生态系统是自然动态变化的必然结果。为了在保护区网络中构建适应能力，重要的是要将大的气候区域和栖息区域之间的连通性结合起来。从事保护规划的人员试图预测人为引起的气候变化的影响，而增强连通性则是他们可采取的主要选择。物种分布范围的经纬度已经开始变化，这种情况在动物界和植物界都在真实地发生着。再者，通过恢复后所建立的森林走廊，将现在互不相连的栖息地斑块重新连接起来，就是适当地应用森林恢复活动来同时帮助物种迁徙和适应各种变化。此外，在面对各种压力时，通过为物种和基因流动提供更大自由度来管理景观也是森林恢复的一个重要手段。

这种连通性战略很重要，值得全球每个生态区去考虑。各种生态区中，近期很可能面临这种威胁的就是热带山地生态区。这里地形起伏很大，气候变化集中在各种狭窄地带，为了让栖息地适应温度和适度变化，关键是要保持海拔高度上的连通性。

对所有的生态区来讲，由于人类活动已经导致了大多数生态区的破碎化，恢复活动就显得很重要。温度升高和降雨类型的变化将导致各种自然群落分布发生变化。如果不采取恢复措施来将这些破碎化的栖息地斑块和各种走廊重新连接起来，自然种群在以人为主的景观间进行迁移时就会遇到很大困难。一个更典型的、用以展示森林恢复必要性的例子就是热带沿海的红树林生态区。随着海平面持续上升，红树林分布带将逐步向内陆转移(图6-3)。但是在很多情况下，如果红树林带所指向的陆地边缘已经退化了，为了使红树林继续生长，就需要在一定空间里采取各种恢复活动，使其发挥重要的生态和社会功能。

图6-3 随着海平面上升，沿海红树林带可能向内陆迁移
(照片所有权归 John Morrison 所有)

6.2.5 确定何时何地开展恢复

通过前面的讨论，我们可以知道，在两种情况下需要进行恢复：从代表性或者特定物种(过程)的角度增加特定森林类型的面积和恢复各种特殊的景观特征，特别是各种廊道，以使得特定的生态过程得以持续。有些情况下，对在哪里开展恢复最合适存在着多种选择。在所有因素都一样的情况下，恢复退化程度并不严重的森林类型一般比较容易，不需要过多地费时费力，但实际上，所有因素很少是一样的。如果存在多个选择，人们如何去确定哪种森林类型属于部分不可替代，需要进行恢复？显然对许多因素常常需要加以权衡。

第一步就需要明确最终目标。例如，是原始林作为唯一可能的目标，还是次生林对于所考虑的关键物种比较合适(甚至更好)？当确定在哪里进行恢复时，需要考虑以下一些因素：

(1)考虑实施恢复的林区的现状——恢复需要多少时间和努力？

(2)与其他有活力的栖息地的接近程度，以促进物种扩散或者促进以后的重新连接。

(3)邻近现在和未来的城市边缘的情况。

最后一点要强调完整的信息类别，它能帮助确保各种恢复活动(事实上是保护活动)具有取得成功的最大机会。描述人口密度、靠近廊道的距离、政府能力、民族稳定性和同质性，各种相似的因素可帮助了解在整个生态区或景观中哪里存在着威胁和机遇。此外，将社会经济信息和协商结合起来，将有助于确保从生态角度考虑开展的各种恢复活动使当地人受益，其受益途径要么是通过生态服务，要么是通过恢复活动增加的就业机会。

6.3　工具简介

正如已经介绍的那样，在世界自然基金会(WWF)网络中开展生态保护更多的是一种理念，而不是一种特殊方法。为实现四大保护目标，人们已经采取了许多方法。总的来说是适当的，但从全球生态区角度看，数据可获得性、社会结构、基础设施和专业能力存在很大差异，没有一个工具是专门帮助确定森林恢复优先区域，而优先区域应该是在综合规划过程中产生的。

对生态保护规划可利用的各种工具进行全面讨论不属于本文范围。一些主要工具包括：

(1)世界自然基金会(WWF)对生态区保护的各种方法，包括在优先保护景观中采取各种行动的具体建议及案例研究，以及在生态区内实施的详细指南；

(2)大自然保护协会(TNC)的生态区保护方法；

(3)澳大利亚新南威尔士州开发的系统保护规划方法。

当考虑保护的空间规划时，实际上有必要利用地理信息系统。地理信息系统利用空间地图来展示各种保护方案，其更为强大的功能是能够用最低的社会经济成本，让使用者将生物和社会经济信息结合起来，以分析满足各种保护目标的途径。和地理信息系统一起使用的是决策支持软件工具，它可将大量相互冲突的变量结合在一起；基于所使用的工具不同，可能会得出单一的最优保护安排，或者生成一系列选择。使用这些工具时，一旦针对景观的特定部分做出了一种决策，就可以重新计算研究整个区域，以在下一步中形成最佳选择。

6.4　未来需求

从确定需要开展森林恢复的优先区域看，有必要进一步开发一些工具。现有决策支持工具能够识别残余的栖息地，已将其纳入各种保护网络中。这些工具能够和以前各种植被图结合使用。然而，需要进一步完善这些工具和相关技术，以识别那些为满足代表性目标而需要恢复森林的地区。

参考文献

Dinerstein, E., Powell, G., Olson, D., et al. 2000. A workbook for conducting biological assessments and developing biodiversity visions for ecoregion based conservation. World Wildlife Fund Washington, DC. http://www. worldwildlife. or g/scie n ce/pubs2, cfml.

Groves, C. R., Valutis, L. L., Vosick, D., et al. 2000. Designing a geography of hope: a practitioner's handbook to ecoregional conservation planning. The Nature Conservancy, Arlington, VA. www. conserveonline. org.

Loucks, C., Springer, J., Palminteri, S., Morrison, J., and Strand, H. 2004. From the Vision to the Ground: A Guide to Implementing Ecoregion Conservation in Priority Areas. World Wildlife Fund, Washington, DC.

Margules, C. R. , and Pressey, R. L. 2000. Systematic conservation planning. Nature 405: 243 -253.

Noss, R. F. 1992. The wildlands project: land conservation strategy. Wild Earth (Special issue) 10 -25.

Noss, R. F. 2001. Beyond Kyoto: forest management in a time of rapid climate change. Conservation Biology 15(3): 578 -590.

Olson, D. M. , and Dinerstein, E. 1998. The global 200: a representation approach to conserving the earth's most biological valuable ecoregions. Conservation Biology 12: 502 -515.

Olson, D. M. , Dinerstein, E. , Wikramanayake, E. D. , et al. 2001. A new map of life on earth. BioScience 15: 933 -938.

Palminteri, S. 2003. Ecoregion conservation: securing living landscapes through science-based planning and action. A users guide for ecoregion conservation through examples from the field (draft). CD-Rom. World Wildlife Fund US, Washington, DC.

Scott, J. M. , Norse, E. A. , Arita, H. , et al. 1999. The issue of scale in selecting and designing biological reserves. In: Soule, M. E. , Terborgh, J. Continental Conservation; Scientific Foundations of Regional Reserve Networks. Island Press, Washington, DC.

WWF. 2003. Ecoregion Action Programmes A Guide for Practitioners. WWF International, Gland, Switzerland.

补充阅读

International Tropical Timber Organisation. 2002. ITTO Guidelines for the Restoration, Management, and Rehabilitation of Degraded and Secondary Tropical Forests. ITTO Policy Development Series No. 13, Yokohama, Japan.

Moguel, R, and Toledo, V. M. 1999. Biodiversity conservation in traditional coffee systems of Mexico. Conservation Biology 13: 11 -21.

Pimentel, D. , Stachow, U. , Takacs, D. A. , et al. 1992. Conserving biological diversity in agricultural forestry systems: most biological diversity exists in human-managed ecosystems. Bioscience 42: 354 -362.

Victor, D. G. , and Ausubel, J. H. 2000. Restoring the forest: skinhead earth? Foreign Affairs 79 (6) · 127 -144.

第7章　为什么我们需要从景观角度考虑森林恢复？

尼盖尔·杜德莱(Nigel Dudley)，约翰·毛瑞松(John Morrison)，
詹姆斯·阿瑞松(James Aronson)，斯蒂芬尼·曼索瑞安(Stephanie Mansourian)

本章要点

在许多重要的生态系统中，由于持续发生的森林丧失和退化，已使得生态系统不能保持长期可持续性，因此开展森林恢复十分必要。

在景观尺度上开展森林恢复就意味着在关注保护问题的同时，也要关注社会问题，在景观尺度上实现优化和均衡要比在立地层面上更容易。

现在大多数的森林恢复活动往往都只关注一两项利益，而忽视从更广层面上考虑问题。

各种工具有待开发，这些工具将帮助我们在整个景观尺度上针对各种管理活动的可行性进行商讨，这些管理活动包括一系列森林恢复和生物多样性保护活动。

7.1　背景

景观是不同生态、社会和经济需求以及利益相关者的期望可以很好地得到商讨、比较和统筹的空间和生态尺度。

7.1.1　为什么要进行森林恢复？

实践证明，不管是从生物多样性安全还是从稳定环境角度看，仅仅依靠各种保护区和可持续经营的保护战略是远远不够的。联合国环境规划署现在将世界大部分陆地地表都划为退化土地。修复退化土地是21世纪面临的最大且最复杂的挑战之一。面对相当严重的栖息地丧失形势，要使各种保护项目能够长期获得成功，就需要考虑森林恢复。世界自然基金会(WWF)通过分析全球200个生态区，识别出了那些在全球都具有最高保护重要性的生态区，并揭示了其中存在的各种问题。在这200个生态区中，80%以上的森林生态区至少有一部分需要进行恢复。毁林对全球200个生态区中的59%的淡水生态区构成了重大威胁。200个生态区中的红树林生态区，有3/4正在受到威胁。甚至在那些森林已经处于稳定或持续增长的地方，各种因素导致森林质量下降也需要我们开展森林恢复。例如联合国欧洲经济委员会针对欧洲开展的研究发现，大多数国家只有不到1%的森林是在未受经营或管理的状态下生存下来的。

森林丧失并不只是受到了自然资源保护者的关注。联合国估计全球有6000万人直接依靠森林资源，其中包括许多最贫穷的人。还有更大数量的人群是间接地依靠森林，如依靠森林提供的土壤保持和流域保护这样一些环境服务，森林还为人们提供着很多休憩、精神和美学方面的服务功能。

7.1.2 为什么要在景观层面开展森林恢复?

许多森林恢复的努力最后总是以失败告终(参见第1章“森林景观恢复的背景”)。发生这种情况很大程度上是和森林恢复的范围有限、缺乏当地人参与、没有关注其他利益相关者的利益和需求、短期行为以及未能关注导致森林丧失和退化的各种潜在原因等相关。在过去10年多时间里，自然资源保护者们越来越清晰地看到，要使保护取得成功，就不能不关注社会经济发展。因此，各种保护活动必须和可持续发展涉及的其他方面保持同步，而景观方法有助于将保护和发展两个方面综合起来，因为在景观中开展森林恢复旨在恢复那些对人类有价值的林产品和服务功能，它们在各种发展项目中都起着重要作用。虽然难以对生态和社会方面各种相互矛盾的需求加以平衡，但是如果我们在一个足够大的区域上开展工作，不仅能够包含不同土地利用方式的景观单元，还能涵盖两个或多个互相联系的生态系统，那么获得森林恢复的成功就很有可能，有利于促进不同需求间的平衡和协商。因此，在景观层面开展森林恢复并不是依托于一系列试图恢复单一森林价值的单个项目，而是要试图对这些项目进行整合。在恢复取得成功的地方，最终成效应该大大超过单一以立地为基础的恢复行动。要在恢复的森林生态系统中的各种产品和服务之间取得一种平衡，就需要在一个更大尺度上设计构思、进行规划和加以实施，也要设法对所涉各种利益相关者的利益进行协商和权衡，以识别哪些恢复行动得到了大力支持而可能获得成功。景观或者生态区方法也使得森林恢复能够和森林保护、可持续经营完全结合起来。

从生物多样性、长期活力和最终的社会和经济价值角度看，各种恢复森林的方法都需要关注森林的各种功能和生态过程。在许多森林恢复项目中，一个关键方面是扩大森林栖息地核心区的面积。然而，在那些因土地利用方式之间存在竞争而导致空间有限的地方，通过生物走廊和生态搭脚石(那种能够为物种迁徙或移动提供“驿站”的栖息地斑块)来增加不同片林之间连通性的做法，就会形成类似大面积森林所具备的许多功能。例如，通过改变经营方式或者减少干扰来增加现有森林的各种价值，也能够在森林恢复中发挥重要作用。在景观尺度上恢复森林也使得我们能够考虑不同栖息地类型之间的各种联系。栖息地之间的联系可能是突然(特别是在经营着的森林中)或者是渐进发生的，对物种的扩散和交换产生影响的能力不同(参见第43章“热带山地森林恢复”)。扩展栖息地边界对基因交换的渗透力和建立诸如生物走廊这样的特殊栖息地的做法可能具有同等重要性。

7.1.3 在景观中开展保护、经营、恢复

现有的和不断变化的需求、立法局限性和土地权属类型，会影响景观尺度上全面恢复多种功能的各项努力，使其结果常常是镶嵌式的，将保护区、其他防护林和各种经营和利用方式组合在一起。恢复是一种经营选择，这种选择可以用在景观的任何部分，以服务于景观的长期总体目标。在景观尺度上，要能够在多种方式之间取得一致，并且平衡社会、

经济和环境方面的不同需求，需要认真地进行规划和协商。

景观方法认为从总体上实现的景观价值和服务远比单个立地上实现的价值和服务更重要，而且在一个利益冲突的世界里，保护目标就需要和诸如减贫、人类健康，以及社会、经济的合理发展和福祉结合起来。保护不能够、也不应该出现脱离与人类福祉相关的问题的情况，而且保护工作者们也要经常关注社会公正和可持续发展问题。因此，合适的做法就是要确定。从何处、以何种方式能够将不同但有交叉的利益很好地整合到一个具有多种功能的景观中，这样的整合必须采取协商和权衡利弊的做法。

7.1.4　在景观中恢复森林功能的过程

要通过一系列活动来决定应该采用何种恢复森林的方式，这包括认真分析需求是什么，评估可能性，以及利益相关方关于恢复的目标和采取的适当的行动达成一致。对森林景观恢复来讲，在许多情况下，我们不是看单一项目或者森林的单一用途，而是要看哪些森林恢复行动是可行的、相互协调和补充的，这样做的理由不言自明。在实际中，可能实现的程度将取决于不同利益相关者之间的合作意愿、协商能力和诸如权属类型以及对景观的其他需求等难以界定的因素。在那些土地私有的地方，包括保护在内的许多“公益物品”，只能通过自愿协议、土地购买或者上级对政策所做的决定来予以关注。在大多数情况下，实现这些选择都很费时费力。

7.2　案例

许多例子展示了不同国家和地区是如何应对恢复中的各种问题，以及为了恢复一种平衡的森林体系，怎样建立不同的优先区域，以及在一些情况下，怎样调整方案。

7.2.1　瑞士：森林恢复在实现环境服务功能的同时，也产生了经济和生物多样性的附加价值

在历史上的毁林导致过去出现了严重的土壤侵蚀和洪涝问题之后，19 和 20 世纪，瑞士就设计了一种持续增加覆盖率的林业体系，以保护山坡，提供各种资源和燃料。在政府制定的为数不多的林业政策中，有一条是将社会和保护功能明确地置于各种商业林功能之上。瑞士有 1 204 047hm^2 森林和林地，占国土面积的 29%。在有管理的森林中，一般都是当地树种，60%左右是针叶树，且活立木蓄积中有一半属于挪威云杉。虽然在林分水平上，森林经营强度比不上许多欧洲国家，但事实上，其经营影响着整个林区，并且很少有老龄林。大约 0.5%的森林属于天然林保护区。景观尺度的规划在识别哪里最适合恢复森林方面起着重要作用，重点是控制雪崩、固坡，为当地提供薪柴和保护生物多样性。

7.2.2　几内亚：包括森林恢复在内的传统经营

位于西非的几内亚，针对森林—稀树草原交界处的许多村庄开展的研究发现，当地社区实际上是在种植和抚育片林，而不像以前我们认为的那样在毁林。一旦村庄被遗弃了（这是对土壤肥力下降的一种应对方式，这些社区每过几十年就迁徙一次），由于草食性

动物食草压力加大了，森林变化的趋势是逐步减少甚至消失。当地人会在过去已经利用过但肥力可能已经恢复的地方重新建立新的社区，这样，在不同时期利用景观的不同部分，以确保长期持续性。村民们在草原边缘建立了许多片林，以提供他们所需的非木质林产品，并防止它们受到火灾和放牧的干扰。

7.2.3 英国：人工林替代天然林并主导景观

第一次世界大战后，木材缺乏问题催生了林业委员会。林业委员会获得了相当数量的资金和政策支持来强制购买土地、建立速生林基地。重点是放在各种针叶林上，特别是源自阿拉斯加的斯特加云杉(*Picea sitchensis*)。许多人工林基地是建立在位于高地的放牧区(那里有些原有森林在几个世纪前就丧失了)。有些人工林基地建在原来的林地上，这些地方偶尔需要用除草剂来清理林地。有些是建在苏格兰东北部的沼泽地，这里以前从来就没有树木。虽然这些人工林基地在建立木材战略储备中取得了成功，但也导致了利用机会、原生林地、其他自然栖息地的丧失，森林功能也受到了制约。密林引起了利用机会的问题，且人工林和栖息地之间突兀的边界限制了生物多样性。规划常常是针对立地进行的，而不是在景观尺度上。自20世纪80年代以后，英国林委会开始对人工林发展目标进行修正，增加了当地树种，并发挥人工林在土地经营中的综合管理作用，也采取了将森林归还给社区来管理的各种尝试。

7.2.4 哥斯达黎加：将遮荫咖啡作为连接破碎化景观和高密度种群间的栖息地

虽然哥斯达黎加仍然保存着大面积天然林，但有些森林生态系统已经降低到只有以前的一小部分，从生态角度看，已经不具有活力，特别是在塔拉曼卡和瓜啦喀斯特地区(Talamanca and Guanacaste)。在以前有森林的地区，大自然保护协会(TNC)就一直和当地社区一道工作，将残存的片段化森林连接起来，以便鸟类能够进入。由于土地利用集约度很高，不允许用原生林地来做这样的事情，当地在景观尺度上开展规划，鼓励和支持种植遮荫咖啡和可可，将残存片林连接起来。虽然这并不是天然林地，但那些为咖啡提供遮荫的树木却提供了各种栖息地，珍稀鸟类就能够迁徙，使得这些鸟类形成了一个有活力的种群。

以上仅介绍了部分案例。这些案例显示，在许多鼓励开展森林恢复的地方，森林恢复的目标总是相当狭窄(也参见第14章“森林景观恢复的对象和目标”)：即土壤侵蚀控制、战略储备等。也有可能产生一些其他利益，但一般都是偶然的。森林景观恢复的重要方面就是要减少偶然性，为开展恢复规划提供更多可确定的理由。

7.3 工具简介

7.3.1 生态区规划工具

现在有许多可用工具，可以在针对区域尺度恢复森林覆盖率和开展经营规划时加以使用。最常用的有以下一些；

(1)生态区研讨会：这种方法过去常常用来为建立生态区愿景、优先行动和保护景观

以及发展战略提供帮助;

(2)计算机辅助设计：包括在建立系统保护规划中得到的应用。

(3)根据设计来进行保护：这是由大自然保护协会(TNC)开发的，使用 5 步法(目标识别、信息收集、目标设定、活力评估、方案集成)和 5S 框架(系统、压力、资源、战略、成功)。

有许多其他案例，在基于网络的地球保护工具箱(www. earthtoolbox. net)中可以进行选择。

7.3.2　保护、经营、恢复

世界自然基金会(WWF)和世界自然保护联盟(IUCN)已经开发了一系列景观方法，以帮助这种大尺度上的决策，这些方法和其他类似的一些实践方法能够帮助我们决定在哪里开展恢复最为有效。其中一种方法的框架展示在图 7-1 中(也参见框图 7-1 的详细步骤)。

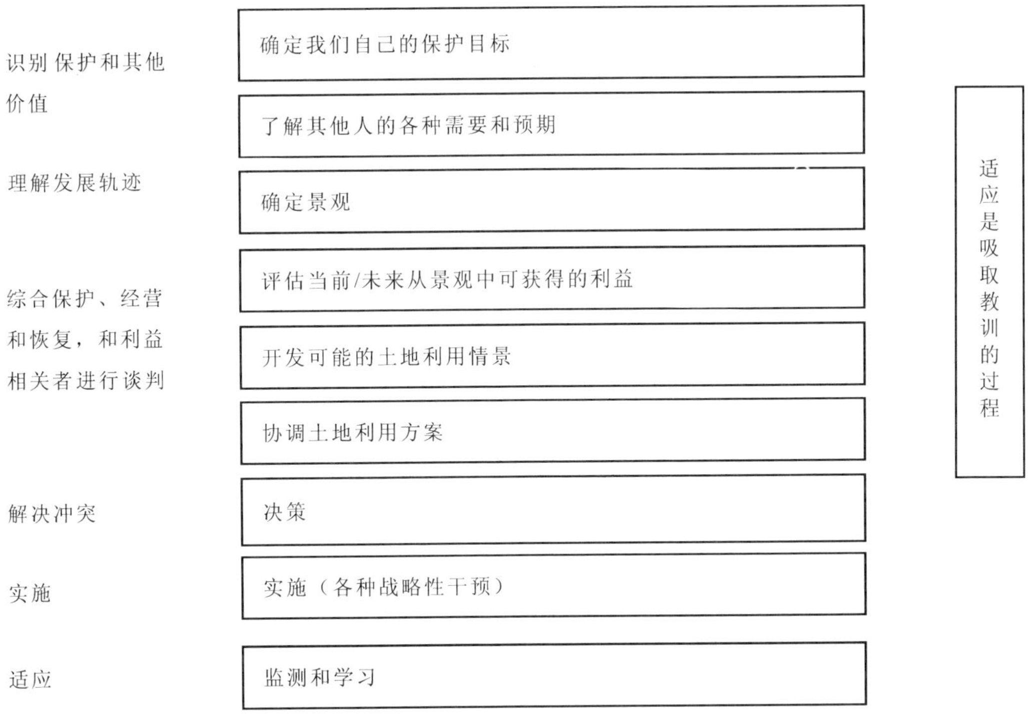

识别保护和其他价值	确定我们自己的保护目标	适应是吸取教训的过程
	了解其他人的各种需要和预期	
理解发展轨迹	确定景观	
综合保护、经营和恢复，和利益相关者进行谈判	评估当前/未来从景观中可获得的利益	
	开发可能的土地利用情景	
	协调土地利用方案	
解决冲突	决策	
实施	实施（各种战略性干预）	
适应	监测和学习	

图 7-1　保护—经营—恢复方法

7.3.3　在优先区域中实施保护

为在优先保护景观中继续进行生态区规划，世界自然基金会(WWF)也提出了一种科学方法，这种方法是一套开发景观和实施景观保护的指南，可用于指导森林恢复。

7.3.4　对照林

为了保护而进行的森林恢复通常涉及重新获得和原始林尽可能相似的林分(可参见第

15 章“森林恢复中对照景观的确定与应用”)。

框图 7-1 保护—经营—恢复过程中的各个阶段

确定我们自己的保护目标：作为利益相关者之一，保护组织需要先有关于目标景观的初步想法，包括地理范围和最为关心的生态过程。实现这些目标将要求综合保护、经营和恢复。

了解其他人的各种需求和期望：在早期阶段，获得其他关键利益相关者的想法，重要的是了解他们之间的关系，他们需要什么，正在对什么进行规划。虽然应将重点放在经济或发展问题上，但文化、历史、社会预期、发展水平和精神需求也同样重要。

确定景观：景观这个概念有许多不同含义。一个保护项目通常要在预先确定需要保护的景观中开展工作，但重要的是，要识别那些镶嵌或者交错分布在保护景观中的各种文化景观，例如，一个村庄、游牧民族利用的土地或者木材特许经营区。

评估景观的当前或未来利益：下一阶段就涉及评估，以发现损失的、源自景观当前和将来的潜在价值。虽然自然资源保护者们往往更多地关注生物多样性，但评估也要充分考虑社会、文化和经济价值，可以通过参与式过程来逐一加以确定，包括各种利益相关者也就意味着评估也是协商过程的一部分。

开发各种可能的土地利用方案：为了设计多种因素相结合的方案，应综合各种潜在的保护和发展行动。这些因素诸如保护区、其他受保护的森林(流域保护等)、经营良好的森林、需要恢复的森林面积和其他可相互兼容、具有竞争性的土地利用方式，所有这些因素会相互影响。什么样的马赛克镶嵌模式最好？我们正在审视一种总体规划或者一种随着时间逐步显现的土地利用方式吗？

协调各种土地利用方案：在景观范围内，如果总体价值能得到维护和提高，这种方法就意味着权衡社会、经济和环境价值，这是至关重要而且应当可以接受。

决策：在一些情况下，政府、非政府组织、公司和社区利益可以在同一个计划中达成一揽子行动。在其他情况下，协商可能会以持续或者不连续的方式进行。这种情形中，单一的总体规划不能达成，决策是在一个持续发展的框架中针对小片土地而做出的。

实施(各种战略性干预)：一些行动的结果将体现在立地上，可能涉及到为天然更新创造各种条件，有选择地种树以连接破碎化的森林，或者动员社会去改进火灾管理。还可能需要在景观或者更大尺度上采取其他一些干预措施，例如和政府一道来重新安排造林项目。

监测和学习：景观尺度上尝试的做法大多都相当新颖，因此，特别重要的一点是确保对其过程实施有效监测。随着项目的进展，监测结果和各种教训都将被用来改进项目，并且其作用会超越近期的保护项目而有助于其他和远期项目。在较大尺度上，将许多单个项目的监测和一些跨项目的附加指标综合起来，将是从整个景观角度衡量项目进展所需要的。

7.3.5　空缺分析

针对现有森林体系识别空缺的方法有几种。例如，世界自然基金会(WWF)加拿大分部的方法是利用永久地形特征来识别过去可能出现的植被，而联合国环境署—世界保护监测中心(UNEP—WCMC)开发的方法则是分析现存森林覆盖。

7.4　未来需求

虽然在大尺度上实施保护行动中日益重视森林恢复，但就方法和手段而言，和保护区规划相比，对森林恢复的支持仍然比较少。这方面的需求包括以下几点：

优先化：需要有较好的工具来确立需要优先恢复的地区。例如，为平衡连通性和核心区的重要性，分析现有森林面积中小栖息地的空缺，计算具有活力的最小面积等。

决策支持：需要多种方法来平衡各种社会和生态价值，包括参与式方法。

将一系列经营体系纳入到现有决策支持工具中：根据使用者的输入，现在的决策支持工具考虑的是一个地区要么被保护起来，要么不要保护。需要更复杂的工具，这些工具能够处理更大范围的保护方案(例如，可持续经营的森林)。

另外一项需求是，进行一定程度的倡导和解释，以鼓励人们在大尺度规划中考虑恢复，特别是恢复森林质量。虽然一些工具借助现有森林景观恢复项目得到了发展，但要评判这些工具是否成功还为时过早。

参考文献

Aldrich, M., et al. 2004. Integrating Forest Protection, Management and Restoration at a Landscape Scale. WWF, Gland, Switzerland.

Dudley, N., and Mansourian, S. 2000. Forest Landscape Restoration and WWF's Conservation Priorities. WWF International, Gland, Switzerland.

Dudley, N., and Stolton, S. 2004. Biological diversity, tree species composition and environmental protection in regional FRA-2000. Geneva Timber and Forest Discussion Paper 33. United Nations Economic Commission for Europe and Food and Agricultural Organisation of the United Nations, Geneva.

Fairhead, J., and Leach, M. 1996. Misreading the African Landscape: Society and Ecology in a Forest-Savanna Mosaic. Cambridge University Press, Cambridge, UK.

Garforth, M., and Dudley, N. 2003. Forest Renaissance. Published in association with the Forestry Commission and WWF UK, Edinburgh and Godalming.

Holenstein, B. 1995. Forests and Wood in Switzerland. Federal Office of Environment, Forests and Landscape, Swiss Forest Agency, Bern.

Iacobelli, T., Kavanagh, K., and Rowe, S. 1994. A Protected Areas Gap Analysis Methodology: Planning for the Conservation of Biodiversity. World Wildlife Fund Canada, Toronto.

Loucks, C., Springer, J., Palminteri, S., Morrison, J., and Strand, H. 2004. From the Vision to the Ground: A Guidc to Implementing Ecoregion Conservation in Priority Areas. WWF-US, Washington, DC.

McShane, T. O., and McShane-Caluzi, E. 1997. Swiss forest use and biodiversity conservation. In Freese, C. H., ed. Harvesting Wild Species: Implications for Biodiversity Conservation. John Hopkins University Press,

Baltimore and London, pp. 132 – 166.

Parrish, J. D. , Reitsma, R. , and Greenberg, R. , et al. 1999. Cacao as Crop and Conservation Tool in Latin America: Meeting the Needs of Farmers and Biodiversity. Island Press/America Verde Publications, The Nature Conservancy, Arlington, Virginia.

UNEP-WCMC. 2002. European forests and protected areas gap analysis 2002. http: //www. unep-wcmc. org/forest/eu_ gap/index. htm.

第 8 章　森林景观恢复重在协商

卡特里娜·布朗(Katrina Brown)

本章要点

通常情况下，在土地管理以及自然资源分配问题上，要满足所有利益相关者的要求几乎是不可能的，因此就可能会出现得失双方。

对多功能概念的运用，有助于不同森林系统达到共存状态而发挥效用，同时也可以兼顾更广泛利益相关者的利益。

资源保护工作者需要培养自己将利益相关者纳入建设性协商对话以及处理对话结果的能力。

8.1　背景

无论是从保护还是发展的角度出发，在多数考虑恢复森林的地区都有人类居住。此外，这些永久居民或是暂住者不大可能都来自同一个群体。所以，森林恢复牵涉到许多不同的、且有各自需求的利益相关者。因此在某一景观内，确立优先恢复区域需要在利益相关者之间进行协商。

1. 双赢局面

一般情况，只要经过充分的谈判和协调，土地管理以及自然资源分配问题就可以以一种共赢的方式达成共识——在这种情况下，景观中有足够多数量和种类的森林功能可以得到恢复，从而满足每一个利益相关群体的需求：这就是所谓的双赢局面。怎样才能达到双赢局面呢？这个问题已经在许多综合性保护与发展规划中提出了，但是人们一致认为现实生活中要满足每一个人的要求是不可能的，因此就会出现得失双方。我们认为，一些人可以凭借恢复后的森林功能获利，例如增加薪材和畅销产品的产量。但是另外一些人则会有所损失，例如失去进入林地或放牧的权限。协商过程实际是为了使损失最小化，并保证这些损失不会集中在那些最为贫困或其他弱势群体中。事实上，精心策划和参与式过程就可以达到双赢这样一些错误设想，以及无法处理协商结果往往会导致矛盾的产生，因为人们在这个过程中先有希望，后又失望。

2. 确定利益相关者的身份

由于不同利益相关群体对同景观抱有不同的预期或需求，协商寻求折中方案则是自然而然的事情。为了了解这一点，第一步就是确定所有利益相关者的情况。一般而言，利益相关者有不同的受影响程度和重要性特征，根据分析可以将它们分为三类：主要利益相关者、次要利益相关者以及外部利益相关者。主要利益相关者虽然对结果的影响很小，但是管理决策的制定对他们来说可能导致最重大的损失。一个主要利益相关者可以是农民、渔民或者是以森林为生的人。次要利益相关者则通常是管理人员或是决策者，他们负责执行决策，但并未直接受到决策结果的影响。外部利益相关者是那些身处远方但能够对结果产生重要影响的团体，其典型代表就是非政府组织(NGO)。虽然目前还提出了一些更为复杂的分类方式，但以上3种代表了最主要的类型。根据协商的目标不同，分析利益相关者的情况对于确定如何将它们纳入规划中则起到了至关重要的作用。

3. 通过中间人达到满意结果

实现利益公平均衡过程的下一步是推进不同利益相关者之间就折中方案进行坦诚协商。通常，这个过程需要一个协调人，他(她)在理想情况下应该作为一位“诚实的中间人”且不涉及其中的利害关系(或许是一个可信赖的外人)。中间人的作用是促进公开协商以及推进一个可以使不同利益相关者都能从中获利的过程，虽然有时这也可能意味着一些牺牲。例如，耕种者可能需要改变他们的耕作方式，但是反过来他们可能会通过合法途径来得到土地生产的经济林产品。生态保护组织或是发展机构往往愿意把自己定位成“中立者”，但事实上他们也有自己的立场和利益。生态保护组织和其他利益相关者一样具有自己的观点，他们的观点有时会和其他合法的经济、社会观点相竞争，因此资源保护工作者往往也不能满足他们所有的需求。“和外界专家预期相比，建立有效的程序需要很多时间、耐心以及对当地文化的敏感性。在与不同利益相关者间的协商中促进和确立折中方案是成功之道”。

4. 多功能性概念

为了恢复森林功能而就折中方案进行谈判时，“多功能性”概念十分重要。如果一个利益相关群体，例如一些生物学家是唯一决定某地恢复效果的人，那么对他们而言，一个景观应该包含该地所有生物的原始生境才算是理想的。相反，如果这个唯一群体是一个林业公司，景观恢复的主要功能应该是可促使纸浆和纸张生产获取丰厚利润的单一树种、高产人工林。对于当地贫困人群，他们关注森林恢复工程的主要功能是获取薪材。应用多功能性概念可有助于不同功能共存，从而满足大范围利益相关群体的不同需求。

5. 折中方案的类型

有意在一定范围内为获得不同功能而进行的景观恢复需要就折中方案进行协商。以下是几种不同折中方案的协商模式：

(1)不同利益优先权之间的协商，见上例；

(2)短期和长期利益之间的权衡；

(3)不同空间尺度之间的权衡取舍，尤其是立地和景观范围；

(4)不同社会和生物多样性保护部门间的协商，尤其是农民或是种植园主和非政府保护组织间的协商；

(5)不同生物多样性保护观点之间的权衡，这是由于对某地进行恢复时没有必要对所有物种进行保护，优先保护哪些物种需要一定的协商；

(6)不同社会群体之间的协商——通常来讲，越有影响力的团体越可能会做出决策，但是主要利益关系者会直接受到影响；在一个真正具有代表性的协商过程中，寻求折中方案的工作需要在不同社会群体之间进行；

(7) 在经济优先权，社会福利，生态保护之间做出取舍；

(8) 虽然多数情况下，保护组织隶属于援助与发展机构，但是他们缺乏评估折中方案以及谈判的技巧。而培养在景观层面上的工作能力，最重要的一项就是提高谈判技能。(可参见第 18 章“冲突管理和谈判”)。

8.2　范例：关于某地景观恢复的假想式谈判

至今，真正是由谈判对话和权衡取舍促成景观恢复的实例少之又少，为了达到这样的目的，在马达加斯加某专题研讨会上提出了一个理论化的程序。以下是为实现景观恢复结果可能经历的谈判步骤：

(1) 每一个利益相益者对这片景观 50 年前的情况进行描述，并阐述它是如何变成现在的状态，以及其中的主要驱动力；

(2) 在“中间人”协商下进行对话，以对景观现状和未来状态(特性，提供的产品和服务等)达成共识；

(3) 每一个利益相关者对 10 年后景观恢复要实现的愿景提出清晰具体的设想，并指明最重要的特征，列出可能进行协商的特征和一定可以进行协商的特征；

(4) 然后将不同利益相关者的设想放在一起开始谈判。以达成对未来的共识而结束谈判，也就是形成大家都接受的景观恢复愿景。

当然，这一过程会花费大量时间。它需要清晰地分析利益相关者的身份和代表性，需要一个公正的中间人，还需要通过这些方法和步骤让每一个利益相关者了解不同决策背后的含义。

8.3　工具简介

下面是一些用于促进协商谈判的可行之道。

1. 焦点小组

在一个规模较小的团体内工作可以树立信心，尤其是那些不愿意在大型会议上表达自己观点、或是不习惯公开演讲的利益相关者更是如此。这种方法可以让具体的利益相关者在参加更大型会议和专题研讨会之前能在一个安全、私密性较强的环境下进行预演和仔细斟酌。

2. 调查

调查对于获得基线数据和信息以建立愿景和阐明管理方案具有重要意义，是了解和接近不同利益相关者的方法。这种方法尤为重要的一项作用是向利益相关者反馈从调查中获得的信息，这也是社会性学习的一部分。

3. 建立共识研讨会

研讨会可召集不同的利益相关者前来进行协商，并就管理策略达成一定的共识。其中可运用解决冲突的方法和建立共识的技巧，包括愿景规划和设想对标准和可能的情境进行排序和投票选择。

4. 多目标衡量分析法

多目标衡量分析法是一种决策支持工具，可以以一种复杂的、数据密集的形式或是在协商研讨会中发挥作用。它可以帮助利益相关者从只关注结果退一步到评估什么标准可以指导做出决策。这种方式不讨论管理的结果，而是鼓励人们将注意力转移到“为什么”以及“如何”做出决策，但并不关注决策的影响。这样就更有助于形成一个以共识为基础的协商方式。

5. 成本效益分析

为了将注意力转向不同管理方案的非货币以及非经济影响，了解不同利益相关者是如何评估资源的功能，我们可以运用一系列的评价技术。同样，这种方法可以通过了解利益相关者关注的重点和价值来建立信心。

6. 情景设计

不需要直接牵涉到各个利益相关者利益就可以讨论不同方案的一种方法，是确定情景，或者对未来连贯、一致、合理的推想。对于所有的利益相关者而言，设计的情景必须是可信的、易懂的、随着具体情况而改变的。讨论和评价情景的方法在讨论管理的各种方案时可以避免就某人的项目或策略展开争辩，因此它是一种建立共识的有效方法。

8.4 未来需求

对利益和需求的权衡取舍的评估和谈判在保护中尚属少见，更不用说在恢复项目中了。因此，在恢复森林功能时，还需要更多的谈判协商的实践，这在资源有限和迫切需要恢复时尤其如此。换言之，如何在急需为濒危物种恢复生境与真正参与性协商过程之间求得平衡呢？资源保护工作者还需要培养可以将利益相关者纳入有建设性的协商对话以及处理对话结果的能力。

参考文献

Aldrich, M. , Belokurov, A. Bowling, J. , et al. 2003 Integrating Forest Protection, Management and Restoration at a Landscape Scale, WWF, Gland Switzerland.

Brown, K. , Tompkins, E. , and Adger, W. N. 2002 Making Waves: Integrating coastal Conservation and Development. Earthscan, London.

Brown, K. 2004 Trade-off Analysis for Integrated Conservation and Development. In: Mc Shane, T. , and Wells, M. P. , eds. Getting Biodiversity Projects to Work. Columbia University Press, New York.

Franks, P. andBlomley, T. 2004. Fitting ICD into a project framework: A CARE Perspective. In: Mc Shane, T. , and Wells, M. P. , eds. Getting Biodiversity Projects to Work. Columbia University Press, New York.

Mc Shane, T. , and Wells, M. P. , 2004. Getting Biodiversity Projects to Work. . Columbia University Press, New York.

Sayer, J. , Elliott, C. , andMaginnis, S. 2003. Protect, manage and restore: conserving forests in multi-functional landscapes. Paper prepared for the World Forestry Congress, Quebec, Canada, September.

Sheng, F. , (No date.) Wants, Needs and Rights: Economic Instruments and Biodiversity Conservation, a dialogue. WWF, Gland Switzerland.

B 篇

森林景观恢复的关键准备步骤

第四部分　规划过程概述

第9章　制定森林恢复规划框架

丹尼尔·瓦劳里(Daniel Vallauri)、詹姆斯·阿伦森(James Aronson)
尼盖尔·杜德莱(Nigel Dudley)

本章要点

由于所有恢复项目所遵循的模式都不相同，因此有步骤地规划恢复方案是很重要的，尤其是在处理较大尺度对象或景观问题时。

森林恢复的成功取决于以下过程：合理规划即将短期目标与长期目标结合以及尽可能高效配置恢复项目资金。

从已经实施的恢复项目中学习经验教训对于规划未来的恢复活动是个重要的开始。

规划大尺度森林恢复的方法很少，本文将推荐一个五步规划过程。

9.1　背景

9.1.1　为什么要规划?

恢复自然生态系统是一件既艰难又耗费精力、花费财力的事情。这个过程几乎从来都是长期、复杂的，并且需要跨学科的解决方案，在处理严重退化的生态系统和景观时更是这样，因为在利益以及其他问题上会不可避免地发生冲突。

从生态角度来看，恢复严重退化的森林通常要花费几年时间(往往在退化后10~15年内)来建立初期生态系统，并且需要实施矫正或者调整等干预措施。在热带地区至少要在50年后初期生态系统才能完全恢复，而在温带地区则要100年甚至更长。然而，受政治和经济等问题的影响，林业政策和恢复项目通常只能在短期和中期得到资助，10~15年的项目期通常是最长的。鉴于这种情况，恢复人员应该：①修改短期恢复目标和技术，将实施耗资较大的矫正措施的可能性降到最低；②提前规划，以节约资金来进行长期监测评价、实施矫正措施或者管护等工作。

另外，森林恢复需要有效地融合多个学科和专业领域的技术，包括生态学、造林学、经济学、公共政策和社会科学。

同时，相对来说，缺乏大尺度保护的经验意味着用研究项目来填补这方面的知识空缺要花费很多时间。对于关键问题的调查，如自然动态，本土物种的管护和种植技术等，最少也要 5～10 年；然而对于纯粹的研究项目来说，除非它们能真正应用于实践并能取得成功，否则资金将非常有限。鉴于以上原因，恢复人员应该确定短期目标及恢复活动，同时也要制定维持项目的长期目标，一个关键的实际目的就是至少要得出一些野外实验结果，例如，精心选择试验点以便为长期工作打下基础。

最后，如本章中所讲，森林景观恢复需要不同利益相关者和不同社区之间采取一致方针，为景观恢复制定一个被共同接受的愿景和目标。这同样需要时间，需要规划，但却能很快产生实际变化或结果。

森林恢复的成功与否取决于以下过程：在时间和空间上合理地规划、平衡短期目标与长期目标，以及尽可能高效地配置项目资金。因此，要想取得成功就需要一个明确的分步行动计划。过去的恢复项目通常没做这样的规划，尤其是在立地层面上实施的项目，结果导致恢复工作在刚开始的几十年间就出现了许多难题，甚至失败。

9.1.2 逐步恢复

如果将森林恢复作为景观或生态区层面保护工作的一部分来实施，那么在遵循管理、可持续性和可持续利用原则的前提下，我们建议把森林恢复规划为综合项目的一部分，同时这个项目应该也涉及到保护原始自然遗迹以及加强生态系统管理。本书列举了涉及到保护—管理—恢复项目中的一些要素。这个逐步规划的方法包括制定一系列保护目标，即我们希望恢复森林的哪些功能，以及协调这些目标与其他利益相关者尤其是当地人的需要、兴趣和期望之间的关系。

设计构思实施恢复项目的过程是一项创新体验，下面的五步逻辑规划过程是我们提出的规划框架大纲。以大尺度保护策略为背景，以下的步骤将有助于实现恢复目标。

9.1.2.1 第一步：启动恢复项目，建立伙伴关系

任何森林景观恢复项目的第一步工作都是非常重要的，即识别要处理的问题，就解决办法达成一致意见，并制定恢复目标。从理论上讲，恢复目标应该有助于实现景观的生态和社会经济目标。通常情况下，恢复人员必须从零开始，提高对景观退化程度的认识，分析其根本原因，然后让利益相关者确信进行森林恢复的必要性与可行性。由于具体背景条件存在差异（现有的意识水平、政治因素、可用资金等），这一步有可能持续几年时间，并且需要进行大量的工作。

根据经验，森林恢复只有得到绝大多数当地利益相关者的支持才能取得长期效益，因此，掌握利益相关者的需要和意见是非常重要的，例如，他们想恢复森林的哪些功能，是否存在潜在的利益冲突。应该意识到恢复人员（公益保护组织等）自身也是利益相关者，也有其具体的目标（即恢复生物多样性），也应该与其他利益相关者的目标相协调。

这一步骤的产出包括：

(1) 确认退化及其根本原因以及解决办法并达成共识；

(2)利益相关者的参与；

(3)发展恢复项目的伙伴关系(项目核心理念和谅解备忘录书面文件)；

(4)至少第一个多年周期的财政预算已经落实(比如5年为一个周期)。

9.1.2.2 第二步：定义恢复需求，与大尺度保护目标相联系

让当地利益相关者接受这个步骤并不容易。要恢复的地理范围可能远远超出许多人熟悉的工作区域，或者超出他们的设想(也有可能是人们希望的工作范围，因为恢复也意味着开发)。像上文所提到的，从理论上讲，应该采用“保护-管理-恢复”的综合方法来制定恢复的目标和策略，因为需要通过管理和保护活动增加恢复项目的投资。

要确定景观内森林当前和潜在的收益(生物多样性，环境服务，生活资源和出售资源)，以及使用对照林分和其他技术产生的恢复潜力评估是必不可少的，其中一个重要的环节就是确定恢复区的实际边界或者确定我们希望恢复哪些区域。定义关键保护区域、分析退化原因以及预测威胁都有助于确定优先景观和对恢复进行最合理的投资。

这一步骤的产出包括：

(1)定义各相关尺度(生态区域、景观)的保护任务；

(2)分析退化压力和潜在威胁对景观造成的各种后果；

(3)定义恢复的作用，确定保护和管理需要；

(4)确定恢复的优势区域，并解决以下问题：需要恢复哪些景观、哪些景观单元，或者哪些景观功能？哪些物种需要根除、控制或者重新引进？

9.1.2.3 第三步：确定恢复战略战术，包括土地使用情况

受生态因素、社会经济背景和恢复目标的影响，一个项目只能制定少数几个备选方案，在这些方案中做出选择时需要认真研究并收集数据。

这就意味着必须要协调不同观点，而达成一致意见将是一个持续的阶段性过程。更确切地说，就景观整体未来达成一致意见之前也可以采取一些具体有效的恢复干预措施。协商的方法自然就取决于具体国家或地区的政治、社会等实际情况，并且应该自始至终贯彻采用参与式方法做出决定的总体原则。

这一步骤的产出包括：

(1)评估景观对人和生物多样性带来的当前和长远益处；

(2)评估当前景观、过去景观和对照景观的状态；

(3)定义恢复的期望值；

(4)制定可能的土地空间利用情况(包括地图)；

(5)制定实现短期和长期目标(包括模式、时间框架和地图)的备选方案；

(6)协调土地利用可选方案：如何做到既能实现目标又能协调在需求、兴趣等问题上的冲突；

(7)针对景观内每个区域、每个问题制定一套目标、战略和战术；

(8)空间上及时间上的重点；

(9)确认恢复途径、技术方案、步骤和阶段(尤其要记住监测和调整阶段，以便于全面实现长期恢复目标)；

(10)具有确定的时间框架、地图、资金和定量指标的书面恢复计划、恢复战略和一

整套策略。

9.1.2.4　第四步：实施恢复项目

这一步是见效最明显的部分，但通常成本也最高。有些项目是从这一步开始的，把所有可用资金都用来试着种树，却忽略了上文推荐的前几个规划步骤，从而导致恢复项目要么在次优先地点实施，要么根本达不到效果，以浪费时间、资源而告终。正确的做法是从小规模行动入手，比如，为了从实践中学习，建立一个或多个试点来验证关键恢复目标是否可行，并检验造林技术(如栽植、天然更新)。同时我们也强烈建议可以实施较大尺度的活动，但前提是按照上文所列步骤认真规划、评估。

这一步骤的产出包括：试点；实施大尺度恢复活动；第一次试验结果的经验教训；恢复方案的调整及修改。

9.1.2.5　第五步：逐步建成完全恢复的生态系统

实际上，开始实施后的几年或者几十年时间里，即使一直都很成功，也会出现一些前期工作无法预测到的结果或者环境的变化(如社会经济环境有所改善)，从而改变原来最合理的恢复方案，有时甚至不得不重新制定项目的整体目标。但进行这样的修改并不意味着项目失败了，应该把它看作是在较大景观背景中恢复复杂生态系统过程的一个正常步骤。

因此，恢复工作不仅仅是种树而已，要想长期维持恢复项目的成功并预见潜在的问题，项目一开始就需要建立一个监测和评估框架(参见第七部分“监测与评价”)，以促进适应性管理和矫正工作。

这一步骤的产出包括：定期评价(社会、经济、生态)；重新评价恢复方案；设计并实施矫正工作。

9.2　案例

虽然森林景观恢复项目的数量日益增多，但到目前为止，综合性项目还很少。下面的例子不但说明了规划的必要性，还介绍了实践中的大尺度恢复项目的规划工作，不仅说明了如何实施规划框架，还指出了忘记某个步骤将会出现什么问题。

9.2.1　新喀里多尼亚：从意识到热带干旱森林的恢复(第一步)

从科学家第一次发出警告信号到新喀里多尼亚的森林景观恢复项目第一次试点种植或对样地采取保护措施总共用了15年。对新卡里多尼亚热带干旱区森林的关注开始于20世纪90年代。1998年世界自然基金会号召研究机构、当地政府机构和非政府组织(10个伙伴单位)联合创建热带干旱森林恢复项目。这个项目定于2005年开始，但从2001年起，对不同热带干旱区森林斑块的前期勘察和绘图工作基本上就全部展开了，同时开展的工作还有与恢复工作有着重要关系的生态、造林以及园艺方面的研究。本书的两位作者(Aronson和Vallauri)也参与了这个项目，他们认为项目的参与者此时应该尽快着手准备保护-管理-恢复的方法和恢复大尺度的优势景观，如生态条件突出的Gouaro Deva景观(见第41章“热带干旱区森林恢复”)。

9.2.2 越南：将恢复整合为跨越七省的景观项目(第二步)

从达拉特(Dalat)开始，重松中部(Central Truong Son)项目共覆盖越南中部内陆7个省，目前正在开发森林保护、管理和恢复的综合方法。尽管保护区内面积相对较大的天然林的状态不良或处于严重退化状态，但仍然保存完好，区内主要植被建设很成功，而且政府承诺会保留保护区。但新胡志明高速公路使社会和环境发生快速变化，有些则直接威胁到现有的天然林。重松中部(Central Truong Son)项目确定了优势景观，并对森林质量进行了详细的研究，利用空缺分析精确地找到了增加森林连通性和保护生物多样性恢复天然林的最有效区域。这些区域目前分布在宋坦(Song Thanh)自然保护区缓冲地带的周围，位于连接着几个天然林斑块的绿色走廊之内。另外，这个项目正在争取增加森林天然更新中的恢复资金比例(见第21章案例分析"越南的森林景观恢复监测")。

9.2.3 法国：缺乏生态监测的后果(第五步)

早在19世纪60年代，法国南阿尔卑斯山林业局就发起了雄心勃勃的"山地恢复"计划，主要目的是控制水土流失。项目采用了多种种植材料包括当地灌木和草本，却没有包括当地乔木。1860～1914年间，项目在60000多公顷的面积上主要种植了欧洲黑松(*Pinus nigra* Arn. subsp. *nigra* Host)，经证实这种办法有效地遏止了黑泥灰岩的流失(平均速率为每年0.7mm)。尽管水土流失得到了控制，荒地也造林了，但是生态系统却没有完全恢复，直到最近才进行了辅助调整和生态评价。虽然对土壤生物活动(尤其是蚯蚓的活动)的研究结果显示，森林土壤现在有了更好的保护，然而，重建起来的生态系统却面临两个新的生态问题：缺乏天然更新，同时所种松树缺少槲寄生(*Viscum album*)的干扰。如果对管理重点进行过修改，那么现在项目目标应该能恢复当地森林生态系统的多样性、结构和功能。但由于在长达100年的时间里没有进行监测评估，恢复方案没能及时调整。实际上在欧洲黑松的短期先锋阶段结束后的30年里，像枫树、花楸等本土生物群落就已经自生恢复了，这时就应该对恢复战略进行调整。

9.3 方法概述

专门为恢复项目设计的规划方法仍然很少，但许多现有保护规划方法却适用于恢复项目，或者可以包括恢复项目。例如，保护国际(Conservation International)制定了廊道恢复指导方针，尽管不是很详细，但是却为填补森林植被的空缺提供了参考。

读者在以下的章节中可以发现更多潜在的规划方法细节，包括：

第一步：启动恢复项目，建立伙伴关系，游说，参与式方法，能力建设；

第二步：明确恢复需求，与大尺度保护目标相联系，生态区域规划过程(世界自然基金会)，五步流程和系统的保护计划(大自然保护协会)，景观规划；

第三步：制定恢复战略战术，包括土地使用情况，概念建模；地理信息系统，生态建模，"生态愿景和战略"会议；

第四步：实施恢复，人工造林、天然更新、物种选择等方法在本书其他章节介绍。

第五步：全面恢复生态系统的试点：利用恢复项目数据库可以从过去的恢复项目中吸取很多经验和教训如由联合国环境规划署世界保护监测中心（UNEP-WCMC）（*http：//www. unepwcmc. org/forest/restoration/database. htm*）发起的全球恢复数据库或地中海已评估的恢复项目（*http：//www. ceam. es/reaction/*）分析长期恢复项目的数据库是非常有用的。监测标准和指标见第七部分“监测与评价”部分。

9.4　未来需求

景观或者大尺度的恢复规划仍然处于初级阶段，还需要很多深入的工作来改进、完善规划过程并制定规划方法。因此，在未来几年内，无论是理论还是实践有关恢复规划的工作都是急需的。从以前的规划项目中吸取经验教训会大大提高项目的效率，以后这些经验教训将可以从专门的指南、手册或者是相关的软件程序中逐步地学到。

参考文献

Aronson，J.，Floret，C.，Le Floc'h，E.，Ovalle，C.，and Pontanier，R. 1993. Restoration and rehabilitation of degraded ecosystems in arid and semi-arid lands. I. A view from the south. Resoration Ecology 1：8－17.

Clewell，A.，and Rieger，J. P. 1997. What practitioners need from restoration ecologists. Restoration Ecology 5(4)：350－354.

Pickett，S. T. A.，and Parker，V. T. 1994. Avoiding old pitfalls：opportunities in a new discipline. Restoration Ecology 2(2)：75－79.

Valauri，D.，Aronson，J.，and Barbero. M. 2002. An analysis of forest restoration 120 years after reforestation of badlands in the south-western Alps. Restoration Ecology 10(10)：16－26.

Wyant，J. G.，Meganck，R. A.，and Ham，S. H. 1995a. A planning and decision-making framework for ecological restoration. Environmental Management 6：789－796.

Wyant，J. G.，Meganck，R. A.，and Ham，S. H. 1995b. The need for an environmental restoration decision framework. Ecological Engineering 5：417－420.

第五部分　明确并应对挑战或制约因素

第 10 章　评估和处理森林恢复项目中的威胁

多琳·罗宾逊(Doreen Robinson)

本章要点

威胁分为直接、间接和潜在 3 种，在开展大尺度恢复工作之前，认识和了解这 3 种威胁非常重要。

许多评估威胁以及把评估结果整合到恢复项目所使用的方法已经在世界范围内经受过试验，但在大多数情况下，还需要与其他方法结合使用，或者做一些修改以适应当地情况。

恢复项目的一个难题就是拓宽多学科专家小组进行评估和分析的专业技能。

10.1　背景

成功的恢复项目取决于良好的项目设计，它的基础是：坚实的科学基础、对威胁和时机的全面了解以及把握好关键时机，同时选择一套实用且能够缓解威胁的战略性干预措施。全面评估威胁不仅仅要明确对森林恢复构成威胁的因素、行为和做法，还要分析导致这些威胁的潜在社会、经济和政治因素。

10.1.1　评估威胁所需信息

对于恢复项目来说，好的威胁评估则提供了确定干预措施的可操作性信息。信息应该及时、可核查，收集成本低、节约时间。恢复方案难免会落入一些常见的误区，即：投入大量的时间和资源去收集大量的数据，这些数据虽然比较新颖有趣，但对作出正确的恢复决策起不了多大作用。为了避免这个误区，比较有效的办法是通过研究直接的、间接的以及潜在的 3 种威胁来开展威胁评估。

10.1.2　威胁的类型

直接威胁对造成森林退化或丧失有直接、明确的关系。间接威胁通常被认为是根本原因，它是隐藏在直接威胁背后的潜在驱动力。虽然潜在威胁对森林恢复当前不构成显著危害，但是今后却很有可能威胁森林恢复的各种投资。既然森林恢复是一个长期的保护性干预过程，那么在分析威胁时考虑潜在威胁则十分重要。

在世界各地的恢复方案中有一些共同的直接威胁已确定，包括生境破碎化、不可持续利用以及过度开采森林资源、污染和物种入侵，这些都导致了生态过程的中断，而生态过程对于天然林系统的健康功能至关重要。

这些威胁的根本驱动力还与那些为了取得短期经济效益而快速、不可持续地改造森林的政策有关。如木材、棕榈油或薪材等林产品全球贸易会造成森林退化和丧失，尤其是当市场价格使真实成本外部化时。

如果存在持续的冲突和内乱，由于当地人缺乏满足需要的替代生计，或者移民和难民从冲突地带逃入森林地区，都会导致迅速扩大对森林资源的依赖。此外，在多数情况下，森林是唯一能够产生现金供冲突得以继续的资源。在这种情况下，如果治理和冲突中的根本性问题得不到解决，那么森林恢复项目取得成功的希望将非常渺茫。

其他常见对森林恢复的间接威胁包括缺乏正确的有关生境恢复的科研知识和技能，以及缺乏实施地面措施的技术支持，另外，政府缺乏意愿，广大利益相关者不予支持通常也会使恢复项目受阻。造成这种现象通常是因为人们认为开展恢复项目成本高、收益有限，再加上恢复项目的时限很长、缺乏持久资金，资源和土地使用权得不到保证，这些因素综合到一起就对开展恢复活动形成了巨大障碍。

10.2　案例

10.2.1　马达加斯加

在马达加斯加南部的 Mandena 保护区，美国国际发展署同 Ampasy-Nahampoana 社区和 Mandromodromotra 社区、水和森林部门以及 QMM 公司（QIT Madagascar Minerals）合作，进行森林恢复。日益增加的人口、发展刀耕火种式农业以及一些其他因素引起薪柴需求增加导致了对森林资源的不合理利用，从而造成该地区的森林急剧破碎化。这里是马达加斯加最贫穷的地区之一，当地人们为了满足生计需求而依赖于森林资源，造成了森林丧失和退化。

QMM 公司与社区、社区领导和区域政府代表合作，对本地区森林恢复的威胁以及恢复时机做了全面了解和掌握，从而提出了一套创新的恢复计划，旨在缓和造成森林破碎化的直接威胁以及与贫穷有关的间接威胁。例如，为了刺激经济增长和创造收入，QMM 公司同意以该地区钛铁矿的所有权作为交换，对现有原始森林生物多样性保护区附近的区段进行投资以恢复森林。该项目不仅要扩大连片森林的面积，还要改善森林的健康状况，保护重要的水循环过程，并与该地区生态旅游的投资和发展建立联系。另外，当地日益增加的薪材和木炭需求导致了对原始森林的砍伐，为了缓解这种情况而在已经退化或遭到砍伐的林地上种植速生物种的项目也得到了大力支持。

虽然我们对各种威胁非常了解，但是解决马达加斯加南部森林恢复、生物多样性保护和当地发展需求等问题的能力也不无难度。例如，由于缺乏当地森林生态方面的知识和能力，在鉴定本土先锋物种时就遇到了挑战：需要进行8年多的科学研究，并投入数百万美元来制定适当的森林恢复方案。也许现在合作伙伴们面临的最大挑战是如何在原来的恢复试点之外扩大干预规模并进行新的合作，从而在整个地区范围内有效地消除导致森林退化和丧失的真正威胁。

10.2.2 阿根廷的大西洋森林

在阿根廷米西奥内斯(Misiones)省的安德烈西托(Andresito)地区，阿根廷野生动物基金会(FVSA)和世界自然基金会(WWF)正在帮助恢复与绿色走廊毗邻的关键森林地区，而绿色走廊是世界上现存面积最大的连片大西洋森林。由于人口快速增长，为了满足小规模农业生产和对薪材的需求，这里的森林已经被大量砍伐。

为了给该地区制定详细的恢复战略，阿根廷野生动物基金会(FVSA)综合实地调查、经济分析和地理信息系统等方法，对森林恢复的威胁和机遇进行了全面分析。他们首先为该区域每一片土地制定了详细的土地利用现状图，再附上生物和社会经济数据，用以确定建立能够满足森林恢复目标的廊道的重要时机。他们还同阿根廷的一些大学一起对当地森林和遮阴物种开展了生物多样性友好型生产实践的研究，以评估保护项目能够带来的潜在经济收益。同时，还建立了应用不同物种和生产技术的恢复试点，用以评估生态和经济方面的成本和效益(见第34章案例分析“寻找保护和恢复阿根廷大西洋森林的可持续经济方法”)。随着该地区贫困状况的加剧，寻求其他创收机会是土地拥有者从事森林恢复的一个关键诱因。

依靠这些分析和研究结果，阿根廷野生动物基金会(FVSA)接下来同土地私有者、当地合作社、政府代表等一起进行土地长期使用管理参与式规划，包括更新造林、采伐、经济林产品生产等。由于这种土地利用管理规划详述了空间利用，利益相关者不仅可以看到森林恢复给他们带来的好处，也看到了他们对整个地区可持续前景的贡献。目前，这个项目也面临着扩大规模的挑战。现在阿根廷野生动物基金会(FVSA)以帮助利益相关者接受新的生产选择和可持续资源利用管理为重点，重点发展碳汇项目，以缓解森林恢复的高额成本，实现长期的恢复目标。

10.2.3 越南用三维模型确定威胁

世界自然基金会(WWF)及其伙伴在越南广南省松旦(Song Thanh)自然保护区周围同9个村庄的社区成员开展了参与式景观规划过程。村民和林业部门人员利用保护区周围3万 hm^2 景观的1:10000模型进行规划并制定决策。

工作人员用颜料、大头针和纱线等材料描述土地利用、自然资源要素、威胁以及它们之间的关系，并利用生动的讨论和辩论向人们传达了一个以保护、管理和恢复活动为重点的综合管理计划。特别是他们利用建模过程确定非法采金活动造成的威胁并展开激烈的讨论，引起了有关当局高度重视。老人、妇女和儿童都对建模做出了贡献，促使社区更大规模地参与到景观规划的决策中。威胁的三维制图为社区参与恢复规划提供了很好的方法，从而说明解决矛盾的技巧是确保成功的关键。这种高效益低成本的活动目前正被推广到其他地区，用以开发更大尺度景观内土地和资源的综合管理。

10.3　方法概述

许多用来评估威胁并把分析结果整合到森林恢复方案中的方法已经在世界各地经受了试验。虽然任何一种方法都不是通用的，但是方案实施者可以考虑选择和修改现有方法的某些方面以满足特定森林恢复目标，这些目标包括：利益相关者的参与，分析的灵活性和适应性，成本(例如时间、人力、财力)，信息收集和分析的重复性，统计和更新信息，对不同对象的可交流性，以及合并不同类型数据(定性的和定量的)的能力。

收集相关信息进行威胁分析时使用的技术包括：调查研究、文献评述、生态和社会经济调查、小组讨论、关键信息交流。在进行实际分析时，可以单独使用一些方法或将这些方法综合使用。

概念建模因其为考虑干预措施提供了战略框架，通常被用来展示威胁及其影响的联系和复杂关系。概念模型能够表征影响森林恢复的直接和间接的限制因子，而这些限制因子也正是恢复项目所要改变的。概念模型一般由定量和定性组合数据支持，因此能够很好地查出根源，整合跨学科观点，多方利益相关者利用概念模型可以很好地参与到辅助讨论中。但是，概念模型可能会非常复杂，并很难确定和选择干预措施。

威胁矩阵是把威胁评估以及项目目标、具体活动联系在一起的有效途径。它可以相对简单，也可以是能够明确说明森林恢复目标的复杂逻辑框架，而森林恢复目标又和相关威胁、活动，以及监测长期潜在变化的指标有着明确关系。威胁矩阵有利于把威胁评估与具体活动和战略干预联系在一起，并且在进行适应性管理实践时也容易更新。把威胁与目标和活动联系起来的假设可能是模糊的，因此我们应该把这些假设明确地提出来，并用定量和定性分析做支持。

威胁制图可用在森林恢复区域的威胁评估中，其形式既可以是图解地图，也可以是用黏土、木头或其他材料制成的 3D 模型(见上文越南的案例)。与社区小组讨论森林生境数量和质量变化通常以威胁制图为基础，促进式的讨论能够保证对威胁有着不同认识的社区成员提供他们的见解。例如，老人知道森林的历史背景；男性和女性由于所使用和管理的森林资源不同，对于威胁的认识也可能截然不同。如果使用合理，威胁制图将是参与性很高的工具，能有效整合定性信息，其产出能为多方利益相关者使用。当威胁制图同其他定量方法结合使用时通常最为有效。

基于地理信息系统(GIS)的方法可以提供更高级的威胁制图，它能精细地在空间地图上反映出定量数据。可以在地图中通过展示数据的长期变化，描绘出直接威胁，如生境破碎化。基于 GIS 的威胁评估方法范围较广，可以是反映实地收集数据的简单地图，也可以是将威胁数据合并到恢复项目中的复杂决策支持系统，这些项目模型的选择方案和结果所使用的标准是由使用者制定的。这样的可视化产品可以展示出可选择的方案，合理透明的标准和价值设定程序可以让利益相关者很容易地接受并参与到项目中来。但是这些方法强烈依赖于可量化的数据，而且取决于具体技术，他们的效用也会受到数据有限性和可靠性的影响。因此基于 GIS 的威胁评估需要一定的技能和设备。这些方法对于产生基线数据集以及监测恢复干预措施的长期变化非常有效。

10.4 未来需要

威胁分析对于做出真正的决策很关键，然而，森林恢复项目的一个重要挑战就是更有效地整合相关分析。威胁分析本来应该是战略规划和适应性管理的一部分，但却一直被看作是单独的背景研究活动，一旦完成就被放在一边，不再查看。威胁评估通常被视为主要是科学和学术方面的调查，还要更有效地填补它与项目实际实施之间的差距。

为了使威胁评估更严格更有效，综合跨学科的分析方法也需要精炼。生物学家、社会科学家、保护人员、决策者、经济学家、社区领导和投资者分别关注威胁评估的不同方面，如果能在现实工作中把他们对森林恢复影响因素的观点结合起来并做出取舍，就可以做出更明智务实的决策。

参考文献

Biodiversity Support Programme. 1995. Indigenous peoples, ma;; ing and biodiversity conservation: An analysis of current activities and opportunities for applying geomtics technologies. Washington, DC, 83 pp.

Hardcastle, J. , Rambaldi, G. , Long, B. , Le Van Lanh, and Do Quoc Son. 2004. The use of participatory three-dimensional modeling in community-based planning in Quang nam Province, Vietnam. PLA Notes 49: 70 – 76.

Robinson, D. 2000. Assessing Root Causes—A user's Guide. WWF Macroeconomics Programme Office, Washington, DC, 40 pp.

Wildlife Conservation Society (WCS) . 2004. Creating conceptual models—a tool for thinking strategically. Living Landscapes Technical Manual 2, 8 pp.

Wood, A. , Stedman—Edwards, P. , and Mang, J. 2000. The Root Causes of Biodiversity Loss. WWF/ Earthscan, 398 pp.

补充阅读

Salafsky, N. , and Margoluis, R. 1999. Threat reduction assessment to: a practical and cost-efictive approach to evaluating Conservation and Development Projects. Conservation Biology 13(14): 830 – 841.

Verolme, H. J. H. , and Moussa, J. 1999. Addressing the Underlying Causes of Deforestation and Forest Degradation—Case Studies, Analysis and Policy Recommendations. Biodiversity Action Network, Washington, DC, 141 pp.

Wildlife Conservation Society. 2004. Participatory spatial assessment of human activities—a tool for conservation planning. Living Landscapes TechnicalMannual 1, 12 pp.

WWF. 2000. A guide to socio-economic assessments for ecoregion conservation. Ecoregional Conservation Strategies Unit, 18 pp.

第 11 章　不利的政策导向

基尔斯滕・斯库特(Kirsten Schuyt)

本章要点

许多由政府支持的造林和再造林项目以短期植树为目的，通常会因设计不良、执行不利、缺乏监测而受到阻碍。

结果政府对这些项目的支持就成了不利的激励政策，有时甚至妨碍了引进更平衡、更公平的恢复形式。

取而代之，应该引导激励机向更广泛综合的机制发展，给社会带来更多的收益，让当地合作者和利益相关者参与进来并进行有效的监测评价。

11.1　背景

有些国家，政府对于特定恢复项目的激励机制扭曲了森林保护、恢复和管理的方法。长期以来政府鼓励林业部门恢复森林覆盖率主要就是支持植被建设。鉴于这些项目的经济成本，一些环境和社会福利团体对这些项目在经济、环境和社会方面的效益提出了质疑。尽管许多林业激励机制给人们带来了就业和创收的机会，但围绕着这些项目的整体成本以及长期运行下来谁来承担这个成本等疑问仍然存在。例如补助金被少数参与者如大公司和土地所有者等占有，一些研究指出了社会所关注的问题以及公平性问题。在智利，80% 用于建造人工林的公共激励资金被 3 个公司占有。其他设计不当的激励项目却加剧了对天然林的开发，加剧了土地退化。问题的关键在于：造林和再造林的公共资金有没有用在能给社会带来净收益的项目上?

由 Perrin 进行的案例分析说明了政府鼓励的造林和再造林方面项目往往因设计不良、执行不利、缺乏监测而受到阻碍。公共激励通常被应用到了短期的植树活动中，这些活动不足以解决人们关注的可持续性、生物多样性保护和生计等问题。这些项目的重点不是保证激励机制促进森林功能和森林资源的恢复，也没意识到利益相关者参与带来的好处，还缺乏足够的监测和执行机制，这就意味着激励机制很容易被误用。

生物多样性公约确定了 3 类不利政策激励：

(1) 不利于环境的政府补贴：关于什么是补贴，文献中有很多不同的定义。通常包括直接补贴(比如向消费者或生产者赠款及支付费用)；税收政策(税收减免、税收扣除等)；资本成本补贴(优惠贷款或债务豁免)；低于成本提供公共商品和服务；通过市场机制建立转让的政策(如价格调控和数量调节)。这些补贴可能直接纵容了导致生物多样性丧失的行为，会对生物资源产生负面影响。另外一个因补贴造成负面影响的情况就是会使可用来保护生物多样性的公共资金流失。

(2)持续的环境外部效应：有些政府政策造成了持续的负外部效应，例如，政府的政策会削弱由民族习惯或文化传统形成的传统产权制度。公有和私有产权定义不完善会导致对自然资源的污染和过度开发，对第三方造成负外部效应或负成本。

(3)管理资源利用的有关法律和习俗：有的法律要求土地使用者生产性利用水和森林资源才能保住对土地的使用权，这就是成文法产生不利激励的例子；另一方面，为了表明拥有某片土地而进行的土地清理可能是一种习俗，却导致了不利激励。

然而，不利激励体系也可以被重新定向以促进恢复实践，给更多利益相关者带来收益。从这点来看，森林景观恢复为好的恢复实践提供了重要方法，其关键在于能促进这些方法将现有不利的激励机制重新定向，推进造福于社会的恢复项目。下文提供了一些实例。

11.2 案例

11.2.1 印度尼西亚发展人工林的公共激励政策

毁林是印度尼西亚面临的一个主要问题。20 世纪 80 年代，政府开始促进工业人工林发展，目的是促进木材和棕榈油工业。政府设立了一些激励政策，包括无息贷款、分配国有土地、取消土地税等，以促进木材种植。另外，造林基金也可以提供大量资金。另外一项激励政策是 20 世纪 90 年代国际货币基金组织资助企业和银行部门重组的政策，由于实施不佳，使得补贴和资金流向了管理不善并存在舞弊行为的林业公司。

为了给这些公共激励政策重新定位，世界自然基金会(WWF)与国际林业研究中心(CIFOR)合作，对印度尼西亚银行林业和棕榈油资产相关的债务协议进行了重组。这项改革涉及到了政府、私有实体和民间团体间的制约与平衡，意在缓解对经济和林业的压力，并且有助于防止之前发生过的将资金用在不可持续甚至是违法的造林活动中。

11.2.2 欧盟林业激励政策：CAP 和 SAPARD

针对造林与再造林，欧洲委员会提供的两个主要激励政策是：社区指令 2080/92〔会在后面共同农业政策(CAP)中介绍〕，该政策鼓励在农地上造林；以及 SAPARD——新加入欧盟国家农业和农村发展特别资助项目，该项目关注欧盟成员国的农村发展，并提供造林资金。这两项政策都被认为是不利的激励政策(见案例分析)，遭到了大量的批评。

1997 年进行的详细分析指出：CAP 政策下，农地利用减少有限，并且造林的作用被高估。另外，指令在各成员国的应用也有所不同，有 6 个国家造林面积超过了总面积的 90%。分析过程中还发现了乱用资金的现象，如西班牙，农民在同一地块造林、采伐、再造林，从中赚取欧盟的补贴。

经证实，SAPARD 的程序对许多国家来说都是很大的负担。另外，人们担心它具有破坏作用，如使用化学保护措施、建设围栏、修公路等，而 SAPARD 对于乡土树种的最低种植比例没有要求，也没有加强环境安全管理的激励政策，只有国家级的规划才有与林业相关的环境措施。

在共同农业政策和欧盟成员不断扩大的进程的背景下，世界自然基金会(WWF)努力保证欧盟政策能够促进农村的可持续发展。2001 年，世界自然基金会对 SAPARD 相关的林业措施做了综合研究，也参加了共同农业政策的中期检查，出现的主要问题都是与加强监测、追踪造林补贴受益者等相关。

11.2.3　中国：退耕还林工程

中国于 2000 年启动了退耕还林工程，目的在于将陡坡耕地改造成林地或草场。而过度砍伐和耕种引发的长江流域和黄河流域严重洪灾是启动该工程的动因所在。政府希望通过这项工程将 34 万 hm^2 农田和 43 万 hm^2 荒山改造成林地。这项工程由政府补贴在社区实施，社区可以得到粮食、现金和种苗补贴以开展造林与再造林。

该项目积极地促进了造林和再造林活动，也促进了天然林保护。然而，其长期持续性及防止水土流失的作用尚存有不确定性，因为大部分陡坡上种的是果树，其防治水土流失的作用不大，或者根本不起作用。退耕还林工程的一个重要缺点就是缺乏监测，并且没有对政策实施进行评价。

中国政府已经按照世界自然基金会(WWF)的建议对退耕还林项目进行了评估，国际林业研究中心(CIFOR)全面评估了项目经验(见第 58 章“地方参与、生计需求、制度安排”)，也研究了中国政府所做的其他造林或重建的工作并提出了具体建议。

11.3　方法概述

这里将介绍各种消除或减轻林业领域不利公共激励的方案，Perrin 建议在森林景观恢复的背景下重新定位公共激励政策，这就意味着政府和捐助机构需要：①给能为环境和社会带来更多收益的造林和再造林的替代形式分配资源；②使当地的合作者和利益相关者参与到激励体系中来(需要建立咨询与参与机制)；③适当投资用以激励对造林和再造林项目实施管理并监测其影响(包括支持开发一套监测指标和标准)。这样做需要有必要的政策措施、制度安排，以及监测机制和遵约机制。为此，生物多样性保护公约建议分 3 个阶段进行：

(1)明确产生不利激励机制的政策或做法，包括：分析生物多样性丧失的潜在原因，识别不利激励机制的本质和范围，确定消除不利激励机制所需的社会成本和可能带来的收益，进行战略性环境评价等等；

(2)设计并实施合理的改革政策，可以完全取消造成不利激励的政策或做法，用其他具有相同目标定位、但无不利影响的政策来代替，或者引入附加政策；

(3)对政策改革进行监测、执行和评价，包括组织制度和行政能力建设、开发合理的指标、利益相关者的参与、保持透明度。

11.4 未来需要

尽管可以找到很多解决不利激励机制的建议(见前面章节)，但实际上在林业部门仍然存在着许多不利的政策，问题的关键在于要把新政策付诸实践。如果公共激励政策造成生境变化或自然资源的破坏和不可持续利用，就要对它进行重新定位，目的是服务于各层面的森林景观恢复。另外，对于不利政策和做法对生物多样性造成的影响，人们还需要加强认识。在这方面，生物多样性公约建议对负面影响的范围和程度要进行深入评估。

参考资料：

Bazett, M. , and Associates. 2000. Public Incentives for Industrial Tree Plantations. WWF, Gland, Switzerland, and IUCN, Gland, Switzerland.

Convention on Biological Diversity(CBD). 2002. Proposals for the Application of Ways and Means to Remove or Mitigate Perverse Incentives. Note by the Executive Secretary, Quebec, Canada.

Perrin, M. 2003. Incentives forForest Landscape Restoration: Maximizing Benefits for Forests and People. WWF Discussion Paper, WWF, Gland, Switzerland.

补充阅读

Myers, N. , and Kent, J. , 1998. Perverse Subsidies—Tax $ Undercutting our Economies and Environments Alike. International Institute for Sustainable Development, Winnipeg, Canada.

Sizer, N. , 2000. Perverse Habits, the G8 and Subsidies theHarm Forests and Economies. World Resources Institute, Washington, DC.

案例分析：欧盟的造林政策及其对森林恢复的实际影响

作者：Stephanie Mansourian, Pedro Regato

从1992年开始，欧洲委员会就根据共同农业政策(2080/92指令)开始促进造林，作为减少农地和剩余农产品(目前通过补贴提供资金支持)的办法。最近，它的姐妹项目SAPARD——支持新加入欧盟的国家农业和农村发展特别资助项目——已经被推广到欧盟成员国中，项目执行期从2000～2006年，预算超过3.33亿欧元。

2080/92指令为欧洲委员会支持农村可持续发展搭建了框架，现已成为农村发展规划的组成部分。

截止1999年，欧盟的造林计划已经花费了40亿欧元，造林90万hm^2，但从项目最初的宗旨——恢复森林覆盖率和森林功能的角度来看，造林项目效果令人失望。

共同农业政策中造林政策的关键问题如下：

(1)在减少农业用地方面的作用有限：在大多数成员国中，只有1.3%～1.4%的土地转化为非农业用地；

(2)相互冲突的目标：尽管补贴项目很大程度上是以减少农业用地为核心，但许多政府和公司却利用补贴项目来建立人工用材林。如爱尔兰为了达到在今后30年内使国内森林覆盖率翻一倍的目标，补贴资金被用来建立经济收益较高的人工用材林(西特加云杉和松树)；

(3)补贴分配不均与“重复领取补贴”：有6个国家造林面积超过总造林面积的90%(西班牙、英国、葡萄牙、爱尔兰、意大利和法国)。另外，个别例子还说明资金很容易被浪费，例如，西班牙从欧盟得到的造林补贴资金最多，“重复领取补贴”在那里很普遍，因为那里的农民在同一个地块上造林、采伐、再造林，从中领取补贴。

(4)不必要地干预自然过程：补贴常被用来在可进行天然更新的林地上造林。据估计，有高达62.5%的受益林地不具备因种植供大于求的农作物而得到补贴的资格，

(5)方法和物种选择不当：欧洲经济共同体(EEC)理事会2158/92号指令是防止社区内森林火灾的条例，但是65%以上的造林活动却没有实施该条例，而是在有火灾危险的地方造林了。造林通常以一种特定方式进行，没有选择最优区域恢复森林覆盖，也没将其适当地整合到土地利用规划中。

参考文献

Perrin, M. 2003. Incentives for forest landscape restoration: maximizing benefits for forests and people. WWF Discussion Paper, WWF, Gland, Switzerland.

Report to Parliament and the Council on the application of Regulation No. 2080/92 instituting a community aid scheme for forestry measures in agriculture, 1996.

第12章　土地所有权与森林恢复

贡萨洛·奥维多(Gonzalo Oviedo)

本章要点

森林所有权体制对森林恢复很重要，因为林木作为森林恢复的最终产物，是生态系统的主角，并且森林产品和生态服务对人们有直接价值。另外，制度体制又决定着林产品和服务的占有和分配情况，因此，森林所有权制度体制是建立森林恢复激励政策的基础。

很有必要进一步研究不同所有权背景下的森林恢复经验，从而更好地理解各种所有权的权利系统怎样对森林恢复结果产生影响。

12.1　背景

12.1.1　森林概览

《谁拥有世界的森林》和《谁保护世界的森林》两篇报告表明，全球77%的林地被政府所有，7%为土著和地方社区所有，12%为个人和企业所有。但在最近15年里，土著和地方社区拥有和管理的森林面积增长了一倍，已达4亿hm^2，这反映出了世界范围内森林所有权的重要变化。

本章将讨论森林所有权和森林恢复之间的关系，更确切地说，是不同种类和条件的森林所有权对于成功地恢复林地的意义。本章的基本假设是森林所有权制度对森林恢复很重要，因为林木作为森林恢复的最终产物，是生态系统的主角，并且其产品和生态服务对人们有直接价值。换句话说，森林所有者(无论哪种制度，拥有哪些权利)期待恢复后的森林能够提供产品和服务驱使他们进行森林恢复，这就是森林所有权和森林恢复之间相联系的本质。

12.1.2　森林所有权定义

虽然从较普遍意义上来说，森林占有权可能与社会认可的传统意义上定义的各种权利联系在一起，而财产权则是通过法律和政治程序和手段使传统所有权制度化的一种状态，但是，文献通常对森林占有权和所有权并不进行区分。

所有权本质上就是一组权利，而这些权利要根据特定背景下对象的本质和法律框架来定义，包括以下方面：①占有并全面支配，②使用，③管理，④收益，⑤资本转让或资本销毁，⑥保护其不被没收，⑦死后的利益处置，⑧可能永久持有产权，⑨到期引起的可复归或剩余利益，⑩债务抵押，⑪禁止破坏性使用。在不同国家和不同社会历史背景下，定义和应用这些权利的方式也存在很大差别。有些权利在处理森林可持续管理和森林恢复问题时显得格外重要，将在以后章节讨论。

文献一般区分以下 4 种土地和森林所有权：私有(个人或企业)、国有、公有或集体所有、公共资源。这些制度得到了广泛研究，它们在自然资源利用方面的优缺点都有记载(有用的类型和比较分析，见 GTZ，1998)。

在 20 和 21 世纪的国家制度里，森林所有权是这 4 种产权的典型结合，但是在不同历史时期、不同国家，其组合方式的差别都很大。而通常情况下，最普遍的形式是绝大多数林地被国家占有，只有一小部分是集体林。从法律意义上讲，现在林地中的公共资源即使有也很少，因为任何非私有林地都会依据法律自动转为国有。然而，在实际中，国有林地在许多情况下也等同于公共资源，因为尤其是在发展中国家，政府没有太大的能力控制人们进入森林并从中获益。在发展中国家，大型国有林区是从传统使用者手中征收来的，这些林地(或部分林地)一直到殖民地时期都被他们习惯性地占有使用。在这个意义上，如果还存在传统的森林拥有社区，并且他们还居住在那里的话，那么国有产权和传统的公共使用权就有重叠。

由于认为传统占有权是合法的公共(或个人)产权，森林所有权在世界范围内正经历一次重大改革，改革的趋势是所有权向当地转移或下放，其结果是社区拥有的森林面积随之增加。

12.1.3　对森林的依赖程度

从森林(现存或未来)所提供的产品和服务角度看，大致有两类森林所有者：以森林为生的人和不以森林为生的人(及机构)。这种区分是很重要的，因为他们对森林恢复最终产物及其影响的期望存在差异。以森林为生的人基本上希望从恢复后的森林中得到一系列有直接经济价值的产品和服务，而对于景观生态服务，如缓解气候变化、调节水文循环、流域保护等重视程度并不高；不以森林为生的人，如非森林所有者以及国有和公共机构，其价值规模和层次在不同地区有所不同，他们的期望可能和林产品的经济价值没有直接联系，而是生态系统的保护以及生态服务、生物多样性保护、美学方面(这些可以变成经济价值如通过旅游业)等。

12.1.4　土地以及森林产品和服务的所有权

森林所有权同其他土地和资源如农业用地的占有权有很大区别，主要在于森林可以提供更大范畴的产品和服务，尤其是森林所有权包括了 3 种所有权权利：土地、森林资源、林木。此外，林地的所有权权利通常和使用权相重合，而二者却是有区别的。正如 Neef 和 Schwarzmeier 指出东南亚的情况那样，持有土地所有权的团体和个人可以认可他人或团体使用林木的权利，只要这些林木不存在与其他用途的竞争。有时甚至在一个地块上会出现权利的多层叠加，例如某一团体或个人具有土地的所有权，另一个团体有非木质林产品的所有权，而另外的团体持有林木采伐权。

12.1.5 机会成本和代际公平

林木的生长周期较长，而处于恢复期的森林生态系统只能提供相对有限的服务，因此，对于以森林作为生活来源的人来说，森林恢复中使用林地会存在较高的机会成本。这种情况下，只有非常有效的激励机制和经济替代品才能够弥补森林恢复的机会成本。从时间范围(尤其是种植生长较慢的物种时)来说，森林恢复收益的性质给使用权的安全性增加了一个时间因素。对于森林所有者和使用者来说，只考虑当前他们对森林和林木权属的安全性是不够的，更重要的是确定在一代或者几代以后这些权属是否安全，并且其权属是否是可以行使的。从这个意义上说，改变所有权和权属的政策比没有这些政策更糟糕，因为这会导致森林所有者和使用者对森林恢复失去信心。

12.1.6 森林所有权的稳定性

在中国，刘大昌没有找到结论性证据说明拥有林木使用权是最好的选择(例如，和国家有关政策相比而言)，但是却找到了证据说明改变权利政策是导致森林覆盖率高低起伏的根本原因，尤其是缺乏稳定的森林所有权政策是导致某一时期森林覆盖率和林木数量降低的主要原因。事实上，在中国当代历史中有25年(从1956年到1980年后)经历了至少5次大的森林所有权模式演变，平均每5年变化一次。在实践中，村民种树几年后，就会有一次重大的政策变化，严重影响了村民对所种树木和森林的权利，结果，村民们对制度很容易失去信心，对种树缺乏动力。

通常情况下，使用权安全性最大的地方造林就最成功。使用权安全性基本上有3个层次：土地使用权安全性、森林所有权安全性和森林使用权安全性。

12.1.7 集体体制

一些研究者指出这样一个事实：集体林使用权要想取得效果，尤其在市场经济条件下，需要一个“临界群体规模”，通过这个团体，实施相关权利和法规可达最优，通过多种经营可以使人们承受得起机会成本，特别是当集体需要对森林恢复和再造林进行投资时。换句话说，在任何情况下集体森林所有权都应该存在一个具有一定规模的群体规模，过大或过小，森林管理都不会取得最佳效果。

在许多地方，森林社区倾向于通过建立社区和用户小组双重机制来解决这个问题，在这个制度下森林所有权仍然是集体的，但是使用权(尤其是林木)被分配给森林管理单位。例如，在洪都拉斯，分组式管理已经被证实要好于社区式管理，但是经验却表明两者之间的关系对于更广泛的决策很关键，如与森林有关联的自然资源问题的决策：“这需要制度上的安排，即让小组负责森林管理，同时，要提供小组和社区合作以及利润共享形式的协议书”，也就是说，这种安排要使社区拥有土地和森林的所有权，并能够决策整个区域或景观的发展，而林木及其他产品的使用权分配给森林小组，他们代表社区采取行动。

同样的逻辑也适用于许多集体所有权体制下的社区—农户的双重机制。

小的森林管理单位(甚至是个人)与较大的单位(社区)之间在森林所有权和使用权方面的有效衔接对于森林管理和森林恢复的成功至关重要(尽管不是唯一要素)，同时也是处理公平及社会分化的基本方法。据文献记载，平均主义主导农地和林地改革的理念在20世纪导致了土地和森林的大面积破碎化，但改革者的意图却是要通过给所有家庭平均分配小片土地来解决社区社会分化问题。

实行了这样改革的地区，森林的破碎化导致了森林管理效率极为低下，森林恢复也几乎不可能，因为要想让森林恢复和再造林可行，林地地块需要有一个临界规模。而在这样的情况下植树被缩小到通常只在房前屋后或农田地块内栽植少量果树。

12.1.8　公平问题

当地社区在森林所有权问题上的分化是在社区所有制森林情况下需要解决的公平问题之一。经验表明，最依赖森林的群体常常是最缺少森林使用权的群体，尤其是妇女。这种情况已经成为建立长期稳定、基于权利的森林恢复激励机制的障碍。与小组和社区之间关系的情况一样，在具体的使用者群体间，包括个人用户和大的单位（森林小组和社区）在长期稳定的政策框架下，寻求森林所有权和使用权的恰当衔接，对于森林恢复的成功至关重要。

12.2　案例

12.2.1　中国：森林恢复的利益和激励机制

刘大昌通过对中国林业政策进行广泛研究，得出这样的结论：通常，对于森林的可持续管理来说，尤其是造林、恢复和再造林，林木使用权比森林所有权本身更重要。例如，尽管中国有明确的林地使用权政策，但在有严格的林木保护法规时期，就没有造林激励机制；严格市场管制的目的是通过阻止木材交易来保护森林，最终却阻碍了造林，也就减慢或完全停止了在村民拥有的退化土地上再造林。由此得出的结论至少在中国是这样的：通过限制林木所有者对林木和木材的拥有权来保护森林的法规实际上是抵消了造林再造林和恢复的激励。成功的森林恢复应该鼓励林木所有者利用成熟的林木，鼓励森林所有者利用森林产品和服务。因此，成功的森林恢复依赖于明确使用者和所有者对林木和森林产品的权利、范围和权属的行使程度，在这一点上对木材的使用权似乎起到了主要作用。

但是，如果森林所有权没有与使用者对林木和产品的权利结合在一起，不足以或不能有效地实施森林恢复，并缺乏有关木材和森林产品使用情况的法规，就会产生不利的市场激励机制，尤其是当其他相邻的林区也不具备明确权属及行使权属的条件时。在这种条件下，不利的市场激励机制就会阻碍所有者和使用者栽植林木，因为来自未进行可持续管理的林区（如存在林木非法采伐的林区）的竞争会致使森林所有者难以承受栽植林木和森林恢复的机会成本。

12.2.2　泰国和越南少数民族的林权

对农田内已栽植林木的个人拥有权，事实上已在泰国和越南北方山地所有少数民族中得以实行，但是由于差别继承法，不同性别对林木的权利存在着相当大的差别。

在严格的父系社会，如苗族，妇女是不允许继承土地的，因此妇女通常只限于在房前屋后栽树。与苗族相反，黑泰族和岱族(Tay)这两个民族有着浓厚的母系性质，尽管女性继承土地并不常见，但却存在许多给予妇女全部个人使用权的特例，包括植树权利、销售林产品，如竹笋、药用植物和薪材等主要由妇女完成。尽管女性积极地参与林产品的采集和买卖，但她们在制定管理规定上还发挥不了作用。

12.2.3 强化埃塞俄比亚东北部高原森林恢复的使用权

麦科特(Meket)地区位于埃塞俄比亚北沃洛(North Wollo)行政区内，海拔2000～3400m，有多个农业气候区混合在一起，居民基本上完全依靠农业生存。日益增加的人口给土地带来了更大压力，休耕期缩短，持续耕种变得很普遍。据当地人讲，在一代之内，毁林非常严重，草场的数量和质量都有所下降。扩大耕种以及对木材需求的增加使得即使最陡的坡也失去了保护，只有8%的土地仍然有森林覆盖。大部分降雨随着径流流失掉了，造成了严重的水土流失和洪水泛滥。乡土树种通常无法更新(除非是在一些教堂的土地上)，造林工作成效不大。

在过去的20年里，埃塞俄比亚人民在土地重新分配实践中有着失败经历，因此不愿意在森林恢复和更新活动上投入精力。这里有多种类型的森林所有权(个人、教堂、服务合作社和社区)，但是没有一种能够扭转对自然资源过度消耗的趋势。

脆弱的土地所有权和使用权显然阻碍了麦科特(Meket)地区社区主导的环境保护发挥作用。

1996年，一个国际非政府组织——萨赫勒救援协会(SOS Sahel)开始和地方当局以及农业部员工一起寻找与社区合作解决问题的方法，而工作重点就是为村民确立正式的使用权。

社区再造林项目允许社区自己确定项目区的目标，但也需要一个长期计划(5～10年，如果种植了乡土树种则时间更长)。社区内成立了再造林小组，每个小组决定其成员间怎样分配收益，这必须是管理计划的一部分。同样，每个村子要制定各自的保护项目区的战略。

相关人员(社区代表、分区官员、教堂主持)把建议计划提交到分区审批，再提交给区官员和农业办公室；被批准后，再造林小组就得到了各自项目区的正式使用权。

这个方法提高了农民参与再造林项目的积极性。最初，有14个村得到了正式使用权；随后，又有20多个社区参与进来，2000多农户从中直接受益。

乡土草本、灌木以及乔木物种的天然更新效果显著，当与未受保护的地块相比较时，就会发现有明显差别。

充分地实现了短期收益，如改善了饲料供应，增加了茅草的产量，促进了社区加强并扩大各自的项目区。

安全的使用权使社区产生了信心，他们表达了种植乡土物种(如*Hagenia abyssinica*，*Juniperus procera*，*Olea africana*)的强烈意愿，而不再种桉树。

原来参与项目的社区开始扩大项目区，同时也有新的社区想要建立自己的项目区。有些社区向分区管理部门为将来会在项目区内耕地的农民寻求补偿，有些村庄甚至在没有外界干预或支持的情况下也开始了类似的过程。

农民似乎已经接受引进的饲料割运系统(cut-and-carry fodder system)，这也许是对埃塞俄比亚高原地区最显著的影响之一。

12.2.4　印度尼西亚 Walomerah 山防护林的有限成功

东努沙登加拉省(East Nusa Tenggara)由 Flores、Sumba 两个大岛，和 Timor 岛西部以及一些小岛组成。1992 年，省内人口 33 万。平均降雨量从 Manggarai 地区的 2196mm 到 Alor 地区的 805mm，土壤不肥沃，农业生产条件较差。

内阁法令规定 Flores 岛 36% 的土地被划分为林地，而 1/3 林地为防护林。实际上，面积最大的地方林木覆盖率很低，甚至没有林木，而且住在这里的人们世代耕种着这块土地。

Ngada 地区 Walomerah 山的防护林就是这样的。作为总统指导发展印度尼西亚的项目(INPRES)一部分，这个特别的防护林需要重新造林。这个项目开始于 1995 年，首先重新造林 $500hm^2$，包括占地 $9000hm^2$ 的 Wangka 村的一部分。这个村几乎全部 2400 个村民都像他们的祖先一样靠自给农业维持生计，完全依赖土地，他们传统的土地权利也得到政府的认可。但是村子全部 $9000hm^2$ 土地都在防护林界限之内，根据当地的法律规定，村民不允许永久占有这片土地。

林业部决定有必要和这些村民商量，更好地认识他们的生存环境，并且对重新造林项目作出修改以适应村民的需求和愿望。参加协商讨论的村民指出了与重新造林项目有直接或间接联系的一些问题，涉及到土地使用权状况的问题成为利益冲突的关键。尽管村民们一直在定期缴纳土地所有权税，但他们仍然得不到森林产品的使用权。

土地使用权这个关键问题在这个重新造林项目中没有得到根本解决，但达成了一些有用的折衷方案，也试图在重新造林的需要与农民主要需要——土地之间做出平衡。但在没有进一步解决土地和森林产品权利问题的情况下，要想信心十足地推进项目、取得进展是不可能的。

12.3　方法概述

解决森林恢复中所有权问题的工具和方法基本上与考察不同条件下土地和资源所有权的有效方法是一样的。

(1)绘制土地和资源地图：在任何层面都能完成这项工作，利用这个方法可以了解社区的环境、经济和社会资源。制图的另一种方法是剖面技术，它关注社区内的特定区域，以了解社区的自然资源基础、地形地貌、土地利用方式、农场或住宅的位置和规模、基础设施及服务的位置和可用性，以及经济活动。

(2)国际热带木材组织(ITTO)的恢复准则是解决所有权问题的有效方法。为了保障土地所有权，该准则提出了以下建议(推荐措施 13 ~ 16)：⑬要澄清全国和当地利益相关者对于退化森林和次生林的公平所有权、使用权和其他传统权利，并使其合法化。⑭加强林区居民和原住民的权利。⑮当所有权和用益权不明确时，建立透明的冲突解决机制。⑯为移民/农民稳定在农业边境地带提供激励。

(3)参与式农村评估(PRA)或参与式快速农村评估已在文献中多次提到，下面是印度尼西亚森林恢复中一个 PRA 的说明：

PRA 服务小组包括 14 人，他们来自政府部门、当地非政府组织，以及发起人，主要的参与者来自 Wangka 村 4 个部落中的两个，它们与计划重新造林区域相邻。他们的工作包括收集信息、分析问题、做出选择、制定最终再造林计划。服务小组人员引进相应技术来组织这些信息，从而支持参与者的工作。从 1993 年 10 月 12～14 日，整个参与式农村评估持续了 3 天。在开始评估的前一天，服务者聚集在一起就可能用到的 PRA 技术交换意见，了解 Wangka 村的情况。评估一开始，服务者们进行了自我介绍并表明意图，然后分成两组，每组负责一个部落。第一天，他们制作了一张计划再造林区的村子地图，还有一个季节日历，上面标出了社区的主要大事和活动(农业的、宗教的、节日等)。第二天，他们制作了部落和计划重新造林区各自的剖面图，然后他们又通过完成矩阵排名来了解优先树种。在最后一天的村民大会上，参与 PRA 的村民把各自的结果结合在一起，并向大家展示。另外两个部落的代表、村领导(kepala desa)和 Ngada 地区林业部门的领导也参加了村民大会。会上，大家踊跃讨论，回顾了遇到的问题并达成相关协议，最后大会产生了实施再造林项目的工作计划。为了保证项目未来的实施，服务者在大会第二天与相关政府机构的代表会面，向他们介绍了项目建议书。

(4)联合国粮农组织的社会经济与性别分析(SEAGA)：这是发展领域的一种方法，基于对社会经济结构的分析和确定男女考虑的重点问题的参与式识别过程，其目标在于缩小人们的需求和发展效益之间的差距，并用到了 3 个工具包：发展背景工具包帮助了解经济、环境、社会以及有助于或阻碍发展的制度形式；生计分析工具包帮助了解活动流程以及不同人群维持生计的资源；利益相关者优先发展工具包基于男女性别考虑重点的不同来规划开发工作。

(5)刘大昌着手分析了中国南方森林恢复的驱动力，所使用的逻辑分析过程由 3 个阶段组成：诊断、设计和输出结果。这个逻辑过程是农业系统方法和快速农村评估或参与式农村评估的结果，适用于问题识别，以及设计并测试引入了林业或混农林业的选择方案，已经广泛应用于基于社区的混农林业研究中。

(6)使用权/利益相关者分析：总的长期目标是了解社区，并评价“怎样处理和组织一个合作过程”。对于世界自然基金会(WWF)来说，利益相关者分析是识别可能对保护计划感兴趣的各种利益相关者的过程，分析结果包括：利益相关者信息和他们的兴趣，他们之间的关系，他们的动机，以及他们对结果的影响能力。分析方法很多，正式或非正式的，综合或表面的。然而，使用这些方法经常会出现一个问题：对于利益以及社区内部的狭隘理解，因为没有考虑所有权权利。另外一个观念及方法方面的问题是：保护组织通常把主要利益相关者定义为“由于能力、权力、责任或对资源的权利等因素，在任何保护计划中都是核心的人群”，而事实上，主要利益相关者更紧密地依赖于资源，对资源有紧密的权利。

(7)德国国际技术合作公司(GTZ)提出了 4 条原则，为决策者起草和实施与所有权相关的法律法规提供帮助，它们可以作为评价现有土地所有权体系及其改革的判断标准。因此，它们可以用来评估任何国家的森林所有权现状，以及监测建立清晰的所有权体系的过程。这 4 条原则如下：①法律上的确定性，②法制和人权，③在土地问题上的政治参与，④市场经济下所有权的定义。从理论上说，进行森林恢复干预前应该有一个过程，其间，按照这 4 条原则，对森林所有权现状进行评估，并确认要采用的干预措施，以保证项目的长期成功。

(8)国际农村重建研究所为土地所有权问题提出的建议如框表 12-1，这个建议可以广泛地应用于已经做出森林恢复计划的情况，以及需要具体的行动来解决森林所有权的情况。

框表 12-1　国际农村重建研究所的几要与几不要(2000)

应该要：

先对当地情况和政策背景有一个清楚的认识。

使用双管齐下的方法进行倡导和游说，对上要影响决策者、对下要在实际中展示影响。

一开始就要和各个层次的合作伙伴有一个共同愿景。

对政策和战略有明确的认识。

准备一份用当地语言表述的指导方针，并与利益相关者分享。

积极地分享经验和想法。

要有耐心：要做好付出很多努力、花费很多时间的准备。

努力构建社区的技术能力和管理能力。

与当地政府官员和相关机构全力合作很重要的，他们可以在整个监测过程中起到关键作用。

朝着为所有权立法的方向努力，以大大地强化这个过程。

帮助社区认识到封育会在短期内减少可用薪柴，并帮助他们找到解决这个问题的办法。

应该不要：

不要从敏感的问题开始(例如，讨论土地使用权现状的问题)。

不能扩大冲突，努力尽快地解决它们。

不要将计划强加给别人。

不能垄断干预措施，合作伙伴在这个过程中应该是主要的实施者。

12.4　未来需要

以下方面还需要进一步发展：

(1)更好地理解权利问题以及它们与各种因素之间是怎样相互作用的，如激励机制和政策环境是一个需要在具体森林恢复案例中开展的工作。因此，森林恢复项目的计划应该包括研究者理解权利和激励制度之间联系的过程。

(2)通过经验总结出的指导方针和建议列出可供选择的方案，以解决不同背景下的使用权问题。目前，森林恢复的经验可以给大部分当地的或者国家层面的所有权问题提供借鉴，但是普及或者推广到其他情况中还存在困难。从这些经验中获取更多教训，将其系统化，使之成为指导方针是很值得去尝试的，而且要始终认识到基于经验的指导方针只能是指导性的，要避免任何把一个地方的经验机械地应用到另一个地方的做法。

（3）进一步研究不同所有权下的森林恢复经验（成功的以及失败的），更好地理解权利体系（包括从权利的产生或授予到执法和司法的过程）对森林恢复结果的影响，包括短期、中期和长期结果。进行研究时，基本方法是使用一个概念和方法论框架，这个框架是基于对森林所有权复杂性的理解之上，要避免只关注土地所有权。

参考资料

Chambers, R. 1994a. The origins and practice of participatory rural appraisal. World Development 22(7): 953 - 969.

Chambers, R. 1994b. Participatory rural appraisal (PRA): analysis of experience. World Development 22(9): 1253 - 1268.

Chambers, R. 1994c. Participatory rural appraisal (PRA): challenges, potentials and paradigm. World Development 22(10): 1437 - 1454.

Chambers, R., and Guijt, I. 1995. PRA-Five years later. Where are we now? Forest, Trees and People Newsletter 26/27: 4 - 13.

Clogg, J. 1997. Tenure reform for ecological and socially responsible forest use in British Columbia. A paper submitted to the Faculty of Environmental Studies in partial fulfillment of the requirements for the degree of Master in Environmental Studies, York University, North York, Ontario, Canada.

Dachang, L. 2001. Tenure and management ofnonstate forests in China since 1950: a historical review. Environmental History 6(2): 239 - 263.

Dachang, L., ed. 2003. Rehabilitation of Degraded Forests to Improve Livelihoods of Poor Farmers in South China. CIFOR, Bogor, Indonesia.

International Institute of RuralReonstruciton. 2000. Sustainable Agriculture Extension Manual. IIRR, Silang, Cavite, Philippines.

Markopoulos, M. D. 1999. The Impacts of Certification on Campesino Forestry Groups in Northern Honduras. Oxford Forestry Institute (OFI), Oxford, UK.

Molnar, A., Scherr, S., and Khare, A. 2004. Who conserves the world's forests? Community-driven strategies to protect forests and respect rights. Forest Trend, Ecoagriculture Partners, Washington, DC.

Neef, A., and Schwarzmeier, R. 2001. Land Tenure Systems and Rights in Trees and Forests: Interdependencies, Dynamics and the Role of Development Cooperation, Case Studies from Mainland Southeast Asia. GTZ, Division 4500 Rural Development, Eschborn, Germany.

Vochten, P., and Mulyana, A. 1995. Reforestation, protection forest and people-finding compromises through PRA, Forest, Trees and People Newsletter, FAO, issues 26/27.

White, A., and Martin, A. 2002. Who Owns the World's Forests? Forest Tenure andPublic Forests in Transition. Forest Trends, Washington, DC.

World Wildlife Fund USA. 2000a. A Guide to Socioeconomic Assessments for Ecoregion Conservation. WWF-US Ecoregional Conservation Strategies Unit, Washington, DC.

World Wildlife USA. 2000b. Stakeholder Collaboration: Building Bridges for Conservation. WWF-US Ecoregional Conservation Strategies Unit, Research Development, Washington, DC.

Ziff, B. 1993. Principles of Property Law. Carswell. Scarborough, Canada.

补充阅读

Agrawal, A. , and Ostrom, E. 1999. Collective action, property rights, and devolution of forest and protected area management. Research paper. S/I.

Barton Bray, D. , Merino-Perez, L. , Negreros Castillo, P. , Segura-Warnholtz, G. , Torres, J. M. , and Vester, H. F. M. 2003. Mexico's community-managed forests as a global model for sustainable landscapes. Conservation Biology 17(3): 672 -677.

Chambers, R. 1983. Rural Development: Putting the Last First, Longman, London.

Chambers, R. 1993. Challenging the Professions. Frontiers for Rural Development. IntermediateTechology Publication, London.

Chambers, R. 1996. Whose Reality Counts? Intermediate Technology Publication, London.

Chambers, R. 2002. Participatory Workshops: A Sourcebook, Institute of Development Studies, Brighton, UK.

Chambers, R. , and Leach, M. 1990. Trees as Savings and Security for the Rural Poor. Unasylva 161(41): 39 -52.

Food and Agriculture Organisation of the United Nations, FAO. 2001. SEAGA-Socio-Economic and Gender Analysis Pachage, FAO Socio-Economic and Gender Analysis Programme, Gender and Population Division, Sustainable Development Department, Rome.

GTZ. 1998. Guiding Principles: Land Tenure in Development Cooperation. Deutsche Gesellschaft Für Technische Zusammenarbeit, Abt. 45, Div. 45.

Jaramillo, C. F. , and Kelly, T. 2000. La deforestación y los derechos de propiedad en América Latina. http: //www. imacmexico. org/ev_ es. php? ID =5587_ 203&ID2 = DO_ TOPIC.

Lamb, D. , andGilmour, D. 2003. Rehabilitation and Restoration of Degraded Forests. IUCN/WWF, Gland, Switzerland.

第 13 章　世界自然基金会(WWF)森林景观恢复经验与挑战

斯蒂芬妮·曼索瑞安(Stephanie Mansourian)、尼盖尔·杜德莱(Nigel Dudley)

本章要点

在项目最初的 4 年里世界，自然基金会森林景观恢复项目明确了以下最重要挑战：

更好地评估森林产品和服务；

提高解决景观恢复问题的能力；

更好地监测森林景观功能的收益。

13.1　概况

从 2000 年开始至今，世界自然基金会(WWF)的森林景观恢复项目遇到了以下一些挑战：①大尺度恢复规划；②整合社会、生态需求；③实施大尺度恢复项目。本书“经验教训和展望”部分对从森林景观恢复项目中吸取的经验教训进行了详细分析，本章在世界自然基金会(WWF)恢复项目最初 4 年积累的经验基础上，重点关注所预想的未来恢复森林功能项目的挑战。虽然这些经验来自一个组织，但我们希望项目的一些简要总结对政府部门、非政府组织，以及其他对推进恢复项目感兴趣的组织也有所帮助。

我们从一些概念(如整合社会经济的需要，在景观内权衡土地利用的概念，在景观尺度内开展工作的想法)和原则(如平衡生态和社会需要，接受参与式方法)开始，来介绍世界自然基金会(WWF)的恢复项目。在过去 4 年里，我们在全球野外项目实践中对这些原理进行了试验，得出的初步结论是：专业人员缺乏简炼的信息，这也是我们编写本书的潜在动力。根据世界自然基金会(WWF)迄今为止的经验，我们在此指出若干挑战和机遇。

13.1.1　在景观层面上为森林恢复制定现实目标

过去，恢复项目失败的根源可以归结为目标不切实际或者目标过于狭隘，没有考虑当地以及周围的社会经济实际情况。正因如此，所制定的目标既要现实又要考虑到大部分景观需要有不同产出是非常重要的。在景观背景下，保护组织的恢复目标经常和其他与保护区和可持续森林管理相关的活动紧密联系在一起。因此，森林恢复可能是配合保护区或者缓解保护区的压力，也可能在人工林内或其周围实施。景观尺度森林恢复通常需要解决社会和生态需求，比如会和一处物种生境的恢复有关，同时涉及另一地点的薪炭林种植。无论在怎样的情况下，其关键都是试图平衡不同的目标，提供最佳效益(见第 14 章“森林景观恢复的对象和目标”，第 18 章“冲突管理和谈判”利弊权衡)。

13.1.2　确保森林恢复不成为无止境开发的借口

许多自然资源保护者在森林恢复问题上裹足不前的一个原因是，森林恢复被看作是为无法解决退化问题提供了理由。考虑到森林恢复的成本、持续时间和难度，我们不支持这样的观点。不应该把保护组织对森林恢复的鼓励当作是允许退化的发生，因为在很多情况下，恢复活动不可能恢复所有失去的价值。不影响保护或管理自然资源、积极地进行森林恢复并将其作为解决自然资源减少的办法，与造成资源退化的其他行为存在明显区别。

13.1.3　积极还是被动恢复?

在某些情况下，森林恢复显然是迫切需要的，这时，对于一个社区、保护组织或是政府来说，首要问题是要在被动恢复和积极恢复之间做出选择。被动恢复意味着为森林自然恢复创造条件(例如，围封土地阻止放牧或防止人为火灾)，因其更简单、更廉价，并与自然过程更相似，通常被认为是最可取的办法。然而某些情况下(退化的状态或特殊的生态和社会条件)却有必要积极地恢复，要么是因为需要加快恢复步伐来保护受到威胁的生物多样性，要么是因为生态条件剧烈变化导致自然过程需要得到帮助才能恢复。保护规划者面临的挑战有时是是否要等待被动恢复，这是冒着进一步退化的危险、未来更高的恢复成本或是积极开展恢复。未来主要需求之一是开发一套更复杂的标准或方法来帮助作出类似决策。

13.1.4　宣传多功能景观的概念

如果保护组织要解决与林业和生物多样性相关的重大问题，就需要更加紧密地与社会参与者联系，WWF-CARE 的伙伴关系就是一个例子。“多功能景观”是指景观由具有互不相同但目标不相干扰的项目区整合在一起，以提供环境、社会和经济方面的产品和服务。重视这个概念可以为存在环境和社会问题的景观提供相对平衡的解决方案。由此得到的启示是：大多数情况下，除非与森林管理和森林保护结合在一起，否则森林恢复几乎都是不可行的。

13.1.5　森林恢复的可持续性－评估即将恢复的森林产品、服务和过程

积极恢复的成本很高，而且在大多数情况下，保护主义者(国家政府部门和非政府组织)仍愿意把项目预算用在保护工作上，然而，很多情况下做出这样的决定是因为没有全面了解森林恢复的长期成本和收益。例如，在山区留出一块林地作为保护林通常是很容易做到的，因为这似乎只承担了有限的费用，或者至少是延迟成本，然而，恢复一个更容易利用或者经济价值更大的生境，如低海拔山地林，其名义成本很快就显现出来。但是，如果能够适当地评价已恢复森林的长远价值，那么总的来说成本净额不会太高。有时注重保护取得的效果更好，有时注重恢复的效果更好，或者两者结合起来效果更好。未来的一个挑战将是提高效益和成本评估的方法和技能，这样，就可以做出更平衡的判断。

13.1.6 长期监测评价大尺度森林恢复产生的影响

监测和评价对所有保护项目都很重要，它能促进适应性管理，并且已经被确定为成功的最关键要素之一。大尺度恢复项目的跨度一般在几十年，会涉及到很多不同的参与者，需要及时纠正错误并不断完善，这样，监测评价就显得尤其关键。应该开发适应监测大尺度恢复的恰当方法并广泛地应用。

13.1.7 何时宣布成功？景观何时得到恢复？

景观恢复没有一个确定的终点，因为天然林本身并不是一个固定或静止的生态系统，而是在不断进化和变迁。不管怎样，景观恢复项目都不能以重新建立一个与原来一模一样的森林为目标。对于像世界自然基金会(WWF)这样的组织，要在规定的时间内完成项目，并且要实现非政府组织和捐赠者期望达到的目标，同意并找到一个度量终点的方法就成了挑战。在实践中，需要在特定景观层面制定目标，比如，森林景观恢复项目的最终目标是要使某一濒危动物种恢复到能生存的数量吗？或者是要改善水质吗？还是要扭转森林质量下降的趋势吗？许多恢复项目有很多目标，如恢复物种生境的同时，为当地社区增加非木质林产品。通过确定目标，保护组织应该能够建立有意义的项目，并认识到森林景观恢复从来就不是有明确起点和终点的短期项目，需要付出长期努力，获得成功的具体办法必然是按照恢复更健康、更持续的森林景观的方案一步一步做下去。

13.1.8 资源

在大的景观尺度上恢复森林的成本巨大。另外，实施恢复项目前等待时间越长，景观退化可能性就越大(比如，原生物种的种子可能已经不存在了，土壤条件可能已经改变了)，因此，恢复成本就越高。许多森林恢复项目因为缺乏资源而失败。从理论上说，通过征税(如向生态旅游征税)或通过环境服务支付体系(如供应清洁饮用水，另见第23章“森林景观恢复和环境服务支付”)整合景观层面森林恢复项目的成本，这样的制度应该能够为恢复活动提供长期、可持续的资助。然而，这需要假设成本和收益都能够准确地计算，这一点常常是一个挑战，并且还需要有充分的政策支持，能够为支付的环境服务收取费用。建立捐助项目以外的长期融资机制仍是未来的一个主要挑战。

13.1.9 能力

大范围开展恢复项目需要多种不同技能，如谈判、游说、监测、发展小型企业和人工林基地等技能。保证当地有能力支持长期恢复也很重要。在很多情况下，需要在这些方面开展培训，并且不同机构间通过相互合作来分享各自的专业知识和专业技能。

13.2 案例

这些实例反映出实践中遇到的挑战。可能没有前面提到的实例那样重要，但却全面展示了实践中可能遇到的挑战。

13.2.1　越南：解决残存森林压力的挑战

越南政府很清楚森林的重要性，例如为保障水质，政府已经将大面积生产用地转为林地。但是压力依然存在，因为当地居民面临着严重的土地紧缺；而且到目前为止，恢复工作还是以建立集约化的人工林基地为主，这些项目只能提供少量潜在的商品和服务功能。因此，越南的恢复工作需要采取示范方式来展示可能发生的情况是什么，并且要和政府当局合作，对当前恢复政策进行修改(见案例分析“越南的森林景观恢复监测”)。

13.2.2　马达加斯加：选择优先景观开展恢复的挑战

像马达加斯加这样已经失去 90% 森林的国家，似乎应该直截了当地决定在哪里进行恢复。尽管如此，由于缺乏足够的资源，加上社会经济条件困难(马达加斯加是世界上最贫穷的国家之一，人们依赖刀耕火种式的农业为生)，决定了其有必要选择优先区域实施大尺度恢复项目。2003 年，世界自然基金会(WWF)把来自政府部门、民间团体和私有实体的利益相关者召集在一起制定了选择森林功能恢复优势地域的标准。

他们确定的标准如下：社会文化、经济、生态(生物物理)、政治。

在上述标准中，进一步确定了 24 个指标，其中一部分如下：土地占有权类型；当地居民对森林的价值观；大面积森林附近的破碎化森林；收入多样性；景观管理机构；当地社区利用过但已经消失的物种数量；当地社区参与环保行动的程度。

国家森林景观恢复工作小组成员接着访问了预选的景观，并依照这 24 个指标对其进行排名，最终根据符合当地条件的具体标准排列出需要恢复的优先景观。

13.2.3　新卡里多尼亚：与多个伙伴合作的挑战

新卡里多尼亚用了两年时间发展伙伴关系，制定战略和计划，并让其他 8 个合作伙伴参加干旱森林恢复项目。虽然投入到建立伙伴关系的时间看起来时间较长，但是现在在项目即将结束时，其成果就显现出来了，伙伴关系使利益相关者非常重视恢复项目。

13.2.4　马来西亚：确定森林恢复优先物种的挑战

虽然基纳巴唐岸(Kinabatangan)河的生物多样性恢复项目被确定为重新连接森林斑块的重点项目，但是，选择合适物种还没有完成。因此，建立了试点来试验并监测不同物种和技术(从简单地设围栏到播种或种植)，以确认最适合当地条件并且可以沿廊道加以推广的方法。

参考资料

Allnutt, T., Mansourian, S., and Erdmann, T. 2004. Setting preliminary biological and ecological restoration targets for the landscape of Fandriana-Marolambo in Madagascar's moist forest ecoregion. WWF internal paper. WWF, Gland, Switzerland.

Mansourian, S. 2004. Challenges and opportunities for WWF's Forest Landscape Restoration programme. WWF internal paper. WWF, Gland, Switzerland.

第六部分　规划方法

第 14 章　森林景观恢复的对象和目标

杰弗里·萨耶尔(Jeffrey Sayer)

恢复项目最基本的问题是定义对象和目标。定义看起来很简单，但通常却很复杂，并且要做出艰难的决定和妥协。理想情况下，恢复项目再造整个系统，并要从各个方面去完成——遗传学、种群、生态系统和景观，这意味着不仅要再造系统的组成、结构和功能，还包括它的动态——甚至要考虑到进化和生态变化(Meffe 和 Carroll，1994)。

本章要点

外部专家无法独自确定对象和目标，因为它们从来都不是不言而喻的。

制定能被广泛接受的对象和目标需要多利益相关者参与。

对象和目标会随时间而改变，因此需要适时调整。

原始而未受干扰的自然系统只是许多可能的目标之一。

14.1　背景

得到所有利益相关者理解和支持是任何恢复项目成功的基础。然而，对某个人而言的恢复常常在另一个人看来是退化，结果失败的恢复项目数不胜数，下面是一些实例：

(1)印度尼西亚通过造林恢复白茅草地的努力失败了，原因是当地居民不需要林木，而要大范围地利用草地，因为草地可以给牛提供草料，还提供了覆盖房顶的草；

(2)在英格兰和苏格兰北部通过种植云杉林来恢复退化高地沼泽的努力遭到了保护组织的反对，因为这里的高地沼泽已经被公认是自然而优美的稀有鸟类栖息地；

(3)越南政府想恢复山地林木覆盖率的努力遭到当地居民反对，因为政府栽植的树种不是当地居民需要的，他们用不了；

(4)中国政府发起在西南和西部干旱山区的造林计划不允许当地居民进入林地采药，

还破坏了稀有植物和动物的生境；

(5)美国在退化地区恢复原始自然的努力遭到一些自然资源保护者反对，他们认为无法人工恢复原始景观价值。另外他们认为自称能达到这样的效果的恢复项目是被商业利益利用了，作为其导致自然退化行为的借口。

根本的问题是被某一利益群体认为是退化的情况可能被另一个利益群体认为是可取的。林业工作者认为，土地如果不能种植有商业价值的树种那就退化了；生态学家认为如果森林没有多个植物层、没有一定数量死亡或腐朽木给鸟类和无脊椎动物提供栖息地，这样的森林就已经退化了。追求舒适的人群则不喜欢茂密树林，他们喜欢林地和空地交织，视野开阔。类似的例子还很多。我们从中得出的最基本经验就是森林恢复从来就没有对“终点”的统一看法，也不能达到所有利益群体的要求。

14.2　成功的步骤

大尺度恢复项目的首要任务是看看人们都想看到怎样的理想结果，然后在不同观点之间谈判妥协，再努力提出能被所有人接受的情景模式。

认为一旦协商出一个“终点”就完成了愿景的设定，这是不明智的。因为随着景观的变化，利益群体的看法和需要也会改变。恢复目标常常是动态的，市场、游憩需求、优先保护对象等都会随时间而变化，人们今日所需要的也许明天就不需要了。

Dunwiddie 认为恢复项目的目标应该定义成“动态的画面”而不是“快照”，但问题在于在项目中像物种这样的对象比较容易说明和监测，但是像生态系统功能和种群动态这样的过程就要困难得多。

下面这些概念和方法可以用来确保森林景观恢复项目沿着正确方向进行：

14.2.1　回答问题：恢复内容是什么，为了谁，原因是什么？

虽然这些是最重要的问题，但在恢复项目中却经常解决不当。

这些问题应该由真正的利益相关者来回答，如当地居民、保护组织等，因为他们将要做这些工作或者承担成本，享受收益。

要避免项目被专家主导，并且保证发展援助机构是诚实的，保证他们能表明真正的目标，并意识到自己也是利益相关方。

14.2.2　情景模式、愿景和利益相关者

关于用什么方法使利益相关者参与到项目情景和愿景制定工作中有很多文献加以介绍。一定要保证弱势群体的利益。实现真正意义上的公众参与并非易事，需要立场中立具有专业技能的人员辅助。国际林业研究中心(CIFOR)和国际环境与发展研究所(IIED)网站都提供了这方面文献的链接。

简单建模方法可以用来制定方案，使假设明晰。STELLA，VENSIM 和 SIMILE 都被广泛应用，这些模型在制定方案、了解系统变化的驱动力、使利益相关者的假设和理解更明晰，以及追踪项目向有利目标发展等方面是最好的工具。

“融入项目”是一个重要概念，意味着要进行长期努力，成为利益相关者，并明确利益。以世界自然基金会(WWF)的情况为例，与其他保护组织的一样，它的主要利益是保护生物多样性，那么，就要承诺提供多大的资金投入或其他贡献，以支持实现生物多样性目标。

14.2.3 了解发展轨迹

如果我们不进行干预会出现什么情况？潜在的发展轨迹是什么？引起变化的主要动因是什么？建模可以帮助我们找到这些问题的正确答案。正常情况下，引起变化、且一直重要的驱动因素只有几个，我们需要对其进行识别并研究它们是怎样产生影响的。

我们还必须了解生态演替的潜在过程。在一个地方影响恢复的因素并不仅限于那个地点，许多跨部门的因素，如经济和贸易政策，公众对问题的理解水平等，都将会对恢复过程产生持续多变的影响。

14.2.4 把监测评价作为管理工具

应该把监测评价和期望的结果联系起来。就预期结果进行谈判协商在任何项目中都应该是首要且最为重要的工作。应该在一开始就对期望结果的指标达成共识，然后将其作为适应性管理的工具。Sayer 和 Campbell 编写的书中有一章介绍了这个问题，可以作为监测评价的参考文献。

14.2.5 寻找和保护对照景观

无论森林景观恢复的目标是不是要恢复“原始的植被覆盖”，找到尽可能接近自然条件的对照区都是有用的(见第 15 章“森林恢复中对照景观的确定与应用”)。作为基准线(情景)，对照景观对于理解生态进程、开展教育很有用，还可以成为人为辅助恢复中所需植物和动物的来源。

关于试图恢复原始、顶级、自然植被的文献很多，这个方法存在很多问题，尤其是要知道干预前的情况是怎样的。同时也要避免陷入这样的误区：认为自然系统达到了顶级状态后就保持不变了，这种情况十分鲜见。即使是在最偏僻的、受到干扰最少的刚果盆地或者是亚马逊流域，如今的森林物种组成和 100 年前、500 年前或者 5000 年前都不一样。自然景观是高度动态的，恢复到“自然”状态的决定是武断的。受干扰程度最小的对照景观或对照地块将有利于我们理解景观进程，也可以成为大尺度恢复项目的有用组成部分，并且在谈判过程中还可以参考这些非常有价值的实例。

正常情况下，恢复“自然条件”只是目标之一。在多数情况下，将会用更精确的标准和环境目标来定义恢复项目的目标。

14.2.6 以现实的态度看待设计者的景观

一旦开始了利益相关者参与式过程，就会逐步讨论期待的结果，最终会浮现出景观的样子。应该使用不同的方法和工具来研究景观应该是什么样的，以满足不同利益团体的需求和期望。

14.3　方法概述

利益相关者会决定某种景观布局和条件能满足他们的目标，但是通常不同利益相关者的想法也不一样。根据恢复目标，以下具体的方法可以调整利益相关者对景观的愿景：

生物多样性　联合国环境规划署世界保护监测中心开发的建模工具非常实用。使用时对于廊道和连接度的假设要谨慎，不能总设想保护区可以尽可能地大，因为通常保护区会对当地居民产生巨大的机会成本，因此保护区大小应该是适宜的，而不是非要尽可能大。在植被建设中，演替阶段的重要性通常被低估，许多野生物种需要演替植被才能生存。

贫困制图与评估　国际农用林研究中心在这方面提供了很多参考（见第 40 章“农林复合系统作为森林景观恢复的工具”）。

土地管理　澳大利亚土地管理项目是多方利益相关者参与式恢复项目的范例，目前已在其他国家推广。

水　普遍认为森林覆盖对水质水量很重要的观点没有实验依据作证。森林覆盖所消耗的水可能比其涵养的水还要多，关键取决于林木的种类、降雨频率和强度以及深层土壤基质的特征。应向专家征寻恢复项目对水文影响的意见（另见第 33 章“恢复水质和水量”）。

舒适　荷兰、英国、美国的恢复项目都非常重视舒适性，这属于景观构建的艺术领域。

雪崩防控　在温带和北方国家，这个问题很重要，这方面的资料很多。

木材　这是许多所谓的恢复项目的真正目的。但是要谨慎：以木质林产品为中心的狭隘的目标通常无法与广泛的、当地居民以及环境的目标保持一致。

木本作物　这些作物包括油棕榈树、咖啡树、可可树、橡胶树等。在农林复合系统章节可以找到更多关于这方面的介绍，也可以浏览关于可采伐储量以及橡胶林的出版物。

14.4　未来需要

14.4.1　加强经济分析

景观恢复代价很高，但能够而且应该产生经济收益。关于评估环境产品和服务的科学研究仍然不够精确；对自给农户所使用的生活品的定价也是一个挑战。但是所有大尺度恢复项目必须要根植于现实经济，成本－收益比决定了哪些是可以实现的结果，哪些是期望的结果。很多的森林恢复项目耗资巨大却收益甚微。

记住，投资恢复项目要承担机会成本的风险。这一点尤其关键，因为为此付出的资金也可以用在创造就业机会、建立保护区等方面。尽管很少需要或可以进行全面的经济评价，但总是需要从经济角度对选择的方案进行全面检验。

14.4.2　“干中学”的能力

上面讨论的内容可能会提示恢复工作需要一个繁琐的计划过程，这样的计划过程应该尽量避免。最好是项目一开始就在利益相关者讨论结果的基础上进行一些恢复试验，这些尝试会建立外来利益相关者的信誉，并给他们提供学习的机会，还将丰富正在进行的、并将贯彻项目始终的利益相关者谈判。项目初始目标应该是构建社区利益群体，这些利益群体能够共同试验、共同学习。

社区意识或社会资本意识能够真正加强景观恢复的工作。志愿群体取得了许多卓越的恢复成就——人们彼此合作，并且都热衷于恢复珍稀动物的生境或者恢复受损的景观美景。这些群体会随着项目进展对项目目标进行小的调整，为制定及更新目标和终点提供好的方法。

想被利益群体真正接纳，关键要从点滴投入做起，而非大资金注入，避免官僚主义，并且要不断学习，取得进展的同时要注意调整方案。

14.4.3 景观追踪工具

随着恢复项目的开展，建立反馈机制很重要，这样可以对结果的成功与否进行评估，可以咨询利益相关者，可以修改活动来反映发生的变化。在项目开始的时候就这些追踪方法(或者监测评价方法)达成协议，可以保证真正追踪到项目区的特性。由于景观很复杂，并且利益相关者的观点多种多样，这些追踪方法将必然会很复杂。

参考资料

Berkes, F., Colding, J., and Folke, C. 2003. Navigating Social-Ecological Systems. Cambridge University Press, Cambridge, UK.

Dunwiddie, P. W. 1992. On setting goals: from snapshots to movies and beyond. Restoration Management Notes 10(2): 116 – 119.

Liu, J., and Taylor, W. W. 2002. International Landscape Ecology into Natural Resource Management. Cambridge University Press, Cambridge, UK.

Meff, G. K., and Carroll, C. R. 1994. Ecological Restoration. In: Principles of Conservation Biology, pp. 409 – 438. Sinamer Associates, Inc., Sunderland, MA.

Sayer, J. A., and Campbell, B. 2004. The Science of Sustainable Development. Cambridge University Press, Cambridge, UK.

Simberloff, D., Farr, J. A., Cox, J., and Mehlman, D. W. 1992. Movement corridors: conservation bargains or poor investments? Conservation Biology 6: 493 – 504.

UNEP-WCMC. 2003. Spatial analysis as a decision support tool for forest landscape restoration. Report to WWF.

Walker, L. R., and del Moral, R. 2003. Primary Succession and Ecosystem Rehabilitation. Cambridge University Press, Cambridge, UK.

Zuidema, P. A., Sayer, J. A., and Dijkman, W. 1997. Forest fragmentation and biodiversity: the case for intermediate-sized conservation areas. Environmental Conservation 23: 290 – 297.

补充阅读

Aide, T. M., Zimmerman, J. K, et al. 2000. Forest regeneration in a chronoequence of tropical abandoned pastures: implications for restoration ecology. Restoration Ecology 8(4): 328 – 338.

Ashton, M. S., Gunatilleke, C. V. S et al. 2001. Restoration pathways for rainforest in Southwest Sri Lanka: a review of concepts and models. Forest Ecology and Management 154: 409 – 430.

Bradshaw, A. D., and Chadwick M. J. 1980. The Restoration of Land: The ecology and reclamation of derelict and degraded land. Blackwell Scientific Publication, Oxford, UK.

Buckley, G. P., ed. 1989. Biological Habitat Reconstruction. Belhaven Press, London.

Cairns, J., Jr., ed. 1988. Rehabilitation Damaged Ecosystems, vols. 1 and 2. CRC Press, Boca Raton, Florida.

Gobster, P. H., and Hull, R. B., eds. 1999. Restoring Nature: Perspectives from the Social Sciences and Humanities. Island Press, Washington, D. C.

Holl, K. D., Loik, M. E. et al. 2000. Tropical montane forest restoration in Costa Rica: overcoming barriers to dispersal and establishment. Restoration Ecology 8(4): 339 – 349.

IUFRO. 2003. Occasional paper no. 15. Part Ⅰ: Science and technology-building the future of the world's forests. Part Ⅱ: Planted forests and biodiversity. ISSN 1024 – 1414X. IUFRO, Vienna, pp 1 – 50.

Jordan, W. R., Ⅲ, Gilpin, M. E., and Abers, J. D., eds. 1987. Restoration Ecology: A Synthetic Approach to Ecological Research. Cambridge University Press, Cambridge, UK.

Lamb, D. 1998. Large scale ecological restoration of degraded tropical forest lands: the potential role of timber plantations. Restoration Ecology 6(3): 271 – 279.

Luken, J. O. 1990. Directing Ecological Succession. Chapman and Hall, London.

Nilsen, R., ed. 1991. Helping Nature Heal: An Introduction to Environmental Restoration. A Whole Earth Catalogure, Ten Speed Press, Berkeley, California (Deals with restoration in a U. S. context).

Perrow, M. R., and Davy, A. J. 2002. Handbook or Ecological Restoration, vols. 1 and 2. Cambridge University Press, Cambridge, UK.

Reiners. W. A., and Driese, K. L. 2003. Propagation of Ecological Influence Through Environmental Space. Cambridge University Press, Cambridge, UK.

Smout, T. C. 2000. Nature Contested; Environmental History in Scotland and Northern England Since 1600. Edinburgh University Press, Edinburgh, UK.

Whisenant, S. G. 1999. Repairing Damaged Wildlands—A Process-Oriented, Landscape-Scale Approach. Cambridge University Press, Cambridge, UK.

案例分析：马达加斯加：在雨林中实施森林景观恢复计划

作者：Stephanie Mansourian，Gérard Rambeloarisoa

世界自然基金会(WWF)及其合作伙伴从 2003 年 3 月开始，在马达加斯加雨林生态区域中实施森林景观恢复计划，本案例分析将列出这个过程中的不同步骤。

马达加斯加只残留有 10% 的森林，并且大部分条件恶劣，因此，森林景观恢复被认为是应对国内关心的保护和发展问题的有效方法。2003 年 3 月，当世界自然基金会(WWF)开始实施恢复计划时，雨林生态区域综合保护项目已经在执行了(如正在收集数据，在地图上标出关键生境，正在调查不同物种的生境范围等)，为恢复项目提供了关键数据。

实施恢复项目的主要步骤如下：

(1)对优先景观进行初选(2003 年 3 月)：在有社会团体、研究人员、政府和私有部门参加的全国研讨会上，根据共同制定的初步指标，选择了一些有恢复潜力的景观。

(2)在一个景观内进行重点勘查(2003 年6~8 月)：在研讨会上成立了全国工作小组，这个小组对指标进行了精选，小组成员根据选出的指标(包括生态和社会问题，如与大的森林斑块的距离，文化水平，有无土地使用权冲突)，对5个列入初选名单的优先景观进行调查，然后再根据这些指标排名，以确定一个优先景观。

(3)提出建议书，筹集资金(2003 年 8 月~2004 年 6 月)：制定并提交建议书，获得批准成为优先景观。

(4)开始选择生物和生态目标(2004 年 6 月)：识别生物和生态优先度，利用生态区过程数据定义进行恢复的优先区域以及生物(生态)目标(如恢复狐猴的栖息地，为保护区提供缓冲)。

(5)社会经济分析(2004 年9~12 月)：在进一步收集生物数据前，工作组意识到很有必要更好地了解景观内社会和经济背景，因此开展了社会经济分析。

后续步骤：

已经确定的关键后续步骤如下：

(1)制定共同目标：利用生态和社会经济数据库，与利益相关者协商后确定景观的共同目标。

(2)伙伴关系：从政治支持和技术辅助的角度考虑，与关键利益相关者的伙伴关系对整个过程都很重要。

(3)建立景观层次的监测体系：为了根据目标来衡量整个过程，需要建立一个监测体系。

(4)开始开展小规模活动：需要迅速开展小规模的活动，以识别最合适的技术、物种、物种混交比例、培训需要，以及人们可从事的替代经济活动。

(5)吸取经验并修改工作计划：有必要每年都对工作计划进行修改，审查数据，以决定是否按计划取得了进展，或者是否有必要进行调整。

第 15 章　森林恢复中对照景观的确定与应用

尼盖尔·杜德莱(Nigel Dudley)

本章要点

对照林是指能够提供自然物种的结构和生态特性等信息、且保存完好的天然林或近自然林，可用来制定森林恢复计划，也可用以衡量森林恢复成功与否。

在世界范围内建立正式和非正式的对照林网络。

使用对照林通常需要辅以其他数据，如：历史记录、旧地图，通过对泥碳土颗粒中的花粉绘图来确定过去的植被类型等。

15.1　背景

森林恢复是一个过程。因此，好的森林恢复项目一开始就要需要明确建立哪种森林类型，也就是要明确恢复目标和相关活动。由于生态系统不断变化和进化，这只能是一个大致的目标，但却可以帮助制定恢复方法并设定时间范围。恢复的目标有很多，例如：

(1)对毁林后的土地进行阶段性恢复，随着时间推移使其逐步恢复成更加自然的林分，如在哥斯达黎加的瓜那卡斯特(Guanacaste)省，外来物种被用作天然林的保育物种；

(2)对具有特殊社会价值的森林进行恢复，如西婆罗洲 Tembawang 果园的建立不仅是为了非木质林产品，同时它也是生物多样性的重要宝库；

(3)对管理的森林实施具体的干预措施来恢复其特定价值，如对瑞士南部和芬兰森林中枯死木的更新。

(4)森林恢复可能持续几个世纪，这个过程中自然变化和森林老化同最初的措施一同起到干预作用，如新西兰北部以前被毁掉的贝壳杉林。

尽管人们经常假设森林恢复的目的是重建天然林，但也有其他情况。有许多措施是为了营造有重要文化意义的森林，如地中海沿岸或者像非洲东部的大草原，那里甚至为了保护狩猎动物而控制森林面积。不管是何种目的，好的森林恢复项目都需要针对某个框架进行规划和监测，通常是参考一个类似的森林类型，作为待恢复森林类型的样板。

对照林提供了一个参照模式，最好的对照林是经过了长期的认定、保护、监测，相关机构了解其生态特性。尽管幼龄森林可以为连续生长阶段提供有价值的参考，但通常还是将老龄林作为对照林(虽然并不总是)。如果历史状况清楚的话，即使是新认定的对照林分也可以提供有价值的参考信息。通常在规划森林景观恢复时很有必要找一个对照林或者对照景观。有时需要根据历史记录和花粉图来从理论上重建对照林。尽管对照林对于同一生态系统的森林类型最有价值，但是也可为那些相差较远的森林提供有价值的信息。了解历史对照林与未来需要重建或完善的目标森林之间的关系非常重要，对照林并不一定要与目标林完全相同。有时目标林可以发展得与对照林十分相似，但在有些情况下却不然，因为目标林会面临一些其他的压力和需求，或者是因为某些条件发生了改变，使得原生林的某些组成无法恢复。在制定恢复目标时，能够清楚地理解这个关系很重要。

对照景观提供了不同的生态信息，特别是组成、生态进程和功能方面，以及非常关键却又经常最难确定的周期变化。现在在很多地方地区，经过渐进老化和更新过程或者灾难性事件后，找到未受太多干扰且能够展示自然变化的森林越来越困难。然而，了解森林如何自我更新，在重建近自然林以及认识受管理的森林可能的压力方面都是非常重要的。

确定恢复目标要考虑的其他因素包括：人类与森林之间长期的相互作用，以及文化景观的进化（许多森林的存在离不开人类的身影，所以，原始的未受人类干扰的生态系统只是理想状态）。未来有可能发生气候变化和其他形式的环境干扰，这就意味着森林景观恢复目标要适应这些变化，并且不能过度地参考对照景观，因为它们可能自身也在发生变化。更通俗地说，森林景观恢复的目标需要在对可能发生的变化有基本了解的基础上加以制定。植被进化到顶级类型后就保持不变的说法现在被证明是错误的，至少从某个特定的角度，人们还期待某种变化会不断发生。最后，恢复目标的选择需要结合林分的生物多样性、自然状态以及生计价值等做出，而对照林分也只能为这些更加政治性的选择提供辅助信息。

15.2 案例

对照林对理解森林的生态特性、以及对森林丧失和退化建立反应机制起到了基础性作用。下文列举一些对照林。

15.2.1 美国俄勒冈州

1948 年，H. J Andrews 试验林被美国林务局作为森林网络的一部分保护起来，打算作为林务局科研活动的实验场。由美国农业部林务局太平洋西北研究站、俄勒冈州立大学、威拉米特国家森林局合作管理，美国国家科学基金会，美国林务局和俄勒冈州立大学等单位提供资金支持。一直以来，野外试验把气候动态、河川径流、水质、植被演替作为重点。目前，研究者正在开发用来预测自然干扰、土地利用、气候变化对生态系统结构、功能和物种组成的影响的概念和方法。3000 多种科学出版物都曾使用过此试验林的数据。这项研究已经被用来探索太平洋西北研究站管理的森林中恢复老龄林特征的方法，包括保留死木和溪流中的粗木质残体。

15.2.2 华盛顿史密逊研究院热带林业科学中心

热带林业科学中心建立了森林动态标准化样地的国际网络。在每个样地内，所有直径超过 1cm 的树都要做标记、测量并绘在地图上，还要鉴定植物种。典型的森林动态样地占地 50hm²，包括多达 360，000 株林木。最初的林木普查和周期性后续普查提供了长期信息，包括物种发育、死亡、繁殖、分布和生产力等，目前它们成为制定热带人工林恢复战略的唯一信息来源。热带林业科学中心的研究人员利用贯穿热带地区的标准化集约森林动态样地数据，正在全球范围内研究热带森林物种的多样性和动态。目前，这些样地分布于巴拿马、波多黎各、厄瓜多尔、哥伦比亚、喀麦隆、刚果民主共和国、马来西亚、泰国、斯里兰卡、印度(见下文)、菲律宾、新加坡和中国台湾地区。

15.2.3　印度

在印度南部的西高止山脉(the Western Ghat Mountains)的尼基里生物圈(the Nilgiri Biosphere)内，莫都马赖野生动物保护区(the Mudumalai Wildlife Sanctuary)和本迪布尔国家公园(Bandipur National Park)是野生动植物最富集的区域之一。这些保护区是生态科学中心的长期研究项目区。在莫都马赖野生动物保护区有一个 50hm² 的永久样地，在这里可以调查热带干旱森林的动态与火灾及大型哺乳动物食草作用的关系，这里是与热带林业科学中心合作的大规模样地国际网络中的一部分(见上文)。

15.2.4　欧洲

在欧洲委员会的欧洲科学与技术研究协会项目资助下，一个协助在 19 个欧洲国家森林保护区内进行研究的网络已经建成。所建立的程序确定了在核心区域以及整个保护区内收集数据，主要是为了开发可重复的方法来描述林分结构和地被植物。一个基于网络的森林保护区数据库能够帮助协调信息。天然林在欧洲受到的威胁也许比其他地区更严重，而这些信息可用来帮助确定和管理保护区，并增加被管理森林的自然成分。

15.2.5　地中海

有些情况下，由于环境变迁太大，导致了自然或近自然对照林消失。例如，地中海沿岸森林中的许多果树原来是被人熟知的。如今，最有用的对照林通常是具有多种生物多样性要素的古老的文化林，因此森林恢复项目大多以重建文化林为目标。

有机会进入对照林能够显著地提高我们对森林动态的认识水平，从而促进管理决策。例如，20 世纪 80 年代末，俄罗斯联邦允许芬兰森林生态学家进入其天然林。经过研究，科学家们修正了对于干扰类型的认识，重新认识到雪灾是比原来推测更能引起环境变化的因素。然而，对照林很少能提供所有需要的信息，尤其是环境变化剧烈而没有天然林保存下来时。现存对照林是比较有效的工具，但绝不是确定恢复目标的唯一方法。如下所述，还有其他一些方法可用来代替现存的对照林。

15.3　方法概述

在多数情况下，可以借助一系列不同的方法来确定对照景观。主要方法如下：

(1)对照林：如前文所述，对照林有可能是最有价值的单一信息源。

(2)与其他生态条件相似的林分做比较：即使附近没有森林作为对照林，但使用世界各地积累的数据也可以帮助我们认识森林生态系统。例如，了解多数猛禽的繁殖模式和数量有助于鸟类学家根据体重对某一物种的稳定繁殖率做出合理预测。对于某一生态系统林火生态的认识可以谨慎地转换到另外一个系统中，或者至少能够帮助建立假设。其他因素如老龄树生长特征，从一个森林生态系统转换到另一个森林生态系统时效果不好。

(3)与“原始”森林类型做对照：虽然很难找到完全未被改变的森林生态系统，但是人们历经反复尝试，描述了原生林或天然林，在表 15-1 中给出了一些例子。

(4)历史记录：书面记录给我们提供了很多信息，有时可以向前追溯几百年甚至几千年。已知最古老的森林管理记录已经有 2000 年历史了，那是关于日本神道寺庙森林提供木材的记录。来自于文字记载、宗教手稿、英雄传奇和贸易账户等记录虽然常常断断续续，但能够提供与森林有关的有价值的信息。在英国，许多假定的“天然”林可以通过记录追溯到种植之处(还能知道种树人的名字)。许多近代旅行者的记录也越来越多地被用来为过去的植被格局提供信息，如意大利旅行者一个世纪前在厄立特里亚(Eritrea)的记录就为现在的恢复工作提供了信息。

(5)森林片段：在无法找到完整对照林分的地方，可以使用非天然森林片段或者残留的小环境加以替代，但需小心谨慎。例如，在欧洲西部，园区和植物篱都包含有天然林的重要元素，并可以帮助设定恢复目标。同样，由宗教问题而受到保护的圣地可能含有在周边区域已经消失的物种，如印度尼西亚、老挝、中国、肯尼亚及马拉维的森林公园和圣林。

表 15-1　原生林的定义

定义	解释
远古林	存在了几个世纪，精确的时间有所不同，但英国通用的标准是 400 年①
边境林	“相对未受干扰，有足够空间维持其所有生物多样性，包括与每种森林类型相关的物种保有有活力的种群”，判断标准包括原生林种，自然结构、组成和异质性；以乡土树种为主②
本土林	有多种解释，通常是指由最初在当地发现的物种组成的林分，可以是幼龄林或是老龄林，可以是后建的也可是自然的，在澳大利亚通常指初级林③
美国太平洋西北研究站的成熟林	“通常指至少有 180 ~ 220 年的林分，中度到高度的林冠复被率；以大型上层树木为主的多层次、多物种的森林”④
初级林	“原始天然林破碎化后树木一直繁茂的林地，利用方式不同，其特点也不同”⑤
自然林	“完全自然的林地，未受新石器时代或后来文明的影响”⑥

注：① Bunce，1989；② Bryant 等，1997；③ Clark，1992；④ Johnson 等，1991；⑤ Peterken，2002；⑥ Rackham，1976。

(6)花粉分析和土壤微碳分析：泥炭颗粒、湖床或是土壤剖面的花粉分析可以鉴定几千年前的植物，因为花粉有很强的抗腐烂能力，特别是在泥炭形成的厌氧环境中，通过花粉分析可以辨别单个物种。分析泥炭颗粒可以显示出植被随时间的变化过程，也可以显示火灾发生情况和频率。有时可以得出被污染的信息。当环境变化剧烈并且无法找到对照景观时，这种分析经常是唯一确定的、再现过去植被景象的方法。

(7)利用永久特征进行空缺分析：基于将永久特征(主要是地形或者物理栖息地)作为地理单元来反映生物多样性的景观方法对保护区做保护评估。空缺分析包括 3 个主要阶段：首先，回顾自然区域框架以确保自然区域边界能够反映出主要的地形及气候差异。然后，在每个自然区域内用地图确定永久特征。永久特征可以是自然区域内的地形，或是景观要素或单元，其特征是母质的来源和结构以及地势起伏都相对统一。最后，生物多样性与景观永久特征的关系来自于更详细的第三方资料。

15.4　未来需要

虽然有许多可用的方法，但是在将这些方法结合起来为恢复实践制定切实可行的目标方面还缺少经验。空缺分析追溯到森林恢复的哲学根源和目标。例如，是恢复原始的植被还是仅仅是当前能够运转的生态系统。在以后工作中，我们需要更好地了解森林恢复本身可能存在的过程，以及更精确地衡量进展情况的方法。

参考资料

Broekmeyer. M. E. A. Vos，W.，and Koop，H.，eds，1993. European forest reserves. Pudic Scientific Publishers，Wageningen. The Netherlands.

Bryant. D.，Nielsen. D.，and tangley. L，1997. The last frontier：ecosystems and economics on the edge. World Resources Institute. Washington. DC.

Bunce，R. G. H. 1989. A Field Key for Classifying British Woodland Vegetation. Institute of terrestrial ecology and HMSO. London.

Clark. J. 1992. The future for native logging inAustralia. Centre for resource and environmental studies working paper 1992/1. the Australia national university，Canberra.

Iaclbelli. T. Kavanagh. K，and Rowe. S. 1994. A protected areas gap analysis methodology：planning for the conservation of biodiversity. World wildlife fund Canada. Toronto.

Janzen. D. H. 2002，tropical dry forest：area de conservationGuanacaste. Northwestern Costa Rica. In：Perrow M. R.，Davy，A. J. eds. handbook of ecological restoration. vol. 2. Restoration in practice. Cambridge University Press. Cambridge. U. K. Pp. 559 –583.

Johnson，K. N. franklin，J. F. Thimas，J. W.，and Gordon. J. 1991. Alternatives to late successional forests on the pacific northwest. A Report to the US. House of Representatives. Washington DC.

Luoma，J. R. 1999. The hidden forest：the biography of an ecosystem. Owl Books，New York.

Moussouris，Y.，and Regato，P. 1999. Forest harvest：Mediterranean woodlands and the importance of non-timber forest products to forest conservation. Arborvitae supplement，WWF and IUCN，Gland，Switzerland.

Peterken，G. F，1996. Natural woodland：ecology and conservation in northern temperate regions. Cambridge Univertsty Press. Cambridge. UK.

Petersen G. 2002. Reversing the habitat fragment nation of British woodlands. Wwf. UK. Glkdalming. UK.

Rackham，O. 1976. Trees and woodland in the British landscape. Weidenfeld and Nicholson. London.

第16章 目标选定、时机把握与进度测量中的制图和建模

托马斯·F·阿纳特(Thomas F. Allnutt)

本章要点

绘图以及地理信息系统的应用可以从若干方面帮助恢复森林景观，但最重要的是在衡量并监测进度方面，使恢复项目达到其生物学和社会经济目标。

针对景观恢复，还有一些从简单到高度专业化和实验性的使用地图和地理信息系统的方法。

16.1 背景

成功地规划、执行、监测以恢复森林景观为目标的项目还涉及到空间数据管理和分析，即能覆盖目标区域的定性和定量的二维数据。举例来说，要想弄清一个潜在恢复项目区能否达到生物多样性目标，如：提高栖息地整体的连通性水平，以维持某物种的生存能力，就需要用到地图，并对景观内所有森林斑块做一个初步统计(大小、隔离程度等)。另外，许多其他空间变量对某一指定恢复区域的适宜性和成功的可能性会产生一定影响。因此，以卫星遥感、航空摄影、地理信息系统等制图为基础的制图技术，将会不断地为森林景观恢复提供帮助。

地理信息系统和其他空间技术可以在很多方面辅助森林景观恢复项目。一方面，森林覆盖、海拔、河流、社区、道路等本身就能帮助了解景观的生态和人文背景。另一方面，复杂的特定空间模型可以模拟谱如森林恢复对下游流域的水文效应。我们在这里所关注的是利用空间数据开发出空间情景，以帮助实现森林恢复项目的生物学及社会经济的目标。这种方法被称为“适宜性建模”或“多标准评估”，这是利用现成地理信息系统商业软件包建模的一种类型。

具体地说，在这一章中我们将提供：①空间数据类型的实例，以及一些常见的对森林景观恢复规划和监测有用的制图方法；②取得这些数据的空间工具和技术；③回顾最近几次在森林景观恢复中应用空间技术的情况。

16.1.1 区域制图以设定恢复目标

项目的恢复目标和恢复对象决定了要收集的空间数据以及要实施的空间分析类型。项目目标主要有生物和社会经济两类目标。尽管不是所有目标都与空间有本质联系(如，防止某些物种灭绝)，但大部分是有关联的，如保护一定面积的某种栖息地；或者建立一定

面积的社区森林保护区，规划项目目标或者评价进展情况。如属后一类情况，就需要适当的空间数据。

16.1.1.1　生物目标

通常，生物目标可以直接源自现有的大规模保护性规划过程，如生态区保护(ERC)。生态区保护项目的初步成果之一是一系列优先景观。靠它们来达到生物目标，如保护某种濒危灵长类动物。在这种情况下，就可以直接利用这些动物作为对象来确定恢复区域的优先顺序。例如可以优先在目标灵长类动物种群的相邻区域进行恢复。

其他情况下可能没有这类信息。这时，项目人员可以依靠生物保护的基本原则来指导选择什么目标，以及需要什么空间数据系列。一般来说，基于空间的生物目标会涉及到物种(如猎豹)、生境、植被类型(如湿地)、或生态和进化过程(例如迁徙、水文)。为这些特征设定的典型目标如面积数量，或被研究的生物要素分布百分比(例如，$1000hm^2$ 的橡树稀树草原)。

一旦生物目标确定了，就要对几类空间数据进行制图，可能需要在野外完成。多数情况下会用到现有地图资源，有时可能还需要利用建模或者遥感技术来生成地图。

评估基于物种的目标时，首先要尽可能清晰而详细地了解当前景观内所有目标物种的分布情况。生长区图可以提供这方面的信息，它在全世界范围内的生物分类群中的应用也越来越广泛。另外一些情况下，通过野外数据收集，并辅以环境数据，可以利用建模来预测物种的分布。通常，尤其是在小尺度上，确认某些关键物种是否存在时会用到基于野外调查的详细记录。

另一类常见的生物目标包括特殊生境和(或)植被类型。在评价这类目标时有几种数据来源，常用的是由国家或地区详细目录提供的现有地图和植物分类。有时还可以利用原始照片，通过加工处理照片或数字图像来生成新的地图。最普遍的来源是遥感——由飞机或星载传感器拍摄的照片或数字图像。新的高分辨率图像(1m 以下)为测绘自然栖息地和人类的土地利用提供了良好数据，但成本高也是一个重要的制约因素。

在物种丰富并且栖息地异质性大的地区，光学遥感也许无法在必要的程度上区分生物学差异。利用相机或卫星都非常不易分辨生物学差异的森林，通常其生物多样性程度较高。这时，可以用生境建模的方法勾出希望物种分化的区域。有一系列可用的方法，从快速、近似的方法到正规的统计方法。例如，海拔经常被用作反映物种分布的辅助指标，也可用来把连续的森林快速划分成几个或更多森林栖息地类型(低地、山麓、山地等)。

恢复景观的空间配置对于生物多样性保护至关重要，原因如下：第一，许多物种能否长期存活，往往直接取决于栖息生境的规模与连通性，因为：①个体和种群需要有足够的远系繁殖机会，而这只适用于某一特定大小的生境斑块；②所关注物种从生态角度(如季节性迁移)需要大面积成片的栖息地斑块。这两种情况下，评估目标物种的生境配置都需进行必要的研究。第二，一旦生境破碎程度超过了隔离或破碎化的阈值，那么很多环境和生态过程将无法维持。例如，维持流域内自然水文流量依赖于完整森林斑块的大小及其连通性。

16.1.1.2　社会经济目标

社会经济是第二大类恢复目标。有些情况下，如果通过实践(如生态区域保护的设计过程)确定了优先景观，那么其社会经济目标就已经被细化了，设定生物目标时更是这样。需要用到空间数据的社会经济目标通常会明确景观内有多少土地利用方式，可能会将一部分景观划分出来作为某种用途。例如，项目参与人员可能希望将1/3的景观专门作为社区森林。还有一些情况会把整个景观(除生物多样性保护区以外的)划为某种用途，类似于传统土地利用规划或区划图。

为实现社会经济目标而进行的区域测绘，需要最新的详细土地覆盖图。这个地图要尽可能详细且尺度尽可能精细，显示出自然区域以及人为区域的分布情况，而且通过当地现有的土地利用或土地覆盖地图能够得到它，或者通过航空和遥感技术辅以地面真实情况就能够生成。为实现社会经济目标，以土地利用现状地图作为出发点，生成能够显示土地用途变化的未来土地利用图很有必要。

16.1.1.3 土地使用权和土地价值

景观内土地的法律地位、所有权(占有权)和土地的经济价值对森林景观恢复规划也很重要。可以从当地或国家政府机构现有的地图中获得这些信息，尤其是土地使用权。还有一些情况，对于未知区域，需要进行野外调查来确定其使用权和土地价值等信息。空间经济建模也已经被用于土地价值评估中。例如，根据已有的规则，人们可以基于一些指标评估每块土地的价值，如以市场准入为一个变量。

16.1.2 确定时机：整合生物和社会经济数据，以确定时机实现目标

有些区域比其他区域更适合于某种用途；空间数据分析能够为某种用途有效地配置土地，这些认识已经应用于土地利用规划，或者以更正式的方法即适宜性建模，就是通常所说的多标准评价(MCE)来实现。

为了实现生物和社会经济目标，可以应用地理信息系统，用适宜性建模或多标准评价将空间、生物、物理以及社会经济数据系统地整合起来。下面介绍两类例子：

(1)确定某个单一生物或社会经济目标的适宜性。例如，假设维持一种灵长类动物可生存状态的数量是生物目标之一。据估计，目标灵长动物在海拔1000～3000m需要一片25 000hm^2的连续单一林分的森林作为栖息地。而目前，景观内只有两块不连续的森林，面积为15 000hm^2。因此，当前的任务就是要基于目标物种所需的标准：海拔、面积、连通性，来勾绘出至少10 000hm^2进行恢复。这就需要生成三幅地图：一幅地图显示出海拔1000～3000m目标区域内所有地块，一幅地图根据不相连地块的连接潜力进行分级，还有一幅地图则根据与良好的目标灵长类动物栖息地的接近程度对地块进行分级。在同一的数值范围内将这三幅地图标准化，然后利用加权平均值将其叠加，生成适宜性连续地图。图中，临近现有完整栖息地、连接两个地块、并且海拔相符的地块就是最适合的区域。然后，选择那些满足10 000hm^2并且得分最高的地块(最接近3个标准的)。这样就为此生物目标确定了优先恢复区域。同样的方法也可以用于识别社会经济目标适合区域。

(2)纳入社会经济数据，作为确定适合生物目标区域的制约因素。正如可以将物理标准和生物标准结合起来确定适合的恢复区域从而实现生物目标一样，社会经济标准，如土地利用或土地价值，也可以纳入到这个方法中来。举例来说，假设在实践中有两个地块从所有角度都同样满足生物目标，其海拔相当，对现有森林的接近程度相同，都连接两片森

林。但是，一个地块一直用于农业生产，而另一个地块已经被遗弃多年，种种原因决定后者更容易恢复。因此，当多个区域都满足生物目标时，在多准则评价中纳入社会经济数据可以有效地帮助确认恢复区域的优先级别。

16.1.3　监测

在整个规划和实施过程中，使用定量空间数据，并且设定一定生物和社会经济目标，一个关键的益处就是随着项目的进展也促进了长期监测。尤其是应用遥感数据，可以相对快速并且便宜地、宏观地、可重复地观察景观内长期土地利用和土地覆盖大的变化。显然，监测还需要同生物和社会经济目标进展回顾相配合，因为一些目标无法进行远程测量。目前的问题是，尽管一些地方、一些机构付出了积极努力，仍然缺少针对保护项目的、长期的大规模的系统监测。

16.2　案例

有很多在规划和保护中使用地图和地理信息系统的例子。但将其应用到森林恢复规划中的例子却很少。J. Halperin 最近的工作是一个例外，他把地理信息系统应用到乌干达社区参与的大尺度恢复规划中。

世界自然基金会(WWF)网络最近开始将地理信息系统应用于其恢复计划中。联合国环境计划署世界保护监测中心(UNEP-WCMC)应用地理信息系统确定世界自然基金会(WWF)北非恢复项目的优先区域、生物属性，如物种丰富度、森林完整性和斑块大小，与人为压力因子相比较，包括道路密度、放牧压力和资源利用。截至2004年年初，另外还有两个项目正在实施。其中的一个项目，大西洋森林(Atlantic Forest)的安德烈西托(Andressito)景观(阿根廷)，计划利用IDRISI(一个将地理信息系统和图像处理功能完美结合的软件)应用适宜性建模与当地利益相关者结合起来确定关键恢复廊道。同样地，在马达加斯加一个大尺度景观恢复项目中，地理信息系统被用来评价适宜区域，并对其进行优先排序。他们为六种列入世界自然保护联盟(IUCN)濒危名单的脊椎动物制定了生物目标，为每个物种都制定了确定适宜栖息地的准则，以评价景观当前状态。如果当前的栖息地不足以确保每个物种长期生存，还需要根据对已知物种以及栖息地的连通性和接近程度对地块进行优先排序。另外，如果需要对满足生物目标的地块做出选择的话，那么还需要用到社会经济数据。这项工作目前正处于初始阶段。

16.3　方法概述

基于标准矢量的地理信息系统软件——ESRI(Ancmap，ArcView，Arcinfo)实际是全世界标准的地理信息系统。对于保护机构来说它的使用成本低，尤其是当专门定制或与其他程序相联系时(如统计软件等)，能够实现地理信息系统从基本制图到高级分析的所有功能。

基于标准栅格数据的地理信息系统软件有IDRISI，ESRI(空间分析，Ancmap、Arc-

View、Arcinfo 的 GRID)，ERDAS。其中 IDRISI 和 ESRI 的产品成本较低(供教学或非营利性组织使用)，能够做基于栅格数据的分析(如大部分分析需要遥感图像)。IDRISI 能够容易地逐步跟踪适宜性模型和多准则评价，将其作为决策支持包的一部分。ERDAS 相比之下成本要高很多，主要是为分析卫星图像和其他遥感数据而设计的软件。

16.4 未来的需要

一项重要的需求是为以生物多样性保护为背景的恢复项目设计出基于地理信息系统的参与式决策支持工具。同样，对此工具需要进行研究，以加强以立地为基础的恢复研究与利用地理信息系统进行空间决策之间的联系。最近，一些新的地理信息系统模型已被广泛运用于保护区空间规划中，尤其是 C-plan 和 SITES/Marxan。目前它们主要是空间优化工具，用来满足代表性目标保护计划。但是，这些工具潜力巨大，尤其是用 Marxan 的模拟退火算法(Simulated-annealing algorithm)来优化某一空间模型任一目标系列(例如恢复)时。迫切需要增强这些工具的功能，以满足一般性的保护和代表性以外的其他目标。

参考资料

Boitani. L. (coordinator), Corsi, F., De Biaes, A. et al. 1999. A databank for the conservation and management of African Mammals. Institute of Applied Ecology, Rome. Italy.

Dirmtstaln, E. Powell, G., Olson, D. et al. 2000. A Workbook for Conducting Biological Assessments and Developing Biodiversity. Visions for Ecoregion-Based Conservation. Conservation Science Programme, World Wildlife Fund, Washington, DC.

Eastman, J. R., Kyem. P A. K., Toledano, J., and Jin, W. 1993. GIS and Decision Making. UNITAR. Explorations in GIS Technology, Vol. 4. UNITAR, Geneva.

Eghenter, C. 2000. Mapping People's Forests: The Role of Mapping in Planning Community-Based Management of Conservation Areas in Indonesia. Biodiversity Support Programme. Washington, DC.

Ferrier, S. 2002. Mapping spatial pattern in biodiversity for regional conservation planning: where to from here? Systematic Biology 51: 331 - 363.

Halperin, J. J., Shear. T. H., Munishi, R. K. T., and Wentworth, T. R. 2004. Multiple-objective forestry planning in biodiversity hotspots of east Africa. In preparation.

Herrman, S., and Osinski. E 1999. Planning sustainable land use in rural areas at different spatial levels using GIS and modelling tools. Landscape and Urban Planning 46: 93 - 101.

Lambeck, R. J. 1997. Focal species: a multi-species umbrella for nature conservation. conesrvation Biology 11: 849 - 956.

Leslie, H., Ruckelshaus. R., Ball LR., Andelman, S., and possingham. H. P. 2003. Using siting algorithms in the design of marine reserve networks Ecological Applications 13: S1185 - S198,

McDonnell, M. D. Possingham, H. P. Ball. LR., and Cousins, E. A. 2002. Mathematical methods for spatially cohesive reserve design. Environmental Modelling and Assessment 7: 107 - 114.

Pressey, R, L, Cowling. R. M., and Rouget, M. 2003. Formulating conservation targets for biodiversity pattern and process in the Cape Floristic Region, South Africa. Biological Conservation 112: 99 - 127. Pressey. R. L. Ferrier. S. hutchinson, CD., Sivertsen. D. P., and Manion, G. 1995. Planning for negotiation: using an interactive geographic information system to explore alternative protected area networks. In: Saunders, D. A., Craig, J. L., Mattiske. E. M., eds. Nature Conservation: The Role of Networks. Surrey Beatty and Sons Sydney. pp. 23 - 33.

Ridgely, R. S., Allnutt, T. E Brooks. T., et al. 2003. Digital Distribution Maps of the Birds of the Western hemisphere. Version 1. 0. CD-ROM. NatureServe, Arlington, Virginia.

UNEP-WCMC. 2003. Spatial analysis as a decision support tool for forest landscape restoration. Report to WWF.

补充阅读

George, T. L., and Zack, S. 2001. Spatial and temporal considerations in restoring habitat for wildlife, Restoration Ecology 9: 272.

Huxel. G, R., and Hastings. A. 2001. Habitat Ioss, fragmentation, and restoration. Restoration Ecology 7: 309.

Jankowski, P., andNyerges. T. 2001. Geographic information Systems for Group Decision Making Taylor and Francis. New York.

Loiselle. B. A., Howell, C. A. Graham, C. H. et al, 2003. Avoiding pitfalls of using species distribution models in conservation planning. Conservation Biolgy 6: 1591 - 1600.

Wickam. J. D., Jones, B. K., Riiter K. H, Wade. T. G. and O 'Neill. R. V., 1999. Transitions in forest flagmentation: implications for restoration opportunities at regional scales, Landscape Ecolopy 14: 137 - 145.

第17章　森林景观恢复的政策干预

尼盖尔·杜德莱(Nigel Dudley)

本章要点

改变恢复或土地利用政策通常是刺激大规模恢复的最有效途径。

这样的政策变化无论是在地方(如改变放牧模式)、国家(如修改森林法)还是在全球范围内(如确保国际公约鼓励高质量的恢复)都可以通过不同的方式实现。

政策干预的关键工具包括良好的分析，特别是经济分析，案例研究和大力倡导。

17.1　背景

基于立地和本地化的干预措施对恢复生境非常有用。我们对于生态恢复的了解大多源自这样的小规模恢复计划，这些项目主要由非政府组织及当地社区开展实施，但是越来越多有远见的公司和政府部门也参与其中。本书还从战略角度描述了应用这些项目如何能够取得更大的效益(见第19章“WWF在大规模保护项目中对森林景观恢复进行干预的实践经验”)，例如通过连接现存栖息地斑块，通过向没有其他能源来源的地方提供薪柴，或者通过防止侵蚀来实现。然而，小规模项目不可避免地局限于自身能力，而且成本通常较高，会造成项目实施组织和社区资源的过度使用。因此，努力改变地方、省、国家、区域甚至全球层面的政策，以鼓励大规模生态恢复往往更有效。许多非政府组织用实施生态恢复项目来撬动政策转变，例如他们会展示各种更有效、成本更低的方法。不过，虽然实例是刺激政策转变的强有力方法，但还需辅以有效的宣传倡导，并且对政策环境要全面了解。

改变政策可以在许多不同层次上实行，最基层可以是在单一社区内或者景观内转变刺激森林恢复的政策。例如：

(1)同意改变放牧制度以促进天然更新。也许是同意在不同时间段保护不同区域；

(2)非木质林产品采集的自愿管制，以确保非木质林产品不退化；

(3)集中投资种树，例如建立薪炭林基地。

虽然这种干预措施已经是许多大型自然保护项目或保护发展项目的常规特征，但是其应用范围仍很有限。如果国家政策有利于恢复，那么将会产生更加深远的影响，例如：

(1)修改国家林业法以保留老龄森林，促进保留枯死木，或者废除不鼓励生态恢复的不利政策；

(2)为扩大天然林产品和服务的范围而改变国家森林恢复计划或造林计划(例如，降低集约人工林比例和增加辅助天然更新)。

改变跨国政策的机会正在日益增多，因而对全球或区域尺度也会有潜在影响。除了政府间机构，这些跨国政策也会涉及跨国经营的公司或者双边以及多边捐助者，包括以下内容：

(1)将有利于恢复的条款引入国际条约或激励机制中。例如，在《联合国气候变化框架公约》下使用森林恢复作为碳补偿措施；或者是向全球森林倡议如联合国森论坛提出具体政策建议；

(2)将恢复项目整合到筹款机会或区域协定的立法要求中，例如欧共体(European Community)；

(3)制定在矿物开采及基础设施建设后恢复森林的公司政策；

(4)对由双边或多边机构资助的项目进行调整。

17.2　案例

17.2.1　俄罗斯阿尔泰—萨彦(Altai Sayan)

阿尔泰-萨彦是俄罗斯第一片由森林管理委员会认证的林地，目前仍采用集体管理方式，包括大面积沙质土壤桦木林地，这些桦木用来制作由 Body Shop 连锁店经销的专门产品。认证过程包括了农业合作社同意改变放牧方式，留出一些区域长期封育，从而促进桦木林更新。

17.2.2　拉脱维亚(Latvia)

拉脱维亚林业沿用了前苏联起草的法规，其内容包括了大面积森林的使用权及管理权，包括清理枯死木。因此，许多林地缺少死木和倒木，结果导致了嗜腐无脊椎物种的减少。这种情况在欧洲部分地区尤其严重，因为在欧洲大陆拉脱维亚一些森林的生物多样性程度最高。世界自然基金会(WWF)拉脱维亚办公室已经与政府部门合作，改变其林业法规，允许在人工林中保留枯死木，以增加受威胁微生物的栖息环境创造机会。

17.2.3　越南

政府出台的500 万 hm^2 再造林计划的目的是要恢复森林覆盖，但在实践中却限制了地方的灵活发展。虽然已经建立了大型种植园，但是有些森林覆盖率较高的省份似乎浪费了大部分资金。从理论上讲，这些资金可以用来在保护区缓冲地带进行天然更新，像松旦(Song Thanh)自然保护区就是这样。世界自然基金会(WWF)印支项目目前正与政府部门合作修改资金使用方式，不但可以加强天然林更新，还可以保证已建森林创造更高价值(详见第 21 章案例分析“越南的森林景观恢复监测”)。

17.2.4　欧洲共同体(European Community)

在整个欧盟地区，天然林恢复在绵羊或山羊牧区都受到阻碍，因为根据放牧区域的大小，牧民可以得到以公顷为单位计算的报酬。为了最大程度获取资金，林地也成了放牧区，使得林地内的幼苗遭到破坏，最后演变成老龄林。有些由欧盟资助围封起来以鼓励天然更新的林地又再次开放成牧区。人们逐渐意识到，在许多地方，促进林地更新的关键不在于进一步投资造林，而是要废除不利的政策导向(见第11章“不利的政策导向”及第11章案例分析“欧盟的造林政策及其对森林恢复的实际影响”)，具体可以通过改变共同农业政策(Common Agricultural Policy)中的激励计划来减少允许在林地放牧的理由。

17.2.5　中美洲

《联合国气候变化框架公约》下的《京都议定书》允许各国政府通过造林活动抵销其排放或购买其他国家的一些排放权。最初的建议将重点放在用外来物种集约种植上，但是研究却显示其长期碳吸收效益很有限，因为它们主要用来制作像纸张和硬纸板这样的短周期产品。中美洲政府同其他方面一起积极游说修改《京都议定书》，以允许不同方式的森林管理，包括天然更新以及保留枯死木和腐殖土。研究表明，碳市场的创新性使用已经帮助了森林更新，同时其附加效益还包括增加该地区旅游业收入。

17.2.6　拉法基(Lafarge)－肯尼亚采石场恢复

拉法基公司总部设在法国，是目前世界上最大的采石公司，其倾向于发展森林景观恢复的政策就是一个小范围干预措施如何变成大规模恢复政策的例子。

拉法基的森林恢复工作开始于一系列基于立地的干预措施。Bamburi水泥厂原来在肯尼亚蒙巴萨(Mombasa)拥有的石矿场已经开采了20年。在20世纪70年代初期，启动了一个森林重建计划，准备把采石场恢复成自然保护区。项目人员利用引进先锋树种的落叶来帮助形成土壤，在这之后还种植了大量树木和其他沿海地区典型的植物种，除了具有经济价值的树种(例如，伊罗科木和其他对当地雕刻工艺有用的本土阔叶树)外，还种植了一些濒危物种和那些能为本土濒危野生动物提供栖息地和食物的物种。到目前为止，他们总共向Bamburi原石场上新建的森林生态系统、湿地生态系统和草地生态系统引进了422个本土植物种，有364个已经成活，还包括列入世界自然保护联盟(IUCN)肯尼亚濒危物种红名单上的30个物种。

拉法基还与世界自然基金会(WWF)在政策问题上开展合作，包括支持该组织的森林景观恢复项目。2002年4月，Bamburi与世界自然基金会(WWF)东非项目签署了伙伴关系协议，并将森林景观恢复确定为伙伴关系活动的重点之一，包括与世界自然基金会(WWF)合作建立一个生物多样性监测系统，为采石场生态重建制定指导方案。

2001年，在世界自然基金会(WWF)的参与下，拉法基正式采纳了一项采石场重建政策，在采石工作以及当地利益相关者中推广良好做法。这项政策最重要的内容是从一开始就制定恢复计划，并协调恢复与采石的关系。除了生物多样性问题外，确定恢复项目时还考虑了土地规划，这样不但可以保护环境，还可以为当地社区创造收入。在这个框架下，采石场的重建常常促成了湿地和自然保护区以及休闲区的建立。

17.3　方法概述

促成改变政策需要艰苦但令人信服的分析，包括经济分析，明确的信息，有时还需要有针对性的和有效的宣传手段。当财政支持变得有利于更平衡的恢复形式时，还可能包括经济激励机制。下面列出一些关键方法：

经济分析有利于生态恢复或不同类型的恢复方式，例如可以证明在管理的森林中保留枯死木不需要过多成本，或者可以表明天然更新要比重新栽植的成本低得多。举例来说，世界自然基金会(WWF)和世界银行的一项经济分析说服了保加利亚政府改变原来计划，在多瑙河流域岛屿上采用天然更新而不是建立杨树集约人工林。另外，一项为英国威尔士林业委员会做的分析则说服政府机构采用了天然更新，因为分析证明这样做比重新栽植的成本要低。

经济激励政策鼓励个人和团体，为恢复创造机会，包括政府激励计划和市场激励机制，例如认证制度。有目标的激励措施对鼓励生态恢复非常有用。例如已在美国普及的通过保护地役权实行免耕政策，与在巴基斯坦部分地区通过直接支持实施大规模植树活动，或在几个拉丁美洲国家的税收激励措施一样成功。

案例分析表明，生态恢复项目可以运行并能够收回成本。蒙巴萨(Mombasa)附近已恢复的采石场案例不但说明恢复项目可能不是一项极昂贵的事务，而且还鼓励了拉法基和相关公司采取了更广泛的政策。然而，案例分析只有在经过精心准备，同时包含了所有决策所需要的信息且引起政策者真正关注的情况下才能生效。

宣传倡导是指通过各种运动或游说来敦促政策转变。有针对性地游说已经取得成功，例如，改变《京都议定书》上的某些条件，允许在更高纬度地区进行天然更新。

实践准则是与其他利益相关者(如工业)共同制定的，他们自愿地同意并实施这些准则，而且还鼓励恢复行动。例如，国际热带木材组织(ITTO)最近与世界自然保护联盟(IUCN)及世界自然基金会(WWF)合作完成了《天然更新的具体指导准则》，还提供了该方法的例子。然而，与案例分析一样，只有在实践中实施这些准则才值得投资开发。

17.4　未来需要

许多想法还停留在初级阶段，我们仍然需要更好地了解森林恢复提供环境产品和服务的经济和其他收益，从而使欧洲共同农业政策等支持天然更新而不是其他形式的土地利用。总的来说，全球贸易政策仍要进行重大改革，从而废除许多地区不利于激励森林恢复的机制。

参考资料

Byers. B. 2000. Understanding and Influencing Behavior. Biodiversity Support Programme. Washington DC.

Ecou，T. 2002. Forest Landscape Restoration：Working Examples from live Ecoregions. WWF，Gland，

Switzerland.

International tropical Timber Organization. 2002. ITTO Guidelines for the Restoration. Management and Rehabilitation of Degraded and Secondary Tropical Forests. ITTO, Yokohama, Japan.

Joint Nature Conservation Committee. 2002. Environmental effects of the Common Agricultural Policy and possible mitigation measures. Report of the Department of Environment, Food and Rural Affairs. Peterborough. UK.

Miranda, M. , Moreno, m. L. , and Porras, I. T. 2004. The social impacts of carbon markcts in Costa Rica: case of the Huetar Notre region. International Instutute of Environment and Development, London.

Piskulich, Z. 2001. Incentives for the Conservation of Private Lands in Latin America. Biodiversity Support Programme. The Nature Conservancy and USAID. Arlington. Virginia.

Rothergs. U. 1994. Forests and forestry in Latvia, In: Pauienka, J. , and Paule, L. , eds. Conservation of Forests in Central Europe. Arbora Publishers, Zvolen. Sinvakia.

Sithole, B. 2000. Where the Power Lies: Multiple Stakeholder Polities Over Natural Resources-A Participatory Methods Guide. Center for International forestry Research. Bogor, Indonesia.

Taraaofsky. R. 1999. Assessing the International Forest Regime. IUCN Environmental Law Centre, Bonn, Germany.

第 18 章　冲突管理和谈判

斯科特·琼斯(Scott Jones)、尼盖尔·杜德莱(Nigel Dudley)

本章要点

恢复森林景观依赖于各利益相关者之间达成广泛共识。

然而，利益相关者对于森林景观应该为他们提供什么可能有截然不同的看法。

这将需要进行大量的谈判以尽可能解决冲突。

18.1　背　景

森林景观恢复方法将恢复森林功能作为切入点来确认并实现景观尺度社会、生态、经济效益的多样化。就其本身而论，这些方法依赖于不同利益相关者在一系列干预措施上达成广泛共识，而他们对于森林景观应该给他们提供什么可能持有截然不同的看法。这就需要在利益相关者间进行有效的谈判，而他们的谈判技巧、兴趣、需要和能力通常相差甚远。然而，森林景观恢复方法的成功通常取决于谈判进行的成功程度。因此，森林景观恢复原则所基于的目的是通过利益相关者的参与过程，恢复森林以提供社会和环境多种效益。实现这些宏伟目标的关键在于要通过一系列的实际挑战，寻找到一个成功的路径，这些挑战包括当前和未来土地使用权的影响、土地用途竞争，以及在不同的管理制度之间取得平衡。成功还取决于发起或指导森林景观恢复项目的那些人对即将出现的紧张和冲突局势的管理能力。这反过来又意味着当出现了对项目造成危险的情况、或是阻碍项目成功的冲突时，解决或缓解这一问题就要具备一定的知识，知道如何识别、分析和管理不同的冲突。

18.1.1　冲突类型

冲突包含两个方面：冲突的公开性和冲突类型。

冲突可以是隐藏的，也可以是公开的，二者都有可能给发展成功的景观尺度恢复方法造成问题：

公开的冲突：每个人都可以看到并且了解它们。

隐藏的冲突：一部分人可以看到并了解它们，但是他们却对其他人隐藏(尤其是局外人)，也许是因为文化或社会的原因(例如，许多与性别有关的冲突)，或者是因为分歧会使特定群体尴尬(例如，年轻人和老年人的意见分歧)。

潜在的冲突：当有些事情改变了现状时，潜在的冲突就会浮出水面。例如，如果恢复项目带来了收益(金钱、权力、影响力、设备)，那么收益的分配就可能引起冲突，而这在项目成功前并没出现。

还有一些其他类型的冲突。了解面临的是哪种冲突很重要，因为每种冲突都有各自的解决方式。

人际冲突：存在于两人或更多的人之间与个性差异相关；

利益冲突：想拥有别人的东西(如金钱、权力、土地、影响力、遗产)；

过程冲突：不同的人、群体和机构如何解决问题(如法律、风俗、体制)；

结构冲突：是最根深蒂固的类型，涉及到难以解决的重大分歧(如不平等的社会结构、不公平的法律制度，经济实力偏袒某些利益相关者，或深层次价值观念的分歧，如文化或宗教)。

有时某个类型的冲突也许索性伪装成为另一种冲突，例如人际冲突可能表现为过程冲突。

18.1.2 冲突的要素

管理冲突并不是一个简单的过程，而是由许多相互关联但又必须平行进行的关键基础构件组成的(图18-1)。

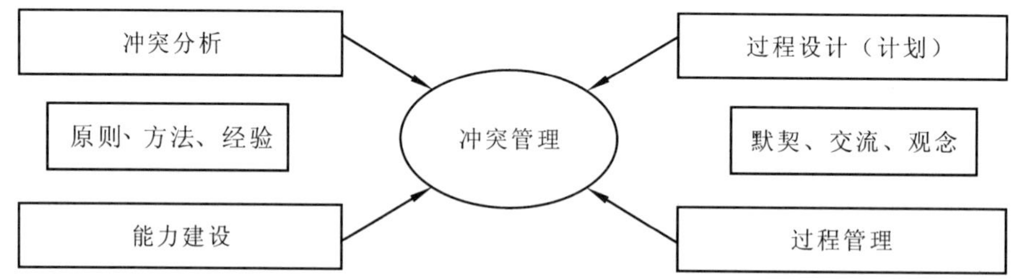

图18-1 冲突管理过程中的基础构件：冲突形式中的要素

(1)冲突分析就是了解谁是不同的利益相关者，他们的长处、担忧、需求和利益，以及他们如何看待或理解冲突；

(2)能力建设能帮助人们管理冲突，也许随时需要。例如，它可能发生在谈判前，因为一些利益相关者需要学习谈判技巧。可能发生在签署协议之前，因为不同的团体可能喜欢采用不同的形式；具备能力了解对方解决问题和达成协议的办法对所有群体都非常重要。能力建设通常采用培训方式(例如，谈判或与人交往的技巧)，但有时还需要其他资源；

(3)过程设计涉及到在何地、何时、以怎样的方式、将哪些人召集起来。最有效的冲突管理过程通常是灵活的、重复的，并且当事件、问题甚至冲突各方态度发生变化时仍然能让利益相关者互相联系；

(4)过程管理是如何与有关各方建立和维持有效的工作方式，如何保持灵活性和耐心，而且仍然要关注结果，并向成功达到利益相关者的协定努力。举例来说，如何召开一次有效的、有明确目标的会议，或如何监测协议。

实现这些内容需要坚持一定原则(例如相互尊重、负责任、清楚自己的潜力和影响力的限制因素，见图 18-2)，使用某些方法(例如，利益相关者和性别分析)，并应用重要的经验(例如类似的项目或其他项目)。同时也需要人际交往技巧，其中最重要的是保持融洽的关系以及有效的沟通，从多角度去了解。

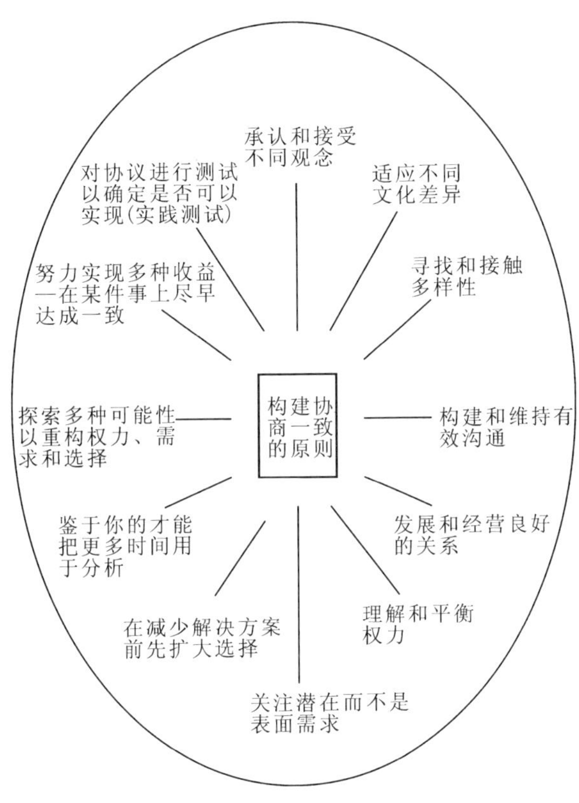

图 18-2　成功谈判原则

18.1.3　BATNA(通过谈判达成协议的最佳方案)

谈判是一个自愿过程，但是如果另一方一点也不灵活，突破了你能接受的基本原则，只关注他(她)所需要的内容该怎么办？如果另外一方不想谈判该怎么办？同样，如果另外一方很有诚意，你们交流得很好，且相互信任，但是协商结果甚至都无法(在他或她看来)达到你能接受的底线，又该怎么办？在这些情况下，你需要有个谈判的最佳方案。

那么，你需要什么样的最佳方案呢？用冲突管理的术语来表达，即通过谈判达成协议的最佳方案(BATNA)框图 18-1 展示了一些 BATNA 的例子。

18.1.4　项目管理和过程管理

任何森林景观恢复方法都需要花费时间和资源对恢复过程进行识别、协商和管理。不同机构有不同的项目管理和过程管理方法，它们可能从商业方法和国际发展模式演变而来。显然，在逻辑框架、多方利益相关者参与、写作管理计划方面，管理过程本身就是一个课题，需要上文讨论的那些全方位的技能和原则。

针对一种管理方式产生的分歧或冲突意味着需要寻找其他办法来解决任何一个复杂项目都会面临的法律、财务、政治和操作方面的问题。由此得出，成功的森林景观设计能够明确并接受不同的管理方法，并且能够利用谈判过程确定所有权。有时，某些机构会努力地寻找管理上的控制权，这就需要针对共享协议和责任来进行谈判。另外，有时要找到能够担负起管理责任的机构并非易事，但这又是一个思考原因的机会，另外还要一个共同方法来确定谁愿意承担管理责任。

框图 18-1 森林景观恢复中谈判达成协议的最佳替代方案(BATNA)

伐木工们根本就不想谈判，他们只想继续这样砍树。

BATNA－让报纸报道怎么样？让媒体知道这个生物多样性重点地区正遭受威胁，并且当地居民正深受其害。

捐赠者无法为你再提供赠款以增加额外的工作内容。

BATNA－也许可以写一份报告，让捐赠者的期望和你的实施能力相符。

社区群众在与政府部门以及日内瓦的或者华盛顿的大型机构进行面对面的谈判时感到无能为力。

BATNA －可能要试着找到能为双方都接受的中间人。

谈判虽然进展顺利，信任度也很高，但是根据政府规定，政府不能同意其官员参与其中。

BATNA－也许可以和具有相关专业技能的非政府组织合作，他们既可以对你提供帮助，其受委托的正式成员也不会受到政府限制。

18.1.5 谈判健康警告

最后，要注意到同冲突管理的其他方面一样，谈判会受到文化的影响。不同的社会、团体、机构和组织都有不同的文化背景和不同的方法来管理冲突。由于大部分关于谈判的文献都源于西方，并与商业有关，因此，需要有高度的文化敏感性，并对谈判过程、内容有很好的了解，尤其是在多方利益相关者谈判中涉及到多种文化时。

18.2 案例

将冲突解决及谈判技巧应用到森林景观恢复项目中的经验还非常有限。下文只能援引本书其他章节的几个例子，它们都通过谈判取得了成功的或有趣的结果。

(1)在越南，利益相关者用一个三维纸张和纸板模型，围绕着景观来确定具体特性。这一过程旨在调和对景观和景观未来情形的不同意见，并为利益相关者提供机会，以对景观不同要素的重要性表达各自观点(详见“明确并关注挑战或制约因素”)。

(2)在马来西亚，一项与油棕榈人工林公司正在进行的谈判逐步改变了该公司的森林景观恢复政策。最初，这家公司把整个园区都种上了油棕榈，而现在他们逐渐划出一部分林地来进行天然更新并种植当地物种（详见第 26 章“恢复现有原生森林景观的质量”）。

在约旦，通过山羊牧民和公园管理当局协商，确定了一项减少放牧而促使天然更新的政策（详见第 30 章“恢复保护地的价值”）。

18.3　方法概述

单纯地阅读书籍或参加培训并不能学到成功的冲突管理方法和技巧并将其应用到实践中，还需要长期不断地摸索和观察，即从做中学。本书其他章节讲述的参与式技能都是相关冲突管理的方法和技巧，包括分析、能力建设、交流、创造性思维、谈判，以及项目管理和过程管理。

18.3.1　谈判过程

谈判就涉及到要召开会议来讨论达成双方都同意的协议或安排。谈判是一个自愿的过程，每个人或团体（通常叫每一方）的观点都不固定，但都有限度。成功的谈判会使各方产生主人翁意识，并承诺共同采取解决办法和后续行动。这种意识和承诺使协商办法更可取，例如，如果通过法律途径来解决，其中一方会有失败感。在某些冲突中，有些事情是不能谈判的，有些事情是可以通过谈判解决的。事实上，通常通过谈判可以解决的事情要比人们原来想象的多，这就是为什么谈判协商并非是森林景观恢复冲突管理唯一但却是重要方法的另一个原因。由此可以得出，谈判的第一步是就能够进行协商的问题达成协议。成功的谈判遵循一定的重要原则（框图 18-2），并且需要知识、技能和积极的态度。根据谈判的三个阶段来考虑这些问题将颇为受益：

（1）准备——谈判前我们需要做的事情；

（2）谈判本身——可以在一次或多次会议上进行；

（3）后续活动——谈判结束或达成协议后我们需要做的事情。

谈判随时都有可能发生。要想进入一个社区或者一名政府官员的办公室，就需要谈判。门卫在有人进入前可能想知道一些细节，包括某团体或机构什么时间到，会停留多久，得到谁的特许，需要哪一级别的手续，去做什么事。

明确了谁是利益相关者之后，就可以开始行动了。森林景观恢复的谈判过程可能就像这样：

（1）谈判双方都努力了解对方原来在景观问题上的观点；

（2）双方均提出高质量的问题，并运用倾听技巧，试图了解对方潜在的需求、担忧，以及确定恢复干预措施的动机；

（3）双方尝试运用创造性思维和其他技能提出一系列方案来解决这些需求、担忧和动机；

（4）对这一系列方案进行优先排序，并将所有选择放在一起，使双方从中都尽可能多地获益；

（5）找到双方都能遵守的协议方案；

(6)协议要在实践中测试以确保它是可以实现的；

(7)双方就后续步骤、如何管理恢复干预措施、所需资源，以及监测协议和承诺的方法等继续达成协议。

框图 18-2 森林景观恢复谈判中涉及的一些原则和技巧(另见图 18.2)

必须明确每个人对于存在的问题、机会，以及涉及的机构和人员有什么看法，并且采取积极的态度，例如，要清楚冲突不只是麻烦，也是机遇

要考虑一个路线图，对主要利益相关者希望继续谈判的方式要心中有数

关注并解决角色、责任和合法性问题，包括你的谈判权限(界限)

建立并维持有效而融洽的关系

积极地聆听

提出高质量的相关问题

接受多种观点和看法

以现有条件为基础(包括管理冲突和解决问题的文化方面)

考虑过程冲突(法律、习俗、体制)以及结构性冲突和利益冲突

牢记退让或不再介入的各种方案

关注针对自我发展和组织发展的能力建设

分解并关注问题，而不是个性

分解并关注潜在的需求和动机，而不是开始的立场

如果因为另一方突破了你的底线或试图采取你不能接受的方式而导致谈判无法进行时，应当知道你要做什么(这也就是所谓的知道你的 BATNA：对谈判达成协议的最佳替代方案，见框图 18.1)

寻求、探索、强调共同点

换位思考一下对方的需求，而不只考虑自己为什么需要

你对对方立场越了解，就越能使你找到协商一致的解决办法；针对掌握对方情况多做些准备

保持一种积极有创造性的方式

采取变换措辞和其它交流技巧以描述和理解对方观点

为谈判创造积极的环境(考虑一下物质环境、谈判地点的舒适度和可接受性，时间，以及你的自我管理方式)

寻找一个早期、小的成功(也就是就一些早期问题达成一致，即使只是地点问题，然后再强调协议的共同点——从小处入手)

确保你的准备工作尽可能做得全面而准确。记录下做了哪些准备，与同事一起检查一下，寻求有建设性的反馈信息。

切记：

1. 谈判过程和冲突管理方式

2. 你的目标和界限(你的权限或底线)

3. 关注解决权力不平等的各种机会
4. 将你同事的需要、期望和行动能力作为资源
5. 你个人的价值观和原则
6. 重新设计问题涉及的时间和空间
7. 可能出现的能力建设需要
8. 可能出现的做更多分析的需要

多种观点和看法是有益的。多样化的观点可以帮助我们从不同角度把问题弄清楚。处理差异和多样化不是要触发抵触，而是作为接触和解决问题的机会。

18.3.2　分析方法

在参与式森林经营项目管理和开发中应用的许多方法和技能都可以运用到冲突管理中，例如参与式评估、可持续性衡量和分析方法，以及更普遍用来制定和指导进一步分析的方法，如 STEEP、SWOT、问题树和力场分析。关键是针对不同的利益相关方选择适用的方法，并采用有助于从不同角度理解问题的方法。主要分析方法如下：

(1)利益相关者分析；

(2)冲突制图和形势分析；

(3)解决权力关系、文化和性别差异的方法。

各种分析方法可以汇总成一个简要的冲突分析。冲突分析可以在办公室(单独进行或小组进行)或者在野外(例如参与式练习)完成，或者二者结合。成功的分析会明确指出由谁来分析，何时进行，原因是什么，并且明确说明不同的群体如何参与，并就从不同利益相关者观点中总结出来的分析结果进行核实和达成一致。当然，随着活动和时间的变化，分析也要做出调整，尤其是有新的利益相关者加入或原来利益相关者退出时，以及关键活动改变了利益相关者的经济状况时。

分析有助于明确冲突的主导因素(例如家庭、社会、文化、经济或政治)，以及冲突是否由多个因素纠结而成。关键的利益相关个人或团体的冲突制图可以帮助总结信息，并提示主要的分歧以及可能的解决办法。下面的矩阵就可以作为一个例子(图 18-3)。不过，

个人或团体的名字	A	B	C
冲突的观点和立场			
需求			
关心、担心和忧虑的事			
对其他人的态度			
关于其他人的假设			
价值观和信仰			
历史问题(如过去的误会)			
权力类型(如道德的、经济的、政治的)			

图 18-3　冲突分析模型

流程图、维恩图(Venn diagrams)以及其他有强烈视觉感的绘图方法都可以帮助传达分析的结果。重要的是，分析过程本身就是冲突管理的一部分。如果完成得好，过程本身就有助于培养信任感和相互理解。针对个人和共同关注的问题及机遇尽早达成协议，可以建立协商的舞台，积极地解决出现的问题。

18.3.3 能力建设

分析过程中往往需要能力建设。有些利益相关者可能从商业角度熟悉谈判，另外一些利益相关者可能把谈判看成其文化的一部分——他们进行谈判和解决问题的方式是不同的。还有一些利益相关者可能会运用法律框架或科学的方法来分析。再次强调，分析过程本身就是冲突管理总体方法的一部分。需要在早期阶段应用技巧和方法来进行能力建设。

对冲突管理中的缺陷或资源缺口进行识别并做出反应，需要有适当资源(如，用于培训和支持利益相关方)支持的成熟的能力建设方法。能力建设应该是持续的活动，而不是一次性的。高质量的能力建设能够促进解决权利关系不平等的问题。实力分析、需求分析和某种形式的需求分析训练是在能力建设中首先要进行的重要步骤。能力建设活动也需要有信息反馈，这才可以在持续的基础上对相关活动进行监测和评价。主要利益相关者被赋予权力而能够更有效地参与时，人们会对此心有感激，能力建设过程也能够帮助人们建立信心和信任感。

18.3.4 有效的沟通

建立并保持有效的沟通是冲突管理以及森林景观恢复中多利益相关者伙伴关系的重要方面。信息的提供、管理、使用和获取途径在任何沟通策略中都是重要部分。另外对于冲突管理比较重要的就是要保证将这些信息转化成有意义的认识。有效的沟通对于形成和分享不同利益相关者深层次认识至关重要，也是良好的冲突管理所需要的。冲突管理中有效沟通在某些方面与一般的沟通策略是类似的：让利益相关者能够就相关问题进行讨论、协商的框架和机制，包括文件、会议、不同媒体、全面的信息、交流，以及监测管理系统，如逻辑框架或行动计划。其他方面与个人交流关系更大，比如在讲述与询问之间取得平衡，或成为一个好的倾听者(框图 18-3)。

在处理冲突中，对讲述与询问做出区分是非常重要的。提供免费信息是建立沟通的一个重要部分，然而，如果经常向别人“讲述”就可能被认为是好斗、控制欲强(例如，“我要告诉你法律是怎么说的……那就是故事的结局”)。以公开的、参与方式询问问题可以传达一种关心并感兴趣的感觉，表明某人花时间考虑了可能增进双方了解的问题。当然，要在这两者之间取得平衡。

18.3.5 创造性思维

人们和机构往往以他们习惯的方式去思考和反应。我们的思维方式受很多因素限制，包括我们的经验、世界观、教育情况和对新观点的接受程度。创造性思维就是要打破这些模式，以新的方式来看待事物——即“跳出框框”来思考。创造性思维对于各个阶段的冲突管理都是有用的。通常，如果创造性思维允许环境发生变化——改变了我们构建和表现冲突的方法，就会带来突破。达成协议需要强有力的综合技能——创造性地思考如何制定协议和监测过程。有很多方法可以提高人们的创造性思维能力，采用分小组一对一的形式，协调员和培训者可以帮助建立创造性思维。当事情不好处理时，会促使机构的管理和决策结构将有创造性、有用的想法变成实际行动。创造性思维深植于文化之中，在机构和其他团体中，文化确实在抵制或提高创造性思维技能方面起到了主要作用。

18.4　未来需要

大多数保护组织、林业部门和公司缺乏协调冲突的知识。保护组织和林业部门在冲突管理和谈判方面急需进行能力建设，以建立承担大尺度和主流化保护项目的能力。大部分方法和专业技能都是众所周知的，但却只以非常有限的方式应用到自然资源管理领域中。

参考资料

Bartram. S. , and Gibson, B. 1997. Training Needs Analysis. Gower Publishing. London.

Bell, S. , and Morse, S. 2003. Measuring Sustainability. Enrthscan. London.

Dalai-Clayton, B. , and Bass, S , 2002. Sustainable DevelopmentStralegies. OECD, Earthscan and UNDE Earthscan Pubtications. London.

Department for International Development (DFID). 2002a. Conducting conflict assessments: guidance notes, DF1D. Government of the United Kingdom. http: //www. dtid. gov. uk/pubs/file/dconflic tassessmentgnidance. pdf.

Department for International Development (DFID), 2002b. Tools for development DFID. Govenlment of the United Kingdom. http: /www. dfid. gov. uk/pu bs/files/toolsfordevelopment. pdf.

FAO. 2002.

Fisher, S. et al. 2000. Working with Conflict. Zed Books. London.

Ftsher. R. . and Ertel, D. 1995. Getting Reading to Negotiate. Penguin Books, London.

Hofstede, G. 1994. Cultures and Organization: Software of the Mind-The Successful Strategist series. Harper Collins, London.

Jackson, W. J. and Lngles, A. W. 1998. Participatory Techniques for Community Forestry. World Wale Fund for Nature. IUCN-World Conservation Union and Australian Agency for International Development, Gland. Switzerland.

Jones P. S. 1998, Conflicts about Natural Resources Footsteps No. 36(September). Tearfund. Teddington. London.

Lewicki, R. J. , Gray. B. , and Elliott, M. 2003. Making Sense of Intractable Environmental Conflicts: Concepts and Cases. Island Press. Covelo and Washington, DC

Pretty. J. N. , Gujit. I. , thimpson . I. and Scoones. L. 1995. Participatory Learning and Action: A Trainer´s Guide. International Institute for Environment and Development, London.

Ramirez, R. 1999. Stakeholder analysis and conflict management ln: Buckles, D. ed. Cultivating peace-conflict and Collaboration in Natural Recources Management. Worm Bank, Washington. DC

Richards. M. , Davies, J andYaron. G. 2003. Stakeholder Incentives in Participatory Forest Management IT-DG Publishing London.

Warner. M. , and Jones, P. S. 1998. Conflict resolution in community based natural resources management Overseas Development Institute policy Paper (No. 35). August.

Warner. M. 2001. Complex Problems. Negotiated Solutions. ITDG PublishingLondon.

Wehr. P 1998. International on-line training programme on intractable conflict. http: //www. eolorado. edu/ conflict/ peace/ problem/ cemerge. htm.

第19章　世界自然基金会(WWF)在大规模保护项目中对森林景观恢复进行干预的实践经验

斯蒂芬妮·曼索瑞安(Stephanie Mansourian)

本章要点

即使没有更长期的项目，紧急保护行动或生计问题也会需要短期战略性的干预措施。

本文推荐了从消除威胁到采取积极的经济刺激等十项干预措施。

19.1　背　景

面对日益严重的大规模物种灭绝的威胁，世界上有一半以上的濒危物种生活在仅仅不超过地球面积1.4%的土地上，因此很有必要研究出一系列实用的战略干预措施来扭转这种快速退化的情形，尤其是在生物多样极其丰富的高度濒危区域。

让人们感到吃惊的是，森林恢复的成功范例很少，尤其是在大尺度上。我们已讨论过把森林恢复作为大型保护和发展项目组成部分的重要性，但在某些情况下，也可能有更多机会开展有益的恢复项目。本章将强调一些在森林景观恢复过程或方法框架下实施的战术性干预措施。

在景观或生态区尺度进行规划有一定难度，而实际上在这个尺度上实施干预的难度更大。森林景观恢复活动如规划、参与、确定优先次序、谈判、权衡、建模等通常最好是在景观尺度上进行。然而除了一些政策性的干预措施外，大部分实际的恢复行动都将在景观或生态区范围内的具体地点进行。虽然规划过程往往很冗长，但是有些行动可以在采取森林景观恢复整体策略之前实施。一般来说，即使有更多困难的问题没有解决，也可以先启动一些明确的、无争议的应对方案。

本章讨论了准确具体的野外恢复项目可以考虑采用的干预类型。有些类型可以应用到恢复森林生态和社会功能的长期策略中，但如果整个过程缺乏资金，缺乏各利益相关者的参与，或者出于权宜之计或紧急情况的考虑时，也有可能应用在长期策略形成之前。例如，当一个物种正面临灭绝威胁时，虽然长期策略可能还在规划中，但依然可以先实施短期措施。下文建议的干预措施既不会代替大规模工作，也不会不考虑规划过程而孤立地实施。更确切地说，它们被看作是整个过程的重要因素，也可能是切入点。也就是说，取得小尺度的成功是支持大尺度项目的最有效的方法之一。

在选择下面建议作为切入点时(见第19.3“方法概述”)，有必要考虑以下预期影响：

(1)能否影响到特定利益相关者群体？会影响到其中哪个群体，什么是预想的效果？

(2)能否更好地了解景观动态(生物或社会动态)？

(3)能否在实施景观恢复之前改变景观的社会政治条件？会改变哪些条件？哪种改变方式成本效益最佳？

(4)投入哪些资源(人力和财力)，投入多少时间？能负担得起吗？

(5)需要尽快解决的重点问题是什么？

19.2 案例

19.2.1 马来西亚研究不同森林景观恢复方法

沙巴州(Sabah)和婆罗洲(Borneo)基那巴塘岸河(Kinabatangan River)沿岸的一些棕榈油公司已经同意为生态恢复拨出土地，但初步试验只取得了有限的成果。为了确定最成功的恢复技术，从2004年开始在一小块样地上进行试验。以下是一些(在作者的实地访问期间)建议的方法：

(1)无干预措施的天然更新(包括防止食草动物破坏而围起来的一小块试验田)；

(2)有辅助措施的天然更新(主要是整地和为更新物种除草)；

(3)种植本土物种(使用适应当地条件的物种，可能包括具有商业价值的龙脑香科树种和果树)；

(4)种植一个外来物种，作为促进天然更新的保护作物。

每一种方法都要定期进行监测，以确定哪种方法使哪种植物生存率最高。这项研究的长远目标是将最合适的恢复方法推广到这条重要生态廊道上所有划出需要进行恢复的区域。

19.2.2 成本效益分析改变了保加利亚森林政策

保加利亚境内多瑙河流域的75个岛屿具有丰富的生物多样性，也是很重要的候鸟停留点。然而，在过去40年间，政府将自然漫滩森林系统地转换成为杂交杨树人工林，以供应当地的木材加工业。到2000年，政府计划继续转换这一生态系统，只留下7%原有天然林。世界银行和世界自然基金会(WWF)进行的一项综合成本效益分析表明，在某些岛屿停止木材生产的经济损失可以通过在已经转变成杨树人工林的地区加强生产得到补偿。分析还强调了一些额外收益，包括把原有森林作为娱乐消遣的潜在利用价值、收获非木质林产品、可能的旅游开发。因此，当地政府在2001年改变了政策，新政策号召停止在多瑙河岛屿上进行的一切采伐，以及将漫滩森林转变成杨树人工林的做法，并在原来选择的立地上开始恢复本土物种，加强岛屿上的保护区网。尽管多瑙河流域的长期森林景观恢复项目还未完成，但是这项干预措施已经帮助保留了一块独特的栖息地。如果不这样做，也许在实施更具体的项目前这块地就已经消失了。

19.3 方法概述

19.3.1 注重消除或减小已发现的威胁

有时通过消除、减小或缓解景观内森林所面临的威胁或压力，并将它们引向积极的森林更新轨道上就足够了。由于威胁通常来源于政治或经济决策，所以要想改变它们，需要进行大量游说，还需要进行谈判、研究，并建立战略伙伴关系。如果能够减小或消除这些威胁，那么天然林更新就会取得显著效果(如果没有其他生物物理学的限制因素)。

妨碍天然林再生的威胁举例如下：

(1)外来入侵物种(例如，新卡里多尼亚的小火蚁)；

(2)政府鼓励森林转化的措施(例如，智利对人工林的补贴)；

(3)基础设施项目(例如，越南建造胡志明高速公路)；

(4)对经济作物的需求(例如，巴拉圭大豆种植面积的扩大导致森林转化)；

(5)发展不可持续的农业生产(例如，马达加斯加刀耕火种农业)；

(6)非法采伐(例如，印度尼西亚)；

(7)无法控制的、以及“非自然”的火灾(例如，印度)。

如果确定用简单的干预措施应对威胁就能实现天然更新或恢复时，就应该首先集中力量消除这些威胁。在消除了对这些森林的一些威胁后才能开展的情况下，恢复就是一种必要的选择。

由于社会经济背景的不同，有些威胁可能容易解决。举例来说，非法采伐本身就是一个非常复杂的问题，很可能已经超越了恢复项目能达到的极限。不过，对受到非法采伐影响的重要区域的了解可以帮助人们决定在何处(甚至是否需要)以怎样的方式开展恢复项目。有必要认识到有些威胁是无法解决的，或者解决起来会花费很多资源。

19.3.2 改变政府政策

通常，政府政策的转变可能为促进森林景观恢复提供合适的条件(见“森林景观恢复的政策干预”)。有时需要为争取到更多支持政策进行必要的游说，但有时却可能需要消除有破坏性的政策。例如欧盟共同农业政策(CAP)，虽然投入巨资造林，但其社会效益和生态效益却非常有限(见第 11 章案例研究“欧盟的造林政策及其对森林恢复的实际影响”)。世界自然基金会和其他当地合作伙伴准备在许多欧盟国家(尤其在欧洲南部)通过示范替代品种，并用同样可以由共同农业政策资助的更有利于社会和环境的恢复方式来解决这个问题。当已经明确了造成森林丧失和森林退化的关键因素(例如不利的激励措施)后，或出现了让政府出台支持性政策的明确的机会时(例如，正在制定一个新的森林计划)，就应该集中关注政府的政策变化。在一些国家，如越南或中国，有很多政府项目推进造林或再造林投资，考虑到这些项目的规模，选择参与其中比单独投资一个项目要明智得多(经济上看也比较有效)。

19.3.3 使用宣传手段

一些宣传、游说和经济方法可以用来鼓励改变支持森林恢复的政策，或者消除或减少对森林的压力。

(1)市场压力：可以利用市场供求关系促进使用来自管理良好的森林或恢复中的森林的林产品。例如，世界自然基金会(WWF)利用瑞士的棕榈油市场促进马来西亚的恢复实践。在马来西亚，油棕林的种植已经严重破坏了天然林，目前即将实施天然林恢复工程。这表明不但要进行市场研究并提高消费者意识，还要在生产者这一端推动良好的森林经营。

(2)对使用多边捐资者施加压力：多边捐资机构可以作为一个杠杆，通过其自身的项目或者给贷款增加制约条件促使改变政策。举例来说，亚洲开发银行(ADB)有与林业政策相关的项目，但他们也资助人工林项目，例如在越南，ADB是政府500万 hm^2 重新造林计划的主要资助者之一。与这样的机构合作可能会改进他们的项目实践，还可以鼓励他们支持其他项目做出改变。

(3)宣传/传媒工具例如“献给地球的礼物”：世界自然基金会(WWF)开发的“献给地球的礼物”工具是鼓励保护环境行为的公共关系机制。可以用来鼓励政府或其他决策者改变目前政策，或鼓励采取新的、更有利于恢复或支持恢复政策的创造性工具之一。

(4)运动：通过动员许多利益相关者向相关决策者(政府、多边机构、私营部门)施加压力，这是一种确保变化取得成功的有效手段。然而，必须审慎地使用这种方法，必须把这种方法建立在良好的资料分析基础上。

19.3.4 改变公司的生产实践

一直以来，保护性组织很少与私有实体合作。但鉴于大公司实际能够运转的资金比大部分国家政府要多得多，而且他们通常可以决定未来的土地利用方式(如一些矿业公司、种植公司、基建公司)，因此，为了保证森林景观恢复能够被整合到这些大公司的计划之中，在实施恢复项目时，与他们合作则非常重要。

这可以成为鼓励这些公司接受最佳(至少是更好的)生产实践的一个有效方法。许多公司愿意与民间团体机构合作，尤其当他们自身水平的提高意味着能带来某种形式的认证、媒体机会，甚至有些情况下能以较便宜的产品作为追加奖金，这些公司一般是比较有影响力的行业，如建筑、采矿以及林业。世界自然基金会(WWF)目前与大型种植公司合作，如Stora Enso，不仅要促进这些公司对资产的管理，而且还协助他们恢复其管理的土地。

19.3.5 森林估价

政府有时会忽视森林或对森林管理不善，主要是因为他们没有对森林提供的产品和服务进行合理估价。如果政府(如果是问题的主要原因)或者当地社区能够意识到森林的价值，那么森林的恢复就得到了促进。

可以通过以下方法对森林价值进行估价：

(1)传统的成本效益分析，这个方法可以为各国政府进行恢复提供非常好的理由(例如保加利亚)；

(2)对当地社区尤其是长期在此居住的人进行调查和研究，可以确定已经消失了哪些价值，以及他们希望恢复哪些价值。例如，在越南，世界自然基金会同安南省(Annamites)的社区和安南省政府一起，在该省中部确定了已消失森林的价值，并将此作为起点制定未来的恢复目标。

尽管认识到森林的价值是很重要的一步，但这也只是第一步。政府部门和其他决策者还需要采取必要措施来保证这些价值得到保护，需要恢复的地方得到恢复。

19.3.6 具体研究

通常，旨在恢复一系列森林功能的大尺度项目，在没有明确景观的特性前是不会开始的。利用一部分资金开展前期研究可以作为启动大尺度森林景观恢复项目的方法。

以下内容可能与这个前期研究都有关系：

(1)恢复技术：虽然某些恢复技术已经试验过，但要想知道在当地条件下哪项恢复技术效果最好也是件不容易的事。一块小规模试验地可以帮助确定(见前面婆罗洲的例子)。

(2)混交：人们通常选用外来物种，因为人们对外来物种的了解比本土物种多。可以用研究经费来确定本土物种的生长速度，以及本土物种的适宜条件，还可以研究确定本土物种与外来物种的最佳混交比例。

(3)清除入侵种：入侵物种通常是天然更新或者是维持现存森林质量唯一的、且最大的障碍。推广研究可以帮助试验去除入侵物种并促进本土物种的不同技术。

(4)社区和利益相关者：社会经济学研究能够帮助更好地了解利益相关者的背景，他们的动机、压力、生计条件和愿望。

(5)市场调查：市场调查能够帮助人们找到增加收益的替代途径。

(6)上游和下游：在景观尺度内，确定上游活动类型及其对下游的影响非常重要。例如，上游的森林采伐可能给下游带来泥沙沉积问题。要想鼓励景观尺度的森林恢复，需要把这种因果关系明确地展示给利益相关者，并且需要以恰当的研究结论来佐证。

以上只是众多研究主题的一小部分，根据具体情况还会有许多其他的研究。

19.3.7 增强意识

如果当地居民没有明确的恢复森林景观的需求，那么实施起来很可能会失败。重要的是要保证利益相关者能够理解森林景观恢复以及与他们息息相关的事情(植物利用、土壤保护、林产品供应等)之间的关系，这可能需要掀起一场增强意识的运动。例如，在新喀里多尼亚(New Caledonia)，世界自然基金会与其他八个合作伙伴一起开展了干旱森林的保护和恢复。这个项目有很多组成部分，其中包括利益相关者(尤其是土地所有者)积极的参与，世界自然基金会投入了大量时间和资源来动员当地土地所有者支持森林景观恢复，并帮助他们理解恢复干旱区森林的意义。

有许多种宣传的形式(例如借助于媒体、召开研讨会)，只有能够把信息传达到目标受众的方式才是成功的(在相对贫困的国家，收音机通常是向农村人口传达信息的好方法)。

19.3.8 技能培训和能力建设

实施一项干预措施可能需要培训相关恢复技术。例如，在摩洛哥，世界自然基金会应邀帮助重新设计大学林业课程，把森林景观恢复的具体内容也包括进去了。

可以提供的培训有以下类型：

(1)苗圃设计和开发：可以向农民和其他社区成员提供树木繁殖管理技术，种子识别和采集技术。

(2)农林复合技术：在农业生产很重要的情况下，可以对农户进行诸如农林复合技术培训，与天然森林植被相适应可能是森林景观恢复行动的有益途径。

(3)对人们获取新的维持生计的技术进行培训(见下文)，通过提供现实的替代生计以减少人们对森林的影响。

(4)改良放牧有时候可能是一种简单的恢复天然林的措施。

(5)培训良好的火灾管理技术(消除火灾隐患、控制火灾、计划烧除)。

19.3.9 森林友好型经济活动(发展小型企业)

在许多国家，对森林的压力、对森林转化的驱动力和对天然更新的阻碍来自于最贫困人群，因为他们依赖于森林获得最直接的需求，但是他们存在太多的短期压力而无法投资于长期的恢复战略。解决这个问题的办法之一是在加强实践方面提供培训，不但可以保留他们的资源库，又可以缓解森林退化；或者可以向这些人群提供新的经济活动机会，以减少他们对森林的危害。对于一个保护机构来说，这样做通常需要与具有专业知识的发展机构合作，比如有发展小型企业专业知识和技能的机构。

例如，在马达加斯加，森林面临的最大威胁是休耕期很短的刀耕火种式农业。在如此贫困的国家中，要想减小森林受到的压力，唯一办法就是向当地社区提供替代生计。美国国际开发署(USAID)、联合国和美国援外汇款合作组织(CARE)等实体尝试了许多小企业发展项目并取得了成功。这些项目可能没有明确旨在减小森林的压力，但是他们与保护性组织合作可以实现两个目标：改善生计的同时保证森林得到保护，在合适的地方还得到了恢复。在推广这样的替代生计时，非常有必要开展适当的可行性研究和市场调查，例如，在当地不存在市场的时候就不要让人们从事蜂蜜生产。

19.3.10 为社区的良好做法进行补偿

某些情况下，利用项目资金对社区进行一定的补偿是有必要的或者说是合适的，因为社区接受了在自己的或使用的土地上进行恢复，因而遭受了一定的损失。这可以作为在开发替代生计前的第一项活动，也可以是让那些不太愿意接受恢复项目的社区参与进来的一种方法。但是这种方法的一个风险就是容易使这些社区习惯于得到补助而且希望能够长期得到。显然，这只能作为短期活动来实施，并要有明确的计划使其转变为其他活动。

19.4 未来需要

在理想情况下，一个综合性的恢复计划是经过周密考虑的，会解决一系列利益相关者优先关注的问题，会在不同层面上加以实施(国家、地方、区域)，并且有必要的资源和时间作保证。但遗憾的是现实往往并非如此，因此上文列出的干预措施可能就是必须首先实施的行动。如果为了人们和生物多样性利益，把它们整合到恢复森林景观功能的大型项目中，实施效果将会更好。因此，需要决策者和捐助者配置足够的资源，支持世界范围内许多区域的大尺度项目实现恢复森林功能的目标。另外，还需要在公有、私有和民间组织，以及发展和保护机构之间建立更多创新性伙伴关系，以实现恢复森林景观功能的宏伟目标。

参考资料

APD-RAISE Consortium. 2002. Agribusiness and forest industry assessment. Report submitted toUSAlD-Madagascar, November 18.

Brooks. T. M. , Mittermeier, R. A. , Mittermeier. C. G. et al. 2002. Habitat loss and extinction in the hotspots of biodiversity. Conservation Biology 16 (4): 909 - 923.

Ecott. T. 2002. Forest Landscape: Restoration: Working Examples from Five Ecoregions. WWF Gland, Switzerland.

Sheng. F. 1993. Integrating Economic Development, with Collation. WWF international, Gland, Switzerland

The Nature Conservancy (TNC). 2002. Geography of Hope UlUlate: When and Where to consider Restoration. The Nature Conservancy, Arlington Vfrgima.

补充阅读

Lamb, D. , andGilmour. D. 2003. Rehabilitation and Restoration of Degraded Forests. IUCN and WWP, Gland, Switzerland.

Mansourian S. , Davison. G. , and Sayer, J. 2002. Bringing back the forests: by whom and for whom? In: Sim, H. C. , Appanah, S, and Durst. P. B. , eds. Bringing Back the Forests: Policies and Practices for Degraded Lands and Forests Proceedings of an international Conference. 7 - 10 October 2002. FAO, Thailand, 2003.

Ormerod, SJ. 2003. Restoration in applied ecology: editor's introduction. Journal of Applied Ecology 40: 44 - 50.

Sayer, J. , Eiliott. C. , and Maginnis. S. 2003. Protect. manage and restore: conserving forests in multifunctional landscapes, Paper prepared for the World Forestry Congress Quebec. Canada.

第七部分　监测与评价

第 20 章　按照适应性管理周期监测森林景观恢复项目

希拉·欧康纳(Sheila O'Connor)、尼克·萨拉夫斯基(Nick Salafsky)
丹尼尔·W·萨尔泽(Daniel W. Salzr)

本章要点

监测过程需要定期收集数据，并使用数据向人们通报管理决策。

最好不把监测作为项目收尾的一个单独活动，而应该作为适应性管理循环中的一个组成部分。

一个完整的监测计划会概述信息需求，会确定满足这些需求至少需要多少指标，收集这些指标数据的方法，以及谁来负责、何时收集这些数据。

花费在监测上的资源总量应该与项目活动取得成效的确定性程度成反比。

在适应性管理背景下，有一些工具和指南可用于监测，但专门为长期多方参与的森林恢复项目提供的工具与指南并不够。

20.1　背景

监测是一个需要定期收集数据并使用这些数据来为管理决策提供信息的过程。无论项目规模多大，无论保护哪些区域，包括展示森林恢复项目影响和帮助提高项目有效性方面，监测都很重要。当项目比较复杂，包含多种不同类型的目标，并且涉及到各种利益相关者时，监测就变得更为关键，森林恢复项目通常就是这种情况。

虽然监测保护项目的方法很多，但是在过去十年中，人们越来越趋向于在适应性管理方法背景下进行监测。应用这种方法的关键是不能仅在项目最后阶段附加上监则活动；相反，它应该被整合到项目整个过程中(图 20-1)。

不论哪种类型的恢复项目，第一步工作就是要认真确定项目地点和存在的问题，并识别将哪些生物多样性和其他价值因素作为重点。接下来是全面分析背景情况，建立因果关系，将项目目标(特征)与威胁(压力)以及影响这些目标的根本原因联系起来。第三步，

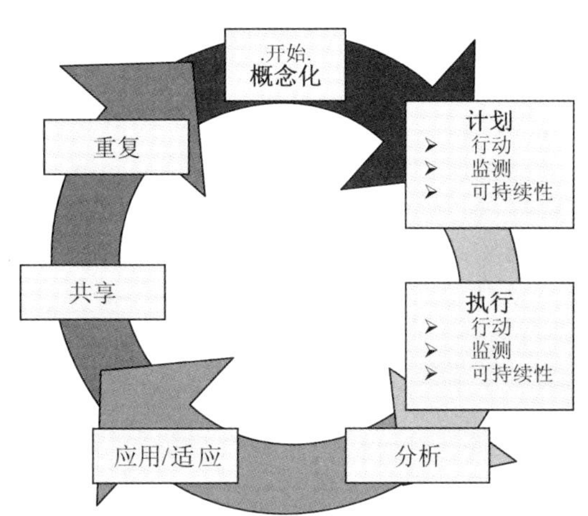

图 20-1　适应于世界自然基金会使用的项目管理循环
〔源自保护措施伙伴关系(CMP)，2004〕

沿着这些因果链，去识别哪部分可以用行动(回应)进行干预，并且为了提高成功的可能性，制定出如何做出体系调整的具体目标。一旦完成了这项基本工作，对目标完成的程度，以及恢复项目是否取得预期结果进行跟踪的关键指标就显而易见了。一个完整的监测计划会概述信息需求，会确定满足这些需求最少需要多少指标，收集这些指标数据的方法，以及谁来负责何时收集这些数据。另外，监测计划确定了由谁做分析以及怎样分析，信息何时发布，发布给谁。

投入监测的资源量应该根据情况的变化而改变。如果非常确信森林本身状况会被动地得到恢复，那么只需要投入少量的资源来监测恢复情况并保证没有新的威胁出现就可以了，但这种情况是非常罕见的。如果确定之前有过使用简易的恢复技术就取得成功的历史记录，那么就应该将大部分资源投入恢复行动，而在结果监测上少投入。如果确实有恢复的必要，但是又不确定如何有效地解决，就需要采取不同方法进行试验，这时就应投入相对较多的资源对结果进行监测分析。一般来说，投入监测的项目资源比例应该与行动效果的确定程度成反比。

20.2　案例

下文将举例说明如何应用监测和适应性管理来加强森林景观恢复工作，并用一个假想案例来说明监测通常容易陷入的误区。

20.2.1　案例 1：在适应性管理循环中运用监测提高恢复项目的有效性

问题　决定美国东南部长叶松生态系统恢复项目应该采取哪些战略和行动，以及如何监测行动的有效性，以进行有效的适应性管理。

解决办法 项目目标是识别哪种管理技术最能有效地降低阔叶林密度，并使生态系统呈现预先确定的在自然状态下的高质量沙丘中存在的价值。项目建立了对照体系(或一些与生物多样性价值相关的指标，包括组成、结构和功能)，还制定了一套衡量标准，可以有效地表明管理(行动)是否成功以及沙丘生态系统的状态。为帮助决定战略性管理行动，还开发了一个概念模型，可以研究沙丘生态系统的退化和恢复。通过试验性项目实施，他们监测了恢复工作所产生的影响(是否达到概念模型假设期的望值)，并观察了确定的生态系统价值是否有重要改进。通过这个完整且可重复的过程达到了项目目标，并向长期目标不断迈进，即恢复一个多功能沙丘系统和濒危的红结啄木鸟和其他长叶松伴生物种的栖息地。

20.2.2 案例2：监测中的常见错误

问题 作为大尺度森林恢复项目实施过程中的一部分，要决定监测什么？

解决办法 项目开始的两年时间里，项目小组没有做任何监测工作，原因是他们忙于实施重要的恢复工作，而没有多余资金和人力资源投入到监测中。

项目小组最早考虑监测是在第三年开始时，因为他们意识到需要向资金捐助者汇报结果。项目经理召开会议，考虑了他们要评估的指标。项目小组中的一位生物学家，曾在她的博士毕业论文中对鹿进行过研究，她建议投入资金长期集中研究森林中鹿的种群。另外一名研究人员提出有必要在不同林分中建立小片林地和带状样地来评价物种丰度。还有一位研究成员从网上下载了一系列由其他森林项目收集的指标，包括识别动植物物种、调查鸟类种群、给树木添加标签、统计狩猎队数量、水质取样、追踪资源采掘许可申请，还建议项目小组成员考虑应该使用其中哪些指标。结果项目管理者难以理解也不耐烦，几乎放弃共同监测。

最后，项目小组决定将监测工作放在适应性管理背景下实施。他们根据现实情况开发了一个概念模型，并且意识到最主要任务是与当地社区合作，减少打猎对种子传播产生的影响，这将有利于森林更新。为此，小组成员开发了一系列简单指标来评价社区成员是否响应他们提出的减少打猎的号召，并监测幼苗更新情况。开始实施后，他们发现虽然成功地阻止了打猎行为，但是幼苗没有按照预期更新，尤其是在大面积空地上。这又迫使项目小组成员更具体地研究为什么空地上幼苗没有更新，也使得他们将工作重心转到在大面积空地上播种。

20.3 方法概述

不同保护团体开发的项目管理系统有些相似，能够帮助项目实施人员进行设计、管理和监测。有关这些系统的概述可以在保护措施伙伴关系(Conservation Measures Partnership)的“罗塞塔石(Rosetta Stone)保护实践”中找到。同样，“保护实践公开标准”提供了这个过程中一般步骤。

大自然保护协会(TNC)的“改善的五步项目管理过程”对项目人员非常有用，它可以帮助确定生物多样性指标是否完整(在森林恢复工作中很关键)，通过形势分析还可以帮助对关键威胁和其他因子进行评价和优先排序；另外，还可以制定目标、确定关键指标。这个系统是基于Excel工作簿的工具，能帮助项目人员了解各个步骤，在《成功的措施》(Measures of success)中可以找到这个过程的简介，它使用了形象化的概念模型来帮助说明情境分析中关键因子之间的因果关系，作为确定目标和选择指标的基础。

另外，许多从事森林管理和恢复的政府机构也会提供一些指导方法，可用于规划监测以及选择具体指标(如美国生态恢复研究所或美国农业部也有很多森林恢复合作方案等文献)。森林多样性指标项目就提供了这样一个例子。他们开发了一个森林生物多样性指标选择的在线工具(*www. manometmaine. org/indicators/*)，可以快速查找不同森林生物多样性监测指标并加以比较。查找指标的标准包括空间尺度、森林类型、森林结构层次、指标类型、信息需求类别、地区背景，以及生态价值。依照实用性、关联性、使用程度、科学价值和生态宽度对指标进行评级。

20.4　未来需要

到目前为止，由保护组织开发的基于适应性管理的监测方法还未在森林恢复项目进行过严格试验。另外，尽管几乎所有的森林恢复工作都会涉及多方参与者，但是对于多方利益相关者的监测工作如何进行规划、实施，如何从中吸取经验教训，仍没有最佳实践案例专著，一些早期实例在文献中引用过。

理想的情况是，森林恢复项目人员聚集在一起，在规划、管理和监测方法上达成一致意见。这样做具有包容性但却未必有用。开发监测长期效果的监测体系，以及建立共同的指标、方法和假设可能更有帮助。

参考资料

Conservation Measures Partnership (CMP). 2004a. Rosetta Stone of Conservation Practice. www. Conservationmeasures. org

Conservation Measures Partnership (CMP.) 2004b. Open Standards for the Practice of Conservation. www. conservationmeasures. org.

Earl, S., Carden, F., and Smutylo, T. 2001. Outcome Mapping. IDRC, Ottawa, Canada.

Ecological Restoration Institute and the U. S. D. A. CollaborativeForest Restoration Programme. 2004. Handbook FIVE. Monitoring Social and Economic Effects of Forest Restoration. USDA, Washington, DC, and Ecological Restoration Institute, Flagstaff, Arizona.

Hagan, J. M., and Whitman, A. A. 2004. A primer on selecting biodiversity indicators for forest sustainability: simplifying complexity. Forest Conservation Programme ofManomet Center for Conservation Science. FMSN-2004-1. www. manometmaine. org/indicators/.

Hartanto, H., Lorenzo, M. C. B., and Frio, A. L. 2002. Collective action and learning in developing a local monitoring system. International Forestry Review 4(3): 184 - 195.

Margoluis, R., and Salafsky, N. 1998. Measures of Success: Designing, Mapping and Monitoring Conservation and Development Projects. Island Press, Washington, DC.

Provencher, L., Litt, A. R., Galley, K. E. M., et al. 2001. Restoration of fire-suppressed long leaf pine sandhills at Eglin Air Force Base, Florida. Final report to the Natural Resources Management Division, Eglin Air Force Base, Niceville, Florida. The Science Division, The Nature Conservancy, Gainesville, Florida.

Ralph, S. C., and Poole, G. C. 2002. Putting monitoring first: designing accountable ecosystem restoration and management plans. In: Montgomery, D. R., Bolton, S., Booth, D. B., and Wall, L. eds. Restoration of Puget Sound Rivers. UW Press, Seattle, WA, pp. 222 - 242.

Salzer, D., and Salafsky, N. (In press). Allocating resources between taking action, assessing status, and measuring effectiveness of conservation actions. Natural Areas Journal.

Stem, C., Margoluis, R., Salafsky, N., and Brown, M. 2005. Monitoring and evaluation in conservation: A review of trends and approaches. Conservation Biology, 19(2): - 15.

The Nature Conservancy (TNC). 2004. The Enhanced 5-S Project Management Process. Links to guidance and the Excel Workbook are available at http://www.conserveonline.org/2004/03/a/Enhanced_ 5S_ Resources.

补充阅读

Brown, R. J., Agee, J. K., andFranklin, J. 2004. Forest restoration and fire: principles in the context of place. Conservation Biology 18(4): 903 - 912.

Carey, A. B., Thysell, D. R., and Brodie, A. W. 1999. The forest ecosystem stury: background, rationale, implementation, baseline conditions and silvicultural assessment. USDA General Technical Report. PNW-6TR-451.

Groves, C. 2003. Drafting a Conservation Blueprint. Island Press, Washington, DC.

Johnson, K. N., Holthausen, R., Shannon, M. A., and Sedell, J., 1999. Case study. In: Jonnson, K. N., Swanson, f., Herring, M., and Greene, S., eds. Bioregional Assessments. Island Press, Covelo, California. pp. 87 - 116.

Kaufmann, J. B., Beschta, R. L., Otting, N, and Lytjen, D. 1997. An ecological perspective of riparian and stream restoration in the western United States. Fisheries 22(5): 12 - 24.

Lamb. D., Parotta, K., Keenan, R., and Tucker, N. 1997. Rejoining habitat remnants: restoring degraded rainforest lands. In: Laurance, W. F., and Bierregaard, R. O., Jr., eds. Tropical Forest Remnants. Pp. 366 - 385.

Simberloff, D. J., 1999. Regional and continental restoration. In: Soulé, M. E., and Terborgh, J., eds. Continental Conservation. Island Press, Washington, DC, pp. 65 - 98.

第 21 章　监测与评价森林景观恢复成效

丹尼尔·瓦劳里(Daniel Vallauri)、詹姆斯·阿伦森(James Aronson)
尼盖尔·杜德莱(Nigel Dudley)、拉蒙·瓦列霍(Ramon Vallejo)

本章要点

有效的监测评价系统被认为是成功的恢复项目必不可少的部分，因为它能够衡量项目进展，更重要的是它能帮助确定矫正活动和修改工作，而这在恢复项目的长期过程中必不可少。

我们建议除了衡量如森林面积这样的明显指标外，监评体系还应该涵盖与景观内(不一定是单个立地)所建森林的自然状态、环境收益以及生计相关的问题。

尽管针对大尺度恢复项目的监测评价还要做很多工作，但实际上已经有了一些有用的指标。

21.1　背景

21.1.1　为什么要进行监测评价?

在过去十年间，监测评价已经在全球范围内成为一个在森林保护(如保护区效率、濒危物种状态)和管理(如可持续性标准、影响评价、生态认证，以及市场驱动的需求)方面，对国家林业政策具有强烈影响力的主要问题。不同规模(从当地到国际)森林管理的主要利益相关者(包括非政府组织)已经就一些问题进行了激烈争论，如设计最优监测评价框架、选择有效但廉价的标准和指标等。

如本书中定义的那样森林恢复很困难，耗费精力，花销大，一直都是一个长期、复杂、涉及多学科知识的过程。一方面，森林恢复需要在几年内(通常不超过 10～15 年)建立一个孕育中的生态系统，这个生态系统只能在几十年以后才能得到全面发展。另一方面，森林恢复需要投入，需要不同领域的专业技能，如生态学、经济学、公共政策，以及社会科学，这就使监测和评估进一步复杂化了。

森林恢复的一些问题一直以来都是人们关注的焦点，尤其是将大规模造林项目的经济收益与其在生态和社会方面产生的负面影响加以比较的时候。我们怎样保证恢复项目实施之初做出的选择经过长期的运行后还能够成功地实现预定目标？成功的森林恢复很少是完整的，也不容易进行评价，林业工作者所使用的总体指标类型(如人工林的高度或者胸径生长，或者植被覆盖)对于评估大尺度恢复项目帮助甚微。

因此，在恢复过程中对进展情况进行监测和定期评价并非可有可无，而是关键且必不可少的一部分，恢复人员需要考虑完成以下步骤：

(1)进一步确定制定恢复计划时所做的假设，并保证按照时间框架完成预定目标。例如，从生态角度来看，恢复森林系统中受损的组成部分并使其重新融入景观内是很重要的。

(2)着手调整管理工作，纠正恢复过程中遇到的问题(如幼苗成活率过高或过低)或者做出的错误选择。

(3)要适应恢复过程中出现的各种变化，这个过程可能持续几十年，尤其是对一些无法预料的方面(例如土地需求、环境意识等社会问题；木材价格，对非木质林产品需求等经济问题；气候变化等生态问题)。

(4)向利益相关者证实对恢复项目的投入(不只是财政方面的)是值得的。

21.1.2 监测评价哪些方面?

首先，森林恢复评价范围要符合项目目标，或者可以帮助调整这些目标。如今，对于像本书中定义的森林景观恢复来说，监测框架应该包括以下方面：

(1)自然状态/生态完整性：在森林景观恢复中，有时在开始阶段会在一些地区种植非本地天然树种，如果这符合社会和经济需要的话，恢复项目就应该使景观尺度的自然性和完整性(生物多样性和生态系统功能)确实得到提高。

(2)环境效益：因不良森林管理而导致环境破坏——如水土流失、肥料流失、农药污染，或下游水文效应——是与森林景观恢复目的不相容的。

(3)生计与福利：森林景观恢复不可能提高所有项目地点的社会福利，但是在景观层面整体水平上应该得到提高。关键利益相关者参与决策的过程应该帮助确保与人们福利相关的问题得到全面解决。

不是所有项目目标范围都这样广泛。以上列出的监测框架适用于试图平衡社会与环境效益的恢复项目，我们相信这应该成为制定目标的准则。

21.1.3 怎样评价?选择标准和指标的难点

应该商定一套适当指标，并对其能否反映恢复进展情况进行试验。这些指标应该反映出当前状况，反映出林业工作者和管理人员之前所做的工作，应该记录样地或景观生态系统健康状况信息(即疾病或流行害虫的比例)，以及生物多样性和生产力，还应该揭示恢复项目能使生态系统服务提高到什么程度。

要想取得效果，每一个指标都应具有以下特点：

(1)简单(例如，植被覆盖"百分比"，树种个数)

(2)可测量(例如，指定景观或流域内的荒原比例，生物多样性指数，林木及非木质林产品生产力指数，以及恢复和监测的资金流)

(3)可靠(例如，已证实的生态功能、结构和组成的指标)

(4)相关：可能的话，应该和生态系统变化的决定性阶段联系起来，能反映出恢复或其他管理措施(生态阈值概念；表述或反映生物多样性标准，能量流和功能，结构以及偶

然性）

（5）及时：这些指标应该把过去的利用、退化以及恢复过程造成的不确定因素考虑进去。从理论上讲，应该在项目开始前对监测框架提前进行评价，之后定期进行重新评价，要与计划的恢复过程保持一致，并把恢复的目标、时期和阶段考虑进去。

理想的情况是，这些指标能敏锐地反映出系统轨迹中的微小变化，如在系统结构、组成和功能上的变化，也能够跨越一系列生态和社会经济条件而被推广到其他系统中。

21.1.4　制定监测评价框架

有许多描述和指标是可以使用的，也有很多在技术文献中被提及到，怎样从中做出选择呢？做到与以上提到的标准保持一致，并考虑到具体目标和预算的限制（收集数据的代价很高），就应该可以确定优先考虑的指标了。

应该注意，对于像森林生态系统、景观，或者使用一个新出现的术语、社会生态系统等这样复杂的问题，对其诊断、评价和监测都无法避免一定程度的主观性，以下两个策略可以提高客观性和公平性：

（1）应该选择一些配套指标作为补充，至少包括两个不同层次级别（表 21.1）。实施森林景观恢复项目时，景观层面的评价是必须的，对表 21.1 中的四个部分进行评价是最关键的、也是最难的。

（2）所有评价都应看作是彼此联系的，这样，如果对景观内的可比立地或在多个景观之间进行比较，将对整个评价十分有益。

21.2　案例

21.2.1　造林 130 年后阿尔卑斯山西南（法国塞纽）的荒原项目生态组成评价

在塞纽（Saignon）的案例中，1870 年栽种的外来物种——奥地利黑松逐渐成为先锋植物，对这一过程的评价却只有水土流失和林产品两个方面。直到造林 110 年后，样地出现了问题时才采取了调整和矫正措施，主要问题是缺乏更新，并且有槲寄生（Viscum album L.）感染。应该在早些时候对更新潜力、卫生条件和播种本土阔叶物种的时机进行监测，那样就可以避免出现问题，也可以加速生态恢复进程，类似的错误不应该再次发生。20 世纪 90 年代，他们确定一整套指标并加以评价，主要目的是强化已恢复的功能，同时对影响实施中的本土阔叶林恢复项目的限制因素和各种选择中的取舍进行识别。这些指标记录了一系列信息，如多样性（树木和鸟类种群），结构（土壤，奥地利黑松），功能（在景观尺度播种树种，土壤的生态活动）和偶然因素（样地以及景观尺度的土地利用）。

表 21.1 部分关键属性列表，根据生态系统的多样性、流量和功能、结构、偶然因素和组织程度的等级进行的分类

等级	系统组成			
	多样性	流量和功能	结构因素	偶然因素
种群	基因型和表现型的多样性	基因流：授粉，种子生产 物质和能量：可获得的食物和能量 功能：种内相互作用	年龄结构，性别比例 高度，生产力	人为影响：当前和过去的各种使用情况 环境：分布学、个体生态学、和种源的距离
群落	物种以及植物、动物和微生物功能性群体，重点物种的多样性	基因流：杂交 物质和能量：水利用系数，阳离子交换能力，循环指数 功能：生产力，种群间的相互作用	树种丰富度，生命形式谱，植物总盖度，垂直异质性，年龄、地上和地下生物量，生产力	人为影响：当前和过去的各种使用情况 环境：生态位
生态系统	物种、栖息地和功能性群体和关键群落的多样性	基因流：种子传播及授粉、种子储备和捕食的向量 物质和能量：土壤循环指数 功能：更新、生产力、土壤生物活力、种子分布、控制宿主种群	土地总覆盖，土壤表面状况 微生物量 枯死木数量	人为影响：当前和过去的使用 环境：样地类型
景观	生态多样性，功能性群体多样性 关键生态系统	基因流：传播模式 物质和能量：循环指标，生态系统之间的通量 功能：干扰体系，连通性	地形和单元，群落交错区，廊道 定期穿越群落交错区的有机体	人为影响：当前和过去的各种使用情况 环境：生态系统分区

进一步论述见 Aronson，Le Floc'h(1996).

注释：本属性列表可用来分析评价恢复项目的成功性，但必须补充包括恢复项目社会经济成功性方面的社会经济属性。

21.2.2 越南：涵盖恢复项目生物和社会经济要素的参与式监测系统

越南林业部门和世界自然基金会(WWF)为长山中部(Central Truong Son)项目开发了一套监评系统，旨在判断环境和社会的发展趋势以及交流取得的成果，并识别存在的威胁和应对的时机。他们在全国、省、地区、社区等范围内与利益相关者举行了60多次会议，确定了20个核心指标来衡量：森林状况和生物多样性、森林生态系统服务、生计、自然资源管理能力四个方面的进展。其中的一些指标来自国家统计数据，有时需要加上一些分析，还有一些附加指标需要其他利益相关者进行监测。这些指标包括：天然林、私有及公有林、合法及非法木材生产、非木质林产品、合理的森林管理措施、更新造林的预算比例、更新造林项目的数量、需要恢复的面积、林火、野生动物交易和保护区统计、流域保护和灌溉。社会指标包括预期寿命，健康中心、教育情况、政府培训、非法打猎和交易野生动物案件被抓捕的案件占起诉的比例，以及项目的具体目标。值得注意的是，只有一部分指标与生物多样性恢复直接相关，许多用于了解整体项目背景，以用来衡量项目的其他方面，而这些项目旨在恢复除生物多样性之外的一系列森林功能(见第21章案例分析“越南的森林景观恢复监测”)。

21.2.3　评价地中海地区恢复项目的框架和数据库

地中海地区南部和北部都有着悠久的森林恢复经验。在过去两个世纪里，这里实施了大量恢复项目，从中可以识别出几个明显阶段，每一阶段的方法、目标和技术都有所不同。第一阶段始于 19 世纪中期，通过边坡工程，栽植或播种乔木、草本、灌木等用来恢复森林某些功能(如控制水土流失)。第二个阶段始于 20 世纪 50 年代，在减少火灾损失的背景下，为了得到木材产品而进行造林。目前是最后一个阶段，正在从现代意义上考虑生态恢复。为了充分学习利用这些经验，地中海地区环境研究(CEAM)基金会(西班牙巴伦西亚市)和五个地中海国家(西班牙、希腊、意大利、葡萄牙和法国)创立并开展了知识工程(由欧盟第五理事会资助)，以 REACTION(Restoration Actions to Combat Desertification in the Northern Mediterranean—控制地中海北部地区荒漠化的恢复行动)命名，其主要目标是建立该地区土地恢复数据库，具体做法如下：收集记录完备的恢复项目；选择最恰当的方法用以评价恢复项目的结果；帮助森林管理人员、政策制定人员和其他利益相关者获得高质量信息的使用权；根据改良技术的前后比较分析为恢复提供指导。尽管编写本书时这个项目还没有结束，但是它已经为许多恢复项目评价提供了如生态、历史、社会经济等多领域的在线数据(*http：//www. ceam. es/reaction*)。

21.3　方法概述

大尺度恢复项目的监测评价仍然处在发展的初级阶段，但有一些方法已经可以使用：

(1)生态属性：本书的一些作者提供了不同层次等级的关键属性列表(种群，生态系统和景观的生物多样性、自然状态、功能等属性)，并已经过测试。表 21-1 对此进行了阐述。

(2)恢复计划，包括监测和评价的定义：与森林管理计划不同的是，只有比较少的恢复计划完全模式化了，并表述成便于比较的形式。此外，监测和评价经常在项目开始阶段是缺失的。在把监测指标和方案纳入恢复计划之前，应该对其进行明确定义，如监测的频度(根据恢复阶段的不同可以变化)。

(3)恢复数据库(学习以往的项目)：从以往项目的成功或失败经验中可以学到很多，分析长期恢复项目的数据库非常有用，例如，由联合国环境规划署世界保护监测中心启动的数据库(*http：//www. unep-wcmc. org/forest/restoration/database. htm*)或地中海地区恢复项目评价数据库(*http：//www. ceam. es/reaction*)。

(4)照片、制图、试验设计和统计及野外记录，都是了解恢复过程的重要方法。

(5)标准和指标：尽管针对恢复项目的标准和指标的开发还不够完善，但是从森林可持续管理标准和指标的开发和使用方面却能得到重要的参考，其中有一些可以较容易地适用于恢复项目，尤其是那些能够随着时间推移判断森林质量发展趋势的指标。

21.4 未来的需要

进一步发展是很重要的，包括以下方面：

(1)以恢复为背景，提高监测和评价人类福利的方法：尽管存在关于这方面属性、指标和方法的文献记载，但是能适用于森林恢复项目的很少，因此在未来几年使其适用于森林恢复，并进行实地测试是非常重要的；

(2)恢复项目监测的统一步骤：尽管会带来重大挑战，但对于像前面提到的 REACTION 这样的大尺度恢复项目，尝试开发一套共同的监测评价形式和方法是必不可少的。其他地区也需要开展这样的监测项目并实地测试和修改；

(3)保证长期的监测和调整过程中资金援助的经济方法：可持续性的资金供应一直是长期森林生态系统恢复过程中的一个关键问题。指定某一具体林业部门负责森林恢复，随后将恢复过程整合到规范的管理程序中(通过管理计划)可以作为一种解决办法；

(4)最后，学习多年经验并实地试验对于建立知识储备仍然是必不可少的。

参考资料

Aronson, J., Floret, C., Le Floc'h, E., Ovalle, C., and Pontanier, R. 1993a. Restoration and rehabilitation of degraded ecosystem in arid and semi-arid lands. Ⅰ A view from the south. Restoration Ecology 1: 8 - 17.

Aronson, J., Floret, C., Le Floc'h, E., Ovalle, C., and Pontanier, R. 1993b. Restoration and rehabilitation of degraded ecosystem in arid and semi-arid lands. Ⅱ Case studies in southern Tunisia, central Chile and northern Cameroon. Restoration Ecology 3: 168 - 187.

Aronson, J., and Le Floc'h, E. 1996. Vital landscape attributes: missing tools for restoration ecology. Resotration Ecology 4: 377 - 387.

Michener, W. K. 1997. Quantitatively evaluating restoration experiments: research design, statistical analysis and data management considerations. Restoration Ecology 5: 324 - 337.

Sheil, D., Nasi, R., and Johnson, B. 2004. Ecological criteria and indicators fro tropical forest landscapes: challenges in search of progress. Ecology and Society 9 (1): 7 (online). URL: http://www.ecologyandsociety.org/vol9/Iss1/art7.

Vallauri, D., Aronson, J., and Barbéro, M. 2002. An analysis of forest restoration 120 years after reforestation of badlands in the southwestern Alps. Restoration Ecology 10: 16 - 26.

WWF. 2003. Indicators for measuring progress towards forest landscape restoration: a draft framework for WWF's Forests for Life Programme. Unpublished report, Gland, Switzerland.

案例分析：越南的森林景观恢复监测

作者：尼盖尔·杜德莱，尹恩道(Nigel Dudley, Nguyen Thi Dao)

挑战

越南政府承诺要进行森林恢复和保护，并且提供主要资金。从理论上讲尽管这些工作会促进自然更新和造林，但实际上，所有资金都用来种植外来树种了，尤其是马占相思

(*Acacia mangium*)。这个500万hm^2的重新造林项目结构不灵活，尽管已经建立了大面积的人工林，但是在有些省存在大量浪费资金的现象。据说有些地方在同一地块上反复造林，人们很快就把幼苗砍掉，当作薪柴卖掉，再次造林前轮歇种植农作物。由于林业保护部门许多官员的工作保障和此项目联系在一起，因此，尽管没有多少环境和经济意义，他们也会被迫维持项目现状。不仅森林覆盖率需要恢复，森林质量更需要恢复，尤其是胡志明高速公路沿线保护区的缓冲区。恢复取得成功的关键在于当地社区的支持以及政治意愿，应该把本土物种的重要性考虑进来，越南还缺乏利益相关者参与以及参与式方法的经验。

机遇

目前，多边资助方的林业项目正为越南的森林经营提供资金，提供了重新审视该项目机会，并寻找方法调整项目结构，以取得最大环境和社会收益。越南政府受到世界自然基金会的帮助，与不同利益相关者合作开发了跨越七个省的长山中部(Central Truong Son)景观保护战略，旨在通过把森林保护、管理和恢复等结合起来的方法，既使景观生物多样性得到恢复，又能支持当地生计。当地已经进行了一些森林恢复工程[包括德国技术合作公司与世界自然基金会合作开展的综合保护战略区域管理(MOSAIC)项目]，这些项目的经验可以更广泛地应用到实践中。

干预措施

世界自然基金会(WWF)与越南林业部合作的长山中部(Central Truong Son)景观生物多样性保护项目行动计划制定了一个监测评价体系，用以衡量森林景观恢复的进度。其间在全国、省、地区和社区召开了60多次利益相关者会议，确定了30个核心指标，用来衡量：森林状况和生物多样性、森林生态系统服务、生计、自然资源管理能力四个方面的进度。其中的一些指标来自国家统计数据，有时需加以一些分析，还有一些指标需要世界自然基金会(WWF)和其他利益相关者一起进行监测。另外，还需要根据研究报告和调查等信息增加相应指标。他们为不同的指标制定了简易的基准点，例如"天然林面积日益增加"，"预期寿命达到区域平均值"，有助于制定可度量的项目目标。指标能衡量恢复项目的影响和成功的目标，包括500万hm^2项目用于天然更新的预算比例。通过与不同利益群体交流并获得政府同意，监测系统还服务于政策谈判。例如，包括政府在内的利益相关者同意监测用于天然更新的资金使用动向，而不应只用于大规模的人工林项目，他们意识到这应该作为一个目标，因此简化了恢复项目的干预措施计划。在此基础上，人们越来越意识到监测与评价的重要性，资助方的林业项目在长山中部项目的基础上正在开发一个监测评价系统，其他长期恢复项目也逐渐意识到了进行监测评价的必要性。

经验教训

精心设计的监测评价系统被认为是发展和保护综合项目的关键步骤，越南的经验正说明了这一点。同时也说明，一个共享的监测系统应用于涵盖多个项目、不同的利益相关方和参与者的景观层面项目时，在把恢复和保护成效推行到整个景观方面具有重要作用。

参考资料

Baltzer, M., Dao, N. T., and Shore, R. 2001. Towards a Vision for Biodiversity Conservation in the Forest of theLower Mekong Ecoregion Complex. WWF Indochina Programme, Hanoi.

Dudley, N., Cu, N., andManh, V. T. 2003. A Monitoring and Evaluation System for Forest Landscape Restoration in the Central Truong Son Landscape. WWF Indochina Programme and Government of Vietnam, Hanoi.

Hardcastle, J., Rambaldi, G., Long, B., Lanh, L. V., and Son, D. Q. 2004. The use of participatory three-dmensional modeling in community-based planning in Quang Nam province, Vietnam. PLA Notes 49: 70 - 76.

McShane, T. O., and Wells, M. P. 2004. Getting Biodiversity Projects to Work: Towards More Effective Conservation and Development. Columbia University Press, New York.

第八部分　森林景观恢复融资与促进

第22章　森林景观恢复中获得长期资金支持的机会

克斯滕·斯哥耶特(Kirsten Schuyt)

本章要点

要想得到私有与公有部门对森林景观恢复的资助，关键要具有融资和经济上的吸引力，这就要认识和估算森林的经济价值，以及森林恢复在增加这一经济价值中所起到的作用，还需要对森林产品和服务进行适当定价，建立一个付费机制，如生态服务支付体系(PES)。

在经济自由化的背景下，包括生态服务支付体系(PES)在内的私有部门资金为投资森林恢复活动提供了有益的机会。

就公共资金而言，使森林景观恢复成为扶贫等项目的主要组成部分则显得日益重要。

22.1　背景

人们正逐渐认识到森林的经济、社会、生物多样性等价值，许多国家已经认识到有必要更好地管理森林资源。1997年，政府间森林小组(IPF)发现，凭借国内资金资源难以实现森林的可持续管理、发展或保护。世界许多地区因森林过度消耗造成的威胁日益严重，导致森林产品和服务的进一步退化。在这样的背景下，人们意识到急需开发新的和创新的方式来资助和促进森林管理和森林保护，包括森林资源的恢复。

森林景观恢复是一个长期过程，一般需要持续的资金支持。过分依赖赠款通常意味着只能对一些短期项目进行资助，而像森林恢复这样的长期项目却得不到支持。然而，赠款并不是资金的唯一来源，下文将重点强调长期资助森林景观恢复的一些选择(见22.3“方法概述”)。

在发展中国家，传统的林业资金来源主要有国内、国外以及国际公共和私有组织，包括非政府组织。林业活动(环境保护、当地居民生活需要、商业目的)目的不同，其寻找的资金来源也不同。然而，全球的融资趋势正在发生变化，经济自由化的潮流促进了私有部门的参与，这些趋势使得森林恢复活动可能获得来自私营部门的资金支持。鉴于外部公共资金的减少，以及用于林业的新的、额外的海外发展援助(ODA)前景暗淡，私有资本流动预示着恢复项目的潜在机会。

森林景观恢复要获得来自私营和公共资金的支持机会，关键取决于其投资的经济和金融价值，这就需要认识到森林的经济价值并对其进行评价，进而认识到恢复这些价值后能获得的收益。恢复或者失去这些价值可以和其他土地利用可能性作现实比较。在景观内应按照不同用途选择适当的区域，这样恢复后的景观就可以提供更全面的价值和收益。还需要对森林产品和服务进行合理的估价并建立付费机制，其中一种方法就是出售森林的环境服务，如碳汇、流域保护和生物多样性，生态服务支付(PES)机制是资助森林恢复的一种方法(见“森林景观恢复和环境服务的支付体系”)。生态服务支付体系(PES)机制可以保证环境服务使用者向服务提供者付费，包括公共付费和私人交易。例如，下游的瓶装水公司要向上游社区付费，因为后者对流域内的森林进行了可持续管理，提供了下游瓶装水公司需要依靠的服务。可持续流域管理的基础应该是恢复，而恢复项目关键要让投资者相信持续的“生产投入”将会保证可持续的环境服务，从而使景观恢复具有金融和经济的吸引力。碳汇购买是生态服务支付体系(PES)的另外一个例子。根据《京都议定书》，能源公司可以投资恢复项目来增强森林的碳汇服务，以满足能源公司碳抵消的需求。

22.2 案例

尽管森林恢复活动需要连续的公共投资，但下面的两个例子说明私有部门参与的重要性。这两个例子都展示了怎样让森林恢复活动能吸引新的投资者——私有部门，怎样让恢复活动调动新的资金来源。

22.2.1 南非的私有盈利性资源：外包种植方案

在承包方案中，按照具体协议，农民在自己的土地上种树，公司为农民提供市场和产品服务。2002 年，南非有 1.2 万小农户参与到这些项目中，种植面积 2.7 万 hm^2。尽管外包种植所提供的木材只够一个大型纸浆厂生产一小部分纸浆，而且与其他来源的木材相比每吨价格要高很多，但是由于土地使用权限制，外包种植也提供了其他途径难以提供的纤维原料。同时，在南非土地权利分配备受争议的情况下，外包的方式使这些公司具有较好的形象。社区的动机大多是为了在采伐时得到现金收入，因而树木也被看作是一种储蓄形式。Sappi 和 Mondi 是两个拥有成员最多的，桉树种植项目。公司为小农户提供幼苗、贷款、肥料和技术支持，作为回报，公司将在生长周期结束时购买所有采伐的木材。

22.2.2 厄瓜多尔的森林服务付费：Pimampiro 流域服务支付方案

Paluarco 河水用于灌溉和饮用，但是由于上游的农业排放，河水水质较差。在厄瓜多尔实施的试点项目中，为了保护水资源，让 Paluarco 河流域内的土地所有者有偿地管理流域内森林。2001 年，市政当局通过一项法令，以建立源自森林和高山草地保护环境服务支付体系的水法规。成立了一项基金，将受益者(大部分是当地用水者)支付的费用转移给那些通过维持上游森林覆盖率而使水质保持良好的人群。

22.3　方法概述

如第一部分所讲，私有部门资助大规模恢复项目的新机会越来越多，虽然公共资金资助的机会也还有。这一部分将讨论如何动员具体资金来源，包括私有和公共资源以及国际组织来资助森林景观恢复活动。

22.3.1　从国内公共资源融资

增加大尺度恢复项目公共资金来源的总体战略都会涉及一些活动，比如完善林业支出政策，改革宏观经济政策(包括税收和补贴)，落实新的激励机制、补贴制度、以及技术和机构改革，从而支持恢复项目提供更大收益。然而，为了提高资金收取和利用的效率，提高林业机构自身的管理能力也很重要。还有一些方法可以在公共资源中增加森林资源收入，如保证森林产品和服务的合理定价(通过收费、全额定价政策、执照、许可证等方法)，或者用带帽(或指定)征收的各种税建立专门的林业信托基金，用以支持特定恢复活动。另外，也可以利用向下游受益人征税手段来资助上游的恢复项目。

22.3.2　多边及双边捐赠者

鉴于海外发展援助(ODA)的下滑趋势，必须努力维持目前的多边及双边援助。然而，通常情况下，环境不再是发展和合作机构的重点，在许多捐赠机构所推崇的新的部门途径中环境已被主流化到所有的发展活动中。因此，要成功地向多边及双边捐赠者提交森林景观恢复建议书，需要对森林景观恢复如何解决扶贫问题做出解释。此外，利用海外发展援助促进私有资金支持恢复项目也是有效的。世界银行可持续森林市场转型的倡议就是一个很好的例子，它促进了私有部门参与到森林管理中来。另外一个例子是美国国际发展署的生物多样性保护网络，他们通过提供种子基金促进了私有部门参与生物多样性的保护。

22.3.3　私营非盈利性资金来源

支持森林景观恢复活动的私营非盈利性资金来源包括当地社区、国际基金会、非政府组织。国际非政府组织在提供新的融资机制中日益重要，其中环境信托基金或基金会对向自然资源管理提供资助尤其感兴趣。信托基金并非慈善基金会，而是集资实施自己的项目，有其具体的任务和利益，有时还有地域重点。建立信托基金的主要目的是为国家公园和其他保护区提供长期稳定的资金，或者为当地非政府组织和社区进行生物多样性保护以及更持续地利用自然资源提供小额赠款，建立这样的信托基金可以长期支持恢复森林价值的活动。

22.3.4　私营盈利性资金来源

从动员农户投资恢复项目到大型国际公司的投资都属于私营盈利性资金来源。只有在存在短期收益并且风险在可接受范围内的条件下，农户才会投资，这些收益可以是增加收入，也可以是间接付费，如替代生计、道路、学校等等。另一方面，来自水坝、石油、造林和矿业公司等大型私营公司的资助更带有赠款性质，可以动员他们支付森林恢复的费用，作为对他们可能造成环境破坏的补偿，这样做也是出于商业道德，从而成为其公共关系活动的一部分。如造林公司邀请非政府环保组织按照与森林景观恢复不相矛盾的标准进行土地恢复。另外，将传统资本市场引入森林经营和恢复也具有成为私营盈利性资金来源的潜力。例如，Xylem Investment Inc. 是一家国际木材投资公司，通过在发展中国家对人工林进行产权投资来吸引美国的养老金基金、保险公司。和其他对安全并且稳定增长的投资感兴趣的部门。这家公司管理的森林资产达 2.35 亿美元。另外一个例子是 Precious Woods 公司，这是一家国际木材公司，其重点是在拉丁美洲可持续地生产木材。进行森林景观恢复可以调动来自这些方面的资金。

22.3.5 支付森林产品和服务

基于市场的融资虽很有潜力但也存在限制因素，但确实能为动员森林景观恢复所需资金提供真正机会。一个很好的环境服务产品付费例子就是认证机构。森林管理委员会(FSC)为带有批准或者认证印章的以可持续方式生产的木材和木材产品开发了市场。环境服务支付体系的例子就是越来越多的项目都建立付费机制，要求下游受益者向上游森林可持续管理者付费。这样的系统为创新森林景观恢复融资提供了重要机会。

22.3.6 环境公共资产国际支付体系

全球公共资产付费已经在国际社会取得了一定进展，最有名的就是全球环境基金(GEF)，他们向符合条件的国家提供部分赠款资金以开展项目解决以下四方面环境威胁：生物多样性减少、气候变化、臭氧层损耗和国际水域退化。根据其生物多样性方案，GEF 可以支持生物多样性的保护和可持续利用，也包括森林生态系统在内。源自 GEF 用于森林景观恢复的资金可以在这个领域加以调动。

在景观背景下，为解决直接生计需要(如供应传统药材，减少人群的脆弱性)，利用公共资金来启动恢复项目是可能的。从长远来看，在恢复森林景观价值的背景下，由私有部门来提供可持续资金以实现更多效益(如合格的经济林产品)也是有前景的。

22.4 未来需要

对于进一步发展来说，关键问题是需要在竞争日益激烈的市场中以更创新的视角寻找资金。这可能意味着与不知名的组织建立伙伴关系、让森林景观恢复项目的资助者从中获利、使恢复工作成为其他类型项目的主要组成部分，或者意味着动员其他非环境资源的资金投入到森林景观恢复中。无论怎样，都需要跳出框框来思考，并寻找新的融资机会。面对经济自由化，包括环境服务支付体系在内的私有部门融资，可以为资助大尺度恢复提供有益的机会。但不论是扶贫、疾病预防和控制，还是冲突解决，要在森林恢复与生计问题之间建立要明确的联系无疑是必要。

参考资料

Gutman, P. , ed. 2003. From Good-Will to Payments for Environmental Services—A survey of Financing Natural Resource Management in Developing Countries. WWF-MPO, Economic Change, Poverty and Environment Project, DANIDA, Copenhagen, Denmark and WWF, Washington, DC.

Joshi, M. 1998. Innovative Financing for Sustainable Forest Management. UNDP, PROFOR, New York.

补充阅读

Chandrasekharan, C. 1996. Status of financing for sustainable forestry. Proceedings of the UNDP/Denmark/South Africa Workshop on Financial Mechanisms and Sources of Finance for Sustainable Forestry, Pretoria, South Africa, 4 –7 June.

Conservation FinanceAlliance. 2002. Mobilizing funding for biodiversity conservation—a user-friendly training guide for understanding, selecting and implementing conservation finance mechanisms. http: // guide. conservationfinance. org.

EFTRN News. 2001/2002. Innovative finance mechanisms for conservation and sustainable forest management. European Tropical Forest Research Network, No. 35.

Lapham, N. P. , and Livemore, R. J. 2003. Ensuring Conservation's Place on the International Biodiversity Assistance Agenda. Conservation International, Washington, DC.

WWF-MPO. 2000. Wants, Needs and Rights—Economic Instruments and Biodiversity Conservation: A Dialogue. WWF, Washington, DC.

第23章　森林景观恢复和环境服务支付

克斯滕·斯哥耶特(Kirsten Schuyt)

本章要点

环境服务支付为创新保护融资提供了真正的机会。

环境服务支付能提高利益相关者参与的大规模景观恢复项目的效率。

环境服务支付是新兴事物，仍有机会对环境服务进行重组或打包，这似乎提供了一个值得探索的发展方向。

23.1　背景

森林给人们提供了许多好处，如薪材、建筑材料、非木质林产品等产品和流域保护、碳汇、减小沉积、净化水质以及生物多样性等服务。尽管有这么多好处，在世界许多地方森林仍在受到严重威胁，毁林正在以惊人速度发生着，还伴随着森林产品和服务功能的丧失。

毁林的原因很复杂，包括市场和组织制度的失败。许多森林带来的收益没有明确产权界定，森林服务功能更是如此，例如，在上游砍伐林木会导致下游增加淤积、洪水频发，而上游社区却不承担泥沙淤积与洪水泛滥带来的代价，他们没有充分认识到森林的价值，结果就砍伐更多林木。

环境服务支付(PES)(又叫生态系统服务支付)的产生是为了补救市场失败。它意味着生态系统服务使用者要给服务提供者付费，并且可以包含着广泛的环境保护融资机制，例如：

(1)自组织的私人交易：直接的封闭交易，政府很少参与其中，涉及那些常常是森林服务功能异地受益的私人部门。

(2)公共支付体系：政府对采用良好的土地和森林管理方法而得以保护的生态系统服务付费。

(3)公开交易：通过政府规章设定生态系统服务造成破坏的上限或下限，从而创造对某一特定环境服务的需求。

(4)生态标签：对利用生物多样性保护方法生产的林产品和农产品进行认证。

生态服务支付的例子很多，它所应对的最普遍问题有碳汇、流域保护、景观美化和生物多样性保护。这四种服务的支付机制差别很大，另外，不同国家的情况也有所差别，因此很难概括出生态服务支付体系是如何运作的。然而，却能总结出一定的成功要素。首先，如同任何一种市场，都需要有供需存在。

应该有一个产品即供给。有供出售的产品(森林服务)，如流域管理、碳汇、生物多样性保护和景观美化。许多服务并不是单独提供的，是否可以把这些服务重组或者“找包”在一起？把提供服务和经济收益的关系清楚地记载下来很重要：例如上游流域保护和下游土地利用之间的关系是怎样的。

应该有森林服务的买家即需求，仅仅是森林可以提供某种服务却不代表就有市场需求。这种需求可以来自当地、国内或者全球。例如，对流域保护的需求可能来自当地或国内，但对于碳汇的需求就可能来自世界任何一个地方。需求的不同决定要建立不同的机制——水资源市场具有很强的地域性，它依赖于组织制度背景，而碳汇市场实际上可以是相互学习的也可以是竞争的。

除了供求关系，还要有其他要素来保证成功：

(1)捕获付费意愿的机制：这些机制必须获取森林服务所提供的部分甚至是全部益处，并将其转换为实际费用，以促进森林保护或森林恢复。关键是要建立一个低交易成本的机制，而获取这些益处(包括机会成本——选择其他土地利用方式而失去的收益)的成本要低于这些益处本身。例如，对于流域保护，获取这些收益相对容易，并且成本较低，因为使用者已经组织起来了(市政供水系统、灌溉系统等)，而且一些形式的付费机制已经形成了，如家庭用水费用，流域保护费用可以添加到这项费用中。

(2)明确主要参与者：确定提供森林服务的主要参与者是一个关键步骤，这些参与者可能是非政府组织、商业公司、私人土地拥有者、农民、政府、捐助者、社区小组等等。每一个利益相关者在PES体系中都可能起到关键作用，理解他们的动机很重要，如采伐的动机，还要理解需要他们进行的保护和恢复工作。

(3)建立制度结构：发展市场基础设施很有必要，使人们能够获取有关价值和数量的资料、进行谈判、实施监测和执行机制等。产权是一个关键制度，它决定了谁拥有森林固定的碳或者保护了流域的林木。没有明确的所有权或者服务的收益权，这些服务就无法进行买卖。

关于这些要素的更详细论述可见其他文献。

环境服务支付可为森林景观恢复提供许多潜在而巨大的机会。由于世界范围内森林面积丧失严重，随之而来的是森林产品和服务的丧失，因此，把环境服务付费纳入较大规模恢复方法中有着巨大潜力。恢复后的森林可以提供的量化产品和服务包括森林固碳、森林的流域保护和森林的生物多样性保护。

人们开始关注环境服务支付(PES)将对环境和贫困人口产生怎样的影响，是否会促进保护工作？贫困人口能否从中获益？这种办法是一劳永逸的吗？

下文将介绍3个与森林保护相关的环境服务支付为森林景观恢复提供机会的案例。

23.2 案例

23.2.1 哥斯达黎加流域保护支付案例

中美洲普遍存在的毁林现象而产生的水文影响已经成为关注的重点，由此产生了解决毁林问题的强烈意愿。在这样的背景下，哥斯达黎加率先实施了环境服务支付(PES)方法，通过这个方法，土地使用者因其提供了环境服务而直接得到补偿。哥斯达黎加是世界上毁林率最高的国家之一，大部分林地被转变为农地和牧场，由此导致供水资源服务功能恶化，而解决毁林的管制措施基本都失败了。

1997 年年初，哥斯达黎加开发了一个详细的环境服务支付(PES)体系来解决毁林问题，将其命名为环境服务补偿体系(Pago por Servicios ambientales，简写为 PSA)。在这个体统内，土地使用者因其提供了环境服务而直接得到补偿，这样做的结果是他们在决策中考虑环境服务功能。建立 PSA 系统时，哥斯达黎加已经有一个恢复和管理森林的支付系统(实际上是利用税收的激励政策)投入使用。最重要的是，与土地所有者签订合同并为具体活动付费的组织制度也已经存在。作为环境服务支付(PES)过程的一部分，在这些组织制度的基础上颁布了一项森林法，明确规定了四种森林服务，并为政府同土地所有者就其土地提供服务而签订合同奠定了制度基础，还成立了国家林业基金(FONAFIFO)。PSA 与过去的激励机制有两个主要区别：①PSA 的重点是森林提供的服务，而不是木材；②资金来源于服务的使用者，而不是公共基金。

根据 PSA 的规定，所有参与者必须有可持续森林管理计划，并要得到有资质的森林管理认证。一旦计划批准，土地使用者就开始实施各种活动，并收到 5 年的费用。FONAFIFO 同其他机构合作与服务提供者签订合同，向服务受益者收费并管理这些费用。PSA 项目受到董事会监督，董事会由公有和私有部门的代表组成。化石燃料营业税收入的 1/3 被分配给 FONAFIFO，作为其大部分资金来源，其他资金主要来自于世界银行和全球环境基金(GEF)。此项目的想法最终是供水服务的所有受益者(灌溉者、家庭使用者、发电厂等)都要为享受到的服务付费。

23.2.2 不列颠哥伦比亚省的碳汇支付案例

森林提供的一项很有价值的服务就是固碳。《京都议定书》为碳市场拓展了机会，使得森林提供的碳汇服务可以补充经营传统林产品的收入。不列颠哥伦比亚省已在加拿大开始开发碳市场，本文的这一部分将论述这方面的发展情况。

创立碳市场是一个复杂的过程，需要科学家、林业公司、能源公司和政府部门的共同努力。第一步工作很有必要，就是了解碳动态，对碳收支加以量化。在加拿大全国范围内，借助遥感技术，加拿大林业部门开发的碳收支模型已经对森林碳收支进行了测量。在省一级范围内，森林碳收支计算工作正在进行，以推测未来的碳收支情况。也开发了其他模型来计算不列颠哥伦比亚省的森林碳对全球碳循环所做的贡献，还开发模型估算了地上碳库的碳量和固定于植物根部、土壤、树叶和枯枝落叶中的碳量。

另一个重要的步骤是在政府政策和市场方面建立必要的制度安排。在这方面，不列颠哥伦比亚省已经开展了一些活动，包括建立国家级碳排放交易平台——减少温室气体排放量交易(GERT)试点项目。项目始于 1998 年，加拿大企业从中学到了排放交易的经验，一些私人项目也建立了碳排放交易平台。1994 年建立的国家登记档案也很有必要，可以记录碳汇、碳排放和碳交易，简称 VCR(Voluntary Challenge and Registry)。其他必要的制度就是一些激励政策，通过这些制度，加拿大政府意识到森林在全球变暖中起到的作用，意识到有必要了解碳汇在减缓全球变暖中能起到的作用。这些政策目前正在研究中。

碳市场的关键是买家和卖家。在不列颠哥伦比亚省，潜在的买家非常谨慎，使得造林者提供森林碳缺乏激励，《京都议定书》中有关森林碳作用的不确定性也加重了这种情况。结果，尽管买家和卖家都表达了强烈的兴趣，但不列颠哥伦比亚省的森林碳市场还处于初级阶段。

23.2.3　哥伦比亚、哥斯达黎加和尼加拉瓜 RISEMP 的生物多样性保护支付案例

区域综合林牧复合生态系统管理项目(RISEMP)由全球环境基金(GEF)资助、世界银行哥伦比亚、哥斯达黎加和尼加拉瓜代表处执行。项目直接向农民支付其提供生物多样性服务的费用。林牧复合系统将林木和草场结合起来，提供给农民一系列益处：①林木之外的产品；②维持并/或提高草场生产力；③为总体农作制度做贡献。此外，树木提供荫凉可以提高牲畜的生产力，尤其是产奶量。林牧复合系统较传统牧业提供了更高的物种多样性，还帮助连接了保护区。其他益处还包括碳汇(多余的碳被固定在林牧复合系统的树木中)和流域服务。

尽管有这些益处，可农民通常不接受林牧复合系统，这究竟是为什么呢？主要原因是，对于个体农户来说，其收益很有限。首先，前期成本很高，而且这个系统产生效益要在很长一段时间以后。其次，从农民角度看，生物多样性、碳和流域服务都具有外部性，从中得到收益的是其他群体。因此，农民在做决定时不会把这些收益考虑进去。RISEMP 就是为解决这个问题而创立的，其目的是在中美洲和南美洲的退化区域(小流域)鼓励林牧复合系统。根据合同，农民由于创造了环境服务，每年就可以得到一定费用补偿，年均费用水平主要根据土地利用方式改变后农民所承担的机会成本来确定。碳的支付按照目前国际价格设定，相当于 2 美元/吨 CO_2 当量。确定这个项目的效力还需要一段时间，但是对项目的集中监测可以对其效力做详细分析。

23.3　方法概述

正如这 3 个实例所说明的那样，环境服务支付(PES)的建立和发展是复杂的，并且需要多种技能和工具。要列出所有的工具是不可能的，但是有一种方法是多数环境服务支付(PES)制度所共有的，即对森林产品和森林服务进行经济评价。关键是要在森林相关的决策过程中认识并了解森林服务在生物和社会文化价值以外的经济价值。经济评价方法可用货币单位量化这些经济价值，使其可与其他价值相比较。估价法就是一个例子，它可以估量人们为环境服务付费的意愿或者人们为失去环境服务而接受补偿的意愿。另外一种方法

是成本置换法，它是通过将环境服务替换成环境价值所需要的成本来进行评价的一个指标。还有一种方法是旅行费用法，利用该方法，人们到林区旅游的成本可以看作是人们赋予这片林区的价值。

23.4 未来需要

尽管环境服务支付(PES)系统越来越普遍，但是大多还处于初级阶段，还有很多方面需要学习。例如，要了解让环境服务支付(PES)生效需要建立什么样的机制。另外，更好地了解环境服务支付(PES)项目对贫困人口产生怎样的影响、以及了解贫困人口如何从中真正受益也是有必要的。最后，有越来越多的建议认为有必要把环境服务“打捆出售”——联合出售碳汇、流域管理、生物多样性、景观美化等森林服务，以此作为森林可持续管理的激励政策。然而，这需要进一步探索成功连接各种森林服务的可能性。

参考资料

Bull, G., Harkin, A., and Wong, A. 2002. Developing a market for forest carbon in British Columbia. In: Pagiola, S., Bishop, J., Landell-Mills, N., eds. 2002. Selling Forest Environmental Services: Market-Based Mechanisms for Conservation and Development, Sterling: Earthscan Publication, London.

Campbell, B. M., andLuckert, M. K. eds. 2002. Uncovering the Hidden Harvest: Valuation Methods for Woodland and Forest Resources. Sterling: Earthscan, London.

Inbar, M., and Scherr, S. 2004. Getting Started: A Guide to Designing Payments for Ecosystem Services (draft). Forest Trends, Washingto, DC.

Pagiola, S., Agostini, P., Gobbi, J., et al. 2004. Paying for Biodiversity Services in Agricultural Landscape. World Bank, Washington, DC.

Pagiola, S., Bishop, J., and Landell-Mills, N., eds. 2002. Selling Forest Environmental Services: Market-Based Mechanisms for Conservation and Development, Sterling: Earthscan Publication, London.

补充阅读

Forest Trends. 2004. Learning More About Payments for Environmental Services—Case Studies and Suggested Resources (draft). Forest Trends, Washingto, DC.

Landell-Mills, N., and Porras, I. 2002. Silver Bullet or Fools' Gold? A Global Review of Markets for Forest Environmental Services and Their Impact on the Poor. International Institute for Environment and Development, London.

第 24 章　碳汇知识项目和森林景观恢复

杰西卡·奥雷戈(Jessica Orrego)

本章要点

最大的减碳方式应该通过减少排放来实现，而不是扩大“碳汇”。

碳市场仍然处于初级阶段。

森林作为碳汇的潜在价值是很重要的。有了像《京都议定书》和自愿碳市场这样的协议就可能为检验、监测和完善森林恢复以及碳汇相关知识的“碳汇知识”项目提供资金。

综合碳汇目标的手段可以完善目前的造林方法，并能帮助应对一直存在的社会和生态方面的问题。

24.1　背景

关于气候变化的长期影响、树木在碳吸收方面的真正作用、用森林恢复抵消碳排放所涉及的成本和收益等，现有的知识仍然有限，因此业内人士提出以碳汇知识项目作为景观森林恢复活动背景下检验这些参数的方法。

工业革命后，大气 CO_2浓度增加了 1/3，这主要归因于燃烧矿物燃料，同时很大程度上也归因于土地利用发生了变化(例如由林业用地变为农业用地)。科学家一致认为 CO_2 与气候变化和全球变暖有关系。显然，减轻人类对矿物燃料的依赖，并为减少 CO_2排放设定具有法律约束力的目标，对于控制大气 CO_2浓度是至关重要的，并且应该作为任何一项政策方案的重点。然而，为了稳定大气 CO_2浓度，国际社会也必须放慢破坏自然生态系统的脚步，因为生态系统是重要的碳库和碳汇。除了要降低土地转化的速度外，用碳汇植物增加土地覆盖也被认为是稳定快速增加的大气 CO_2浓度的方法。碳汇的概念是基于树木和其他植物从大气中吸收 CO_2并将其存储在木质部、根、叶和土壤中的自然能力。基于土地利用的碳交易原理是，希望或者被要求减少矿物燃料排放的政府和机构可以通过投资造林和再造林活动来抵消部分排放量，因为树木可以固碳。实际上，有时私营公司也会自愿地选择购买土地利用碳汇项目产生的碳信用来部分抵消化石燃料产生的 CO_2排放量。

碳交易以及随后出现的碳市场概念起源于 1992 年里约地球峰会上通过的《联合国气候变换框架公约》以及 1997 年的《京都议定书》。《京都议定书》提出发达国家政府(附件Ⅰ所列缔约方)要在 5 年承诺期内完成具有法律约束力的温室气体减排目标，第一个承诺期为 2008 ~2012 年。按平均计算，附件Ⅰ所列缔约方要保证温室气体排放比 1990 年水平减少5%。

《京都议定书》的第12条——清洁发展机制，给附件Ⅰ缔约方提供了一个灵活的机制，让其通过购买发展中国家实施的造林和再造林(和能源)活动所固定的碳来实现其减排目标。自创建之日起，清洁发展机制模式与程序已做出明显改进，以应对强烈的批评和争议。

环境保护者担心的是碳汇项目储存的碳能否被永久固定。很明确，森林会自然死亡，也会受到各种干扰，致使CO_2释放回大气中。这个问题在2003年米兰召开的《京都议定书》第九次缔约方会议中得到了解决，会议决定临时碳信用必须每5年重新签发或重新认证，然后由另外的碳信用取代。

也有其他方法可使林业活动持续较长时间。例如，引进对当地社区有益的土地利用体制，把火灾管理活动纳入项目，以及在碳融资中保留风险缓冲金以支付受到损失而重新造林时的费用。

其他关于碳汇的争议问题包括泄漏风险。一个地区的造林或再造林活动导致另一个地区森林的采伐或破坏活动。如果对当地社区需求和当地市场趋势进行分析并将其纳入项目计划中，那么泄漏问题就可以避免。如果没有碳汇项目时，碳就不会吸收储存在项目中，就证明了项目具有额外性。

评论家也担心清洁发展机制会减轻政府真正采取行动减少化石燃料排放的压力。缔约方将可能通过清洁发展机制达到的抵销目标限定为低于他们1990年排放水平的1%目标，这相当于一个国家总减排目标的20%。

此外，清洁发展机制的反对者担心固碳的努力会导致出现大面积种植没有社会经济和生态收益的单一树种人工林。

目前人们正在讨论的几个政策问题有：在减缓气候变化大背景下，应该实施哪些类型的森林和土地利用项目，以及这些类型的项目在多大程度上可与主流碳市场相结合。下面的实例展示了两种截然不同的项目，这两个项目也是上面这些争论的一部分。

24.2 案例

24.2.1 巴西普朗特项目

这类项目中的一个例子就是巴西米纳斯吉拉斯州(Minas Gerais)的普朗特项目，各方正在积极推动它成为清洁发展机制项目。这个项目有2.3万hm^2桉树人工林，可为生产生铁提供木炭。普朗特项目计划通过桉树固碳和避免使用煤炭两方面来申报清洁发展机制减排项目。此项目因其规模较大和实施方式招致了众多批评。有指控说，最初建立人工林时当地的一个物种(Geraiszeiro)被逐出了栖息地，另外来自人工林的径流污染了当地水源，使当地农民和渔民生计受到影响。然而，从巴西近代工业史角度看，过去许多工厂从米纳斯吉拉斯州搬到了亚马逊地区，并从原始热带雨林中砍伐树木来获取能源，因此普朗特项目所开展的工作不全是负面的。在景观背景下，树种和造林地点的选择不仅将最大程度地减少社会和生态影响，而且还有助于提高多种效益。

24.2.2 墨西哥的 Scolel Té 项目

与普朗特工业人工林方式形成对比的是针对农村生计和碳管理而实施的 Scolel Té(玛雅方言为生长中的树)项目，其目的在于展示碳融资是怎样使得低收入农民愿意投资森林保护、可持续土地利用系统以及改善生计。如果没有这个项目，这些工作对于农民来说将是不可能的。

从 1996 年开始执行以来，此项目已经在墨西哥的恰帕斯(Chiapas)和瓦哈卡(Oaxaca)两省的 25 个社区内 7 个不同的土著玛雅人和混血人中实行(图 24-1)。在决定是否参与这个项目前，让所有潜在的参与者参加了培训研讨会。然后，参与者与项目技术专家一起设计适合农民需要并且生态可行的土地利用活动。每一种土地的利用方法都制定了技术规范，提供了土地面积、树种和种植密度、计划管理体制和当地的生态条件等信息。利用这些信息完成的碳汇估算是可信的。接着，采用了一个基于实据的监测协议，用便于测量的指标对碳库进行验证。农民从事的林业活动包括社区综合森林恢复、退化地和休耕地造林、给咖啡树遮荫。农民可以用碳收益投资土地利用系统，也可以改善其他生计，如牲畜、炉灶，预防火灾，预防水土流失等。

图 24-1　在墨西哥恰帕斯(Chiapas)的农民们正在学习如何监测地上生物质中的碳储量
(照片所有权归 Jessica Orrego 所有)

从 1997 年至今，此项目已经吸引了许多碳买家，如国际汽车联合会(FIA)。这个联合会承诺每年持续购买约 2 万吨 CO_2，以抵消一级方程式赛车和世界汽车拉力锦标赛等造成的温室气体排放。

这样的购买是通过自愿碳市场来完成的。一些希望抵消其排放以展示企业社会责任或良好做法的公司对这种附加着社会与环境双重效益的项目很感兴趣。实际上，私有部门采取自愿行动抵消 CO_2排放目前也有增加趋势，而最有吸引力的就是那些对可持续发展和保护都有益的项目。

在第一承诺期内(2008～2012)，虽然现阶段欧盟排放贸易体系不接受碳汇信用，但清洁发展机制项目市场仍为基于土地利用的碳信用提供了一个额外市场，尽管这个市场规模还不确定，但这并不意味着单个国家对碳汇项目，特别是那些能够带来很大社会和环境效益的项目不感兴趣。此外，世界银行生物碳基金为在发展中国家森林和其他景观中实施合格的清洁发展机制碳汇项目提供了碳融资。然而《京都议定书》下的碳市场很可能大部分集中在排放贸易和能源项目上。

24.3 方法概述

通过碳管理能够为吸引各种资金投向可持续发展和森林保护与恢复活动提供一种非常好的途径，而这些活动在减缓气候变化中也起着重要作用。从遵约市场(如《京都议定书》)和自愿市场角度看，必须制定严格的标准以淘汰那些具有负面影响的项目，如上面介绍的普朗特项目。除了要有经济、社会和环境效益外，还必须促使这些项目能够展示透明和可信的基线评估结果以及核查体系。温洛克国际(Winrock International)、ECOSUR 和爱丁堡碳管理中心(ECCM)等组织，在确定森林保护碳管理的地区性基线方法方面取得了很大进展，这些方法都很有应用前景。然而，现在还没有适应于所有项目的标准方法。此外，碳汇监测方法和频率也因项目而异。因此，很有必要针对所有项目，将这些程序进一步标准化。

现在有多个模型可用于估算碳汇潜力。例如二氧化碳固定模型(CO_2Fix)就提供了一个相对容易使用的碳汇估算方法(这个模型可以从英特网上免费下载)。为了对估算的碳汇进行验证，需要在项目实施和后续阶段中对项目的森林进行测量监测。利用遥感方法估算碳储量已经得到了应用，并通过基于土地的各项研究正在对这种方法加以改进和验证。

不论是在自愿市场还是在强制市场上，为了确保碳汇项目的可信度，必须要有一套连续性的标准和程序，通过这些标准和程序，碳信用就可以得到出售。在墨西哥 Scolel Te 项目和非洲、印度实施的一些类似项目中所应用的威务计划体系(The Plan Vive Systen, *www.planvivo.org*)，就提供了一套严格标准和程序，以保证社区高度参与、土地利用实践具有高度可持续性，碳信用也能够得到很好验证。威务计划体系(The Plan Vive)下的项目现在最具有可信度，并被广泛接受为自愿碳补偿形式。

气候、社区和生物多样性标准(CCB)是许多研究机构、企业和环境组织共同合作制定的标准，这个标准确立了一套严格指标，旨在将气候、生物多样性和可持续发展结合起来。

政府间气候变化专门委员会(IPCC)制定的土地利用、土地利用变化和林业良好做法指南，为估算、测量和监测碳储量提供了有益指导，其中还给出了大量缺省值。如果设计合理，这种以土地为基础的碳汇项目可以让农村社区受益，降低毁林并促进重要森林生态系统的恢复，同时还可以减少温室气体在大气中的积累。

图 24-2　莫桑比克索法拉一个苗圃的工人正在为碳汇造林项目准备树苗
（照片所有权归 Jessica Orrego 所有）

4. 未来需求

发展碳汇项目的最大制约因素是碳市场。随着碳市场的发展和扩大，小规模碳管理项目也会得到开发。随着更多碳资金注入到这些项目中，碳模型和各种基线就会进一步得到优化，更多高级工具也会得到开发。但涉及碳市场重要性及其对减缓气候变化的真正价值时，用准确信息代替推测也很重要。

参考资料

Climate, Community and BiodiversityAlliance (CCBA). 2004. Climate, Community and Biodiversity Project design standards (Draft 1.0). CCBA, Washington, DC: www. climate-standards. org.

IPCC. 2003. Good practice guidance for Land Use, Land-Use Change andForest national Greenhouse Gas Inventories Programme Technical Support Unit. Kanagawa, Japan. http: //www. ipcc-ggip. iges. or. jp/public/gpglulucf/gpglulucf. htm.

补充阅读

Bass, S., Dubois, O., Moura-Costa, P., Pinard, M., Tipper, R., and Wilson, C. 2000. Rural livelihoods and carbon management. IIED Natural Resource Issue Paper No. 1. International Institute for Environment and Development, London.

Landell-Mills, N., and Porras, I. T. 2002. Silver bullet forest environmental services and their impact on the poor. Instruments of Sustainable Private Sector Forestry Series. IIED, London.

Smith, J., andScherr, S. J. 2002. Forest Carbon and Local Livelihoods: Assessment of Opportunities and Policy Recommendations. Center for International Foresty Research, Jakarta, Indonesia.

WB Carbon prototype Fund. http: //carbonfinance. org/pcf/Home_ Main. cfm.

第25章　通过市场营销和宣传推进森林景观恢复

宋孔成(Soh Koon Chng)

好的沟通可以拨乱反正，而不是添乱。做到这点，需要得到正确信息，以恰当形式，由合适的媒介，传递给恰当的听众。

——摘自凡顿传媒公司的《成功倡导宣传的九条法则》(*Now Hear This*, Fenton Communications)

本章要点

森林景观恢复需要明确地进行宣传，不同的目标受众需要不同的宣传渠道和媒介。

可以通过有策略地对新闻事件做出快速反应来进行宣传，这样恢复项目也可以制造出积极的消息。

营销复杂的恢复项目同样重要，必须认清哪些关键诱因可以让选择的受众参与到森林景观恢复项目中。

25.1　背景

宣传就是要促使人们认识问题进而采取行动，如果开展得好，可以有助于实现恢复目标。森林景观恢复(FLR)宣传不仅可以积极主动而有策略地开展，而且也可以利用各种机会进行。

25.1.1　宣传森林景观恢复

森林景观恢复因其复杂而具有挑战性，宣传的关键信息应该包括以下方面：

(1)我们在恢复什么?

(2)为什么要恢复?

(3)谁能从恢复中受益?

(4)目标受众需要做什么?

这些要点应关系到每一位目标受众。以新卡里多尼亚州的土地所有者为例，他们对自然保护一点兴趣也没有，即使告诉他们岛上只剩下1%的干旱森林也无法鼓舞和激励他们采取行动防止森林进一步减少。能吸引他们注意力的可能是这些森林和他们土地的经济价值，以及恢复高质量森林的需要。表25.1举例列出了针对不同目标受众的关键信息，我们希望把信息传递给目标受众以帮助我们恢复森林景观。这些信息只是举例，对特定听众还需要有目标更明确的方法。

表 25.1　适合不同目标受众的信息

目标受众	关键信息
政府部门	当前的恢复实践耗资巨大，环境和社会效益不大。森林景观恢复要达到社会经济与环境效益的平衡。我们会告诉您如何做到。
技术专家	森林景观恢复是一个需要综合性努力的方法。加入我们，成为计划的一部分，与其他人一起分享专业技能和知识。
地方发展组织	森林景观恢复的目的在于为人们和自然恢复森林产品和服务。它需要综合方法。与我们一起完成这项计划，完成我们共同的目标。
已经实施森林景观恢复的保护组织和项目	让我们分享经验，互相帮助，实施并推进各自国家(地区)的森林景观恢复计划。
尚未参与森林景观恢复的保护组织和项目	面对日益严重的森林丧失和森林退化，森林保护和管理已不足以实现森林保护的目标。我们还需进行森林恢复。越来越多的森林保护项目在景观层次整合森林恢复方法。别落后！赶快行动吧！

25.1.2　市场营销

向潜在的资助人和赠款人销售项目需要良好的研究和宣传。正如在宣传时，你需要了解你的目标受众一样，销售也如此，你需要知道什么会让资助人“同意”，需要知道他们感兴趣的事是什么，他们的目标，资助的历史是什么，等等。这些信息在帮助我们针对赠款人制定适宜的方法、以及提出好的资助建议书时非常有用。切记，销售是要创造一个双赢局面——你的目标要和赠款人的目标一致，因此进行适当的背景研究至关重要。

对于非专业人员来说，景观尺度的森林恢复可能是一个复杂的概念。但是，即使潜在的赠款人对概念中的术语很熟悉，也不要把这种复杂性传授给他们，因为他们的监事会并不一定熟悉。能用简单的、赠款人自己的语言做介绍很重要，另外，深入研究并更好地认识和理解赠款人及其优先考虑的事也很重要。更重要的是，要记住你是在与人谈话，即使他们是在政府援助机构或跨国公司工作，他们也和我们一样——也有感受，有情感。

这样你就得到了资助资金，干得好！但是营销工作却没有结束。许多企业都清楚维护客户基础很重要，同样地，我们也需要维护我们的客户群。不要像俗话所说的那样，拿到钱就跑！让赠款人自始至终都参与项目非常重要，许多赠款人对能够参与其中很感激，他们的参与很简单，只需定期接受项目进展的更新报告。在许多方面，赠款人的参与就像交朋友并保持友好一样，那么就邀请赠款人看一看项目进展如何，让他们了解一下项目遇到的难题。这也比只读进展报告要有趣得多，他们肯定会愿意知道他们的资金是如何使用的。和投资人一样，赠款人愿意知道他们的投资是如何进行的。最后，别忘了对赠款人表示感谢。

25.2　案例

25.2.1　回应危机——1999 年大暴风雨

1999 年 12 月，法国遭受了有史以来最严重的暴风雨袭击，全国三分之一森林遭到大面积破坏，震动了林业工作者及全国公众。森林问题以及森林和社会的联系成为头条新闻，这在法国林业历史上是头一次，媒体对这些问题至少进行了6个月的激烈辩论。

大灾难后的几个星期内，世界自然基金会(WWF)迎难而上，利用媒体和公众的兴趣向广大读者传达了他们的观点：需要加强森林管理，解决生物多样性的问题和威胁。在接下来的几个月中，世界自然基金会(WWF)广泛宣传需要更新林业行为，即要把自然考虑进来，并且要加强生态恢复。电视宣传和报章杂志广告吸引人们参加了"为森林恢复祝福"活动。2000年底，世界自然基金会(WWF)召开了一次新闻发布会，公布了他们与其他非政府组织关于加强森林管理和恢复的建议书。

大风暴一周年纪念成为主流媒体的封面报道，人们的兴趣还很高，这就成了一个重复宣传的机会。然而，在后续的周年纪念时，媒体对这个已经成为冷门的话题没多大兴趣了，只有负责林业和环境的记者进行了报道。例如，2003年，对于世界自然基金会(WWF)发布的关于森林恢复实施情况的研究，包括对在关键濒危物种栖息地管理中滥用补贴及不良做法的批判，媒体都没有多大兴趣。

由于在此问题上的宣传工作，世界自然基金会(WWF)被认为是法国森林管理的主要参与者，世界自然基金会(WWF)还成功地与一些企业建立了伙伴关系，共同实施恢复项目。

世界自然基金会(WWF)法国代表处的工作人员 Daniel Vallauri 指出，"我们从暴风雨危机期间的宣传工作中总结的重要经验是要做出快速反应，而且我们在大暴风雨过后根据具体的策略至少宣传了6个月。"

25.2.2 威望号漏油——快速反应

虽然这个例子与森林恢复无关，但是它却说明在环境灾难发生后，如何快速动员多学科小组帮助高效地开展有效力的宣传。

2002年11月在西班牙加利西亚(Galicia)省发生了有史以来最严重的油轮漏油事件。这是加利西亚地区在过去30年间的第8次海洋环境灾难，出事油轮是"威望号"。

得知事故消息后，世界自然基金会(WWF)迅速成立了多学科的危机小组，由世界自然基金会(WWF)执行总裁领导并处理此事。不到一小时，他们就已经通知国内和国际媒体待命，危机小组规划并设计了一个包括保护、政策和宣传在内的快速反应综合策略，还制定了筹资及发动会员的行动计划。

同时，世界自然基金会(WWF)国际宣传部门、濒危海域项目以及国家办事处等在政策和宣传方面进行了强有力的合作。他们建立了一个网站，以提供事故现场的每日更新新闻，强调世界自然基金会(WWF)在海洋安全方面的要求，并回应国际媒体的疑问。

快速的反应、明确的关键要旨、严谨确凿的信息、亲临现场，以及与世界自然基金会(WWF)网络的合作，这些都保证了世界自然基金会(WWF)成为媒体的主要参考点，反过来，这也使世界自然基金会(WWF)及其采取紧急措施的呼吁几乎成为所有媒体的封面报道。最重要的是，快速而全面的反应使得世界自然基金会(WWF)西班牙办事处取得了保护方面的积极保护成果，包括欧盟接受的加强海洋安全的重要政策。

如世界自然基金会(WWF)西班牙办事处总结的那样，发生灾难很不幸，但"一场环境危机成为一个非政府组织宣传并实现政策目标的大好机会”却是事实。世界自然基金会(WWF)还提供了以下忠告与其他办公室共享，因为他们可能会进行快速反应宣传工作：

(1)反应非常迅速；

(2)发出清楚的、可靠的、单一的信息；

(3)应用强烈的视觉工具；

(4)应用综合策略(保护、宣传、集资)；

(5)出现在现场；

(6)提供科学而真实的信息；

(7)使用世界自然基金会(WWF)网络提供专业知识。

25.3　方法概述

25.3.1　积极主动地宣传

主动地宣传意味着要有支持恢复战略的长期一致的计划。制定这样的计划需要了解以下方面：

(1)为什么宣传(宣传的目标)——有时宣传是为了筹资，有时是为了鼓动公共舆论，有时也为了共享知识。

(2)向谁宣传(目标受众)——可以是非政府组织、决策者、学生、农民等等，不幸的是目标受众很少是同类群体。宣传计划的关键是了解受众，尽量找到和他们相关的信息，尤其是，靠什么激励动员他们。这样的信息因其帮助回答了“何时”和“怎样”的问题而变得非常关键，并且在构思适当的讯息时也很关键。

(3)对目标受众说什么(讯息)——宣传时思路清晰很重要。在有些情况下讯息很清楚，同时号召行动(如为改变政策而进行游说)，我们甚至可以衡量讯息是否成功。在另外一些情况下，宣传知识和经验时，没有明确的行动号召。

(4)讯息怎样传达给目标受众(工具或方法)——一旦确定了受众人群(假定不总是一个单独的群体，而经常是混合群体)，就有必要确定使讯息传达给他们的最佳方法(见下文关于网站的注解)。

25.3.2　借机宣传

借机宣传或者快速反应宣传需要对一个事件做出反应，例如，突然的政策改变，或者突发的自然事件，如造成大面积森林损坏的火灾或暴风雨。因为通常人们在受到灾难袭击时会认为有必要进行恢复活动，还因为短期应急的解决办法通常是为了满足政治和媒体的需要。因此，准备一个恰当的反应机制，提出更广泛的森林景观恢复方法作为解决办法是非常重要的(条件是这种方法真的是恰当的解决办法)。在大部分地区，人们可以预测可能发生的事件，因此就可以准备一个“快速反应”组合，为适当的恢复提供必要的建议，也可以减轻未来的损失。快速反应宣传可以帮助加强森林景观恢复的讯息，并帮助取得那些不容易得到、或需要花费两倍时间才能得到的结果。尽管有些投机，但是这种形式的宣传也需要一定程度的准备，就这一点而言，提前准备好如背景信息这样的宣传材料，包括事实、数据，以及当灾难袭击时要采取的行动是很有用的。

例如，世界自然基金会(WWF)开发了一个包含各种反应的数据表，并对如何处理欧洲发生的暴风雨灾害提出建议。当1999年横扫法国大部分地区并破坏大面积森林的大暴风雨发生时，这项工作被证实非常有用。重点在于这种方法可以对许多情况做出反应，我们能够预测到会再发生一场自然灾难并做出适当的准备。即使是标准的讯息或反应可能也要根据环境做细微的改动，因此事先编辑的主导讯息可能要更细致一些，对于恢复来说更是如此，因为其本身就是要对危机做出反应。切记，在理想状态下，并不需要进行恢复工作。

上文威望号漏油的案例虽然与森林恢复无关，但却展示了怎样快速有效地组织应对。

公布新的积极政策也是宣传森林景观恢复目的和目标的好机会。例如，2004年初印度尼西亚前任总统梅嘉娃蒂(Megawati)宣布政府支持实施恢复行动，这就意味着不仅可以为恢复活动鼓掌欢呼，还意味着政府会提供支持和帮助以保证不再犯以前的错误。

25.3.3 关于网站

大量网站的出现使之成为一种时尚。要意识到拥有网站虽然很好，但是这需要长期的投入资源来维护和营销以吸引访问者。还应该意识到，网站并不是所有宣传的万灵药，例如，在许多国家目标受众还没有机会接触电脑。另外一个常见的错误就是没有定期地更新网站，因此网站的内容很快就过期了。

25.4 未来需要

一些快速反映讯息和快速反应组合方案还需要针对可预期的危机做进一步开发，这些工作很重要，尤其是当受众的接受能力比较强时，就可以对恢复的重要性做出快速宣传。在有些情况下，如在洪水与林木覆盖的联系方面，就需要更多地研究它们之间的真实联系和因果关系，以使宣传具体化。

参考资料

Now hear this——成功倡导宣传的九条法则，http：//www.fenton.com/，由凡顿宣传公司提出的关于其倡导宣传运动的方法的简要报告。

C篇

森林景观恢复的实施

第九部分　恢复生态功能

第 26 章　改善现有原生森林景观的质量

尼盖尔·杜德莱(Nigel Dudley)

本章要点

从保护的角度看，许多国家最紧迫的恢复工作不是新建森林，而是提高现有森林的质量。

恢复生态质量需要适当地了解天然林组成，包括天然林结构、模式、功能、更新过程、恢复能力，以及时空连续性。

恢复生态质量的方法包括通过积极经营来恢复丧失的小生境，以及对森林自身更新过程和方式进行逐步干预。

26.1　背景

森林经营已改变了世界上许多地区现存森林的结构和生态特性。在欧洲、北美洲以及亚洲部分地区，对温带原生森林的集约化经营导致森林物种贫乏、林龄幼化，缺少许多期望的小生境，生态特性和干扰方式发生了快速变化。在许多热带森林中，许多大树被采伐了，修建采伐道路和集材道又造成了生境破碎化，并常常为定居者和偷猎者打开了方便之门。尽管这些森林仍然存在，但是它们维持生物多样性的能力、向当地社会提供产品和服务的能力，也许已经大大降低了。更准确地说，其结构已发生了变化：以牺牲其他产品和服务功能为代价来提供一种特定的产品——木材制品。优先次序的不断变化意味着现在人们开始日渐关注经营森林的目的是获取生物多样性、环境服务、游憩，以及文化和社会效益，同时兼顾木材生产。对于大面积集约经营的森林或者主伐林而言，恢复工作的重点应该是恢复现有林分的质量，而不是扩大有林地面积；实际上，这通常意味着将森林的结构和生态特性恢复到更自然的状态。衡量森林生态系统的自然程度有 6 个很重要的因子：

(1)树种以及森林中其他动植物物种的组成。其结构的变化包括本土物种丧失，以及外来物种入侵。

(2)种内变异的模式。表现为经营的森林中的林冠和林分结构、龄级、下层植物发生的变化，通常是向着人工幼龄林以及更单一的林分方向发展。

(3)森林动植物的生态功能。体现在食物网、竞争、共生、寄生，以及存在重要的微小生境，如枯死木和落叶层等。

(4)森林自身变化和更新的过程。表现为干扰方式、森林演替，以及由暴风雨、火灾或大雪造成的周期性干扰。

(5)森林在林木健康、生态健康方面的恢复能力，以及抵抗环境压力的能力。这一点在气候条件发生快速变化时尤为重要。

(6)森林的连续性，不仅包括总体大小，还包括天然林边界(通常在受管理的栖息地中不具备)，森林斑块的连通度，以及生境破碎的影响。

恢复森林质量有时仅仅通过放弃经营或者取消其他压力就能够实现，自然生态功能可自行得以逐步恢复。然而，在有些情况下，例如某些物种已经从当地消失，或者外界压力未完全消除，仍不断削弱自然干扰模式，需要我们更加努力地进行积极恢复。尽管很多内容仍有待学习，但过去20年中我们在恢复森林质量方面还是取得了一些宝贵经验。

26.2　案例

目前，恢复森林质量的经验主要来源于温带和寒带森林(如下面提及的一些实例)，但在热带地区，人们也越来越意识到恢复森林质量的重要性。

26.2.1　威尔士——清除外来物种，恢复本土森林结构

位于戴非(Dyfi)河口的长岛(Ynyshir)鸟类自然保护区拥有威尔士最古老的本土橡树林地，它是计划中的联合国教科文组织生物圈保护区项目的核心区。保护区林内树木年龄结构多样，但由于外来物种入侵，自然生态特征已发生了根本性变化，这些外来物种主要包括美国梧桐(*Acer pseudoplatanus*)以及杜鹃花(*Rhododendron ponticum*)。为了恢复其自然构成，通过对成熟林木实施环剥，以及砍除幼苗的方式，逐渐清除了美国梧桐。对于杜鹃林，则通过冬季砍除和火烧，并在其树桩上涂抹除草剂来抑制其再生(信息由保护区员工提供)。

26.2.2　瑞典——在经营的森林中重建枯死木小生境

在位于Uppland省Fagerön经营的森林中，人为树立的高大树桩为依托枯死木寄生的甲虫提供了栖息地，同时还保留一些树桩和原木作为腐生真菌的基质。结果表明：数百种甲虫利用了树桩，其中还包括许多列入红名单的濒危物种。有三分之二的甲虫更喜欢生活在部分暴露或完全暴露在阳光下的树桩中，这说明在采伐区或者其他露天场地的高大树桩可能是保护寄生甲虫的重要手段。另外，伐倒木，尤其是直径较大的伐倒木，也会成为众多腐生真菌物种的宿主。因此，不论是在经营的森林景观中还是在保护林区，伐倒木都起到保护真菌多样性的作用(见第29章"将森林景观中的枯死木恢复为重要微生境")。

26.2.3 芬兰——通过计划烧除恢复自然的火灾干扰模式

有些物种火烧后或者需用火烧掉各种竞争物种才会发芽。当控制火灾导致这些物种数量减少时，需用计划烧除的方法来恢复这些物种。到目前为止，芬兰自然遗产服务部门在保护区尤其是芬兰南部，用计划烧除的方法恢复了约 4000hm^2 林地。使用这种方法需要极其谨慎，要在天气条件适宜、林分干湿度合适的情况下使用。

26.2.4 沙巴州(Sabah)——将破碎的森林重新连接起来

在婆罗洲(Borneo)内，马来西亚沙巴州(Sabah)的基纳巴唐岸河(Kinabatangan River)沿岸的森林成为沿海红树林与山地次生林之间的重要廊道。残存的低洼林地大部分已经转变成油棕人工林。河岸廊道已经保护起来，但是这些区域已经出现生境破碎化，有些地方棕榈一直生长到了河岸边，切断了大象和其他物种的迁移走廊。世界自然基金会(WWF)湿地项目合伙人联合当地村民来推进种植目标树种，将残存的森林斑块重新连接起来，形成面积更大的生态统一体。更重要的一点是，世界自然基金会(WWF)一直都在和油棕公司合作，探寻有效的方法将选择的区域恢复为森林(以上观点来自个人及保护区员工)。

26.2.5 黎巴嫩——森林景观恢复和管理的能力建设

黎巴嫩的舒弗雪松自然保护区(The Al Shouf Cedar Reserve)占地 550km^2，约为国土面积的5%，拥有黎巴嫩1/4 的现存雪松林(*Cedrus libani*)。保护区的核心区位于经济价值不大的山区，并受到了严格保护。舒弗森林资源中心(The Shouf Forest Resource Center)成立于 1998 年，旨在通过森林生物多样性和林牧复合系统管理、森林火灾预防、非木质林产品生产和商业化、林木管护和生态林业技术，以及环境教育等方法，来提高森林景观尤其是保护区缓冲带的森林质量(信息来源于 WWF 地中海项目)。

26.3 方法概要

尽管如上文的案例所提示那样，森林质量的恢复需要一些辅助措施，但很多情况下，只需要简单地给森林足够的时间让其恢复自然活力。

评估 恢复森林景观质量的第一步是确定什么正在消失。在立地水平上，关于自然度有多个定义，这些定义大多数没有明确涉及到的具体构成(见第 15 章“森林恢复中对照景观的确定与应用”)。评价森林生态系统真实程度的简单立地计分卡(表 26-1)可用来对各种要素的真实性进行快速评估，这些要素的存在与否可为规划恢复项目提供帮助。

表 26-1　林分层面评价森林真实性的数据卡(Dudley et al, in press)

指标		要素		
尽量填全，需进一步观察的项目空缺				
组成	树种组成自然程度	完全	不完全	外来
	其他物种组成自然程度	完全	不完全	外来
	是否存在明显的外来物种？	是	否	
	生态系统机能是否自然？	是	否	
注释：				
模式	树木年龄分布情况	混合－偏老	混合－偏小	单一
	林冠是天然的还是人工的？	天然	人工	
	森林斑块是天然的还是人工的？	天然	人工	
注释：				
功能	大部分物种是否都有可生存种群？	是	否	
	是否有天然食物网？	是	否	
	土壤特征	稳定	严重侵蚀	
	水文特征	健康	存在问题	
	林龄	老龄	成熟	幼龄
	处于连续森林覆盖的哪个阶段？			
注释：				
过程	是否存在自然干扰机制？	是	否	
	是否存在非自然干扰机制？	是	否	
	是否存在大量枯死木？	树枝	木头	
注释：				
连续性	面积(公顷)			
	年龄(有连续森林覆盖的时间)			
	是自然的还是人工的林缘？	自然	人工	
	是否与其他类似生境相连？	是	否	
	是否已破碎化？	是	否	
注释：				
恢复力	林木健康情况	良好	一般	差
	是否引入重要的害虫、疾病，入侵物种？	是	否	
	污染程度	高	中	低
注释：				

影响变化率 通过消除当前降低森林质量的压力就可以实现恢复森林质量所涉及的许多方面，这些压力包括过度放牧、火灾体系的变化(火灾发生率出现的高低异常)、偷猎，以及过度樵采。最简单、经济可行的办法就是与利益相关者达成各种协议，例如，保证不在恢复林区放羊，或者减少对非木质林产品的采集。成本较高的方法包括利用围栏来控制放牧、反偷猎巡逻，以及火灾监控。

为恢复自然动态进行积极的管理 如果森林生态系统缺失特定的自然元素，或者存在非自然元素(如入侵物种)，那就需要采取更加积极的干预措施。只有在林冠下有空地的情况下，许多外来物种才能够成功入侵，因此清除工作要持续一段时间才能使其彻底灭除，在有些情况下可能还需要更多长期的控制计划(尤其是处理入侵动物的情况)。当存在紧急情况时或者某些小生境不会自然重现时，还需要重建某些小生境，如枯死木(见第29章“将森林景观中的枯死木恢复为重要微生境”)、沿岸林带，或者特定物种。

影响干扰方式 有许多重新引入或者模仿自然干扰方式的技术已经存在，抑或正处于开发阶段。这些技术大多旨在通过控制干扰方式来达到“管理”干扰的目的，这样干扰就可以缩小影响范围(因为森林已经破碎化，或者因为土地所有权协议规定只能对部分区域进行干扰)。目前可以利用的技术包括计划烧除、建立人工枯死立木，以及模仿暴风雨破坏。

26.4 未来需要

我们还需要大量的数据来评估不同森林生态系统随着时间推移而恢复质量的能力，尤其是可能的恢复速度。这对于决定是否需要采取更积极的(或高成本的)恢复形式非常重要。在有些情况下，控制入侵物种的方法还不成熟。对人工干扰管理的研究也还不够，需要制定实践准则或原则。

参考资料

Dudley, N. 1996. Authenticity as a means of measuring forest quality. Biodiversity Letters 3：6 –9.

Dudley, N. , Schlaepfer, R. , Jeanrenaud, J. -P. , and Jackson, W. J. In press. Manual on Forest Quality.

Lindhe, A. 2004. Conservation Trrough Management . Doctoral dissertation, Department of Entomology, Swedish University of Agricultral Sciences (SLU). Acta Universitatis Agriculturae Suecia, Silvestria, vol. 300.

案例分析：英国威尔士——将云杉人工林恢复为自然湿地和林地

作者：尼盖尔·杜德莱，马丁·阿什比(Nigel Dudley, Martin Ashby)

挑战

威尔士戴非河口(Dyfi Estuary)有16hm^{2}的盐沼地已经密集地种植了针叶树种西加云杉(*Picea sitchensis*)，这是一种北美针叶树。这处河口是一处列入了拉姆萨尔湿地公约的重要湿地，同时还是联合国教科文组织人与生物圈计划下的自然保护区。这片人工林与受到严格保护的保护区相邻。大部分天然植被因缺少阳光而无法生存。除了秋季新生的真菌类植物外，林冠下的泥炭上难以生长其他植物。在清除了林内的云杉后，出现了一些植物(如石南属植物 Erica spp.)，这些植物可能一直处在休眠状态。由于修建铁路路基和排水工程，地下水位已经改变，另外在建设人工林时，深耕作业也使土层受到干扰。

机遇

出售一定比例的国有林地意味着这部分林地可通过购买获得。由于这片人工林一直没有具有商业价值的产出，其售价只比立木价值稍高一点，创造了一个低廉的土地购买机会。买主是私人，他把这片人工林出租给当地的野生动物信托机构作为自然保护区。但就这次购买达成协议却经过了长时间谈判，因为英国法律规定树木砍伐后要重新栽植，而在这里保护的活动不是要去种植(假设有部分林地本来就没有树)，而是要看通过自然更新会出现哪些物种。尽管在威尔士乡村委员会的帮助下，政策做了相应调整，允许砍伐后的林地自然更新而不是重新种植，但如何更新仍然有相当大的不确定性。

干预

云杉采伐后，将其和一些残留的枯枝落叶(树枝等)一起清走。本来想对耕作土壤进行置换，但因为这样做规模大、成本高，也就没有实施。通过试验，封堵了一些排水沟，以提高地下水位，另外，还利用国家遗产彩票基金(National Heritage lottery)新修了几个池塘。随后，为游客修建了环形木板步行道，并予以加固，使得轮椅也可以进入保护区，同时，还在一个新修的池塘边的柳树上建了一处简易的鸟类栖息地。

结果

经过6年的努力，这片盐沼地从几乎没有自然生命变成了一片物种丰富的片林和沼泽地，生长出桦树(*Betula pendula*)，柳树(*Salix species*)，还有大片的湿地植物，包括香蒲(*Typha latifolia*)。3对国内濒危的夜莺(*Caprimulgus europaeus*)成功抚养了幼鸟。另外，其他湿地鸟类，如普通沙锥鸟(*Gallinago gallinago*)、苇滨雀(*Acrocephalus schoenobaenus*)和小黄莺(*Locustella naevia*)也都繁殖起来。这里已经成为稀有物种仓鸮(*Tyto alba*)和水獭(*Lutra lutra*)的猎食场。人们希望的当地稀有蛾类——玫瑰色沼泽蛾种群也可得到重新恢复，有关调查正在计划之中。

未来要面对的问题

在自然环境下，这片区域将主要是盐沼地，虽会流入一些淡水，出现一些新树种，但我们面临的最大挑战是分散的小片本土物种能否代替非本土物种。盐沼地生境在英国的一些地方已经消失，因此，它成为了景观恢复的重点。但是，我们还不能确定提高水位是否会限制桦树和柳树的繁衍，也不确定这个保护区的管理人员是否需要安排定期清理，以保持镶嵌分布的森林在完全自然的状态下生存。尽管需要进行一些清理，特别是在幼树成熟具备自我繁殖能力前，但北美云杉能够更新到什么程度还不清楚。虽然很难找到能在盐沼地这样潮湿的条件下生存的本土物种，但放牧可以控制灌木更新，给夜莺留出空地。

经验教训

虽然有人认为建立人工林会造成不可逆转的变化，但到目前为止，发生在威尔士的逆转却是快速的，并取得了极大成功。土壤腐殖层虽被耕作严重破坏，但显然对生态恢复没有产生影响。尽管这给人们进入这里带来了困难，但恰恰有利于保护区。

第 27 章　恢复土壤和生态系统过程

劳伦斯 · R. 沃克(Lawrence R. Walker)

本章要点

生态系统过程，尤其是那些引导演替的过程，是恢复成功的栖息地应具有的重要功能。

景观恢复工作者必须面对许多严重退化情况，最关键的是要特别关注地下部分和生态过程。

重建生物多样性意味着要重建一个功能健全的生态系统。

27.1　背景

为了最大程度地增加生物多样性与生态系统服务功能(如清洁的水源、稳定的土壤)，尽可能降低额外的人力投入，有必要把恢复工作与重建生态系统过程联系起来。只是简单地栽植当地植物，增加农业肥料是不够的。仅仅增加基质稳定性或初级生产力的恢复活动常常会抑制演替进一步努力促进持续演变则是必须做的。关键的生态系统过程是成功恢复的栖息地的重要功能，如果缺乏这些关键的生态系统过程，恢复就是不完整的。

生态系统是特定有机体之间，以及有机体与物理环境之间的一系列相互作用。生态系统恢复需要处理各种输入、输出，以及能量流和物质流的内部动态。典型的输入方式包括阳光、水、养分和有机体。典型的输出方式包括水、侵蚀土壤和有机物。内部流动包括养分循环、初级生产力以及分解作用。其他生态系统过程包括生物群与各种干扰(抵抗、恢复、演替、入侵)之间的相互作用，以及生态系统结构和生物多样性的发展变化。成功的恢复项目要先消除一些限制条件，如不稳定性，有毒物，或贫瘠的基质，或者缺少土壤等，然后对演替的自然恢复过程加以补充。另外，还允许演替过程继续，并使生态系统处于一种既能抵抗干扰又具有一定恢复能力的状态。由于目前还只能从最宽泛的层面(如功能组、生物量、养分积累)预测演替轨迹，因此，对于演替动态的恢复还只能是实验性的。如果恢复工作没有成功，那么所做的努力至少还能帮助解释演替原理。反过来，这些演替理论就会指导以后的恢复工作。

27.2　案例

27.2.1　冰岛的基质稳定

侵蚀是 40% 的地球陆地表面存在的主要干扰方式。虽然稳定的立地条件对于恢复至关重要，但必须关注怎样达到这一目标。过去 1000 多年的过牧使得冰岛成为温带地区土壤侵蚀最严重的国家(图 27-1)。过去这里常常有 2～3m 高的桦木林(*Betula pubescens*)，现在的冰岛人希望重新看到这一景象(图 27-2)。利用原始地被物去稳定风、水和冰川冻胀等侵蚀力，并结合各种方式的围栏，以防止马和羊的破坏，可使得当地森林得到恢复(大约在 50 年后)。如果不先固定地表或不进行围栏，只栽植当地树种也是不会成功的。

图 27-1　冰岛极为严重的土壤侵蚀(左侧)可以通过设置围栏阻挡羊群和马匹(右侧)方式来减缓(照片所有权归 Lawrence R. Walker 所有)

图 27-2　冰岛的一片通过禁止放羊、牧马得以恢复的 45 年生柔毛桦木林

(照片所有权归 Lawrence R. Walker 所有)

图 27-3 冰岛的一片侵蚀残留地，那里极为严重的侵蚀造成几米厚的土壤流失，只剩下砾石荒地(照片所有权归 Lawrence R. Walker 所有)

27.2.2 波多黎各的基质稳定

在波多黎各，在滑坡后山地重新造林需要固定边坡，种植爬藤蕨类植物海金沙(*Gleichenia bifida*, *Dicranopteris pectinata*)灌丛的效果最好，但这种植物却使森林在几十年内难以生长。由于降雨量大造成了持续的侵蚀，即使采取了施肥或者用有机土壤改良等方法，在侵蚀面直接种树也不能成活。因此采取石笼、纤维垫等其他人工方法，种植具有大量地下根茎、地上枯枝落叶层丰富的蕨类植物。虽然这些方法的自然演替过程很长，但看起来却极有可能实现恢复目的。

27.2.3 冰岛和阿拉斯加的基质肥力

施肥并不能立刻就建立起关键的养分循环过程，施肥过量还会造成草本植物生长过密，它们争抢氮、磷、水和光会妨碍树木的生长。种植生长期短或密度不大的物种后进行合理施肥，可以使其成为演替植物并有助于演替过程。如果树木密度不大，可以引进豆科植物增加土壤氮含量以促进生长。在冰岛通过施肥，或者在非本土固氮羽扇豆属植物(*Lupinus nootkatensis*)林地内种植幼苗加速造林，都显示了非本土物种的广阔前景，如西加云杉(*Picea sitchensis*)。然而，在冰岛的某些地方，过度施肥或者过度依赖羽扇豆属植物会导致非本土草本植物或针叶树成为优势物种。对阿拉斯加通道走廊上的非本土草本植物施肥，使本土寒漠物种重新占领延后了几十年。在那些竞争不激烈，并且已经事先引进了所有关键物种的低肥力林地，恢复演替过程成功的机会最大。

27.2.4 南非——矿区有毒土壤改良

造林通常会涉及到应对有毒的立地条件。废渣填埋会产生有毒液体和气体；矿渣除了会造成土层板结或侵蚀外，还带有极端的 pH 值，或含有有毒金属。南非各种矿堆的造林涉及到更换表土、建防风林，以及播种草本植物，这些就为在种子库中发芽慢的当地合欢树提供了保育林(*Acacia karoo*)。反过来，合欢树通过固氮又促进了土壤的恢复，并且逐渐被大型本土树种代替。这样，常规演替过程就替代了早期的密集干预。然而，由于排水、肥力，甚至改变地形，要恢复干扰前的植被外观就不容易了。如果林地占据了有毒立地，森林可能会处于矮化状态，恢复目标相对于少毒情况下则要适度。

27.3　方法概述

固定土壤基质　在进行恢复前固定基质至关重要，以下方法在治理波多黎严重侵蚀状况方面比较成功：覆盖、施肥、移栽、淤泥围栏、等高耕作、黄麻覆盖、石笼、改变水流方向，以及衬砌替代排水沟。

添加有机物　土壤过程对于恢复的成功很关键。在基质受到严重干扰的情况下，添加有机物是增加土壤重要微生物的最快捷方法。添加蚯蚓、接种菌根、限制养分(见上文的警告)都有可能加速土壤恢复过程，并促进木本植物入侵或种植，尤其是在受到严重干扰的生境中。然而，当养分限制严重时，菌根就成了寄生物。最低限度地添加表层土壤或其他养分及土壤生物群，可以减小过度施肥以及被早期演替物种主导的风险，以免阻碍树木生长。增加固氮植物常常也会起到效果(见上文：基质肥力)。

减少土壤养分　如果目标是形成一片自然的不肥沃立地，那么恢复过程中可能就需要减少土壤养分(利用富碳秸秆、锯屑，或者蔗糖，或添加木质丰富的植物枯枝落叶等来固定养分)。例如，夏威夷的桃金娘(*Metrosideros polymorpha*)林竞争不过引进的固氮树种火树(*Myrica faya*)。事实上，火山表面的整个演替路径都已经向适宜高养分、尤其是喜氮植物转变。恢复夏威夷本土种群和演替过程很可能需要采取减少养分的措施。

减少有毒条件　有毒条件可以通过生物补救措施，或利用植物、菌根以及微生物进行改良。一旦毒素减少了，就可以开始恢复本土群落。添加来自新演替群落的表土，再配以淤泥、混合肥料、或者其他浓缩有机物，通常可以加速演替过程。可以通过密植本土物种，尤其是能吸引脊椎动物种来避免演替受阻。

生物多样性是恢复的重要目标，其重建意味着生态系统功能得到充分发挥。如果一个多样化的生物群落能像类似生态系统一样自我维持，那么景观与演替动态可能就已经有机地结合起来了。另外，还实现了基质稳定、排水、深度以及肥力等目标。然而，进行恢复通常还需要持续监测和不断地改变策略。

27.4　未来需求

我们需要更好地认识物种个体在生态系统过程恢复中起到的作用。我们倾向于关注农业活动中的固氮物，而忽略了维管植物能从贫瘠土壤中固定氮和磷的特点，还忽略了植物菌群的特点和特殊性，以及它们在恢复中能起到的作用。具有相似功能特性(固氮、在演替过程中早生快长、招引重要传播花粉的昆虫、穿透板结土壤的深根)的物种有助于更深入地了解恢复方法。同样，关键物种(对生态系统与群落的影响与其自身生物量不成比例的物种)对恢复工作是很重要的。

入侵物种无所不在，恢复人员需要关注它们对生态系统过程造成的影响。它们是否改变了养分动态、土壤稳定性、土壤盐分、火灾发生率，或者初级生产力？如果确实改变了，那么在恢复过程中就不能忽略这些新的影响。

从本质上看，恢复操控了演替过程，但对于生态系统过程如何通过演替而发生变化，我们还了解甚少。对维管束植物物种的临时替代反应影响着生态系统过程的复杂性，一般来讲减少了光的可用性，增加了养分的可用性。专业恢复人员怎样才能将这些趋势的操控效果最大化，以达到预期的结果？最后，太多的精力放在地上明显可见的指标，以衡量恢复过程的成功性，当地下过程被忽视或者以一种粗略的方式加以处理时，恢复就会遇到麻烦。土壤有机物与土壤稳定性、肥力或毒性，以及与动物和维管植物之间的相互作用可能是成功恢复的重中之重。

参考资料

Aradottir, A. L., and Eysteinsson, T. 2004. Restoration of birch woodlands in Iceland. In: Stanturf, J., and Madsen, P., eds. Resotration of Boreal and Temperate Forsts, pp. 195 – 209. CRC/Lewis Press, Boca Ration, Florida.

Cooke, J. A. 1999. Mining. In: Walker, L. R., ed. Ecosystems of Disturbed Ground, vol. 16, Ecosystems of the World. Pp. 365 – 384 Elsevier, Amsterdam.

Ehrenfeld, J. G., and Toth, L. A. 1997. Restoration ecology and the ecosystem perspective. Restoration Ecology 5: 307 – 317.

Vitousek, P. M., and Walker, L. R. 1989. Biological invasion by Myrica faya in Hawaii: plant demography, nitrogen fixation and ecosystem effects. Ecological Monographs 59: 247 – 265.

Walker. L. R. and del Moral, R. 2003. Primary Succession and Ecosystem Rehabilitation. Cambridge University Press, Cambridge, UK.

Walker, L. R., Zarin, D. J., Fetcher, N., Myster, R. W., and Johnson, A. H. 1996. Ecosystem development and plant succession on landslides in the Caribbean. Biotropica 28: 566 – 576.

Wardle, D. A. 2002. Communities and Ecosystems: Linking the Aboveground and Belowground Components. Princeton University Press, Princeton, New Jersey.

补充阅读

Palmer, M. A., Ambrose, R. F., andPoff, N. L. 1997. Ecological theory and community restoration ecology. Restoration Ecology 5: 291 – 300

Temperton, V. M., Hobbs, R. J., Nuttle, T., and Halle, S., eds. 2004. Assembly Rules and Restoration Ecology: Bridging the Gap Between Theory and practice. Island Press, Washington, DC.

Walker, L. R., and Smith, S. D. 1997. Impacts of invasive plants on community and ecosystem properties. In: Luken, J. O., and Thieret, J. W., eds. Assessment and management of Plant Invasion, pp. 69 – 86. Springer, New York.

第 28 章　针对目标物种积极恢复北方森林栖息地

哈里·卡尔亚莱宁(Harri Karjalainen)

本章要点

现存的由本土物种组成的自然生境通常已是较小的斑块，对于其进行有效保护，需要重建面积更大、连通性更好的森林生境。

将目标物种作为恢复对象有两个原因：一是某些特殊原因已造成特定物种衰落，需要给予特别关注；二是目标物种可作为已衰落的更大的生物多样性群体的指标。

目标物种(尤指濒危物种)在评价某些生态系统恢复效果时常常是有用的。

28.1　背景

许多森林植被带、原始森林覆盖丧失而被其他土地利用方式取代、森林退化加剧，以及真正的森林栖息地面积日益减少等，都会对生物多样性产生严重影响。真正的森林正在破碎化，而与适宜的栖息地相距较远则阻碍了某些特定物种的扩散。确实，小片的森林栖息地无法维持许多森林物种的生存种群。

森林栖息地丧失并低于临界阈值以下，导致了许多森林原始物种衰退。在欧洲，濒危物种数量已达令人担扰的水平：按照世界自然保护联盟(IUCN)红皮书分类，有 20% ~ 50% 的哺乳动物、15% ~40% 的鸟类被划分为濒危物种。地衣、苔藓，以及维管植物的情况同样不容乐观。

最后留下的仍然具有原始物种组成的自然生境通常是保护区内的小块碎片，或位于较大的已经退化的森林内。在这些森林景观内保护濒危物种的栖息地，需要利用森林生态恢复方法重建较大的、连接较好的森林栖息地。如果天然林恢复速度太慢，或者不能确定天然林恢复能否维持或改善目标物种的关键栖息地质量时，就需要积极的森林生态恢复措施。

在立地层次上，森林生态恢复的短期目标是增加某些特定目标物种的数量。

目标物种有以下几类：

(1)因其能够代表生态系统内的其他物种，而被选择作为关注重点的一些物种。它们的恢复预示着其他物种也可能得到恢复。这样的物种又可称为“保护伞物种”，意思是这些物种需要的栖息地较大(或广泛)，保护了它们可能同时也保护了其他同样需要栖息地的重要物种。

(2)对其他物种种群的生存能力产生显著影响的物种，或对生态系统功能或结构产生重要作用的物种，被称为“关键物种”。

(3)因为它们是濒危的、当地特有的、具有文化重要性的、具有经济价值的，等等，而在保护计划中占有重要地位的物种。

(4)作为某些对维持生物多样性有重要作用的栖息地或景观特性替代品的物种。

从长期来看，森林生态恢复目标是要建立能自我维持的森林景观。在这种森林景观中，自然演替动态占有优势地位，并且形成能够维持所有自然出现的物种的生存种群及其自然交错分布状态。

28.1.1 恢复目标物种的重要性

有两个原因使得目标物种成为恢复的目标：某些特殊原因造成特定物种衰落，需要给予特别关注；目标物种可作为已衰退的更大的生物多样性群体的指标。

在第二种情况下，恢复目标物种意味着其他物种也得到恢复。这常常更多是一种断言但很少得到验证：目标物种通常是相对较大而有魅力的物种，因此适应性也相对较强。例如，啄木鸟物种得到了恢复就意味着它们的猎物数量也恢复了(可能由于保留了枯死木)，但是并不一定说明猎物的多样性得到了恢复：啄木鸟可能靠捕食种类少但数量大的腐生甲虫为生。

因此，尽管不论从理论上还是在实践中目标物种都能帮助刺激恢复工作，它们是否可以作为整个生物多样性全方位情况的衡量指标，还需要谨慎对待。这就意味着要更广泛地进行监测来检验目标物种恢复的更大意义(见第七部分“监测与评价”)。

理想地看，所有恢复活动都应该基于对森林生态系统和目标物种的深入了解。

28.1.2 恢复目标物种的切入点

目标物种种群的数量也许已经减少，但在退化林区里可能依然存在。在提高目标物种生存能力的同时，应该把恢复目标物种的栖息地作为重点。目前生存在森林片段中的物种从长期角度看可能无法生存下去了，因此急需对其进行恢复。这种观点为采取干预措施，而不是仅仅依靠自然过程提供了另一个理由。

当目标物种在某一区域已经灭绝时，就很有必要了解这种目标物种对栖息地的需求，以及在其他地区生存的可能性：物种扩散能力，种源群落的位置，与恢复栖息地的距离，如果是植物的话，还要确定是否存在种子源。

28.1.3 目标物种作为恢复成功的指标

目标物种(尤其是濒危物种)在评价生态系统恢复的结果时通常起着非常重要的作用，可以从结构(如目标物种的丰度和数量，或物种组成)和功能(如物种间的相互作用，营养结构，副作用)角度对恢复成效进行衡量。然而，某些目标物种的出现并不一定意味着恢复实践取得了成功。从种群生物学角度看，只有那些达到能够繁殖、生长、扩散，以及发展数量的种群才能够长期生存。这就意味着对目标种群的成功恢复要求它们最终能与区域内各个物种形成有机联系。

如果恢复后的目标物种种群数量太小，就存在遗传差异性过小的风险，可能会成为恢复实践取得成功的限制因素。遗传差异性小可能会引起诸如进化适应能力低下、遗传群体规模缩小等问题。小种群也更易于受到偶发因素的伤害。

28.2　案例

28.2.1　恢复需要枯死木的物种栖息地

老的、将死的以及腐烂的树木都是天然林的重要组成部分，它们为大量物种提供了栖息地。例如，科学家估计在芬兰北方森林中有 20% ~25%（或者 4000 ~5000 个）的森林物种靠枯死木为生，但林业生产使得森林里非常干净，枯死木数量非常少，造成大量靠枯死木为生的物种处于濒危状态。

因此，最常规的一项森林生态恢复目标就是利用正在腐烂的木头为这些物种重建适宜的环境。典型的物种包括不同种类的甲虫以及腐生生物，它们都是森林中枯死木状态的良好指标。可以通过破坏或者砍伐来形成枯死木，或者利用自然疏林以及自然干扰引发动态演替来实现。恢复的关键因素是通过比较森林结构自然程度、物种迁移、物种恢复可能性等，对立地恢复的有效性进行评价。

在芬兰北方森林内进行的新的研究表明，在林分层次上，每公顷至少要有 $20m^3$ 枯死木才能够达到许多依赖枯死木的森林濒危物种的最低生态需求；如果每公顷有 $50m^3$，那么满足的可能性就会高一些。然而，枯死木的质量也很重要，要向不同物种提供不同质量的枯死木。不仅要有各种天然树种，还需要不同的分解者（另见第 29 章“将森林景观中的枯死木恢复为重要微生境”）。

28.2.2　林火物种

有许多濒危物种对林火以及燃烧后的树木有很高的依赖性。这些物种在林火后会迅速移居到火烧迹地，火烧 5 年后就可以恢复。一些濒危的、依赖林火的甲虫食用一些真菌，这些真菌只生长在过火后的木头上。大部分依靠林火生存的物种可以远距离扩散这种能力是必须的，因为在森林景观内发生火灾是随机的。这些物种通常具有特定生理和形态上的适应性，例如远红外感应器官，它可以帮助这些物种找到远处适宜的栖息地。

还有一些物种与林火的关系并不是非常紧密，但是显然它们喜欢林火。这些物种和那些出现在大范围自然干扰（如大风、水淹林地，甚至是采伐）迹地中的代表性物种一样。通常在林火发生后的 5 ~25 年内，这些物种就移居到火烧迹地上生存。

28.2.3　恢复森林中的鸟类栖息地

许多处于衰退的鸟类物种靠枯死木生存，森林恢复也许能快速地为这些物种创造新的适宜栖息地。例如，在芬兰，人们观察到白背啄木鸟（*Dendrocopos leucotos*）将人工设立的残根和枯死木作为昆虫营养的来源。小斑啄木鸟（*Dendrocopos minor*）和三趾啄木鸟（*Picoides tridactylus*）还因恢复后的森林内可利用的枯死木增多而受益。另外，啄木鸟建造的大量巢洞还似乎有益于一些洞巢物种，而在集约经营的商品林中，由于自然可用的巢洞数量很少，那些洞巢物种也就衰落了。

28.3 方法概述

28.3.1 目标物种恢复规划

必须在不同层次上，对森林生态恢复进行认真规划。首先，应该进行生态区层次或基于国家层面的战略规划。在这个层次上，大多数森林类型中的目标物种或种群已经确定。进行这一规划时，应该考虑到目标物种当前的种群情况，并针对目标物种如何占据现有栖息地，以及它们如何向新恢复的森林栖息地迁移提出相应策略。

所有恢复实践都应该基于预防原则，恢复活动应当纳入到对目标种群有研究的生态专家仔细做出的规划中。如果对目标物种生态特性认识不够全面，即使在自然演替需要积极管理的情况下(如封育，改变干预措施)，建议也要让栖息地通过自然演替进行恢复。

应该对以濒危物种为目标的恢复工作进行指导，以便种群及其在当地出现的频次能够在生态区或国家中得以长期维持。应该在已知划定的濒危物种栖息地边缘进行恢复，目标是恢复附近质量较低的森林，借此重建新的潜在栖息地。科学研究结果显示，模拟和数学模型支持在目标物种现存种源或种群附近进行恢复效果最好的理论。

就景观层次的恢复规划而言，应该首先以维持目标物种(濒危物种)以及关键森林栖息地的丰度为目标，恢复工作应该以重建统一的生态核心单元为重点。另外，景观层面的恢复规划目标应该是重建森林，提供足够数量以及高质量的自然栖息地。

林分层次的恢复工作应该以加强现有核心区为重点，通过重建缓冲地带、生态连通度最大程度地降低破碎化来实现。应该恢复进行规划，从而使森林区域与其他生态系统，例如河道、露天沼泽，或山区自然地连接起来。在最佳状态下，恢复后的生态系统能形成统一的、能自我维持的生态单元，并覆盖自然流域。

在有些极端的情况下，目标物种(濒危物种)可能会被迁移到经过恢复、能够满足物种临界栖息地需求的森林内，但对物种迁移的试验和科学研究仍十分有限。在芬兰，迁移物种既有成功的，也有失败的。例如，濒危蝴蝶(*Pseudophilotes baton*)被迁移到它在芬兰南部恢复后的原来的森林栖息地内时，种群逐渐衰退消失。而一些濒危的维管植物(*Primula stricta*, *Pilosella peleteriana*, *Moehringia lateriflora*, *Elymus mutabilis*)已经被成功迁移到一片试验林地，并且正计划将其迁移到自然环境中或恢复的河岸边。

28.3.2 林分层面的恢复方法

以特定植物和动物为目标的生态恢复似乎更趋向于改变某些森林要素(重新引进微生境、改变演替阶段等)，而不是以整个森林生态系统为目标，至少在第一种情况下是这样的。关于林分层面恢复方法的更多信息可以参考第六章内容。目标物种恢复的最终目标是让消失的物种和种群迁回到以前曾适宜其生存的栖息地，尽管现在只能称为潜在的栖息地。为目标物种恢复设定的目标决定了使用哪种方法进行恢复，通常有几种可用的替代方法。下文列出几个在北方森林恢复中采用的例子。

28.3.2.1　恢复单一同质的林分

相对于林地来说，典型人工林内的树种可能是本土的，但其空间结构却不是自然的(树是成行栽种的)，年龄结构也不自然(年龄相同，只有一个林冠层)，缺乏其他天然树种(只栽种单一树种，多次间伐去除了其他树种)。

通过砍伐树木，可以在单一同质林分内打开一小块林窗。林窗模拟自然空隙，如风倒木自然形成的空隙。伐倒木形成枯死木，而在空地上可以通过自然更新长出(或者栽种)本土先锋树种。

28.3.2.2　模仿自然林火

对于许多类型的森林来说，林火是一项重要的生态干扰因素。由于严格控制不发生火灾，许多物种已面临灭绝，因此，模仿林火通常成为一项重要的恢复活动。由于许多林火物种只能在火烧后的林地内生存数年，因此，人们建议每 10 年内要有 2～3 次林火。

模仿林火要有计划并严格控制，以防其蔓延到其他重要保护区，如避火场所或原始林。计划烧除的建议面积是 3～10hm^2，最好有天然屏障隔开，如露天潮湿泥沼、湖、河。如果没有天然屏障，必须有空旷通道防止火势蔓延，要保证这些通道中的林木和表土都被清理干净了。

在火烧前，要在目标区域做一些准备工作：伐倒一些树木并堆起来。这样有助于燃烧，但这些工作要提前几个月做，以保证树木干燥后易燃。林火应该从多方面对目标森林产生影响：有些树木被彻底烧毁，有些遭到破坏但还活着，还有些树只受到轻微的影响。对不同生态层，如灌木层、地表植被和土壤表层，林火强度也要有所变化。

28.3.2.3　破坏树木制造枯死木

如果待恢复森林虽由本土天然树种组成，但缺少枯死木，那么最简单的方法就是伐倒一些树木，或者对一些树木进行机械性破坏。可以用链锯、斧子或镰刀在树根处剥掉树皮，也可以用小规模爆炸的方法进行人工破坏，或者向健康的树木人工引入真菌丝体。

制造枯死木时要选择较大的树木，并且要产生不同程度的腐烂木，比如，要对树木倾倒方向进行引导，以便于它们落在不同的微生境内：一些落在潮湿的土壤上，一些落在庇荫处，一些落在干燥、空旷、太阳灼晒的地方。如果可以使用采伐机械或拖拉机，就可以把这些树连根推倒，这既是模仿暴风雨，同时也对土壤状况制造了干扰。

28.4　未来需求

我们对于许多森林类型的生态和种群、甚至是十分普通的物种变化轨迹了解甚微，以下方面需要我们特别加深认识：

评价恢复各种森林生态系统整体性的更好方法。

理解可能会发生长期衰退或灭绝的种群水平，并以其作为积极恢复的出发点(尤其要考虑到森林时空连续性对森林复合种群的影响)。

对于功能群体或物种的生境需求和被管理、被监测的关键栖息地动态之间的确切关系要有更深入的认识，需要有比监测生活在一小片温带森林中的 5000 个物种的栖息地更大的空间。这可以通过在现有条件最好的试验林(如现存的原始林)内进行长期研究、不断投入而得以实现。

还需要增加的知识包括基础分类学知识、对代表最高物种丰富度的物种如温带和北方森林中的真菌、地衣和无脊椎动物(或它们的栖息地)，进行快速抽样或监测的技术，

参考资料

Hanski, I. 2000. Extinction debt and species credit in boreal forests: modeling the consequences of different approaches to biodiversity conservation. Annales Zoologi Fennici 37: 271 – 280.

Huxel, G., and Hastings, A. 1999. Habitat loss, fragmentation and restoration. Restoration Ecology 7: 309 – 315.

Karjalainen, H., Halkka, A., and Lappalainen, I. (ed.) 2001. Insight into Europe's Forest Protection. WWF International Report.

Montalvo, A., Williams, S., Rice, K., et al. 1997. Restoration biology: a population biology perspective. Restoration Ecology 5: 277 – 290.

Palmer, M., Ambrose, R., and Poff, N. 1997. Ecological theory and community restoration ecology. Restoration Ecology 5: 292 – 300.

Penttilä, R., Siitonen, J., and Kuusinen M. 2004. Polypore diversity in mature managed and old-growth boreal Picea abies forests in Southern Finland. Biological Conservation, 117(3): 271 – 283.

Rassi, P. et al. 2003. Committee Report on Forest Restoration inFinland. Ministry of the Environment, Finland.

Siitonen, J., Kaila, L., Kuusinen, M., 2001. Vanhojen talousmetsien ja luonnonmetsien rakenteen ja lajiston erot Etelä-Suomessa. Metsäntutkimuslaitoksen Tiedonantoja 812: 25 – 53.

Tilman, D., Lehman, C., and Kareiva, P. 1997. Population Dynamics in Spatial Habitats. Spatial Ecology, pp. 3 – 20. Princeton University Press, Princeton, New Jersey.

Tukia, H., Hokkanen, M., Jaakkola, S., 2001. The Handbook of Ecological Forest Restoration (in Finnish). Metsähallitus and Finnish Environmental Institute, 87 pages.

第 29 章　将森林景观中的枯死木恢复为重要微生境

尼盖尔·杜德莱(Nigel Dudley)、丹尼尔·沃罗瑞(Daniel Vallauri)

本章要点

枯死木是温带森林中受到威胁最严重的微生境之一，而其蕴含了 1/4 的森林生物多样性。

通过改变政策，允许保留老树、将枯萎的或已经死亡的树木，可以最有效地重建枯死木。但有些情况下，生物多样性的丧失可能是由于缺乏枯死木的短期影响造成的。这就需要人为创建枯死木。

29.1　背景

人为经营的森林通常缺乏重要的微生境，这是由于人类有意或无意地消除了这些微生境。没有了微生境，许多自然形成的生物多样性就消失了。因此，恢复森林质量通常要重建微生境。在所有森林微生境中，最重要的可能是古树和枯死木，它们具有以下优点：

(1)提供有机物、湿度、养分，从而维持森林的生产力，还为针叶树种提供更新场所——有些树种喜欢在木头上发芽；

(2)枯死木和濒死木为一些生物提供了栖息地，这些生物可以在洞穴内生活、进食或筑巢，一些水生物种则可以生活在原木和树枝倒落形成的小水坑中；

(3)为某些捕食者提供食物来源，如甲虫，也为真菌和细菌提供食物来源。而这些真菌和细菌本身又是其他捕食者的食物，这样一来就可以维持一个食物网；

(4)保护坡体和坡面的稳定性，防止水土流失，稳定森林状况；

(5)从长远来看，可以储存碳，这样可以减缓一些由气候变化造成的影响。

一株死亡不久的树木会吸引某些生物体来分解坚硬的木质层，这些生物体主要是真菌类物种。在瑞典，有约 2500 种真菌类物种靠枯死木为生。随后出现的是靠纤维素为生的物种包括许多甲虫。对捷克的河漫滩森林研究发现了 14 种喜欢死木的蚂蚁物种和 389 种喜欢死木的甲虫。有些鸟类则专门捕食这些喜欢死木的物种，大斑啄木鸟捕食枯死木中的昆虫，占其冬季食物的 97%。至少有 10 种欧洲猫头鹰以及其他鸟类和蝙蝠在树洞中筑巢，哺乳动物中的熊在枯死木的洞里冬眠。在欧洲森林中有四分之一以上的哺乳动物与枯死木和树洞有联系。木头碎片聚集在水流中减缓了下游的水流，为鱼类创造了栖息地，也给水藻提供了基质。在美国西部进行的研究发现，由木头或树枝形成的水坑为小溪中一半以上的大马哈鱼提供了产卵和生长的栖息地。由于树种、死亡年龄和腐烂程度的不同，枯死木可以创造出各式各样的生境，如表29-1所示。根据枯死木是否是其他活立木的一部分，还是处于不同腐烂程度的直立木、树干或倒木，它作为食物以及栖息地的角色也有所不同。

表29-1 枯死木提供的生境

活着的老树	非常老的树木，树冠很大，有树洞
	活树上的死枝
死立木	刚死的直立树木，有树枝和细枝
	不同年龄的直立树干(树节)
	有树洞的树节
	死亡不久的树木
躺倒木	最近倒落的原木
	完整的倒木，木质部开始软化
	没有树皮的倒木，已经软化
	腐烂的倒木，木头大面积软化，并已经褪色
	几乎全部腐化的倒木，已经成木粉
	连根拔起的树木
枯枝落叶	大块木头碎片
	小块木头碎片
	河流和小溪中的粗糙木头碎片

在欧洲未经营的天然阔叶林内，有5%～30%的林木是枯死木，通常平均每公顷内枯死木体积有40～200m^3，山毛榉林为136m^3。但目前的平均水平常常是每公顷只有几立方米，而与枯死木相关的物种通常也处于危险之中。举例来说，瑞典是欧洲森林密度最大的国家之一，有805种靠枯死木为生的物种已经被列进国家濒危物种的红色名单中，其原因在于森林经营管理并没有给它们提供合适的生境。

29.2 案例

以下的案例说明了枯死木在温带森林和热带森林内的重要性。

29.2.1 波兰：阿洛维察森林(Bialowieza Forest)

阿洛维察森林是欧洲最原始的森林之一，位于波兰和白俄罗斯之间，从13世纪起就作为狩猎自然保护区而受到保护。位于波兰一边的森林有17%(1.05万hm^2)成为了国家公园，其中有一半在80多年前就被严格地保护起来了。在保护区内，枯死木占了整个地上木质生物量的1/4以上，约为每公顷87～160m^3。

29.2.2 法国：枫丹白露(Fontainebleau)保护区

枫丹白露森林保护区占地136hm^2，1372年被砍光，从1853年开始进行保护。林内主要有山毛榉、橡树、角树和菩提树。枯死木总量为每公顷 142 ~ 256m^3，而这个总量在严重暴风雨过后还会更高。枯死木总量与腐烂时间有关。如果林地突然遭到暴风雨的袭击，则枯死木总量较大但保留期短；如果树木自然死亡，则枯死木总量持续不变。这里的枯死木总量与法国目前每公顷 2.2m^3 的自然枯死木总量形成了鲜明对比；而大部分法国森林中的枯死木只相当于自然状态下形成的枯死木密度的 1% ~2%。

29.2.3　芬兰南部区域

芬兰南部森林生物多样性保护项目制定了积极的恢复政策，其目标是恢复 3.3 万 hm^2 森林，包括计划烧除 960hm^2，并要在 1.05 万 hm^2 林地里增加枯死木和腐烂木数量，还要在 5200hm^2 林地内制造小面积空地，恢复 1.6 万 hm^2 泥炭地。到目前为止，芬兰已经制定了 56 项恢复计划，其中一些计划已经实施。

29.2.4　加拿大太平洋西北岸

研究显示，在加拿大有 69 种脊椎动物通常会利用树洞，其中 47 种对倒木做出了积极的反应，而利用树洞的物种占陆地脊椎动物的 25% ~30%。在树洞筑巢的鸟类需要每公顷有 2 ~3 个大的树节(胸高直径要超过 40cm)，以及 10 ~20 个小的树节。

29.2.5　澳大利亚南部塔斯马尼亚森林

在塔斯马尼亚岛，约有 350 种甲虫，以及苍蝇、蚯蚓、天鹅绒蠕虫和一些软体动物一起聚集在潮湿桉树林内的斜叶桉(*Eucalyptus obliqua*)原木上。真菌和地衣对枯死木的依赖性也很强，另外还发现在相同的原木生境内栖息着 165 种苔藓类植物。

29.2.6　美国夏威夷

夏威夷热带山地云雾林内的许多木本物种都从倒木上发芽，尤其是在那些大量苔藓覆盖的倒木上发芽。研究发现，自然形成的木头碎片在每公顷 136 ~428m^3不等。原木的存在被认为是保证郁闭的热带林更新的重要因素。

29.3　方法概述

如今，在许多森林内受威胁最严重的物种通常是那些与枯死木或非常老的林分有联系的物种。因此，对于有意创建对人和生物都有益的森林的管理者来说，最大的挑战就是保留和恢复枯死木构成。对自然枯死木构成进行评价、规划以及恢复可以应用以下方法：

评估　目前评估系统可以指导对一系列森林类型中枯死木的构成进行记录和分类，但是却很少有政府部门将这样的评价系统列入森林资源调查中。欧洲森林保护部长级会议已经将枯死木确定为成员国森林资源调查的必要指标，未来的调查技术也会强化这一方面。大部分调查都依靠横截面抽样或随机样地，并应用标准记录系统从大小、地点和腐烂程度方面对枯死木构成进行分类。在确定恢复需要时，首要任务是对目标物种的生态特性进行认识和评价。

确定并保护主要林分 残存天然林的丰富度越来越被人们认知，而许多这样的森林片段目前正受到威胁或者已经退化。欧洲 Natura 2000 网络或扩大国家级保护区网络等，都有助于维持这些对照林分或枯死木物种的“避难所”。在欧洲，许多保护区仍然实施森林管理，例如，维护原始灌木林，但有必要调整管理措施以增加枯死木和老树；另外，在许多地区还需要建立更加严格意义上的自然保护区。

分区 从保护区内完全天然的枯死木构成，到经营的次生林内存在的部分枯死木，以及集约管理的人工林种植园内可能只有极少数的枯死木。森林景观内任何一个地方的枯死木的期望比例都会因管理需要不同而有所差别。为了促进生物多样性，景观尺度分区可以作为认定枯死木必要的期望水平的有效方法。

森林管理政策 森林管理政策应该包括在人工林内保留树木和木质成分，从而保护腐生物种。对于保留的枯死木的大小、形状，现在已有章可循；通常情况下，缺少的往往是较大死木(原木或直立树干)，在集约经营的林区，树枝或细枝甚至也会被清除。应该包含的内容有：

(1)现存高大的、老龄的、将死或已经死亡的树木，需要在短期内提供生境时，也可以包括枝梢衰老的树木；

(2)保留一部分中龄林，保证未来枯死木的均衡供给；

(3)在经营的林地内保留关键栖息地，允许树木自然成熟；

(4)倒下的枯死木，包括疏伐留下的一些粗枝条(包括清理和未清理林地)，还有更重要的是粗大的原木。

应用其他管理干预方法 如果能够促进腐生物种，那么就应该考虑在指定区域或者更广一些区域使用这些方法，包括：

(1)在北方森林和其他森林栖息地中使用计划烧除方法(需要控制火灾风险和平衡枯死木保留数量)；

(2)暴风雨过后，在将资助投入昂贵的抢救性采伐前，要对在地上保留大量死木的经济和生态效益加以权衡(剔除不正当补贴，经济因素经常可以创造一种近自然的管理形式)；

(3)砍伐后留下一定比例的直立树干，以建立一些人工树桩。

人工恢复枯死木和搭建过渡性的替代物 如果严重缺乏枯死木，导致依赖物种面临消失或灭绝，那么通过人工干扰制造枯死木的短期恢复方法就比较合理。然而，这个方法成本较高，而且在帮助保护目标物种时只能部分取得成功，是暂时的办法。经过测试的方法包括：

(1)有意制造立木或倒木，连根拔起的树木，倾斜的死树，和直立的死树；

(2)加快衰老，制造栖息树；

(3)钻孔，例如不同尺寸的巢洞。这样，一些物种可以使用次生巢洞，能立刻拥有栖息地；

(4)制造栖息地的替代品，如巢箱和蝙蝠箱。在英国，小斑姬鹟(*Ficedula hypoleuca*)的恢复就归功于使用了巢箱。

29.4　未来需求

更好地了解枯死木动态以及它对生物多样性和森林生态的重要性可能是最急切的需要，尤其是在热带地区以及地中海地区的栖息地中。到目前为止，在这些地方进行的研究还很有限。还需要更多地了解保留枯死木政策的成本，包括商业管理的经济成本，并要更多地了解枯死木与害虫和疾病扩散之间的联系(当前的研究虽然不认为这是个重点，但是确实需要进行更多具体的研究)。还需要有针对多种森林类型的简易评价技术，同时要对枯死木的全国或区域平均水平有深入了解。另外，国家濒危物种红名单中缺乏依靠枯死木生存的物种的数据，如真菌类物种和甲虫，这个空缺还需要填补。再次，对枯死木在热带森林中的作用还缺乏全面认识，对于它的作用和保护还需进行大量的研究。

参考资料

Bobiec, A., van der Burgt, H., Zuyderduyn, C., haga, J., and Vlaanderen, B. 2000. Rich deciduous forests in Bialowieza as a dynamic mosaic of developmental phases: premises for nature conservation and restoration management. Forest Ecology and Management 130(1-3): 159-175.

Boyland, M., and Bunnell, F. L. 2002. Vertebrate use of dead wood in the Pacific Northwest, University of British Columbia, British Columbia.

Christensen, M., and Katrine, H., compilers. 2003. A Study of Dead Wood inEuropean Beech Forest Reserves. Nature-Based management of Beech in Europe Project.

Dudley, N., andVallauri, D. 2004. Deadwood, living forests. The importance of veteran trees and deadwood to biodiversity. WWF brochure, Gland, Switzerland, 16 pages.

Grove, S., Meggs, J., and Goodwin, A. 2002. A Review of Biodiversity Conservation Issues Relating to Coarse Woody Debris Management in the Wet Eucalypt Production Forests of Tasmania. Forestry Tasmania. Hobart.

Humphrey, J., Stevenson, A., Whitfield, P., andSwailes, J. 2002. Life in the deadwood: a guide to managing deadwood in Forestry Commission forests. Forest Enterprise, Edinburgh.

Maser, C., Tarrant, R. F., Trappe, J. M., Franklin, J. F., eds. 1998. From the forest to the sea: a story of fallen trees. General Technical Report PNWGTR-229. Us Forest Service, Pacific Northwest Research Station, Oregon, 153 pages.

阅读资料

Maon, F., Nardi, G., and Tisato, M., eds. 2003. Legno Morto: Una Chiave per la Biodiversita/Dead Wood: A Key to Biodiversity. Proceedings of the International Symposium May 29-31, Sherwood 95 (suppl 2), Mantova, Italy.

第30章　恢复保护区的价值

尼盖尔·杜德莱(Nigel Dudley)

本章要点

许多保护区也需要恢复，要么是因为它们在保护前就出现了退化，要么是因为在保护后仍存在非法利用下出现的过度开采行为。

对各类保护区进行认真区划是推进恢复的一项重要工作，尤其当这些区域允许一定程度的开发利用时，要设定禁区内允许存在自然动态过程，这些区域有时可能是临时禁区。

认真利用世界自然保护联盟(IUCN)保护区域分类法，这有利于确定和描述自然保护区的管理方式。

30.1　背景

保护区网是基于这样一种假设：指定区域将得到永久保护，其价值(生物多样性、环境服务、文化重要性等)能够延续。不幸的是，许多保护区正处于风险之中或者实际上正在丧失生境和生物多样性。目前面临的威胁来源于非法砍伐、过度攫取非木质林产品(尤其是偷猎和狩猎)和蚕食。还有一些保护区原来是人工管理的林区或者经历过改变、退化或破坏的区域。许多森林保护区已经同其他森林生境隔离开来，存在长期的生存问题。因此，恢复任务可能需要重建自然生境，重建或加强森林保护区之间的廊道，以建立一个强大的保护区网。

在所有情况下，需要采取特定形式的管理措施来恢复森林，或者更确切地说是恢复并维持特殊的保护区价值。有时恢复工作只需要保护森林以促进天然更新，但是在有些情况下，需要采取更加积极的干预措施。如果物种处于直接威胁中，则可能需要调整恢复的时间和经费以加快重建适宜生境的速度。在大型保护区内，恢复本身需要关注最重要的地点和方法，如确定具有高保护价值的森林。

在保护区中进行恢复可采取两种形式。恢复已经退化或遭到破坏的某个林地或森林类型，常常是有时限的(如从天然动植物角度通过计划干预活动提高森林质量)。然而，如果是由于难以控制的问题，如持续的物种入侵造成了森林质量下降，或者森林管理的时间很长以至于已经成为文化景观，有其自己的相关生物多样性，那么恢复就应该是一个长期的过程，需要进行持续干预，不仅要重建还要维持期望的生境。

应该根据保护区管理计划，并在整体管理目标的基础上决定恢复的规模和类型，而这些目标本身与世界自然保护联盟(IUCN)对该保护区的分类有关。

在世界一些地方，如西欧、美国东部以及东南亚，实际上所有保护区都发生了变化，因此都可以作为恢复的候选区域。然而，有一项逐渐发展的活动就是重建“荒野”，这为恢复工作制造了压力，有时与保护区内的管理干预措施形成了对立。利用干预措施提高森林质量，与减少干预措施增加森林的自然度和荒野度之间存在着固有矛盾。有时，促进“被动恢复”(如消除改变森林的威胁和压力)能够实现双赢。为了提高生物多样性价值，森林有时会被积极地抑制，如在东非国家公园的大草原栖息地内，会定期用火烧办法阻止入侵树种，但抑制达到何种程度可以重建荒野状态还没有得到很好的验证。

从严格意义的保护区到有相对大型的人类居住群体的文化景观区，几乎所有类型的保护区都可以并正在进行着恢复。另外，世界自然保护联盟(IUCN)定义了一种保护区类型——第四类：生境(物种)管理区域——通过干预管理措施进行保护的区域，通常将恢复作为重要的活动。

30.1.1　认识保护区的恢复需要

国际社会很早就认识到恢复保护区的重要性。举例来说，1972 年世界人类遗产公约(World Heritage Convention)原有的表述是：“采取必要和恰当的法律、科学、技术、管理和经济措施对遗产进行识别、保护、恢复、捐赠和复原”(我们的重点)。

2004 年 2 月，生物多样性公约缔约方在吉隆坡(Kuala Lumpur)就保护区问题专门召开了第七次会议。保护区工作方案草案建议缔约方开展如下活动：“对生境和退化生态系统进行适当复原和恢复，为建设生态网和/或缓冲地区做贡献”。

30.2　案例

很多恢复活动只通过某种力量或协议来减轻对森林的压力，而在其他一些情况下，则需要采取更积极的措施。下面的例子将展示在保护区实施的一些方法：

30.2.1　约旦：恢复有时只需要消除直接压力

在约旦中部的达纳自然保护区(Dana Nature Reserve)，当地的贝多因人(Bedouin)与公园管理部门达成协议，将放羊数量减半为 9000 只，以促进原先几乎成为沙漠的景观区域向大规模的森林更新。为了增强恢复效果，工作人员在谈判、协议方面付出的努力要超过采取的干预措施，他们还为当地居民提供了替代生计，如生态旅游、农业和出售草药(信息来源于 2000 年 9 月与公园看护人员的讨论)。

30.2.2　芬兰：采取积极的恢复措施，加速商业用地达到自然状态

芬兰的这个例子，其更长远的目标是建立生态协调、能自我维持的林地，主要依靠自然动态来实现。这样的干预措施主要用在南部的保护区，那里的长期管理已使森林组成和结构发生了变化。采取的主要措施是制造小块空地促进落叶树苗的生长，或破坏树木有意制造枯死木以加速恢复天然腐烂模式还用到了人工林火。

30.2.3 哥斯达黎加：由于毁林严重，需要积极植树以恢复森林覆盖

哥斯达黎加的瓜纳卡斯特国家公园（Guanacaste National Park）毁林严重，需要进行造林，包括种植石梓作为天然林更新的保护作物。

30.2.4 法国：入侵物种为在较原始的森林中恢复制造了争议

在巴黎附近的枫丹白露森林保护区内，留出原有林地恢复自然结构和功能，但是日本结节草（*Fallopia japonica*）却侵入由倒木造成的空旷区域。现在，对于自然生态已经从根本上发生改变的区域，不采取干预措施是否也能取得效果还存在争议。

30.2.5 美国：荒野价值的恢复需要特别的管理步骤

许多官方指定的荒野区域在过去的时间里都已经有人居住，现在要采取管理措施以恢复自然和荒野等价值。例如美国亚利桑那州（Arizona）的科罗纳多天然林（Coronado national Forest）内有许多荒野区域曾经经历过淘金、定居、砍伐和放牧。现在，这些区域禁止一切砍伐，人类活动的遗迹留待自然消亡。如今，在这些区域游览是受限制的，例如，只允许在少数指定区域进行露营。这些管理措施反映了提高荒野价值的愿望，虽然在这里开采金矿仍然是合法行为，但是从生物多样性角度来看，这里已经绝对称得上天然林了（信息收集于实地考察）。

30.3 方法概述

保护区管理者可以选择一系列评价、规划和管理方法在其保护区内重建或恢复天然林。一旦确定了恢复的需要，那么本书中其他章节的许多恢复方法都适用。

荒野和自然度的评价框架：建立恢复战略的一个关键因素是确定恢复的终点。幸运的是，有很多关于天然林的定义，且其中一些有相关的评价方法。虽然这些方法很有用，但是大部分方法都是为温带森林制定的，在热带条件下并不适用；或者即使都是热带国家，不同的森林类型也不通用，还需要开发出更多通用的评价自然性和荒野度的方法。通常情况下，我们会建议保护区管理者把他们想要管理的价值和条件作为重建的重点，而不是以重新创造（通常只是假设）一个与原来一样的森林为目标。

管理：规划和用途区划：大部分保护区并不以单一的管理实体存在，而是被分成采用不同管理方法的多个区域，并且对其使用和保护水平的规定也不相同。世界自然保护联盟（IUCN）将保护区划分为六个类别：

类别Ⅰa：严格意义的自然保护区（荒野保护区），仅为科学或荒野保护而进行管理的保护区

类别Ⅰb：荒野：主要为保护荒野而进行管理的保护区

类别Ⅱ：国家公园：主要为保护和重建生态系统而进行管理的保护区

类别Ⅲ：自然遗迹：主要为保护特殊自然特性而进行管理的保护区

类别Ⅳ：生境（物种）管理区：主要通过干预性管理措施而进行管理的保护区

类别Ⅴ：保护景观(海景)：主要为景观(海景)的保护和重建而进行管理的保护区

类别Ⅵ：受管理的资源保护区：主要为自然资源的可持续利用而进行管理的保护区

这些类别虽然说明了保护区的主要目的(至少应该应用到 2/3 的区域)，但是其他管理形式也可能满足当地社区、游客的需要，或者也有可能在受严格保护的地区采取积极的恢复措施。确定恢复的需要、程度和时间安排，包括确定具体目标、方法和时间表，应该作为森林保护区恢复管理规划的重要一项。

控制进入以促进更新：由一个管理部门全面掌控的保护区，可以利用分区来促进天然更新或加快并增加植被恢复的成功，如规定暂时禁止游客和草食动物进入的区域。有一系列分区方法：

永久禁区：使失去古老特征的森林类型得到长期恢复。例如，新西兰要恢复贝壳杉(*Agathis*)林古老特征则要持续几百年，这里曾经遭受采矿者彻底破坏，但这里现在禁止放牧和砍伐行为正逐渐变成国家公园和保护区。(信息来源于保护区工作人员，1991)。

暂时禁区：在不被游人践踏的情况下，森林恢复开始起步，一旦幼苗长成就取消禁令。举例来说，在澳大利亚昆士兰州的斯特德布鲁克岛(Stradbroke Island)，建在原来采砂场上的保护区内就设立了暂时禁区，这里土壤贫瘠，树木生长相当困难(信息来源于 2000 年实地调查)。

与土地拥有者达成协议：在由不同土地拥有者管理的保护区，如类别Ⅴ的保护区，或者拥有多个利益相关者的保护区中，需要对有关促进恢复工作的补偿问题与土地拥有者达成自愿协议。协议内容可以是禁止在特定区域放牧或者是进行更加积极的恢复活动。如果可以的话，协议最好能给所有利益群体都带来收益，如一个森林恢复的社区协议，不仅可以治理土壤侵蚀，而且可以恢复自然生境。

积极的恢复活动：最后，保护区管理人员还需要采用本书其他部分介绍的积极干预措施。保护区可能由于以下原因需要进行恢复：

(1)游客的影响(如践踏，对露营地的破坏，小路等)；

(2)过去的采矿、采石等行为后的复垦(见第 53 章“露天矿区复垦”)；

(3)对根除外来入侵物种的地区的恢复(见第 49 章“森林恢复中的入侵物种风险管理”)。

30.4　未来需求

未来的主要需求包括将恢复更加系统地整合到保护区网络中(例如，通过缓冲地带、廊道等)，以及加大在保护区进行恢复的投入。目前的投入只占保护区管理的一小部分。

参考资料

Carey，C.，Dudley，N.，andStolton，S.，2000. Squandering Paradise：The Importance and Vulnerability of the World's Protected Areas. WWF International，Gland，Switzerland.

Dudley，N. 1996. Why research in natural forest reserves：A discussion paper for COST Action E4，Fontainebleau，September 12－14，7pp.

Eagles, P. F. J. , McCool, S. F. , and Haynes, C. D. 2002. Sustainable Tourism in Protected Areas: Guidelines for Planning and Management. Cardiff University and IUCN, Cardiff and Gland, Switzerland.

IUCN. 1994. Guidelines for Protected Area Management Categories. IUCN, Gland, Switzerland.

Janzen, D. H. 2000. Costa Rica's Area de Conservación Guanacaste: a long march to survival through non-damaging biodevelopment. Biodiversity 1(2): 7 – 20.

Landres, P. B. , Brunson, M. W. , Merigliano, L. , Sydoriak, C. , and Morton, S. , 2000. Naturalness and Wildness: The Dilemma and Irony of Managing Wilderness. Proceedings RMRS, Wilderness Science in a Time of Change Conference, Misoula, Montana, May 23 – 27, 1999, USDA Forest Service, pp. 377 – 381.

Metsähallitus Forest and Park Service, 2000. The Principles of Protected Area Management in Finland: Guidelines on the Aims, Function and Management of State-Owned Protected Areas. Natural Heritage Services, Vantaa, Finland.

Phillips, A. 2003. Management Guidelines for IUCN Category V Protected Areas: Protected Landscapes and Seascapes. Cardiff University and IUCN, Cambridge, UK.

第十部分　恢复社会经济价值

第 31 章　利用非木质林产品恢复环境、社会和经济功能

佩德罗·塔格特(Pedro Tegato)，诺拉·伯拉汉姆(Nora Berrahmouni)

本章要点

非木质林产品在维持人们生计，维持当地、国家乃至国际市场方面具有重要的经济和社会价值，因此我们有必要投入资源来种植培育和收获更多种类的本土植物。

调整现有的生态恢复技术并应用到非木质林产品中，可以满足关键物种的生境需求，并实现自然资源产品的多样化，为森林可持续管理奠定基础。

明确的产权、使用权和资金机制，可以激励基于社区的非木质林产品恢复。

31.1　背景

非木质林产品被定义为来源于天然林、经营的森林、人工林基地、有林地和林地外树木的动植物生物资源。非木质林产品与农产品的区别在于其来源：非木质林产品来源于森林生态系统以及野生或半驯化状态的动植物群(Moussouris and Regato，1999.)。

发展中国家 80% 的人口利用非木质林产品来满足其健康和营养的需要，这一事实足以说明，非木质林产品具有社会经济重要性。全球有数百万户家庭依靠非木质林产品作为生存消费或经济来源。非木质林产品越来越受到全球的关注，主要归因于以下两点：

(1)与保护生物多样性等环境保护目标具有兼容性；

(2)不仅对农户经济与粮食安全做出贡献，而且对国家经济也有贡献。

至少有 150 种非木质林产品对国际贸易起到了相当重要的作用，包括蜂蜜、阿拉伯树胶、藤和竹笋、软木、坚果和蘑菇、树脂、香精油，以及可做药材的动植物。

在森林景观中，非木质林产品的可获得性与维持较高的植物多样性、存在丰富多样的栖息地类型和结构完好的森林密切相关。

31.1.1 多功能森林的概念

历史上，在许多林区，农村居民开发了许多管理体系来实现森林多种功能和目标，他们的家庭经济则依赖于当地、全国或国际市场渠道等销售采收和生产的各种非木质林产品。在这样的背景下，森林景观在某种程度上是人为形成的，其主要特征是多样的斑块结构，包括天然林，林地、灌木林和草地，以及半自然的农林复合经营地，和大量农地。

不幸的是，由于社会政治不稳定或宏观经济影响，在大量的林地中许多传统的多目标森林系统已经消失或瓦解，结果加大了对单一森林的利用强度——把林地转变成农地或非本土树种的种植园——同时造成生物多样性大量消失和土地退化。

31.1.2 森林景观和生境多样性：非木质林产品的环境价值

生产非木质林产品对森林生态系统环境造成的不利影响小于采伐林木。重视并支持以非木质林产品为基础的新的经济机遇，是多功能林业体系的一部分，它不但能增加森林景观的环境效益，尤其是在不发达的农村地区，还能维持并促进生计。

31.1.3 传统的可持续管理系统：非木质林产品的经济和社会意义

考虑到人们为维持生计而高度依赖非木质林产品，许多国家在不影响保护的前提下，鼓励发展非木质林产品，为农村人口创造和增加社会经济效益。然而，要做到不与保护相冲突，还需要调整当前森林管理的经济理念，尤其是要通过扩大并强化市场机会，和建立激励土地拥有者(使用者)恢复森林资源、提供产品和服务的付费机制。

非木质林产品市场在区域和国际层面都很重要，因为它为直接参与人员和政府部门都带来了收入。据估计，国际市场非木质林产品的贸易额达到了10亿美元，欧洲共同市场、美国和日本非木质林产品进口额占全球的60%，非木质林产品主要是从发展中国家销往发达国家。

31.1.4 用非木质林产品应对贫困问题，成为社会最贫困人口的保障

森林生物多样性通过非木质林产品(从野外或种植地收获或捕猎到的生物产品)，在为边缘群体或靠森林为生的群体解决贫困问题中起到了非常重要的作用。非木质林产品解决了生计问题，包括粮食安全、健康和社会福利和收入。在世界上许多地区，最贫困的人口是采集非木质林产品的主要人群，非木质林产品对于他们非常关键，可能是他们唯一的经济来源。据世界银行数据，日收入少于1美元的人中有90%依靠森林为生(见框图31-1)。

框图31-1 非木质林产品数据

据估计，在巴西亚马逊，有150万人从采集非木质林产品中获取经济来源。

据估计，在加纳南部的林区，有258,000人口，即20%的从事经济活动的人以非木质林产品作为经济来源。[1]

据估计，在尼日利亚，每年出售的野生芒果(*Irvingia gabonesis*)有78,880t。[2]

在地中海地区，非木质林产品的生产水平没有完全发挥出来。例如，现有软木产量(370万t/年)、野味肉产量(120万t/年)、药用或芳香植物产量(450万t/年)，都只占其生产潜力的1/3。[3]

信息来源：Shanley *et al*, 2002.

1. Townson, 1995.
2. Shanley *et al*, 2002.
3. Moussouris and Regato, 2002.

31.2 案例

31.2.1 地中海地区的非木质林产品：恢复栓皮栎森林景观的生态、社会和经济功能

西地中海地区硅土低地和中山带的栓皮栎(*Quercus suber*)林是像马赛克一样分布的斑块状森林景观。尽管软木是其经济效益的主要来源(270,000t/年，带来的经济效益是1000万美元)，但是维持栓皮栎森林景观的环境、社会和经济的可持续性仍然依靠一系列非木质林产品的生产(如食用坚果、水果和橡果、蜂蜜、药用和芳香植物、蘑菇、野味肉、树脂、酒精剂、编织工艺、牧业)，农民通过这些产品获得收入(例如，1986年在西班牙的栓皮栎和圣栎森林草原复合系统中就有10种以上非木质林产品共创收4330万欧元)。

经营不善、对少数资源过度开发利用(如薪柴和牧草)，土地利用方式变化和气候变化都对现存栓皮栎林地构成了严重威胁。

从1993年开始，在欧洲委员会(European Commission)农业补贴资助下，葡萄牙和西班牙总共种植了240,000hm^{2}的栓皮栎树。但是，单一的种植似乎没有环境效益，其经济效益也不能吸引土地拥有者，他们不想等20~30年后才获得效益。另一方面，按照生态恢复原则，以景观的多功能性为重点，土地拥有者(使用者)也要5~10年后才能取得经济效益。将恢复森林生态系统作为整体，通过种植一系列本土乔木、灌木和草本植物——如草莓树(*Arbutus unedo*)，收获果实酿酒、收获灌木蒸馏芳香产品，野味、蜂蜜等——土地拥有者(使用者)就可以在栓皮栎树生产前获得经济效益。以这些多目标恢复活动为重点的适当激励政策，可以将人们的态度从短期的选择改变成追求长期的可持续管理体系。栓皮栎林的恢复可以有不同的管理方案，我们在此强调以下几种：

(1)在苗圃种植本土乔木和灌木，目的是为：①发展人工混交林——在退化林地将栓皮栎与速生果树和芳香灌木混在一起种植；②使高大灌木和林地物种组成呈现多样化；③增加空旷立地的林木密度和林冠下层物种组成；④沿河网和峡谷建立植被带；

(2)利用修剪和轮牧促进栎类天然更新；

(3)通过植苗使草地上本土物种组成呈多样化；

(4)在草地、人工矮灌木种植带和分散栎类林地等敏感区域创造林间空地，以模拟天然林火影响；

(5)制定具体管理计划来控制先锋物种赖百当(*Cistus* spp)的扩散，并通过种植水果和产蜂蜜的灌木物种来增加多样性。

31.2.2 东南亚非木质林产品恢复：藤条生产案例

藤条是喜光攀缘棕榈植物，生产的藤可以提供给家具、编席和篮筐市场。更重要的是，在东南亚，藤条在许多农村人的生计中起着很重要的作用(包括食用水果和棕榈心、药材和染料等)。在过去的20年中，藤条的国际和国内贸易迅速增长(65亿美元/年)，导致了野生资源的过度开采。另外，缺乏清晰的资源权属也造成了许多林区的不合理开采。

目前，在野外对藤条进行的长期就地管理的尝试展示了有必要采取以下一系列恢复方案：

(1)针对社区森林和低水平保护区建立具体的“采集储备”管理计划，人们在自然承载力的边际范围内采集藤条，可保证天然更新；

(2)在择伐的天然林内补植，并对冠层进行控制(“人工”开天窗)，可以促进藤条天然更新——这可能是最好的培育方式，它不仅能提高生产力还能维持生态完整性；

(3)以7~15年为轮作期，种植藤条和粮食作物，将种植藤条作为农林复合体系的一部分；

(4)在速生林木种植园内如橡胶栽植藤条。

为了改善收获技术，避免对可持续性产生任何潜在影响，应保留具有丛状发枝特征的藤条种的幼茎，作为将来的再生来源。收获强度应根据生长速度和新生情况作长期评估。

31.2.3 拉丁美洲的非木质林产品恢复：西亚马逊的龙血树(血竭)案例

血竭是新热带区巴豆属(*Croton*)树种的总称，可用来应对一系列健康问题。巴豆属物种都是喜光的先锋物种，通常生长在未淹没的河岸生境和有人为干扰的中低海拔次生林内，以及成熟林的林间空地。许多年来，热带森林及其周围的人们采伐血竭，并通过广泛而极不正规网络进行销售。在过去10年间，巴豆汁液逐渐成为国际商品，1998年出售量达到26t。商业采伐对巴豆的分布和数量造成了明显的生态影响，尤其是那些最容易进入的区域。这已经引起非政府组织和政府机构的关注。

繁殖和重新种植巴豆的管理制度已经在亚马逊农林复合系统中得到采纳，使得相关人员的技术达到了“专业化”程度。巴豆作为先锋物种生长在次生林中，使其成为给休耕地带来经济收益的理想选择。弃耕地和牧场是建立混交林的理想场所，如，将巴豆幼苗和其他木本物种栽种在一起。秘鲁的巴豆恢复计划是将血竭树与药用植物、一些木本植物结合起来，如香椿和桃花心木，还有一些作物，如咖啡、可可、奎东茄和木薯。秘鲁中央政府已经正式确立了种植200万株巴豆的目标。

31.3　方法概述

31.3.1　在农村发展中的非木质林产品价值评估

将非木质林产品在经济方面的价值以及它们能够给农户带来的收入进行量化，是了解森林资源在农村生计中作用的重要步骤。如果能合理估价非木质林产品，就能为政府和私营部门转变或改变其错误的森林景观空间规划决策提供强有力的依据。在由于生计原因将森林转变为农地时，有必要评价这些森林资源的真实经济价值，以做出正确决策。涉及到有利用本土植物发展经济的意向性项目，应该在实施前进行全面的成本-效益分析。现在应该重申非木质林产品对区域和全国经济做出的巨大贡献，并应进一步研究潜在的需求。

对于所谓"隐性的森林收益"进行评价有许多程序：①认识并评价森林在农村生计中的作用；②评价森林资源对农户的经济价值；③评价当地和区域林产品市场；④衡量非市场价值；⑤制定经济决策框架。这些方法基于下列原则：①数据收集必须以最合适的社会组织——家庭、性别或其他主要关系为单位；②对收入、消费和开支等数据的收集应该尽可能多地纳入非木质林产品数据；③应该对数据进行定量统计分析，并且要保证不同调查之间的统一性。参与式农村评价方法能够帮助了解社会背景，并能帮助设计最合理的调查表格。数据要定期收集(如每半年走访一次)，以获取非木质林产品年度最新信息。

31.3.2　种植、培育和采收非木质林产品

关于恢复退化林地上非木质林产品物种资源的生态学方法有很多，在本书多个章节中均有描述。在所有情况下，了解种植、培育和采收每个森林生态系统的本土乔木、灌木和草本植物都需要进行具体研究和野外试验。同时，促进天然更新和改善生境的技术也需要做这些工作。通过试点试验来制定种子采集、苗圃植物菌根化、为减少移植影响的育苗和田间技术等标准。

31.3.3　建立基于社区的非木质林产品创收联合系统

明确的所有权和使用权可以激励当地社区可持续地管理他们的自然资源。用政府的管理制度和私有财产取代社区所有权体系，则减小了人们从非木质林产品中获益的权利。而从非木质林产品中获益是他们的一项传统的生计来源。这样做的后果将导致森林资源过度开采，破坏生物多样性。

一些包含原住民对土地和资源的使用权、利益共享和知识产权等内容的协定已经成功达成，并被一些国家的法律认可。

例如，在过去的10年间，突尼斯政府建立了法律框架，允许当地社区使用国有森林中的非木质林产品，并允许林区居民对其进行管理。世界自然基金(WWF)作为一个全球性保护组织，通过教育、制度建设和实施森林经营方案和非木质林产品采集培训，帮助当地社区建立了共同感兴趣的软木林试点协会。

位于墨西哥尤卡坦半岛(Yucatan Peninsula)的金塔纳罗奥州(Quintana Roo State)实施了一项森林试点计划，意在赋予社区更多的权力，并控制森林开发活动。这个项目得到了

政策和技术的支持，采用了自下而上的方法，重视当地社区的决策和协商。

突尼斯和金塔纳罗奥州试验的成功得到国内和国际社会的认可，被政府部门、政府间组织和非政府组织认为是两国类似项目的典范。

31.4 未来需求

31.4.1 非木质林产品和森林认证

认证是通过给消费者购买的产品贴标签的方法来促进负责任的资源管理的政策手段。虽然森林认证已经开始趋向于以木材产品为重点，但也还有机会促进非木质林产品管理中良好的生态和社会行为，以支持生物多样性条件较好的退化林地的恢复，并通过这个市场手段增加当地社区的收入和贸易机会。

与非木质林产品相关的认证体系包括可持续林业、有机农业和公平贸易。森林管理委员会(FSC)通过应用注重生态、社会和经济问题的标准来促进森林管理。国际有机农业运动联盟(IFOAM)不但有关于收获野生产品的标准，还有针对像枫糖浆和蜂蜜等非木质林产品的具体标准。源自于替代贸易运动的公平贸易认证组织(FLO)，涉及的产品范围在不断扩大，但目前它仍然只对少数农林产品进行认证。将这 3 个认证体系整合到一起可以吸引更大的消费市场，因为那样就可以以一个成本效益更有效、更和谐的方式关注环境、收获、加工、卫生、利益分配、社会和员工福利以及监管链标准。

针对非木质林产品的认证是最近才开始的，其原则和程序仍在制定之中。有两个认证实体起到了重要作用，那就是雨林联盟(the Rainforest Alliance)的 Smartwood 项目，通过森林管理委员会(FSC)对非木质林产品进行认证和标识。土壤协会(the Soil Association)的 Woodmark 项目提供了森林管理委员会(FSC)与国际有机农业运动联盟(IFOAM)的联合认证。2002 年，森林管理委员会(FSC)签发了 7 项允许非木质林产品商业采收的的认证(墨西哥的糖胶液，美国的枫糖浆，巴西的阿萨依野棕莓汁和棕榈心，巴西的 30 种可生产香水原料的植树；秘鲁的巴西坚果，丹麦的橡树皮，苏格兰的鹿肉)。西班牙已经制定出栓皮栎和松脂的认证标准。葡萄牙、西班牙和意大利正在出台几项软木认证计划。

31.4.2 国家林业课程中的非木质林产品

林业部门一直都在退化区域种植少数速生树种。在森林景观恢复项目中，非木质林产品的使用对林业部门提出了挑战。为了对待恢复的非木质林产品的潜力和机会进行全面评价，需要有种植、培育、采收和管理一系列乔灌木和草本等非木质林产品的专业技能。

在过去的 20 年间，非政府组织、私营合作机构和研究机构在这些方面发挥了重要作用，它们帮助相关人员提高意识，发展非木质林产品生产合作社，帮助当地社区和政府部门开展野外试点试验，针对种植培育一系列非木质林产品的恢复活动制定规章。当前，在西班牙和摩洛哥等国家正在对林业课程和大学研究项目进行修订，以将生态恢复和非木质林产品保护和管理整合到其中。

31.4.3　支持当地发展的非木质林产品法律框架和经济激励

政府有关非木质林产品的保护、使用、管理和商业化的法规并不总是明确的，更重要的是，现行法律有时还是互相矛盾的，需要进行调整。举例来说，在拉丁美洲，大部分林业特许经营是针对原木的，而对非木质林产品的采收则没有短期许可和政府限额这样的管理计划。另外一些情况下，非木质林产品处于几个不同部委、不同法规的管理之下，使之成为管理人员和认证人员的难题。在地中海地区，葡萄牙有栓皮栎林保护法，而在北非国家，当地社区使用栓皮栎林的非木质林产品并非总是得到许可，政府对其有控制权。

针对给国家只带来少量税收的产品得到的资源或激励政策不够的情况，在倡导和帮助森林管理者、政府部门完善非木质林产品法规和指导方法的过程中，国际组织和非政府组织可起到重要作用。认证制度可以作为政府部门和多边组织在促进市场、完善非木质林产品相关法律法规过程中起到催化剂作用。

参考资料

Alexiades, M. N. 2002. Sangre de drago (Croton lechleri). In Shanley, P., Pierce, A., Laird, S. A., and Guillén, A. eds. Tapping the Green Market: Certification and management of non-timber forest products, Earthscan, London.

Brown, L., Robinson, D., andKarmann, M. 2002. the Forest Stewardship Council and non-timber forest product certification: a discussion paper. FSC, Mexico.

Campbell, B. M., andLuckert, M. K. 2002. Evaluando la Cosecha Oculta de los Bosques. Nordan-Comunidad Ed., Montevideo, 270 pages.

FAO. 1997. Non-Wood Forest Products Forestry Information Notes Handout, Rome.

Mallet P. 2001. Certification Challenges and Opportunities. Falls Brook Centre, Canada.

阅读资料

UNEP/WCMC. Nontimber forest products, Web site: http://valhalla.unep-wcmc.org/ntfp/biodiversity.cfm? displang = eng.

第32章　对薪材林恢复的历史考查

多·吉尔莫(Don Gilmour)

本章要点

在发展中国家，薪材是人们生计的核心组成部分，据估算，根据每个家庭平均消耗量估算，每人每年需要薪材200kg。然而，薪材的生产和采集造成了森林的退化和消失，一直受到谴责。

在过去的几十年里，采取了多种方法生产薪材，从大规模工业人工林基地(20世纪60~70年代)到村社片林(20世纪70~80年代)，再到"人本"时代的做法(20世纪80年代中期到90年代)。这期间，重点已经转向更好地了解当地居民的需求，并让他们参与薪材的生产。

社会和政策因素是制约解决薪材短缺的关键，而不是技术因素，制约条件还与社区的参与度和社区赋权有关。

未来促进薪材生产还需要创造合适的政治和社会条件，使人们在掌握信息的情况下能够对其景观恢复目标做出决策。

32.1　背景

32.1.1　发展中国家薪材对森林消失和退化的影响

在许多发展中国家，为了给人们提供生计产品，森林正面临很大压力，其中最受关注的产品便是薪材，因为这是烹饪和取暖的主要能源。然而，在许多情况下，尤其是在南亚部分地区，森林产品还为维持耕作体系提供矿物营养。有些情况下，采收草料(草和树叶等)会大大超过采收薪材的生物量。薪材消耗量的大概估计值是每个家庭每人每年200kg，而草料的平均消耗数量可以达到每户每年5000kg。最近的几十年中，发展中国家因无限制地采收生物质导致了森林砍伐、森林退化等问题，已经受到人们的责备。虽然采收薪材造成的影响有时被夸大了，但是在有些地方确实造成了森林退化，尤其是商业性采伐，已经造成严重的滥伐现象。结果因担心薪材和草料采收的影响，许多发展项目已经将森林恢复作为解决与森林退化和消失相关的环境和经济问题的措施。

理论上讲，薪材林的恢复并不复杂，主要是种植一些燃烧效率高的速生物种。在一些薪材林恢复取得成效的地方，其经验表明，很少有无法克服的技术难题。然而，在非洲和亚洲，尽管进行了多年的努力和投资，以当地人需求为目标的森林恢复最多只取得了部分成功。如果进行恢复是为了给世界上最贫困的群体提供能源和农业资源的话，那就应该了解为什么会出现这样的结果。

在这些地区存在 3 个不同的时期，分别反映了森林资源恢复的不同方法：

(1)工业人工林基地时期：20 世纪 60 ~ 70 年代；

(2)片林时期：20 世纪 70 ~ 80 年代；

(3)以人为本时期：20 世纪 80 年代中期到 90 年代。

表 32-1 总结了南亚和非洲一些地方发生的变化，薪材项目经历了许多失败才取得了成功。在一些国家虽已经取得了长期的成功，但仍然存在公平性、获取途径等关键问题。尽管不同国家的情况存在差别在世界上的其他地区也可以发现类似的例子，如大部分东南亚国家、巴布亚新几内亚、太平洋和中非的大部分地区、拉丁美洲和前苏联国家，现在才进入其森林工业阶段的后期。不过这些区域的大部分(不是全部)国家在森林管理方面正迅速转向全面采取参与式方法。

表 32-1　薪材种植的 3 个时期

时间	特征
工业人工林基地时期(20 世纪 60 ~ 70 年代)	坚信林产品原材料产业化在满足日益增长的人口和经济需求中具有重要性；相信农村地区日益增长的就业机会能够解决贫困问题。
片林时期(20 世纪 60 ~ 70 年代)	缩减常规林业措施，以造林和建立乡村片林为重点，解决薪材问题和沙漠化问题。
以人为本的时期(20 世纪 80 ~ 90 年代)	逐渐认识到树木在农村人口生计中的重要作用，不以薪材为重点，更加关注现有森林管理、多用途树种与农林复合系统中的农业耕作体系相结合、目标人群的参与；越来越重视非木质林产品作为农户收入和福利的来源，越来越重视参与式与权力下放，鼓励将森林作为公共资产由当地社区管理；大力支持出台向当地使用者赋权的法律法规，保护林区居民的权利和生活方式。

注：信息摘录于 Arnold, 1999, Wiersum, 1999.

在实践中，世界上许多最贫困的人(约占全球人口的一半)仍然依赖林产品作为他们的能源。在人们需要薪材的地区，如果森林景观恢复项目不考虑薪材需求，则不可能取得成功，而只有社区确实获得了效益时才会支持恢复薪材林。以薪材为目标的天然林经营或薪材人工林可以与恢复林地的面积和质量整合起来，但需要对社区需求、社会结构、土地所有权和使用权进行详细了解。

32.2　案例

本节将回顾薪材种植的历史阶段。

32.2.1　工业人工林基地时期：20 世纪 60 年代到 70 年代

这个时期的重要特点是，针对预计的薪材和木材产品短缺情况，采取技术方法恢复森林并建立木材种植基地。当时认为包括林业在内的各部门进行产业化，会给社会的所有部门带来社会效益和经济效益。然而，应用技术方法和所谓的标准方法进行管理，却没有考虑当时的(当地的或原住民的)森林利用体系和当地的社会和经济背景。虽然投资巨大，但大部分项目都失败了，没有取得预期效益。此外，由于失去了天然林、权利和生物多样性，并且失去了应有的效益，当地居民承受了不良的后果。在东非的许多地方还可以发现这样的种植基地的例子。

32.2.2 片林时期：20 世纪 70 年代末到 80 年代中期——从工业化林业到当地需求林业

由于 20 世纪 60 年代大规模项目的明显失败，以资助片林为主的、更为地方化的发展小规模森林的方法被引入进来。由于人们担心能源短缺、预感到薪柴危机，还担心森林消失正在导致洪水和干旱，这种作法得到了促进。上个时期的教训导致了对林业的支持方式出现了重大变革，即国际援助倡导基层参与和用当地劳力建立的乡村片林为基础的第二代林业活动。当时存在着同样的假设，即当地人可以解决一些长期问题，如获益权和使用权利。但是，村民还是很少参与到项目的设计或实施中，因此，项目也就没考虑哪些树种是当地居民认为最有用的，以及种植基地的长期用途、如何分配收益，以及树木在生产过程中的多种作用。此外，还都是采用速生外来树种来满足薪柴需求。随着这种项目的增多，人们发现，全世界的片林很显然也没取得很大成功。没达到预期目标的重要原因有几点。项目往往忽略了现有资源和多个林产品的使用和管理；林木和土地使用权的问题没有解决，同时，缺少管理当地森林的制度安排，人们往往认识不到或者忽略了森林使用群体(尤其是妇女和贫困人口)；当地人不愿意投入体力来保护这些资源，因为他们从中得不到一定的收益，而且他们参与项目和维护这些资产的成本通常很高，等等。为限制一定的行为而设置的法规通常意味着人们不得不到很远的地方去砍伐、加工或出售木材产品。这些项目基本上还是由外来人主导，即很少协商，依靠外部资助，采用标准化的技术方法，同时还以目标为主导，追求最大数量的林木而不是林产品质量。例如在巴基斯坦部分地区大规模建立片林就是这样的情况。

32.2.3 以人为本的时期：20 世纪 80 年代末期到 90 年代

经历了 15 年曲折的过程，人们逐渐明白，失败多是由于在项目开发和实施的各个阶段中缺乏当地参与而造成的。这促进了发展理论和实践的重大转变，并给迫使政府更大程度下放职能，人们也越来越支持参与式方法，并且重视由当地决定发展的重点。然而，问题仍然存在，包括由社区内部和社区之间不公平引起的问题，没有充分考虑限制生计的因素，以及参与式方法并没有真正应用到实践中。政府部门不愿意下放权力，如果社区组织很弱，将会造成更严重的不公平性问题。由极大兴趣形成的国际支持有时推动变化的速度超出了实施能力。在尼泊尔和印度北部部分地区的一些社区林业试验就是这个阶段的典型代表。

32.3 方法概述

很显然，解决薪材和草料短缺的主要限制因素是社会和政治问题，而不是技术问题。一旦社区完全支持并被授权在当地实施森林恢复，技术方法就可以落实，而且很容易学会。目前已有一系列基于社区的森林管理方法：①参与式资源和需求评价方法；②社区土地使用权和获益权制图；③冲突解决；④小规模林业技术。

在大尺度森林景观恢复项目的背景下，不论是建立人工林基地还是半天然薪材林，都越来越多地成为恢复工作的一部分。因此，不管是哪种方法，一个重要内容就是谈判技巧，使各方就薪材在景观恢复中的地位达成一致。(见第 18 章“冲突管理和谈判”)。

32.4　未来需求

本章讨论的 3 个时期，各有其存在的问题。这里列出的有些问题必须解决，以保证正在开展的工作可以持续下去，实现预期的社会和环境效益。许多难题都与森林景观恢复的宏观问题有关，例如，如何在景观内优化土地利用方式，使其既包括人工薪材林基地，也能解决其他土地利用方式问题。为保证长期的可持续成果，需要解决的难题包括：

(1)更多的森林管理知识，使森林能够提供多种产品；

(2)在多种利益中进行取舍的管理机制；

(3)完全代表所有利益群体(尤其是妇女和贫困人口)；

(4)发展有代表性的、负责任的和能胜任的当地组织；

(5)发展有代表性的、负责任的和能胜任的政府林业组织；

(6)把森林恢复融入到对生计策略的认识中；

(7)以过程的质量为重点，而不是不顾质量快速形成产品；

(8)自上而下地在林业和其他土地管理机构中改变态度和行为，保证采取参与式方法；

(9)将林业机构的权利移交给实地工作人员；

(10)支持森林恢复新方法的政策和法律法规。

参考资料

Arnold, J. E. M. 1999. Trends in community forestry in review. Community Forestry Unit, FAO, Rome.

Gilmour, D. A. , and Fisher, R. J. 1991. Villagers, Forests and Foresters-The Philosophy, Process and Practice of Community Forestry in Nepal. Sahayogi Press, Kathmandu, Nepal.

Wiersum, K. F. 1999. Social forestry: changing perspectives in forestry science of practice? Thesis, Wageningen Agricultural University, The Netherlands(ISBN 90-5808-055-2).

阅读资料

Hobley, M. 1996. Participatory forestry: the process of change in India and Nepal. Rural Development Forestry Study Guide No. 3. Overseas Development Institute, London.

Thomson, J. , andFreudenberger Schoonmaker, K. 1997. Crafting institutional arrangements for community forestry. Community Forestry Field Manual No. 7, FAO, Rome.

Westoby, J. 1987. The Purpose of Forests: the Follies of Development. Basil Blackwell, Oxford.

第33章　恢复水质和水量

尼盖尔·杜德莱(Nigel Dudley)、苏·斯特通(Sue Stolton)

本章要点

水的质量和总量都在下降，这直接影响到人们的生活。

森林和流域内的水质有明显联系，而森林和水量之间无确定的关系，森林与水流平稳性之间的关系则多变。

森林恢复对蓄水的潜在影响需要进行长期、具体的分析。

需要更好的工具和方法从蓄水的角度来计算不同的恢复和管理行动的净收益。

同时有必要更深入地认识森林覆盖率与水的供给之间的关系，以此作为森林恢复的论据。

33.1　背景

从理论上讲，水是可再生资源。但是，水资源的浪费，加上人口及人均需求的增长，使得提供足够的、安全的水资源成为人们重点关注的问题。在过去的100年里，全世界的水资源开采量增长了6倍。据估计，我们已经利用了一半以上的可用径流量。有些国家依赖不可更新的(或更新很慢的)地下水资源造成的后果将更加严重，因为这些水资源已经枯竭。1998年，有28个国家经历了水资源紧张或不足(即当可用水量低于1000m^3/人·年)；到2025年，这个数字将扩大到56个国家。总体来说，我们对水资源的主要需求来自于作物灌溉，但是清洁饮用水的需求也很重要。今天，全球约有一半的人口生活在农村地区，其中有10亿人没有清洁的水源或足够的卫生条件，主要集中在亚洲、非洲和拉丁美洲。由于没有充足的清洁水源和卫生条件，每年有220万例死亡，约为全部死亡人数的4%。未来人口增长和持续的城市化，气候变化引起降水多变无常并增加干旱次数和程度的问题将更加严重。

33.1.1　森林的作用

森林丧失会造成洪涝和干旱等一系列后果。尽管森林在调节水文方面起到了关键作用，但是这种作用是复杂和多变的。森林与流域内的水质有很明显的联系，而森林和水量之间只有偶然的联系，森林与水流平稳性之间的关联则多变。森林能够提供什么，取决于森林的具体条件、物种、年龄、土壤类型、气候、管理体制和流域的需要。

森林比流域内的其他土地利用方式更能提高水质，因为其他的利用方式——农业、工业、居民点——更有可能使污染物质进入水源地。森林还能够帮助控制土壤侵蚀与河流泥沙。虽然有一些污染物是森林无法控制的——如兰布尔吉亚尔氏鞭毛虫(Giardia)这种的寄生虫——但是，在大多数情况下森林会大大减少处理饮用水的需求。然而，与大多数人的认识相反，许多研究认为，与草地或作物相比，在很潮湿和很干燥的森林里，森林蒸发量可能比其他植被要大，从而导致流域内的水量减少。一个重要的例外情况是云雾林，它从云中拦截的水量可能要超过水分损失量。另外，一些很古老的森林能够明显增加水量，如澳大利亚 200 年或更古老的桉树林。对于不同树种和年龄之间，以及不同土壤类型和管理体系之间相互作用的认识还不够全面，因此很难做出推断。对于森林能否维持有规律的流量方面的观点还不统一。虽然洪水是许多地区禁伐的原因，如在泰国和中国部分地区，但是森林能够调控大洪水的证据还很少。但也有例外，洪涝区的森林确实能够帮助调节蓄水，包括低地林，如亚马逊的淹没森林，以及山地沼泽。森林覆盖的流域对调节当地流量起到了重要作用。在流域内，减少水蚀和泥沙淤积的最佳土地覆盖形式就是原始森林。任何除去地表保护的行为，如采伐、火灾、放牧或修建伐木等，都会增加土壤侵蚀。悬移质会妨碍灌溉水的使用，或者会大大增加使用成本。

森林恢复对蓄水的潜在影响，需要根据具体情况来判断，可能还要在较长的时间范围内加以考虑。建立速生人工林不可能对水质和水量有帮助，但是经过仔细选址和良好经营的次生林可以调节泥沙沉降、其他污染物和土壤侵蚀，并且在有些情况下最终还可以影响流量。为恢复供水，森林恢复还需要通过取消不必要的道路或改变它们的位置、弯曲度和排水设施等方法减小森林的影响。

33.2 案例

下面的例子说明了森林恢复是如何对水资源供应做贡献的，也可以看到在有些情况下需要通过恢复活动来恢复受损的、被森林覆盖的流域。

33.2.1 厄瓜多尔：虽然许多保护区也需要恢复森林，但保护仍是水资源管理的重点

厄瓜多尔首都基多(Quito)有 150 万人口，其中 80% 人口的饮用水源于两个保护区：即安提萨那保护区(Antisana，120,000hm^2)和卡亚姆贝库卡生态保护区(Cayambe-Coca Ecological Reserve，403,103hm^2)。为减少这两个保护区面临的威胁，政府部门正与当地的一个非政府组织合作设计以流域保护为重点的管理计划，包括加强流域上游保护，采取措施完善或保护水文功能、保护泉眼，防止土壤侵蚀，加固河岸和边坡，以及在需要的地方恢复森林。

33.2.2 开展美国：综合土地利用规划，包括保护和恢复，以帮助保护城镇供水

卡茨基尔(Catskill)、德洛威(Delaware)和克罗顿(Croton)3 个小流域每天向纽约和大都市区提供 13 亿加仑的水，其中卡茨基尔/德洛威小流域提供该市 90% 饮用水。卡茨基尔国家公园〔世界自然保护联盟(IUCN)类别Ⅴ，99，788hm^2〕保护着这 3 个流域。纽约利

用土地征购，并结合保护地役权交付机制来提高保护水平，以避免花费很多资金来新建水处理厂，这项政策得到了纽约市民的投票支持。虽然在不影响水质和公共安全的条件下允许土地的娱乐性利用方式，如钓鱼、游玩和狩猎，但一旦土地被征购，其管理就应该以保护和维持水质为重点。在这些区域里，森林恢复的重点是恢复整个流域内水的价值。

33.2.3 瑞典：即使是在商业化经营的林分里，其管理和恢复也能适应维持高质量饮用水的要求

马拉伦湖(Lake Mälaren)和波恩斯耶恩湖(Lake Bornsjön)是斯德哥尔摩的水源。斯德哥尔摩水务公司控制着5543hm^2波恩斯耶恩湖流域的大部分区域，其中的2323hm^2(约占总面积的42%)是经过森林管理委员会(FSC)认证的生产性林地，其经营管理的重点是保护水质，其中有大片区域留下来用于保护和恢复。

33.2.4 巴拿马：流域恢复开始被视为改善水质的潜在方法

巴拿马市(Panama City)和考隆市(Colon)的饮用水来源于巴拿马运河流域。据估计，如果每年对流域内10000hm^3毁林后的土地进行重新造林的话，就没有必要修建提议中的大坝了。基于这个原因，一项新法律获得了通过，以促进巴拿马流域的森林恢复。然而，世界银行顾问总结得出了这样的结论，森林不一定能够增加枯水季节河道流量，并质疑用公共资金在牧场重新造林的证据是否合理。但巴拿马运河管理局流域和环境部主任表示，他的部门将支持为保护运河供水而进行大规模造林工作。

33.2.5 肯尼亚：森林退化会破坏森林的流域价值，因此增加了恢复的必要性

内罗毕(Nairobi)有300万人口，它有几个不同的取水渠道：鲁伊鲁(Ruiru)大坝，萨苏姆阿(Sasumua)大坝，查尼亚(Chania Ⅱ)大坝和纳凯尼(Ndakaini)大坝。不幸的是，非法砍伐森林对该区域造成了很大影响，包括阿布戴尔国家公园(Aberdares National Park)〔世界自然保护联盟(IUCN)类别Ⅱ，76，619hm^2〕和肯尼亚国家公园(Mt. Kenya National Park)〔世界自然保护联盟(IUCN)类别Ⅱ，71，759hm^2〕，这两处都是内罗毕重要的饮用水水源地。水资源部长Martha Karua表示，要保证未来的可持续供水，就要依赖于收集雨水、利用大坝建立储水区和重新植树。这是一个长期目标，“不能立刻就产生效果，但在5年、10年、15年后，我们回过头再看，我们的森林覆盖率已经是40%，这是可以实现的”。

以上的例子表明，虽然人们越来越多地认识到森林的潜在作用，但也有疑惑。可以确定的是，许多政府部门——地方的和国家的——正面临着要对森林在供水方面所起的作用这一更像是道听途说而没有严格科学依据的说法做出决定。

33.3 方法概述

一般情况下，流域价值是开展森林恢复的附加论据，而与具体的恢复技术没有关系。能提供给决策者有关不同的森林流域的有价值信息，仍然很少，而单个流域恢复的响应预

测模型也很粗略。在单个流域内开展以水为目标的森林恢复，会因环境的不同而有所变化，并且可以利用本书其他章节列出的方法，其中两种方法非常有用：

保护、管理、恢复：在流域尺度利用森林覆盖维持供水通常需要一种镶嵌式方法，要根据当前需要和土地所有权形式将保护区、其他保护林和多种管理形式结合起来。这样，森林恢复就成为在以上各种区域都可以使用的管理方式了。各方就镶嵌斑块达成一致，且能平衡景观尺度上不同社会、经济和环境需求，则需要仔细地进行规划和协商。世界自然基金(WWF)和世界自然保护联盟会(IUCN)已经制定了许多景观方法来帮助解决这类大尺度的决策问题，而这些或类似的经验有助于决定在哪里进行恢复的效果最好(见第 7 章"为什么我们需要从景观角度考虑森林恢复")。

生态服务支付（PES）：该方法的主要原则是，提供环境服务的人应该得到补偿，而接受服务的人应该付费。如果流域需要特殊的管理体系来维持向下游供水的数量和质量，那么用水者——例如瓶装水公司和水电公司——就应该为此付费，从理论上讲，这样就能够资助在敏感流域进行的恢复活动。由美国、阿根廷和荷兰相关人员组成的研究小组提出基本生态服务的平均价值为每年 33 万亿美元，几乎是全球国民生产总值的两倍，其中，调节和供应水的价值为 2.3 万亿美元。在哥斯达黎加，水电公司等用水者有时要付费给农民，因为农民们维护了有森林覆盖的流域。如果有少量资金用于支持一个特定的管理体制，并为水务公司等一小部分用水者带来经济效益，那么补偿机制运行就可以取得良好效果。在这样的情况下，确定合理的付费并在环境服务购买者和出售者之间达成协议则相对比较容易。

33.4　未来需求

许多政府部门根据不合理的数据和方法对森林和水资源问题做出决策，导致了诸如上文巴拿马案例那样的分歧。需要有更加完善的工具和方法来计算以供水为目标的不同恢复和管理行为产生的净收益，世界自然基金(WWF)目前正计划与世界银行合作开展这方面工作。从根本上说，还需要更好地认识森林和水资源之间的关系，也许还需要宣传现有研究和案例分析的结果。

参考资料

Aldrich, M., et al. 2004. IntegratingForest Protection, Management and Restoration at a Landscape Scale. WWF, Gland, Switzerland.

Bruijnzeel, L. 1990. Hydrology of Moist Tropical Forests and Effects of Conversion: A State of Knowledge Review. UNESCO, Paris.

第34章　恢复景观的传统文化价值

格拉德温·约瑟夫(Gladwin Joseph)、斯蒂芬妮·曼索瑞安(Stephanie Mansourian)

本章要点

森林提供的某些价值对于某些文化来说可能是很关键的，恢复这些文化价值可以作为景观恢复的主要目标。

要想取得森林景观恢复的效果，就需要将文化价值同经济、生态价值一起考虑。

通常，恢复传统知识必须与恢复某些物种一起进行，使保护和利用能够持续下去。

恢复多种文化价值涉及到了一系列土地所有和使用制度，因此需要根据不同的文化和地理特性来有针对性地开展。

34.1　背景

人们依靠林产品维持基本生计，并从森林中获得其他价值。与当地生态系统产品和服务共同演进的传统文化价值，是一个社区的健康、食物、生计、艺术和精神需求的综合体。生态系统的退化会影响这些社区的整个文化生活方式，一般会导致传统知识体系的持续退化。

传统文化价值与生态系统及其生命形式一样具有异质性。然而，这些价值和传统正经受全球变化带来的外部因素的威胁，如全球化、人口增长、财富和生计分配不公平，以及气候变化等。这些宏观驱动因素对当地的生态系统和与之相关的传统知识产生着连锁而复杂的影响。

34.1.1　文化价值同天然林一起消失

森林所提供的文化价值既受森林恢复的影响，也影响着森林恢复。森林消失了，那么它所提供的多种价值也会随之消失，如各种以树木为重点的社区宗教仪式可能会无法维持下去。因此，森林的消失可能会导致若干世纪以来保护土地及其资源的当地文化价值的衰退。

34.1.2　文化价值能促进森林恢复

可以利用某种文化价值来激发森林恢复。在退化景观内，一些需要恢复的森林功能和价值也许是文化方面的。例如，苏格兰林业部门已经从一个以木材为基础的产业部门发展成为一个以社区和文化为中心的部门，以回应当地居民想从娱乐和审美愉悦角度，用本土林地代表他们自身文化身份的需求(而不是非本土树种的人工林基地)。

34.1.3　具有文化重要性的物种

同生态系统依靠关键物种一样，一个完整的文化或社会也依赖于具有文化重要性的物种(CKS)。根据定义，出于一些原因，这些物种对一个文化的精髓及其存亡都很重要，这些原因包括与文化相关的传说、仪式、宗教等。确定这些具有文化重要性的物种并利用它们促进森林景观保护和恢复，是对恢复景观尺度森林功能的重要贡献。

为强化传统文化生活方式而进行生态系统恢复，要遵循当地社区的重点需求。例如，药用植物可以种在菜园，也可以种在社区管理的药用植物园里，或者用来恢复退化土地。这也意味着需要同适当的机构合作。还应该根据当地的偏好和需求在这些土地利用系统中加入食物和营养需求。

34.2　案例

34.2.1　亚马逊的古柯(Coca)

在亚马逊的多个土著社区(Barasana, Desana, Uitoto)里，古柯被视为有助于老人向年轻人传递文化的载体。通过咀嚼古柯叶粉，智者和徒弟试图用这些珍贵的礼物来取悦宇宙的神灵。古柯对于这些社区的重要性，在于它能让人们与主宰自然的超自然人进行交流，因此，古柯在它们的文化特性中起到了主要作用。

古柯在一些大型仪式上也是必不可少的。例如在世界健康和疾病预防祈祷仪式上(Yuruparí)，当地社区向自然之神提供的季节性盛宴，以表示他们对神灵带来丰收的感谢，以及智者主持的治疗仪式等。

在这个例子中，亚马逊森林提供的古柯对当地人来说具有独一无二的价值，同时古柯也可以作为在景观尺度恢复森林功能的目标。换句话说，在实现景观内森林提供的不同功能时，古柯就是其中之一，因为它能满足文化需求。

34.2.2　神圣的树丛、森林和花园

在世界上的多个传统中，神圣的树丛、森林和花园都与拜神地点密切联系。这些森林和花园具有丰富的生物多样性，并因其神圣的价值受到保护。这些圣林的所有产品都被寺庙相关的活动或建筑所用。文化价值得到了保护，并且可以带动恢复圣林的活动。印度的 Devara kadus 就是其中的一个例子，它们是生物多样性丰富的森林片区，面积从0.1～1000hm^2，在印度是受人崇拜的地方。这种神圣的传统和文字信息共同为促进保护和恢复这些神圣的土地利用体系提供了有创意的基础。

34.2.3　具有社会和经济价值的树木

某些树种在当地具有非常重要的价值，可以用它们来带动景观的恢复。每个具体的民

族分布区总与历史上多种经济和文化价值有关联。例如，在印度的一些地区，常见的热带干旱落叶楝树(*Azadirachta indica*)代表着传统价值、知识和用途。楝树几乎所有的部分都可用于农业或医药。传统的医疗体系使用楝树叶子，它还可以用于宗教仪式，并作为农业的绿色肥料。从种子中提炼的油，具有药用和杀虫作用。楝饼是楝子榨油的副产品，可以用作有机肥。楝木具有高热值的特点可以作为薪材。楝木还可以抗白蚁，可用来制作门窗。具有多重价值的物种可以作为在大尺度景观内进行特定区域森林恢复的候选物种。

34.2.4 庭园

庭园被认为是本土品种、稀有栽培品种、植物自然遗传资源和品种、以及引进物种的活基因库，这些物种世世代代保存下来。庭园中的物种选择受到气候、土壤、农户偏好和饮食习惯的影响。热带地区的庭园是恢复对当地社区有文化价值的传统水果、坚果、药材和其他本土物种的很有价值的土地利用系统。

34.3 方法概述

34.3.1 高保护价值森林工具包

世界自然基金会(WWF)与英国益林(ProForest)林业咨询公司开发了识别高保护价值森林的(HCVFs)工具包。这是一个很具包容性且能识别6种不同森林价值的方法，其中一个价值就是文化价值：“HCV6——对当地社区传统文化特性有重要作用的林区(与当地社区合作，以共同识别具有文化、生态、经济和宗教重要性的区域)。”

这种方法为利用现有信息确认全球森林价值提供了指导。对于这6种高保护价值森林中的任意一种，此工具包都能够确定一系列值得考虑的要素。然后为每一个要素提供指导，确定在国家或区域内是否存在高保护价值。如果已经在国家层面确定为高保护价值，就可以利用这个信息来评估某一特定林区是否有还是没有高保护价值，以鉴定和勾画出高保护价值森林的分布区域。

34.3.2 参与式过程

如果森林景观恢复以文化价值为目标，那么就有必要采用参与式过程，包括以下步骤：

(1)与当地居民一起记录传统知识，识别森林景观功能恢复的文化动力；

(2)与当地居民一起确定这些文化价值的当前状态；

(3)利用专题小组、讨论和其他适合于当地的参与式方法，确定这些文化价值与其他可能也需要保护和恢复的森林功能之间的联系；

(4)与利益相关者联合，为已确认的文化价值制定保护和恢复目标；

(5)开发适用于当地的方法，例如生物多样性丰富的农林复合系统，来恢复景观内的文化和其他森林价值；

(6)通过当地的学校、当地市民、用户座谈会等宣传当地的传统知识。

34.3.3　明确土地所有权和使用权

明确对有价值林产品的所有权和使用权，对于保护和恢复具有价值的森林区域是至关重要的。可以根据不同土地所有权制度，制定开展森林恢复的各种规章制度。（见第 12 章“土地所有权与森林恢复”）。

34.3.4　民族植物学调查

可以通过调查来揭示具有潜在文化重要性的物种，调查结果可以用来促进对这些资源进行适当的保护、管理和恢复。

34.4　未来需求

一些已经明确的未来需求包括：

（1）记录和交流恢复文化价值的成功模式，以及文化价值推动恢复的相关信息；

（2）加深对潜在文化指标和恢复驱动力的理解，这需要人类学家、社会学家和生态学家的合作；

（3）将景观尺度的社会生态方法整合到文化主导的土地利用系统内，如庭园和圣林，要在更大的空间尺度上认识这一过程；

（4）采用适当的推广方法，宣传文化主导恢复的土地利用系统；

（5）在恢复中构建适应性和参与式研究的能力；

（6）在自然资源管理中发展、改进并采用自然资源管理的整体性系统方法；在大多数情况下，针对保护的计划和管理、可持续利用与恢复应该综合考虑，而不应该是相互隔离的。

参考资料

Agelet, A., Bonet M. A., and Valles, J. 2000. Home gardens and their role as a main source of medicinal plants in mountain regions of Catalonia(Iberian Peninsula). Economic Botany 54(3): 295 – 309.

Byron, A., andArnold, M. 1997. What Futures for the People of the Tropical Forests? CIFOR occasional paper 19.

Cristancho, S., and Vining, J. 2004. Culturally Defined Keystone Species. Human Ecology Review 11(2): 153 – 164.

阅读资料

Aaidyanath, S. 1998. Lifestyle and ecology. http://www.ignca.nic.in/cd_08.htm#BAIDH

Borthakur, S. K., Sarma, T. R., Nath, K. K., and Deka, P. 1998. The house gardens of Assam: a traditional Indian experience of management and conservation of biodiversity—I. Ethnobotany 10: 32 – 37.

案例分析：寻找保护和恢复阿根廷大西洋森林的经济上可持续的方法

作者：Stephanie Mansourian，Guillermo Placci

巴西、阿根廷和巴拉圭的大西洋森林是地球上受威胁最为严重的生态系统，仅有7.4%是完整无缺的，大部分区域严重退化，破碎程度很高。尽管目前状态很差，但是大西洋森林仍然是一个生物多样性丰富的储存库。例如，在巴林(Bahrain)国内的大西洋森林，每公顷有450个编目树种，这是世界记录！

在阿根廷北部，还可以发现一处最大的残留的大西洋森林。在这里，阿根廷野生生物基金会(FVSA)与世界自然基金会合作进行景观恢复。有一个名为安德里斯图(Andresito)市的地区被确定为重点恢复区域。这是一块带状区域，被4个严格保护的重要保护区包围：横跨巴西和阿根廷边界著名的伊瓜苏国家公园(Iguazú National Parks)、乌鲁瓜伊(Urugua-í)省公园和福斯特(Foerster)省公园。安德里斯图市的土地被分成许多私有区域。遇到的难题就是与土地所有者和管理者合作，停止毁林和森林退化，增强与周围保护区的联系，并在其周围建立缓冲带，同时提高当地居民生活水平。

阿根廷野生生物基金会(FVSA)与世界自然基金会采取的方法是，首先勾出不同的地块，以确认土地所有者和应采用的土地利用方式。第二步，布设出一系列试验样地，并确定恢复技术和在当地效果最好的树种混交方式。然后，利用可持续发展和参与式计划学习过程来动员省和市的官员、农民、当地居民和非政府组织以及其他私营和公共机构的成员。结果参与者承诺将努力实现土地利用规划，并按照这个目标在当地成立了一个委员会。

另外，为了保障当地居民能在森林恢复的同时开展创收活动，阿根廷野生生物基金会(FVSA)与世界自然基金会已经在致力于开发不同作物的可持续生产方式。作物之一就是棕榈芯(*Euterpe edulis*)，一种本土野生的林冠下层的棕榈树，可以为当地居民在保护森林的同时带来可观的收入。另外一种可供小农户选择的作物是为巴拉圭茶(*Yerba mate*)，这是一种过去在森林内到处都能成片生长的本土植物。

到目前为止，棕榈芯的生产指南已经制定出来了，小农户合作社也已经成立，结果很鼓舞人心。如果有更多的小土地所有者能够通过这种具有经济吸引力的措施谋生并进行可持续森林的恢复，那么他们向南方迁居并把土地卖给大型伐木公司的风险就可以彻底解除了。

参考资料

DiBitetti, M. S., Placci, G., and Dietz, L. A. 2003. A Biodiversity Vision for the Upper Parana Atlantic Forest Ecoregion：Designing a Biodiversity Conservation Landscape and Setting Priorities for Conservation Action. WWF, Washington, DC.

FVSA. 2004. Newsletter：News from the FLR Project in theUpper Paranú Atlantic Forest of Argentina. FVSA. Buenos Aires, Argentina.

第十一部分　景观层面森林恢复工具的选择

第35章　在立地层面恢复林木覆盖的技术方法综述

斯蒂芬妮·曼索瑞安(Stephanie Mansourian)、大卫·南姆(David Lamb)
多·吉尔莫(Don Gilmour)

本章要点

林木恢复不存在唯一的目标与技术路线。

不同背景条件下应选择不同的恢复手段以达到一个或多个目标。

可用的恢复方法很多，本章将讨论其中一些。

35.1　背景

在立地层面进行生态恢复的方法很多，本章对这些方法进行一个总体回顾。

对干预措施的考查可以从其由被动性向主动性的变化过程来进行。干预越被动，那么就越有可能在原地或附近得到充足的种质(种子来源和灌木资源)。虽然防止持续干扰和退化的成本较高，但被动干预仍是众多方法中最廉价的一种。可是通常情况下，我们仍需要采用更直接的干预方法(如主动修复)，比如说当表土层已经被侵蚀掉，或土壤受到牛的踩压变得十分紧实；又比如入侵物种在当地大面积泛滥，或是一些其他干扰(如火灾)已经打破了生态平衡，使得自然本身的再生能力非常微弱甚至消失。

还有，当被动干预收效缓慢或是风险太大时，我们就要采用一些更为主动的方式。这些干预的形式多样，其中包括向自然更新过程中加入一些新物种(如某些果实体积较大而分散性很差的品种)或者种植大量的不同物种，然后施肥、除草，这一过程一直持续到种植的幼苗定植为止。总之，要根据生态和社会经济实际情况来选择最适当的方法。

在决定某地区的恢复手段时，首先要考虑两方面因素：进行干扰的目标和可用预算。

为达到不同目标，运用的方法也不相同。可以设想在完全不同的情况下，需要选择完全迥异的立地恢复方法。举例如下：

(1)为提供濒危动物栖息地而进行的林地恢复(见本章实例35.2.1)；

(2)为了美观而对废弃采石场进行的恢复(见第53章"露天矿区复垦");

(3)恢复濒危生态系统(比如新喀里多尼亚的干旱森林恢复项目);

(4)恢复为发展经济而退化的数百万公顷的山地(越南正在进行该项目)。

同样，在决定选择什么方法时，可支配的预算是一个关键性决定因素。例如，从经济角度来看，整个景观中运用多种不同的恢复方法，比利用最有效的单一生物手段更加必要，尤其是当这种生物手段成本非常高的时候。一般成本最高的方法只用于恢复最为关键的立地。

决定在立地层面采取哪一项具体恢复行动前，要做细致周密的评估。该评估要以生态条件为基础，如土壤肥力、土地退化程度、遭到破坏的森林斑块间的距离、涉及的物种种类、地形、降雨量、季节性等。同时，当决定恢复方法时，对社会因素的关系要等同于对生物物理学方面的重视程度，如很多地区对居住地附近的土地实行土地使用权制度，如果不考虑土地的法律状况，所有的恢复措施都不大可能取得成功，除非采取了有效的应对措施。一般我们建议选择干扰最小的方法，这么做不但是尝试最接近于自然的恢复过程，而且是因为干扰越主动，成本可能越大。

35.2 案例

35.2.1 Corrimony结合牧场经营进行天然更新(苏格兰)

1997年，皇家护鸟协会(非政府组织)在苏格兰Corrimony征得了一片土地。此举主要目的是给北欧雷鸟和黑松鸡提供更多栖息地。长期计划是至少将2/3的林地主要通过天然更新来进行恢复。但是由于99%的天然更新林是阔叶林，所以他们决定在距离种源较远的地方种植欧洲赤松丛林。当这些松树成熟后，他们就可以借助自己的种子来进行自然再新了。另外，为了使栖息地不仅适于黑松鸡，还可以供保护目标关注的其他物种生存，他们还保留了一部分牧场。从初步观察来看，这种方法卓有成效。

35.2.2 通过人工混交林恢复加拿大温带森林

现代森林恢复的最早例子是Larson于1886年开始的对加拿大东部的落叶阔叶林进行的恢复。它位于一个废弃的采砾场，场内共混合栽植了14个不同树种的2300棵幼苗。这些树种有当地落叶阔叶树、针叶树以及一些外来树种(挪威槭、欧洲白蜡、欧洲落叶松、挪威云杉、欧洲黑松和欧洲小叶椴)。14个树种当中的某些树种是以2.5m的间距逐排进行栽植的。除了早先做一些修剪外，没有对立地进行后续管理。天然林离这里最近的距离是500m。到1930年，这块地约有85%被稀疏林冠覆盖，其中有31%是针叶林。到1993年，该地林冠覆盖度上升到了95%，而其中针叶林只占5%。当时那块林地已有107年的历史了，其中有220棵树的胸径超过了30cm。原来的14种针叶树种中，仍存活的只有10种。还有两个新树种侵入到这片森林中。36个物种构成了物种多样的林下木本层和草本层——草本、木本植物种类丰富，他们当中大部分都在进行繁衍。还有一些冠层树种正在进行更新，并开始出现于林冠下层，但是欧洲落叶松、挪威云杉、欧洲黑松却消失了。对计算结果分析表明，黑胡桃(本地物种)和挪威槭(外来物种)将在未来成为优势种。在本地区所有新发现的更新树木中，没有针叶树种，此地随时间进化的群落结构格局虽然和安大略南部原始森林的格局不同，但是其变化却朝着相似结构和外观发展。最近对该人工林成功原因的分析表明，它的成功在于政府当局把这片森林错误地列为当地城市范围内残存天然林的目录中。

35.2.3 坦桑尼亚通过混农林业恢复林木覆盖

在坦桑尼亚开展的多项研究发现，shambaa 人通过传统的混农林业和间种系统来提高土壤生产力及作物产量。传统的混农林业系统是由多层林木构成的，树木和农作物在空间上混种在一起。整个系统分为两层，林下层种植咖啡(和水果)，粮食作物(如玉米、黄豆)和多种豆类植物；而中层则种植银桦，它是具有多种实用价值的外来树种，通常用作木材，薪柴和建筑等方面。这些地区的“恢复”不是出于重新建立原有生物多样性的想法。相反，这些地区发挥着重要的生态功能，例如养分循环和恢复净生产量。目前这里的植被分布以及结构已经相当复杂了。

35.3 方法概述：立地层面的恢复手段

立地层面的恢复通常需要综合社会和技术手段。社会手段包括促进天然更新的土地使用协议，技术手段包括促进天然更新或是在无法进行天然更新的地区通过引种来促进更新。

35.3.1 减少退化的影响

35.3.1.1 消除引起退化或阻碍更新的因素

在某些情况下，通过消除引起土地退化的因素，如放牧和外来物种入侵，就可以进行天然更新，达到自然恢复的目的。也有可能用到技术性干预手段，但是重点仍是社会手段，例如和当地牧民就放牧权进行谈判。

通过对某个地区进行保护使其免受任何形式的进一步干扰(如放牧、耕种)，该区域将可能恢复自然原貌。但是，这种方法只对以下地区有效：

(1)整体上退化并不严重；

(2)土壤质量良好；

(3)土壤或附近森林中有种子来源或灌木林资源(该地区已经出现的再生林木可以作为依据)。

35.3.1.2 优点与缺点

由于这种方法投入少，因此它的成本较低，而且如果当地社区能够不在这个区域里放牧的话，效果将更加明显。如果要对该区域进行围栏，则会大大增加成本，但这种方法仍会比种植要经济一些。同时，这种方法还是少数情况下能用于大区域生态恢复的方法之一。但另一方面，它的缺点是如果需要控制火灾、杂草或是虫害，高昂的花费会使这种方法难以实施。还有，由于之前的土地使用者被迫放弃了土地使用权，他们也许会索取补偿。

35.3.2 促进或改善林木覆盖

35.3.2.1 引导生态演替

引导生态演替的方法有多种，其中可能用到不同的物种和不同的途径。目的就是要启动一个由自然主导的过程。试图激发自然演替时，需考虑以下几点：

(1)“奠基者效应”：最初选择的树种将对未来景观中的演替起着决定性作用，而这种影响通常无法预估；

(2)利用附近未受侵扰的原始林：越靠近原始林，靠风媒和其他媒介获得种子的可能性就越大，成功概率也就越高。但应注意到，来自原始林的不同树种，其侵占速度是不同的；

(3)利用野生动物加速生态过程：在某些生态过程中，运用动物是有帮助的，例如在授粉和播种过程中。但许多情况下，这种作用可能会由于缺乏对两者之间关系的正确理解而受到限制。另一方面，一些关键种可能已经从这片地区消失，或是无法在整个退化景观中迁移；

(4)运用干扰活动：在恢复过程中的某些阶段，必须容许自然干扰体系来阻止演替向其他方面进行或是停滞不前。例如，为了确保幼苗在火灾多发地区的生态修复工程中定植，在前几年一般需要采取火灾保护措施，但在某些阶段，反而要容许林火存在，或重新引入林火，以确保正常的演替过程；

(5)“出乎意料的”生态变化：①捕食者可能吃光所有的种子；②演替可能被少数入侵性强的物种主导，从而导致竞争性排斥和生物多样性锐减；③用于吸引动物传播种子的树木可能成为杂草肆虐的中心点；④清除外来食草物种可能会增加草本燃料量并引起火情动态的变化。所以在任何情况下，都需要用持续监控来保证恢复按照计划进行。

35.3.2.2 激发自然演替

如果自然无法进行更新，或更新缓慢，此时，通过除草或降低现存种之间的竞争则可以加速它的进程。通过间伐降低林木密度可以打开林冠层空间，从而给新树种落户提供了更多机会。如果土壤贫瘠，则可以通过施肥来提高生产力。

优势和劣势：这种方法需要的投入相对较少。但是在土地严重退化，以及无法获取种子来源和灌木林资源的地区，这种方法成功的可能性很小。

35.3.2.3 直播

若立地上的树木稀少，那么刻意地引入某些树种来克服种子传播问题可能会起作用。大多数恢复都是靠栽种事先在苗圃中培育好的幼苗得以实现的。在栽种前要先除草和耕地，以确保苗木的快速生长。但幼苗培育、整地以及栽种的成本很高。直播省去了这些步骤，而直接将种子播种在裸地中，这种方法可以手工完成，也可以借助飞机进行。

优势和劣势：因为直播无需苗圃培育幼苗，所以它的成本相对较低。它的缺点在于种子常遭到猎食者捕食，且小树苗很难与杂草进行竞争。因此能从种子发育成幼苗的数量实际上非常少。考虑到种子大部分无法成活，就需要播种大量种子。所以，如果不能获取某个树种的大量种子，或该树种的种子价格高，那该树种就不适于这种方法。

35.3.2.4　分散式植树

因为树木分布不合理或是竞争(如与草本)激烈，树木定植于某一处的过程是其极缓慢的。另外一种加速演替的方式就是在整个景观内种植单株或片林。目的就是让他们成为种子传播者(如鸟类)的栖息地。一段时间后，他们就可以成为更新的中心点了。若物种不是靠动物传播种子而是靠风媒，那么可以垂直于盛行风方向栽种，帮助种子在整个景观内传播。

优势和劣势：这种方法相对便宜，因为它只需少量栽植。但是它要依靠野生动物将附近残存原始林的种子传播过来。而在退化土地中野生动物数量和它们传播种子的能力也是因环境状况而变化的。

35.3.2.5　补植法

在一些情况下，由天然更新发展而成的森林群落会失去某些关键种。这可能是因为关键种需要特殊的更新条件，或是因为它们的扩散能力较差。这些树种的消失可能会对以这片森林为生的人带来经济上的影响。另外，这些消失的树种可能对森林的生态功能起到重要的作用。在这种情况下，通过在合适的小环境中种植这些树种的幼苗，有助于促进森林更新。

优势和劣势：这个方法通过促进某些关键种的生长，可以增加森林的经济、社会效益。这个方法的缺点是任何新树种的生长在一段时间内都会面临被上层林木压制的风险。也就是说，引入的树种可能竞争不过比它们高的树木、草本或是藤蔓植物，所以为了去掉一些上层林木草木植物以保证营林成功，在头几年通常需要有育林措施。

35.3.2.6　运用有限树种密集种植(“框架物种”方法)

这种方法是将少数生长迅速的树种以较小间隔(如每公顷土地上种植1000棵树)栽植在一起。从而快速形成密集的林冠层以根除杂草。之后这片新森林形成了一个“框架”，演替过程可以在这个“框架”中进行。随着时间的推移，传播种子的野生动物引入新树种，从而提高该地的生物多样性。

优势和劣势：这个方法的优点在于一旦定植树木，它们就会迅速战胜禾本科植物以及杂草，使得由传播种子的动物引入的新种更易在此定植。这个方法尤其适用于靠近未受侵扰的原始森林区，因为原始森林可以向它们提供种子(和野生动物)。该方法的缺点是演替发展取决于传播到这个立地的个别物种。而这里面有杂草种，所以必须要进行监控以保持正确的演替途径。另外最初花费也许会很高。

35.3.2.7　多树种强度密植重建生态(或在退化景观中恢复一个生物多样性岛)

这种方法会集约栽种大量树木和林下植物。树种选用要根据立地条件和土壤种类来确定。可能会用到能除草且长势快的树种、扩散性较差的树种、和野生动物能够建立互助关系的树种，还有可能是稀有或濒临灭绝的树种，这些濒危树种或许数量很少，或在很小的地域内出现。由于这个方法超过了正常的演替程序，所以用到的树种不能是先锋种，而是大多数在演替后期才出现的一些树种。

优势和劣势：这是一个好的办法，因为它快速地建立一个树种丰富的群落。这种方法在需要快速恢复森林的地区尤为适用。另一方面，由于要种植培育很大数量的树种，如果无法满足这些树种的立地条件，它们中的大部分将无法成活。所以这个方法的成本相对较高。

35.3.2.8　次生林管理

精心管理可以用最少成本逐步提高经济资源、生物多样性和其他生态功能。另一种方法通过间伐伐除竞争树木，可促进某些树种的生长或是其他一些经济效益的物种的生长。方法的选择取决于森林的起源以及它包含树种的丰富度。

35.3.3　为提高生产力和多样性而造林

35.3.3.1　使用单一本土树种的人工林

由于所有树木成熟期相同，单一树种人工林相对更容易建成和管理。传统上来讲，许多这样的人工林基地都使用了外来树种。而这些树种作为木材的价值较低。但一些本地种比生长快速的外来种的经济价值更高，一旦将来天然林被伐光，木材价值高的人工林将会越来越珍贵。

优势和劣势：集约化管理的人工林能够产生更高的经济价值。栽植本地种还能产生一定的多样性效益。但运用本地树种的缺点是缺乏对它们栽种条件要求的认知，并且大多数树种生长较缓慢。

35.3.3.2　单一树种人工林与缓冲带

工业人工林通常规模大且以连续的地块建成，这就导致了景观简单化。在河岸和路边用本地种组成的缓冲带或生态修复森林可以打破这些大面积的人工林，以增加景观的复杂性和栖息地的多样性。

优势和劣势：缓冲带可以通过增加景观空间的复杂性和连结性，使得动植物的迁移更容易，从而提高养护效益。这些条带和生境走廊还有许多其他功效，包括作为防火带，它们还可以发挥作为河边地带过滤器的作用，以增强集水区保护。

35.3.3.3　单一种植的多元化

除了在人工林中栽植一个树种，还可以在整个景观中选择多种不同树种建立多种类型的人工林。用上面提到的缓冲带包围每个单一林分可以使景观多样性大大提高。

优势和劣势：这种替代方式的好处是每片人工林培育仍然是简单的；缺点是如果想让不同人工林产量达到最大化，就必须掌握每个树种与立地之间的关系。

35.3.3.4　混交人工林基地

如果不采用单一种植而是多树种混交的方法，那么立地上的生物多样性将会得到提高。若某一树种在短时间内用作保护种或是覆盖作物，这种混交就可能是暂时的。但他们也可能是永久性的。通常大多数人工混交林只包含了少量树种(小于4个)，因此在生物多样性方面的收益可能不大。

优势和劣势：除了增加生物多样性外，混交通常还能产生其他效益。这些潜在效益包括增加生产力和林木养分，以及减少病害虫危害。将速生树种(收获于轮伐早期)和需要更长轮伐期且价值更高的树种结合起来栽植还可以产生经济效益。但缺点有：不是所有的树种组合都是相互兼容的，而且若将不合适的树种组合在一起，有可能导致经济损失。另外，在一个人工林内栽植多个树种也相应地增加了造林和管理的复杂性。所以混交可能对规模小的农户和小林场有吸引力，而对于规模化生产的人工林来说，它就失去了优势。

35.3.3.5　促进林下层生长

在许多人工林尤其是靠近未受侵扰的原始林中，由本地树种和灌木组成的林下层与由动物传入的外来种共同生长。一个开始时简单的单一林分随后可以在结构上获取一定的复杂性和丰富的生物多样性。

优势和劣势：这类林下层可以改变人工林提供的生态功能。从集水区保护、防火以及获得生物多样性的角度上讲，他们带来了许多效益。但另一方面，该类林下层也会使管理者陷入困境。管理者也许发现它们背弃了原来的初衷，或者至少是使实现原来的目标更加困难了。所以，这里面需要做出一些艰难的权衡。

35.3.3.6　混农林业

混农林业作为一种农业形式，将树木和其他农作物混种在一起(见第 40 章“农林复合系统作为森林景观恢复的工具”)。混农林业的形式包括将多用途树种和粮食作物混种，另一些则将分散的树木和草地联接起来。多数情况下，在农场或是“庭院”里用到了许多不同树种，他们的冠形、根部结构、物候期和生长期都不同。

优势和劣势：在耕地有限且人口基数大或人口数量不断增长的地区，混农林业有它特有优势。这种方法为整个景观创造了空间和结构的复杂性，也提供了农业可持续发展和某种程度上生物多样性的良好发展空间。但另一面，由于用到的品种多是相对普通的农作物，所以生物多样性的丰富度也是有限的。

35.4　管理上的考虑

35.4.1　多少树种?

进行恢复通常是为了重构生物多样性以及修复生态过程和生态功能。一个有待解决的问题是到底需要多少树种才能达到后一个目标。是需要定植所有的树种还是要有个上限，超过了这个上限再怎么增加树种也不会带来更多收益？尽管树种的丰富度本身没有造林中的树种结构和功能重要，但问题的答案仍未找到。同样清楚的一点是，树种在当地小规模立地中表现出来的关系，可能无法在大面积土地上继续维系。

35.4.2　权衡

管理者有时为了获取平衡，例如在增加商品材产量和提高野生动物多样性之间获取平衡，则不可避免地要做出权衡和折中。至少从短期来看，通常由少量树种组成的人工林的生产力可以得到提高。但另一方面，大部分野生树种会选择生长在树种丰富、结构复杂的森林中。所以最终的决定取决于利益相关者的意见、商品材产量是否是再造林的初始目标、产品市场以及整个地区土地退化的程度。

35.4.3　管理干预的时间与强度

关注木材产量最大化的管理者将会决定许多不同的干预方法，包括是否剪枝，何时开始间伐，何时进行最后一次采伐等。所有的这些决定都会对生物多样性以及不同的生态过程(如养分循环)产生影响。提高空间的复杂性通常有助于提高生物多样性的丰富度。这意味着交错式干扰和分阶段恢复要好于大规模、空间连续的干预措施。

35.5 未来需求

尽管在退化土地上恢复森林植被的方法有很多，但充分收集关于本地植被利用的信息仍然是一个挑战。所以，在许多地方仍喜欢借助外来种(尤其是松树、桉树、金合欢树)。和其他本地种相比，这些树种通常体现出更优越的生长特征。与此同时，这些树种的种子很容易获取，且他们都有一整套的营林措施，有固定的种植步骤和方式。但在大多数国家，人们对遗传学、繁殖技术、种内竞争关系以及在苗圃培育大多数本地种的知识还不够完善。

需要一个综合框架来帮助管理者根据实际情况以及资金、人力资源、地域大小、恢复目标等方面来做出决策。这个框架还需要包含社会经济要素，因为在解决生态恢复技术问题时它们常被忽略或被置于次要位置。然而，之前如果没有适当的协商，各方不接受彼此观点，或缺乏进行生态恢复合理的社会经济动因，成功率将会很低。在进行生态恢复前，明确土地所有权也是极其重要的。

尤其需要分析和研究能使恢复项目变得更具经济吸引力的方案。在许多国家，长远利益(生态恢复无法在短期内体现出它的作用)并不重要，因为群众每天的生活可能都十分艰难。因此，有必要借助生态恢复(直接或间接)带来的短期效益来解决这一问题。同样，还需要阐明针对生态恢复的制度安排。整个景观上的生态恢复要用到多学科多部门相结合的方法，同时需要所有利益相关者积极参加到这个过程中，并且引入相关的机构和专业技术。

参考文献

Chamshama, S. A. O. , and Nduwayezu, J. B. 2002. Rehabilitation of Degraded Sub-Humid Lands in Sub-Saharan Africa: A Synthesis. Sokoine University of Agriculture, Morogoro, Tanzania

Cowie, N. R. , and Amphlett, A. 2003. Corrimony: an example of the RSPB approach to woodland restoration in Scotland. In: Humphrey, J. , Newton, A. , Latham, J. , et al. eds. 2003. The Restoration of Wooded Landscapes. UK Forestry Commission, Edinburgh, Scotland.

Lamb, D. , andGilmour, D. 2004. Rehabilitation and Restoration of Degraded Forests, IUCN , Gland, Switzerland, and Cambridge, UK, and WWF, Gland, Switzerland.

Parrotta, . J. A. , Turnbull, J. and Jones, N. 1997. Catalyzing native forest regeneration on degraded tropical lands. Forest Ecology and Management99(1 -2): 1 -8

阅读资料

Carnus, J. -M. , Parrotta, J. Brockerhoff, E. G. , et al. 2003. Planted forests and biodiversity. A IUFRO contribution to the UNFF Intersessionla Expert Meeting on the Role of Planted Forests in Sustainable Forest Management," Maximising planted forest'contributiong to SFM," Wellington, New Zealand, March 24 - 30. In: Buck, A. , Parrotta, J. , and Wolfrum, G. , eds. 2003. Science and Technology-Building the Future for the World's Forests and Planted Forests and Biodiversity. IUFRO Occasiongal Paper No. 15. Internatinal Union of Forest Research Organisations, Vienna

Engel, V. L., and Parrotta, J. A. 2001. An evaluationg of direct seeding for reforestation of degraded lands in central Sao Paulo State, Brazil. Forest Ecology and Management 152(1 -3); 169 -181.

Lamb, D., Parrotta, J. A., Keenan, R., and Tucker, N. I. J. 1997. Rejoining habitat remnants: restoration of degraded tropical landscapes, In: Laurence, W. F., and Bierregaard, R. O., Jr., eds. Tropical Forest Remnants: Ecology, Management and Conservation of Fragmented Communities. University of Chicageo Press, Chicago, pp. 366 -385.

Parrotta, J. A. 1993. Secondary forest regeneration on degraded tropical lands: the role of plantations as "foster ecosystems." In: Lieth, H., and Lohmann, M., eds. Restoration of Tropical Forest Ecosystems, pp. 63 - 73. Kluwer Academic Publishers, Dordrecht, Netherlands.

Parrotta, J. A. 2002. Retoration and management of degraded tropical forest landscapes. In: Ambasht, R. S., and Ambasht, N. K., eds. Modern Trends in Applied Terrestrial Ecology, pp. 135 - 148. Kluwer Academic/Plenum Press, New York.

Parrotta, J. A. and Knowles, O. H. 2001. Restoring tropical forests on bauxite mined lands: lessons from the Brazilian Amazon. Ecological Engineering 17(2 -3): 219 -239.

Sim, H. C., Appanah, S., and Durst, P. B, eds. 2003. Bringing back the forests: policies and practices for degraded lands and forests. Proceedings of an International Conference, October 7 -10, 2002, FAO, Thailand

第 36 章　刺激天然更新

西维雅荷兹(SilviaHolz)、吉列尔莫·普拉奇(Guillermo Placci)

本章要点

刺激天然更新的方法有很多，例如去除干扰、封禁、消除障碍、传播手段管理，以及恢复景观内的树种空间分布。

在很大程度上，恢复森林景观的技术要针对每个阶段和实际情况进行战略性选择、组合以及充分运用不同方法。

刺激天然更新的恢复项目的主要目的有：①为了连续研究生态过程；②为了开发监控系统和统计方法来比较不同尺度和不同类型的数据；③为了实施环境教育项目；④为来降低操作成本和增强刺激天然更新的动力而制定相应的战略。

36.1　背景

曾经的有林地一旦停止生产活动(如畜牧、农业、木材采伐)，森林就可以更新。但是这个恢复过程可能非常慢，或是在生态系统极度退化的地方会受到阻止。森林恢复工作者所面临的最大挑战就是去评价一片森林的恢复潜能。如果可能的话，还要“加速”这一过程。总体上，刺激天然更新比其他生态恢复策略所需成本更低。这就使得该方法成为恢复大片土地的上策。

根据正在恢复的系统中的不同变量，天然更新可有不同的更新途径和速度。这些变量，如光照、气温、湿度、种子及幼树可获得性和原始植被的结构，决定了不同立地条件下的演替轨迹。总之，这暗示了一个地区的演替不是沿着唯一的线性轨道进行，而是可以表现为各种稳定和过渡状态，可以产生不同的结果。这样一来，就可以根据系统的具体特征和恢复项目的目标，对给定系统提出许多恢复方案，这些方案兼顾了自然演替的可能后果。

刺激森林恢复过程的第一步，是找出那些阻碍或促进更新的主要因素。一旦找到这些因素，就可以控制它们以加快森林更新。多项研究表明，扩散性、草本植物的竞争以及较差的土壤条件，是荒弃农场中树木定植的最大障碍(见第十三部分“干扰后的森林景观恢复”)。这些研究均突出了生物物理阻碍因素的重要性。但另一方面，树木、灌丛、蕨类植物以及枯倒木都可以促进一个地区的天然恢复。现存植被可以吸引种子传播者；而在这些植被下，逐渐形成有助于幼树更新的小气候条件，也就是“更新核”。每个因素对更新的影响取决于不同系统以及被分析的时空尺度。运用自然更新的恢复方法，是基于排除不利因素，刺激有利因素，或是结合两种因素加以共同控制。为了在不同尺度上了解森林的状况，在某地选择最适宜的恢复手段时，详尽研究森林是极其重要的。以下是刺激自然更新恢复方式能否成功的制约因素：

(1)缺乏种子和种子传播者：多数情况下，在恢复地没有残留可作为种子来源的森林，因此，自然更新的可能性就受到现存种子库的制约。在另一些情况下，虽然附近有森林，但由于动物(鸟类，哺乳动物)数量少，该地区没有种子传播者。因此，自然更新可能会主要发生在以风媒传播种子的树种当中。

(2)方向不确定性：允许自然更新的发生但不控制将占据恢复地的物种，则并不能保证森林中树种多样性的丰富度。这会影响恢复的成功，限制未来木材开发或其他活动的经济价值。

(3)获得丰富的森林物种多样性的难度：除了种子不充足，在森林残留稀少或退化的地区，可能会出现更复杂的情况。一些树种无法定植，造成森林内树种多样性更加受到限制。

(4)需要的时间长度：一个自然更新的森林要经历更多的演替阶段，因此达到和成熟林相似的状态要比成为一片有多个树种组成的人工林所需的时间要长。

36.2　案例

在制定景观恢复策略时，可以采用许多不同形式的自然更新。以下是其中的一些实例。

36.2.1　使用多样性核

巴西南部沿海地区，以前被大西洋森林覆盖，而现在那里的森林已被严重毁坏(图 36-1)。目前，采取了大量措施来保护剩下的森林并让以前的采伐地区得到恢复。在 Guaraquecaba 环境保护区，提高植被覆盖率采取的策略是在周围环境中种植小规模的先锋树种(约 1000 ~ 5000 棵幼树)或各种立木树种(即由先锋种、初期次生树种、后期次生树种和顶级树种组成)。后者或需人工种植，或是该地区现存森林中的破碎斑块。人工林既

图 36-1　巴西南部被毁的森林

可覆盖全部要恢复的土地，也可只占该恢复地区的一半。这取决于土地面积、与森林斑块的邻近度，以及系统的退化程度。人工林的功能是作为种子来源，促进整片地区的自然更新。整地措施(如除草)、幼树种植间隔和幼树株高等，则取决于立地特点(土壤类型、地形以及利用情况)。

36.2.2 框架树种

在泰国北部山区，有一片季节性干旱热带森林保护区，有人正在研究用合理的生态和社会方法来加速这里的森林恢复过程。这个案例用到了“框架树种”的概念(即使用先锋种和比其他树种更能促进一个地区自然更新的顶级树种)。框架树种的主要特征是：①在退化的立地条件下种植时成活率高；②生长迅速；③树冠层密集，可以遮盖草本植物；④在幼年期就开花结果或提供其他资源以吸引野生物种(动物)；⑤(在旱季的生态系统中)抵御火烧；⑥具有可靠的种子来源，种子同步快速发芽并可在室内培养出健康幼苗。人工林中用到了20～30种树种，这些人工林明显有助于恢复自然生长森林的基本结构，抵抗干扰并吸引传播种子的动物，从而促进森林恢复区的自然更新。

36.2.3 现存植被作为更新的催化剂

由于木材采伐和放牧，西班牙 Guadalajara 的大部分地中海森林已经变成了只有少数树种的灌丛。在 Tonda de Tamajon 林地，正在引进本地树种增加生物多样性，加速森林的自然更新。根据标准果实类型和生态位来选择乔木和灌木树种。已经做了很多努力来增加作为野猪(该地区主要经济来源)食物的树种在总体中的比例。该地区现存植被被用作“保育树木”。凭借着这些以前存在的个体，在其下种植的幼树可以躲避阳光暴晒及动物猎食。

36.2.4 通过种植具有经济重要性的本地树种以消除入侵树种

阿根廷东北部 Andresito 地区，已被确定为巴拉纳河上游大西洋森林的重点保护地区(图36-2)；这里现存森林保证了巴西和阿根廷交界处大片森林的联通性。在一个由众多人员和机构参与的森林景观恢复项目框架下，正在考量不同的恢复手段。其中一个特别棘

图36-2 巴拉纳河上游大西洋森林的重点保护地区现状

手的问题是本地种 tala(朴属)表现出入侵种特征而造成的森林退化，这种入侵现象可以抑制自然更新。这个案例中用到的策略包括：机械清除 tala，再种植巴拉圭冬青——一种本地种，它作为引入的树种同时也是当地重要的经济产品。巴拉圭冬青的果实可以吸引鸟类，从而可促进该地区的自然更新。通过有选择地剪枝可以刺激有林冠树种的生长，从而在林下建立巴拉圭冬青的生产系统。除了恢复退化土地，项目还在努力提高当地农民的收入。这也增加了他们实施恢复策略和长期保护这些恢复区的可能性。

36.3　方法概述

刺激自然更新的工具有许多种。森林景观恢复技术很大程度上取决于在不同阶段、不同情况下的工具选取、组合和合理使用。

(1)对次生林自然更新初级阶段的管理：自然更新是恢复轻度退化土地最有效、最经济的方法。因为它的土壤中和附近残存的森林中有良好的种子库。但是，即使对这些相对未受干扰的系统，也应该进行周期性监控，从而评估是否需要进行人工补植。

(2)封禁：在草食动物聚集的地方，通过限制放牧可以刺激自然更新，从而促进木本植物的生长。

(3)用牛群和其他动物消除障碍：牛群放牧是一个简单、有效、廉价的方法，通过它可以降低和幼树竞争的草本生物量，当然要在树种本身不会被牛群啃噬的情况下。

(4)通过机械和(或)化学方法来消除障碍：紧实的土壤会阻碍幼树定植，可以通过犁耙来松土。消除禾本植物可以通过施用除草剂、人工除草(如使用长刀)或机械除草(如使用除草机)的方法。

(5)安装架子来促进更新：如果现存植被不对自然更新构成较大的障碍，可以使用供鸟类栖息的人工架子(如：网状、条状或线状架子)来增加一个地区的种子雨，从而加速立地更新。系统中若有阻碍更新的禾本植物，通常自然架子(比如树木、灌木)那么更有效，因为他们增加了种子雨及遮荫，从而降低了禾本植物的盖度。

(6)种植一些树种来刺激更新：选择性地种植一些树种可以帮助刺激自然更新，主要通过：①提供额外的栖息地给种子传播者，如鸟类；②遮盖竞争树种。

(7)恢复景观中的树种空间分布：通过在景观中有意识地布局具有不同生态作用的物种，可以在这一尺度上加速天然更新，同时比在整个恢复区域种植幼树的方法大大降低花费。景观中具有丰富物种多样性的人工林和残存森林具有“多样性岛”的功能，它可以在整个恢复过程中向该地区提供种子。

(8)对种子传播者的管理：另外一个可能刺激天然更新的工具是增加种子传播者(鸟类、哺乳动物)的数量。可以通过减少捕猎活动和杀虫剂的使用，重新引入物种，或建立野生动物廊道来实现。

36.4 未来需求

36.4.1 增加现有知识

为了发展基于森林天然更新的恢复措施，继续研究以下问题至关重要。

(1)物种生态学：对于物候学、生殖生物学、植物物种与其他物种的相互作用(如授粉、种子传播、食草作用/捕食)还所知之甚少。

(2)生态演替动态学：恢复包含着对自然演替过程的控制，因此，有必要了解影响生态系统天然更新的各种因素以及它们的作用和机制。

(3)生态系统在不同尺度下的运转状态：对许多生态系统来说，还没有很多关于不同尺度下的运作方式和运作程序方面的信息。

36.4.2 开发用于比较不同恢复类型的监测系统和统计工具

用以对不同尺度下不同类型数据进行监测的系统和进行比较的统计方法需要不断开发，以调整现有的恢复手段。土地利用历史和恢复措施的详细记录，再加上标准化监测的使用，有助于做出相应比较。非传统统计方法(如叶贝斯法)的应用使得对恢复方法进行更有效评估得以实现，因为它们在处理没有重复的小样本或系统中有较多干扰时更加可靠，同时这些方法还允许不同数据间进行组合。

36.4.3 实施环境教育项目

总体上，恢复区被认为是没有生产力的地区。如果人们可以认识和欣赏这些地区的多种功能，那么保护森林的可能性就会增加，同时，实施天然更新起关键作用的恢复项目的可能性也会增加。这个问题对于开发教育项目尤其重要。

36.4.4 恢复过程中的资金筹措

要把恢复方法从实验规模应用到更大范围，建立能够降低运行成本并增强天然更新动力的策略非常重要。例如，提高恢复区的生产能力，补偿土地所有者的机会成本，支付环境服务和实施税收优惠都很重要。

参考文献

DiBitertti, M. S., Placci, G., and Dietz, L. A. 2003. A biodiversity vision for the Upper Parana Atlantic Forest ecoregion: designing a biodiversity conservation landscape and setting priorities for conservation action. WWF, Washington, DC.

Ferretti, A. R. 2002. Modelos de plantio para a restauracao. In: A Restauraccao da Mata Atlantica em Areas de sua Primitiva Ocorrencia Natural. Embrapa Florestas, Colombo, pp. 35 - 43.

Guevara, S., and Van derMaaler, E. 1986. The role of remnant forest trees in tropical secondary succession. Vegetatio 66: 77 - 84.

Holl, K. 1999. Factors limiting tropical rain forest regeneration in abandoned pasture: seed rain, seed germination, microclimate and soil, Biotropica 31: 229 -242.

Holl, K. D., Crone, E. E., and Schultz, C. H. B. 2003 Landscaperestoration: moving from generalities to methodologies. Bioscience 53(5): 491 -502.

Holz, S. 2003. Atlantic Forest restoration in the buffer zone of Iguazu National Park (Argentina). Technical Report (not published).

Kageyama, P. and Gandara F. 2000. Recuperacao de areas ciliares. Capitulo: 15. In: Rodriguez, R., and Filho, L. eds. Matas Ciliares: Conservacao e Recuperacao. Edusp, Sao Paulo, Brazil.

Marcot, B. G., Holthausen, R. S., Raphael, M. G., Rowland, M. M., and Wisdom, M. J. 2001. Using Bayesian belief networks to evaluate fish and wildlife population viability under land management alternatives from an environmental impact statement, Forest Ecology and Management 153: 29 -42.

Peterson, C. J. and Haines, B. L. 2000. Early succession patterns and potential facilitation of woody plantcolonization by rotting logs in premontane Costa Rica pastures. Restoration Ecology 8(4): 361 -379.

Posada, J. M., Aide, T. M., andCavelier, J. 2000. Cattle and weedy shrubs as restoration tools of tropical montane rainforest. Restoration Ecology 8(4): 370 -379

Vallejo, R., Cortina, J., Vilagrosa, A., Seva, J. p., and Alloza, J. A. 2003. Problemas y perspectivas de lautilizacion de lenosas autoctionas en la restauracion forestal, In: Rey, J. M., Espigares, T., and Nicolau, J. M., eds. Restauraction de Ecosistemas Mediterraneos. Universidad de Alcala, Alcala de Henares, pp. 11 -42.

参考读物

Guariguata, M. R., and Ostertag R. 2001. Neotropical secondary forest ssuccesion: changes in structural and functional characteristics. Forest Ecology and Management 148: 185 -206.

Guimaraes Vieira, I. C., Uhl, C., and Nepstand, D. 1994. The role of shrub Cordia multispicata Cham. As a "succession facilitator" in an abandoned pasture, Paragominas, amazonia. Vegetatio 115: 91 -99.

Holl, K. 2002. Effect of shrubs on tree seedling establishment in an abandoned tropical pasture. Journal of Ecology 90: 179 -187.

Janzen, D. H. 1998. Guanacaste National Park: tropical ecological and biocultural restoration. In: Cairns, J. J., ed. Rehabilitating Damage Ecosystems, vol. 2., CRc Press, Boca Raton, FL, pp. 143 -192

Nepstad, D. C. C. Uhl, C., Pereira C. A., and Cardoso da silva, J. M. 1996, A comparative study of tree of tree establishment in abandoned pasture and mature forest of eastern Amazonia. Oikos 76: 25 -39

Purata, S. E. 1986. Floristic and structural changes during old-field succession in Mexican tropics in relation to site history and species availability. Journal of Tropical Ecology 2: 257 -276

Ramirez-Marcial, N., Gonzalez-Espinoza, M., and Garcia-Moya, E. 1996. Establecimiento de Pinus spp en matorrales y pastizales de Los Altos de Chiapas, Mexico. Agrociencia 30(2): 249 -257.

Rey-Benayas, J. M., Espigares, T., and Castro-Diez, P. 2003. Simulated effect of herb competition on planted Quercus faginea seedlings in Meditierranean abandoned cropland. Applied Vegetation Science 6: 213 -222.

Slocum, M. G. 200. Logs and fern patches as recruitment sites in a tropical pasture. Restoration Ecology 8 (4): 408 -414.

Wunderle, J. M. 1998. The role of animal seed dispersal in accelerating native forest regeneration on degraded tropical lands. Forest Ecology and Management 99(1 -2): 223 -235

第 37 章　自然演替的管理与引导

史蒂夫 · 惠森南特(Steve Whisenant)

本章要点

精心设计的育林战略可以加速生长，影响演替方向，增加商品和服务功能的供应，提高生物多样性。

根据土地利用目标来引导自然过程的前提是了解演替的各个过程。

管理和引导自然演替的工具应当是仿效而不是代替自然过程。

37.1 背景

林地开始更新后，精心设计的育林策略可以加速生长，影响演替方向，增加商品和服务功能的供应，提高多样性。在选择合适的处理方案前，需要了解限制演替变化和增加期望物种的限制因素。这些方案应该有助于促进自然过程，而不是与其相抗争。要想做到这一点，恢复计划最好要做到：①分析并消除引起退化的深层次原因，而不只是针对表面现象；②建立在对演替和须在干扰设计中解决的障碍的阈值的理解基础上；③用最小的干扰激发期望的演替过程。

37.1.1　分析阻碍自然演替的深层原因

很多森林恢复的失败之处在于它们没有认识到引起退化的深层原因。其实，许多社会、政治、经济因素通常正是森林丧失和退化的深层原因。同样重要的是对自然演替过程中生物物理障碍的认识。例如，在某些情况下，牲畜可以造成土地退化，但在另外一些情况下，它们却是恢复方案中的重要组成部分。有些森林虽然受到大量火灾和草本植物入侵的影响，但却可能受益于牛群，因为牛群可以在林冠层郁闭之前减少易燃物数量。相反，有些森林由于牲畜啃食大量正在生长的幼苗而受到破坏。与控制木林和非木质林产品的不可持续采收相比，驱赶牲畜远离森林可能会带来更大益处。

37.1.2　理解自然演替和潜在障碍的阈值

激发建立森林物种的天然更新(见上章)之后，就要管理和引导演替过程向期望的目标发展。其中重要的是促进植被持续生长来保持土壤、养分和有机资源，完全恢复水文、养分循环和能量流动过程以发挥他们的全部功能，创立自我修复景观，为生物物理和社会经济可持续地提供商品和服务功能。管理措施需要关注不同退化阶段的不同过程。严重退化的立地则需要尽早修复水文、养分循环和能量获取、转换过程。随着植被生物量的增加和个体增大，通过改善土壤微环境，可以降低非生物条件的限制。在根据土地利用目标引导自然演替之前，需要对演替的过程有所了解。演替的速度和方向受到树种和适宜立地条件的可获得性以及不同树种特性的影响。

土地利用的历史对自然演替的速度和方向也有重要的、长期的潜在影响。在废弃农场和牧场上的自然演替受到种子库、现存根桩萌发力、种子迁移、土壤类型与状况，以及气候条件的限制与影响。靠人工清理或只经过少量除草活动，轻度放牧的废弃牧场发生的自然恢复是最快也是最完全的。这些地区得益于丰富的种子库、距离种源近以及树桩和树根的发芽。中度放牧的牧场上，由于耐放牧物种的丧失，加上种子库的减少和上层土壤中有机质含量的减少，其生产力和多样性水平较低。重度放牧、机械化清理的牧场在废弃后最有可能被禾本科植物和阔叶草本植物主宰，因为他们完全依靠种子传播而进行演替。废弃前如果遭遇频繁的大火，则会降低树种和幼苗的密度。大片不毛之地对大多数能传播小粒种子的鸟类和蝙蝠来说毫无吸引力，能传播演替后期树种的体积较大种子的猴子和地下居住的哺乳动物更倾向于避开这样开阔的场所。因此由单个树木提供的栖息点可用以加速演替。

37.1.3　设计最少的干扰来实现目标

如果没有主动的恢复措施，土地能否在可以接受的期限内完成恢复呢？如果可以，那么它能否提供预期的商品与服务呢？这些关键问题的答案可以通过调查两类参考地点得到。未受损的参考地点可以提供潜在商品和服务量的近似值，破坏程度相似并允许在不同时间尺度上进行自然恢复的参考地点则提供了有无障碍开展恢复的重要信息，从而给我们提供了选择被动干预的重要信息。如果入侵物种、被破坏的生态系统过程或其他限制因素导致自然恢复停止的话，就必须采取主动的管理干预了。如果该地区退化并不严重且有充足的种子来源，最初几年演替可以被草本植物和灌丛主导。之后将会出现典型的早期演替树种，中期演替树种也会逐渐占据主导。在低地的潮湿森林中，早期演替物种的生物量高峰大约出现在第10年。中期演替树种可能在第15~30年达到他们的生物量高峰，且将持续数十年。在较干旱和退化的环境中以上演替变化会发生得更慢一些。

在相对未受侵扰的土地上，改善对生态系统消耗量（木材采伐）的管理通常是有效的。对由草本植物主导的立地可能需要对现存植被进行控制。这种控制可以通过火、除草剂或是机械、生物控制法来完成。有时，通过播种和移栽来增加一些树种也是有必要的。对于既不稳定又不能达到管理目标的裸露或贫瘠土地则需要运用补植措施。

37.2　案例

37.2.1　将哥斯达黎加 Guanacaste 国家公园草地恢复为干旱热带森林

人为活动引起的火灾将哥斯达黎加的干旱热带森林变为一片草原，且火烧仍在这片草地上继续频繁发生。20世纪80年代的一个项目有效地控制了火灾的发生，同时使得林木天然更新成为可能。初期的森林是由依靠风传播种子的树种组成，他们迅速地覆盖了整片土地。随着这些树木的长大，传播种子的鸟类和哺乳动物越来越频繁地穿越该地区，给这里正在发展的森林带来了新的物种。这是一个很好的例子，它体现了先清除自然演替障碍以开始天然更新过程，几十年后多样性不断增加的森林又会回到这片景观中。

37.2.2 用人工种植的树木呵护本地物种更新

人工种植的树木有时可以促进本地物种的恢复。在波多黎各，人工种植的树木改善了土壤和微环境，良好的条件促进了本地种的自然迁移。人工林还通过吸引能带来其他树种种子的动物，加速了本地种的恢复。在潮湿的热带地区，人工林不能保持单一树种的模式，因为本地种会入侵其林下层并进入其林冠层中。除非立地破坏极其严重，最终主导该地区的将是本地林木。如果破坏比较严重，可能导致森林由本地种和外来种共同组成。

37.2.3 匈牙利某矿区的自然更新

采矿会使当地的立地条件和自然过程发生剧烈变化。在这些地方栽树既昂贵，风险又高，所以这些立地常常被废弃而任由天然更新。匈牙利的某一矿区没有任何主动的造林活动，但是在其停止采矿 30 年之后，众多迹象表明有草本和林木植被自然更新的现象(图 37-1)。周围景观中丰富的天然植被提供了种源。尽管这一地点的恢复还将需要几十年，但是自然恢复过程会在没有新的干扰的情况下进行。

图 37-1 经过近 30 年天然更新的前匈牙利采矿区

37.3 方法概述

管理和引导自然演替的工具应当是效仿而不是代替自然过程。上一章讲到的工具主要是用于影响自然更新。这些工具适用于整个演替过程，以下列出的是用于控制现存植被的工具。

耐心 时间可以作为一种工具。我们要做的就是等待演替路径及其表现形式的出现。了解了促进和抑制演替的因素，就可以更容易地认清发生演替变化的可能方向和该地区的潜在植被。

认识潜在演替路径　了解森林植被在干扰之后如何进行恢复，是引导自然演替过程的重要方面。知道是什么阻碍了演替的发展，就要消除那个限制因素。

围栏　如果是牲畜延误、限制或阻碍了演替的发展，限制他们进入的围栏就是一个可以促进幼苗生长的方法。但这个方法只在幼苗生长到牲畜不可达到的高度前需要(或者为了持续发挥效益，围栏使用时间可更长)。

直接清除入侵树种　可以通过除草剂、机械方法或手工方法清除入侵物种，以解放本地物种。但由于这种方法花费高或需要高强度劳动力，所以只在小范围或重点区域才会用这种方法。

用遮阴减少入侵种　对于不耐阴的入侵种，运用加速林冠郁闭的管理方法是最有效的。例如，在易发生火灾的草原重建森林，需要一直采取防火措施，直到林冠层能有效地清除草本植物。

间伐以降低树种密度或改变树种组成　运用择伐可以提供产品和增加收益，同时加快现存树种的生长速率。这个方法还可以用来促进更新和加速某些期望的树种的生长，同时降低普通树种的丰度。

补植　立地中若没有喜阴的后期演替树种，可能需要在林冠层下补植演替树种。补植就是要在不大可能进入自然更新过程的地方增加物种。在期望的物种或种群既不存在也未在邻近森林中发现的地方，这种方法最有用。

37.4　未来需求

要优先发展的领域有：

(1)鼓励自然、多样化的森林发展政策：政府政策既可以加速天然林的破坏，也可以通过调整用作鼓励发展天然林和人工林，综合生产和保护功能，并降低对高保护价值天然林的压力。

(2)增进对演替过程和自然恢复障碍的了解：对于演替和促进、引导该过程的方法，我们的了解还存在许多空白。许多因素都在推动演替，但相似的影响因素在不同的生态系统中可能会产生截然不同的结果。对于制约和加速演替的因素及其机理的认识会大大提高我们对未知情况的预测能力。

(3)关于森林景观恢复补偿问题的创新策略：资助森林恢复的新途径是非常重要的。令人遗憾的是，植树项目要比促进和管理自然更新的项目更容易获得资助。主要是由于自然演替通常比种植人工林更快捷，风险更小。

参考文献

Aide, T. M., Zimmerman, J. K., Pascarella, J. B., Rivera, L., and Marcano-Vega, H. 2000. Forest regeneration in a chronosequence of tropical abandoned pastures: implications for restoration ecology Restorations for restoration ecology. Restoration Ecology 8(4): 328 – 338.

Janzen, D. H. 1988. Tropical andbiocultural restoration. Science 239: 243 – 244.

Kammesheidt, L. 2002. Perspectives on secondary forest management in tropical humid lowland America. Ambio 31: 243 - 250.

Lamb, D. , andGilmour, D. 2003. Rehabilitation and Restoration of Degraded Forest. IUCN, Gland, Switzerland , and Cambridge, UK, and WWF, Gland, Switzerland.

Uhl, C. , Buschbacher, R. , and Serrao, E. A. S. 1998. Abandoned pastures in Eastern Amazonia. I. Patterns of plant succession. Journal of Ecology 76: 663 - 681.

阅读资料

Ashton, M. s. 2003. Regeneration methods for dipterocarp forest of wet tropicalAsia. Forestry Chonicle 79: 263 - 267.

Feyera, S. , Beck, E. , and luttge, U. 2002. Esotic tress as nurse-trees for the regeneration of natural tropical forests. Trees 16: 245 - 249.

Parrotta, J. A. 1995. Influence of overstory composition on understory colonization by native species in plantations on a degraded tropical site. Journal of plantations on a degraded tropical site. Journal of Vegetation Science 6: 627 - 636.

Whisenant, S. 1999. Repairing Damaged Wildlands: A Process-Oriented, Landscape-Scale Approach. Cambridge Universiti Press, Cambridge, UK.

第 38 章　人工林树种的选择

弗洛伦西亚·蒙塔格里利(Florencia Montagnint)

本章要点

建立人工林基地是一种很好的恢复手段，特别是对于土地退化加剧的地区，比如严重的土壤板结、杂草入侵、土地开裂等原因都会引起土地退化。

在很多情况下，我们缺乏能用于建设人工林的乡土树种信息，譬如：树种适应性、种子来源、育苗和萌发所需的外部条件以及对肥料的需求。

需要着重考虑树种的种植和抚育技术，如：施肥技术、菌根接种技术和灌溉技术等。

在乡土树种可以获得并能够良好生长的地区，我们通常选择使用乡土树种，而不是外来树种。

38.1　背景

建立人工林基地有时至少是短期内恢复森林景观的唯一方法，特别是对于土壤严重退化的地区来说。土壤肥力低下、牛啃食后放弃的板结土壤、草类和其他入侵性植被的侵入都会严重阻碍天然林更新。随着退化土地范围的扩张，我们越来越需要既能够生产出实用产品(如木材、燃料等)，又能发挥良好生态效应(恢复生态系统多样性、保护土壤、保护流域，碳吸收等)的树种。

在森林恢复的背景下，用来建立人工林的树种既要能够生产实际产品(如木材、燃料、叶子覆盖物等)，又要能够发挥生态作用，例如，促进养分循环，吸引鸟类及其他野生动物到景观中。树种的选择很大程度上取决于该树种能否在同一系统中同时发挥生态和生产效用。在某些情况下，能够发挥生态或生产作用中的一种优势的树种也是需要的。为恢复森林景观，较好的做法是让森林进行天然更新，使用人工林是在因上文提及的原因(土壤贫瘠、获取种子困难、隔离以及杂草入侵)而严重阻碍森林更新时退而求其次的选择。在景观背景下，森林恢复的社会经济目标(比如生产力)与生物多样性目标应该达到平衡，以下是影响选择人工林树种的因素：

38.1.1　目标

38.1.1.1　生态系统生产力与生物多样性目标

在恢复退化土地的最初阶段，我们应当采用能够在当地快速生长、生产力高的树种。

这样的树种能够为随后的演替以及能够长期生长且提供更有价值(更好的木材品质)产品的树种创造较好条件。

38.1.1.2 保护当地濒危树种

我们应当优先考虑当地树种，特别是濒危树种。只有在当地树种的种子难以获取或环境过于严酷、不利于当地树种成活的情况下，才选择诸如桉树、金合欢树与松树等能够快速生长的外来树种。世界各地的外来树种在促进农业和工业发展方面都有优势，但是乡土树种更加合适，因为它们能够很好地适应当地环境条件，种子更容易获取，当地农民也更了解乡土树种的生长习性和作用。另外，使用当地树种有助于保护遗传多样性，所形成的森林也能够成为当地动物的栖息地。

然而，乡土树种也存在如下不足之处：生长速度和对土壤条件的适应性都不确定；普遍缺乏管理指导方针；生长情况变异性大，缺乏基因改良；当地树种种子不易购买而需要通过采集获取；容易受到病虫害〔如桃花心木和雪松的枝条易受到 *Hypsipyla grandella*(一种害虫)的蛀食〕；没有针对这些树种建立起市场。人们强烈主张使用当地树种的最重要原因之一是其木材具有较高的价值，而这些木材在商品林中已越来越稀少。许多有价值的木材树种在开放的人工林基地中生长状况良好，其生长速度相当于或超过了外来树种。

38.1.1.3 产品的最终用途

许多人工林基地在恢复森林景观的同时，也有生产性目标。从全球范围来看，有一半的人工林是出于工业用途(木料和纤维)而建立的；1/4 是非工业用途(建设房屋和农场，当地的薪柴和木炭消耗、柱子)；另外 1/4 没有确切用途。在这些没有确切用途的人工林中存在小规模的薪炭林，其中的木材可用以烘干烟草等。由此看来，在考虑森林恢复需要的同时，树种选择也反映着每片人工林的最终用途。例如，在阿根廷西北的米西奥斯内斯(Misiones)省，当地的南洋杉(*Araucaria angustifolia*)被再次用于种植在毁林地区，在 40~45 年后可以出售高质量木材。疏伐的南洋杉是很好的纤维来源。由于是乡土树种，此种人工林很好地保护了当地的动植物。

38.1.2 使用乡土树种的相关问题

38.1.2.1 基因选择

发展中国家的一些当地树种可能没有通过充分的基因选择使其具备所需特性(如快速生长、恢复土壤肥力等)。当地机构、大学以及农业、林业相关部门为此开展了很多相关研究。例如，在美洲中部的热带农业经济调查研究所(CATIE)已经对破布木(*Cordia alliodora*)、*Vochysia guatemalensis* 等当地树种进行了基因选择。

38.1.2.2 种子获取

我们需要对许多乡土树种的物候(如开花、结实、产子和采种时间)进行研究。另外，还需要足够的种子储存能力。在森林树种中获取的种子可以通过冷藏、干燥等步骤将其贮存。先锋树种的种子通常更干燥、更小，也更容易存储。在哥斯达黎加图利亚尔瓦地区的热带农业经济调查研究所(CATIE)，其种子库拥有存储用以恢复森林的本地和外来树种的设施。这个种子库的服务范围遍及拉丁美洲。在缺乏信息的情况下，相关人员需要通过特定的测试，了解种子的特性以及萌芽所需要的条件。也需要了解种子在苗圃中所需的培育条件，包括该树种对肥料的需求，菌根接种，以及幼苗移植到野外环境的时间。

38.1.2.3　当地民意

当地农民通常偏爱那些他们了解其培育特性、以及有明确的最终用途和市场前景的树种。在很多情况下，他们更倾向于选择乡土树种，而不是外来树种。能否从当地苗圃获得种子或幼苗，同样是影响当地农民选择的重要因素。

38.2　案例

38.2.1　美国西南地区：使用当地树种恢复废弃矿区

在美国西南部的阿巴拉契亚(Applachian)地区，大量煤炭通过露天方式开采，成为当地发电厂发电的主要能源来源。为了恢复土壤，考虑到外来树种的很多不足之处，人们在使用乡土树种上付出了更多努力。但是之前所造成的不利环境大大缩减了可选树种的范围。田纳西(Tennessee)流域当局采用了一球悬铃木(*Platanus occidentalis*)以及胶皮枫香树(*Liguidambar styraciflua*)。温室内的实验表明，他们均是在生长速度、抗寒能力以及商业价值方面综合表现最优的树种。当地露天开矿地区地表被杂草所覆盖。开采过程中挖出的土壤被回填，实现复垦，在必要的情况下对开采区域进行了分级，并种植一些入侵性强的植被，在树林成熟之有助于防止土壤侵蚀。在造林的最初阶段，就使用了滴灌技术。根据需要，初期植树一年后再进行补植。这些方法在恢复因开矿而引起破坏的地区取得了成效。然而，需要大量的投资才能够保证树木栽植后的生长。例如，由于甜桦能够在经过各种耕作方式、具有不同有害物质浓度和肥力的土壤基质上生长，所以，一直用于矿区复垦。经过菌根接种的植株具有很高的幼苗生物量以及良好的吸收水和营养物质的能力。因此推荐使用菌根接种法，使该树种能在矿区表层生长，无需大量使用化学肥料。

38.2.2　哥斯达黎加西尔瓦(La Selva, Costa Rica)生物站：使用乡土树种混交林恢复退化牧场

在哥斯达黎加加勒比低地的西尔瓦(La Selva, Costa Rica)生物站内，研究人员选取了12种乡土树种，通过种植纯林和混交林恢复该地土壤肥力以及生态系统的多样性。他们建立了3片人工混交林，每片林内分别包括4种树种，即：1. *Jacarandacopaia*, *Vochysia guatemalensis*, *Calophyllum brasiliense*, *and Stryphnodendrom mcrostachyum*；2. *Terminalia amazonia*, *Diptery panamensis*, *Virola koschnyi*, *and Paraserianthes sp.*, *Plantation* 3. *Hieronyma alchorneoides*, *Vochysia ferruginea*, *Balizia elegans*, *and Genipa American*。每片混交林中都包括了固氮植物、生长较快以及生长较慢的树种。选择适宜树种的标准主要包括树种生长速度、经济价值、对土壤养分循环的潜在影响以及幼苗获取的难易程度。通过观察发现，在树木生长了2～4年后，12个树种中有3种在混交林中的长势优于在纯林里的长势，受到的病虫害损失比较轻；其他树种在两种林分中没有出现病虫害或没有差别。生长较慢的树种在纯林中所需投入要比混交林中大。当林分生长到9～10年时，大多数树种在混交林中的生长情况要比纯林好，而生长较慢的树种在纯林中的生长情况较好。混交林(包括3～4种树种)在总产量上具有优势。混交林土壤的营养成分也保持了相对平衡：种植了4年以

后，生长较快树种的纯林中存在着明显的土壤养分流失，在其他一些树种的纯林中，土壤有机质和矿物离子状况都有改善。混交林中的有机质状况属中等，部分树林改善了土壤，如提高有机质含量等。混交林的固碳作用比生长较快的纯林好。四个树种混交产生的每公顷生物量要比每个树种在 4 片纯林中各 0.25hm^2 面积的生物量总和要大。

38.2.3 来自欧洲温带地区的实例

在过去 10 年里，一些欧洲国家越来越多地开展造林活动。丹麦在以前的耕地上种植橡树（*Quercus robur*），挪威使用云杉（*Picea abies*）进行了大面积造林。通过对这些生长年限在 1～29 年的林分以及一个拥有两个树种、寿命达 200 年混交林的评估，发现大量的有机质聚集在树木的生物质和土壤中，特别是在生长年限较长的林分中。

自 1860 年以来，位于法国阿尔卑斯山脉西南地区的森林服务机构在荒地上使用外来树种造林，以控制土壤侵蚀。他们使用了奥地利黑松（*Pinus nigra*），旨在保护当地阔叶植物。对持续长达 120 年的森林的采伐调查显示，由于松树生长过密，因此不利于其林冠下的植物进行更新。疏伐以及补植有助于当地植物的再生，当地树种的更新不会受到种子来源以及土壤肥力的制约。疏伐可以加快当地树木种子的传播。补植当地树种能够作为增加当地树种种源的方法。

38.3 方法概要

38.3.1 基因选择

通过树木繁殖和森林培育，一些工业树种，如桉树和松树的生长速度得到了提高。巴西的大叶桉和尾叶桉就是两个很好的例证。许多私营公司都在从事着遗传改良的工作，特别是针对像松树和桉树这样最常用的树种。大学以及其他科研机构则从事对包括本地树种在内的其他树种的研究。对一些当地树种原始种子及其后代的试验获得了基因改良，这是树种驯化的第一步。如在美洲中部，哥斯达黎加热带农业经济调查研究所（CATIE）已经确定了能适应不同环境的最佳种源（某个国家或地区种子的最初来源）。通过对后代的研究也得到了金合欢（*Acacia mangium*）、大叶桉（*Eucalyptus grandis*）等树种的最佳种源。

38.3.2 植物生态学

如下所示的是树种生态特性的信息，有助于选择合适的造林树种：所需光照条件、不同土壤肥力下的生长状况、抗寒能力、耐酸碱能力、对有毒金属的耐受能力、抗病虫害能力、发芽率、对修剪枝条的反应、种子产量、萌芽特性、对真菌接种的需求、对肥力的需求、木质特点以及用途。在很多情况下，树种的基本生态信息都可以在大学以及农业、林业部门获取。当地树种的信息可以通过苗圃、农林业合作机构以及与当地生产者的交流而得知。然而，人们有时对当地树种的了解并不多，这也是有些人愿意选择外来树种的原因。

38.3.3　为稳定退化土壤进行的树种选择、设计与管理

最近对哥斯达黎加、巴西和阿根廷人工林的一项调查表明，人工林中树种能有效改良退化土地的土壤性质。在哥斯达黎加，林分中的土壤条件在 3 年内较以前的牧场就有了改善。在其 15cm 之内的表层土中，土壤中氮含量与有机质含量比牧场要高，与生长了 20 年的天然林含量相当。氮、磷、钾总含量最高的土壤位于当地常见树种的人工林（Vochysia ferruginea）内。在巴西的 Bahia，20 个人工林树种中的 15 个在至少 5 个土壤指标的表现为类似或者高于森林。一些树种能提高碳和氮的水平，包括加竹（*Inga affinis*）、*Parapiptadenia pterosperma*、*Plathymenia follolosa*、巴西苏木（*Caesalpinia echinata*）、*Copaifera lucens*、*Eschweilera ovata*、*Lccythis pisonis*、*Licania hypoleuca* 等，其他树种如 *Copaifera lucens*、*Eschweilera ovata*、*lecythis pisonis*，以及 *Licania hypoleuca* 则能够提高土壤内 pH 值和阳离子含量。在阿根廷西北地区的米西奥内斯省，赤松（*Bastardiopsis densiflora*）林下和草下的碳、氮含量的差异最大，其中有林冠覆盖的土壤碳、氮含量为没有林冠覆盖的土壤的两倍。赤松（*Bastardiopsis densiflora* ）与 *Cordia trichotoma* 林的 pH 值比较高，在三出破布木（*Cordia trichotoma*），*Bastardiopsis densiflora* 和像耳豆（*Enterolobium contortisiliquum*）中，基本物质（钙、镁、磷总量）含量最高。本研究中被鉴定为有利于改善土壤特性的树种，大都被应用于不同地区的人工商品林基地建设和农用林建设等恢复项目当中。

38.3.4　人工林基地设计：纯林或混交林

在不同地区建设混交林取得了不同结果。但是许多野外试验都表明：混交林相对于纯林具有更高的生产力。除此之外，混交林还能够生产多种类型的森林产品，从而减少当地农民所面对的市场不稳定的风险。即使混交林建设和管理会面临混交林的技术困难，当地农民仍然愿意接受使其投资多样化并能有效防止病虫害的混交林。混交林也更加适合于野生动物的生存，维持更高的生物多样性。从上述事实可以看出，混交林比传统的单一树种林分有更好的生产和生态效应。然而，混交林最主要的问题在于其设计和管理的复杂性。所以，混交林只限于在小范围以及生产多样化会带来绝对优势的地区使用，比如资源规模有限的小农户。

38.4　未来需求

为恢复森林景观，一般都使用当地树种，除非遇到如前文所提及的特殊原因，才使用外来树种。所以为实现目标我们还需要关于对当地树种的特性和培育方法有更多的了解，尤其需要了解当地树种在林分条件下的生长表现方面的信息。除此之外，当地农民也需要当地树种培育方面的指导，以帮助他们选择合适树种。产品的市场价值同样是影响当地农民选择树种的重要因素。树种选择的一个关键问题是如何协调好经济目标和生态目标。最后，还有一些需要探讨的问题：建立小规模外来树种人工林或大面积本地树种人工林，哪个最好？另外，在恢复与生产两大目标之间需要一种平衡，应当通过深入思考给出答案。

参考文献

Brodie, G. A. Bock, B. R. , Fisher, L. S. , et al. 2004. Carbon Capture and Water Emissions Treatment System(CCWESTRS) at fossil-fueled electric generating plants. Third annual technical report 40930R03(October 1, 2002-September 30, 2003) for U. S. Deparment of Energy/National Energy Technology Laboratory Award Number DE-FC26-00NT40930. Tenessee Valley Authority/ Public Power Institute, Muscle Shoals, AL, in partnership with the Electric Power Rrsearch Institute, Palo Alto , CA.

FAO. 2000. Global Forest Resources Assessment 2000. Main report.

http: /www/fao. org/forestry/fo/fra/main.

Montagini, F. 2000. Accumulation in aboveground biomass and soil storage of minral nutrients in pure and mixed plantationgs in a humid tropical lowland. Forest Ecology and Management 134: 257 - 270.

Montagnini, F. 2002. Tropical plantations with native trees: their function in ecosystem restoration. In: Reddy, M. V. , ed. Management of Tropical Plantation-Forests and Their Soil Litter Systems . Littler, Biota and Soil-Nutrient Dynamics. Science Publishers , Enfield(NH)USA, Plymouth, UK, pp. 73 - 94.

Montagnini, F, Campos, J. J. , Cornelius, J. , et al. 2002. Environmentally-friendly forestry systems in Central Amenrica. Bois et Forests des Tropiques 272(2): 33 - 44.

Motagnini, F, Campos, J. J. , Cornelius, J. , et al. 2002. Environmentally-friendly forestry systems in Central America. Bios et Forets des Tropiques 272(2): 33 - 44.

Montagnini, F. , Gonzalez, E. , Rheingans, R. , and Porras, C. 1995. Mixed and pure forest plantations in the humid neotropics: a comparison of early growth, pest damage and establishment costs. Commonwealth Forestry Review 74(4): 306 - 314.

Montagnini, F. , and Porras, C. 1998. Evaluating the role of plantation as carbon sinks: an example of an integrative approach from the humid tropics. Environmental Management 22(3): 459 - 459.

Piotto, D. , Montagnini, F. , Ugalde, L. , and Kanninen, M. 2003a. Performance of forest plantations in small and medium sized farms in the Atlantic lowlands of Costa Rica. Forest Ecology and Management 175: 195 - 204.

Piotto, D. , Montagnini, F. , Ugallde, L. , and Kanninen, M. 2003b. Growth and effects of thinning of mixed and pure plantations with native trees in humid tropical Costa Rica. Forest Ecology and Management 177: 427 - 439.

Shepherd, D. , andMontagnini, F. 2001. Carbon sequestration potential in mixed and pure tree plangtations in the humid tropics. Joural of Tropical Forest Science 13(3): 450 - 459.

Vallauri, D. , Aronson, J. , and Barbero , M. 2002. An analysis of forest restoration 120 years after reforestation of badlands in the south-western Alps. Restoration Ecology 10(1): 16 - 26.

Vesterdal, L. , Reitter, E. , and Gundersen , P. 2002. Changes in soil organic carbon following afforestation of former arable land. Forest Ecology and Management 169: 137 - 147.

Walker R. F. , McLauglin, S. B. , and West, D. C. 2004. Establishment of sweet birch on surface mine spoil as influencedby mycorrhizal inoculation and fetility. Restoration Ecology 12(1): 8 - 19.

Wormald, T. . J. 1992. Mixed and pure forest plantation in the tropics in the tropics and subtropics. FAOFrestry Paper 103, Rome.

参考读物

Carmus, J. -M. , Parrotta, J. , Brockerhoff, E. F. , et al. 2003. Planted forested and biodiversity. An IU-

FRO contribution to the Role of Planted Forests in Sustainable Forest Management: " Maximising plangted planted forests' contribution to SFM," Wellington, New Zealand, 24 – 30 March 2003. In: Buck, A, . Parrotta, J. , and Wolfrum, G. , eds. Science and Technology—Building the Future for the world's Forests and Planted Forests and Biodiversity. IUFRO Occasional Paper No. 15. International Union of Forest Reseach Oganizasions , Vienna.

Evans, J. 1999. Planted forests of the wet and dry tropics: their variety, nature, and significance . New Forestry 17: 25 – 36.

Montagnini, F. , and Jordan, C. F. 2005. Plantations and Agroforestry Systems. In: Montagnini, F. , and Jordan C. F. 2005. Tropical Forest Ecology. The Basis for Conservation and Management. Springer Verlag, Berlin-New York.

Parrotta, J. A. , and Turnbull, J. T. , eds. 1997. Catalyzing native forest regeneration on degraded tropical lands. Forest Ecology and Management (Special Issue) 99(1 – 2): 1—290.

Wadsworth, F. H. 1997. Forest production for tropical America. USDA Forest Service.

林分的一般指导准则

Cossalter, C. , Pye-Smith , C. 2003. Fast-wood Forestry. Myths and realities. Forest Perspective Center for International Forestry Research (CIFOR), Jakarta, Indonesia.

www. cifor. cgiar. org/. Contations information on controversial issues regarding plantations such as social relevance, economic aspects, environmental effects.

EvansJ, 1992. Plantation Forestry in the Tropics.

Oxford University Press , Oxford, England. One of the most complete textbooks on plantation forestry for tropical countries.

FAO. 2000. Global Forestry Resources Assessment2000. Main report.

http: /www. fao. org/forestry/fo/fra/main. The Food and Agriculture Organisation of the United Nations (FAO) publishes periodically statistics and information on plantations worldwide, area covered, uses land-use changes, species, and other relevant information.

Forest Stewardship Council guidelines. www. fscus. org/. Contains materials related to certification of forest plantation; a full section on plantation forestry, principles, and criteria for sustainable management of plantation forestry.

International Tropical TimberOganization (ITTO). 2002. Guidelines for the restoration, management and rehabilitation of degrade and secondary tropical forest. ITTO Policy development series no. 13. www. itto. or. jp . Gives detailed guidelines for how to assess a situation of forest degration and to decide what is the best alternative for restoration.

Siyag, P. R. , The Afforestation Manua. Technology and Management. TreeCraft Communications, Jaipur, India. Focusses on semi-arid regions. The book has a technical manual, explaining nursery techniques, site selection and preparation , fencing, soil and water conservation strategies, planting, care and maintenance of the plantations; a management manual, dealing with organizational aspects of afforestation, activity planning , monitoring , quality control and productivity , and record keeping; a section containing technical charts and tables to be used as models and regerence; a section on management of charts and tables, and a tree planting guide.

WWF Web site on forest landscape restoration. www. panda. org/forests/restoration. Provedes concepts, information on forest restoration projects in Africa, Asia/ Pacific, Europe , and Latin America.

第39章　森林防火道

爱杜尔德·普拉纳(Eduard Plana)、茹菲·塞尔当(Rufí Cerdan)
马克·卡斯泰尔努(Marc Castellnou)

本章要点

防火道可以阻止轻度表面火的蔓延，能够作为灭火人员工作的通道和烧除项目的区域界线。

防火道的效果好坏取决于临近危险的状态、需要保护的景观以及维护情况。当单独使用时，它不能遏制头火(顺风火)但可以作为灭火控制点。

防火道花费较高，更重要的是了解和管理火情。

39.1　背景

要想成功地恢复火灾易发区的景观必须要制定有效火灾控制政策。世界上大多数地区，防火工作通常能够控制轻度和中度的火情。随着技术进步以及防火基础设施(防火道、取水点等)的改善，林火控制成功率也得到了提高。然而，火情控制能力会受到周期性出现的极端气候条件的妨碍，而极端气候会因全球气候变化而加强。在这样的情况下，高生物量会导致高强度的破坏性火灾，防火道之类的设施很难加以控制。

最近几年，大面积森林火灾时常发生(如澳大利亚在2002~2003年间130万 hm^2，美国在2000年300万 hm^2，西南欧洲2003年50万 hm^2 发生火灾)。这些现象促使相关部门修订目前的火灾危险管理策略，并得出了以下结论：

(1)在世界上大多数的森林生态系统中，火灾是一种自然现象。虽然在很多地区，例如地中海，火灾的范围和频率受到人类活动的影响而有所增加。受到严重干扰的次生生态系统比原生林景观更加难以抵抗火灾。防火设施的建设必须考虑到当前社会生态系统、生态历史、火在自然生态系统中的角色以及森林(物种、林分结构等)如何适应火灾(改善树木群落的抗火能力和复原能力)；

(2)大量可燃物积累能形成高强度火灾而致使防火措施失效。土地利用变化(如农林复合经营中的废弃地)与成功控制低强度火灾，却都导致了景观内可燃物的积累；

(3)为了增强火灾防控措施的效果，需要了解特定地区当地火情的发生模式；

(4)在火灾高发地区修建居民点和基础设施，需要从预防环境风险的角度应对火灾这一现象(与洪水、雪崩等类似)，并把火灾管理措施纳入到规划措施中去。

在管理可燃物方面有许多方法可供选择：建立线状防火道(无植物或树木密度较低的

区域)；商业林经营，或者在林区进行择伐以促进形成天然林结构，增强抗火灾能力；用计划燃烧的办法消除自然火灾隐患和清除可燃物；或者通过放牧控制可燃物。以上都是辅助性的措施，重点应该放在降低可燃物产生能力和火灾严重程度，使景观结构更好地适应自然火动态或者保护城市和森林的交界区域。

防火道必须能够防止地表火(低强度火)的蔓延，并能够作为消防人员的工作通道，在必要的时候引火逆燃，并便于人员和物品的移动。防火道也是计划烧除的边界线，它能够防止热传递，却不能阻碍热辐射，以致于有时火会引燃防火道另一边的可燃物(这在高强度火灾时经常发生)。越来越多的防火道并不是完全抑制植被生长，而是被设计成为低密度的森林结构，这样的结构即能够减少对当地景观的视觉影响，又更有利于控制林冠下杂草的生长。火行为模型可以帮助我们选取建设防火道的最佳地点，在其他众多因子中考虑盛行风向、地形、森林类型等因素。使用某些天然的隔离带，如河流和山顶，也很有效。降低树木密度的同时，重要的是通过修枝增加林冠的高度，使林冠免于火烧，增加森林安全。商业林经营中，在一些情况下人们可以选择不易燃烧的树种，如相思属植物。

现在没有关于防火道宽度和可燃物管理的绝对标准。防火道的宽度无论从理论上还是实践上都有很大的可变性。在文献中防火道宽度的选择通常凭借以下经验：

(1)附近树高的 2 ~4 倍；

(2)树高的 6 ~7 倍：风通过后从层流到紊流，从而将焚烧的余烬和燃烧残片落在防火道中间；

(3)平均风速乘以燃烧余烬在空中飘飞的时间(通常为 15 秒)；

(4)防火道宽度比估计的火头火焰的水平长度要大。

(其他建议请参看表 39-1)

表 39-1　推荐的高危险条件下防火道最小宽度

推荐的高危险条件下防火道最小宽度		
植被	平地	坡度在 70% 以内的坡地
乔木林、低矮密集的灌木林	12m	20m
乔木林和密集的灌木林	25m	35m
地形	宽度	
大于 50% 的坡顶部	60m	
20% ~50% 的坡顶部	80m	
低于 20% 的坡顶部	60 ~80m	
平地	100m	
浅水路	150m	

来源：velez，2000.

遗憾的是，由于多种原因，防火道有时因宽度不够而不能够发挥效用，有时候甚至起到烟囱的作用，提供了一条风的通道，增强了火的波及范围和强度。另外，由于防火道地面缺乏荫蔽，为植物的发芽和生长提供了良好的条件，这些植物又因其具有快速蔓延火灾和高线性燃烧强度的特性，而使其自身成为了新的危险可燃物。在多风地区，因为火头很长以至于能够跳越过防火道网络，防火道很难发挥作用。防火道的维护需要定期进行彻底的清理。计划烧除是一种很有效的办法，但是仍然存在火越过边界的危险。机械化措施可以作为另一种选择但花费过高。还有一种比较有效的做法是加强该地的放牧(绵羊、山羊、奶牛等)，但必须得到当地森林所有者的配合。放牧的过程中应加强管理以防止牲畜破坏树木和造成土壤侵蚀。

另一个重要的问题是森林与城市交界处的问题。随着越来越多的人选择居住在可燃植物群落附近，很大程度上增加了结构性火灾的损失。以下是减少森林与城市交界处可燃生物量，从而减少火灾发生的基本要点：

(1)移除足量的树木，使林冠覆盖度小于35%，并使树冠之间至少保持3m的空隙；

(2)在住宅的任何一个方向上进行疏伐，平地上至少要在离开两个树高的距离内进行(坡度30%距离扩大1倍，坡度大于55%扩大3倍)；

(3)将平地上距住宅两倍树高的任一方向内的树木距地面3m内的枝条全部剪除，包括死枝，以降低地表火蔓延到林冠的可能；

(4)除去下层木或保持其有足够的空间距离而不至于让表面火引燃它们，甚至进一步导致林冠火；

(5)清理掉木质材料，包括由于上述操作而聚集的木质材料，以降低地表火发生机率和强度。

最后可以得出的结论是，防火道以及其他在空间上严格限制的可燃物管理带，其效果都取决于附近的危险物、工程建设情况(如防火道的宽度)以及维护情况。单独防火道不能阻止高强度火头，但是能够作为间接灭火和侧翼遏制火灾的控制点。这就是花费很高成本建设和维护防火道体现出的重要性。按照火灾蔓延、强度及起火点与林冠火的发生情况等因素进行的模拟研究是实现有效投资的基础。

39.2 案例

39.2.1 西班牙加泰罗尼亚地区巴基斯县：当地社区参与建设防火道网络系统

西班牙巴基斯防火道网络系统的建立出于3个紧密联系的目标：第一，评估火灾风险通过分析增加火灾发生可能性以及火灾发生后有不利影响的每一个能够确定的因素，做出全县火灾潜在风险的空间评估。这需要对林地火灾发生的原因、分布和气候进行详细的综合分析。应用ARC/INFO程序FARSITE生成风险分析地理信息系统(GIS)图；第二，为了把本县火灾风险与危害减到最小，评估人力和技术资源的可用性，对地域性火灾风险和脆弱性进行相关说明。目的是评估不同地点火灾风险与防火障的控制能力之间的相关性。这其中所获取的信息又应用于火灾的预防、探测和干扰以及防火设施的建设当中。在这方面需要考虑到的变量有①防火障的结构；②破坏可燃物连续性的措施(计划烧除、放牧、种植草地等)；③森林管理和择伐；④观测哨的数量以及能见度；⑤林区的可进入性；第三，整个计划的所有目的就是为了制定和实施处理火灾险情的策略性方案，这个方案是结合专家和当地利益相关者的经验得出的结果。在14次系列会议当中，还向当地经理、森林所有者和许多能够代表该县其他不同身份居民的积极参与者展示了GIS分析结果，并请他们提出意见和建议，根据讨论的结果对相应的图形和结果进行了修改、调整和完善。最后，针对一些具体措施进行了讨论，参与者都明确了自己的角色和行动任务，在火灾预防、预报和灭火工作方面达成一致。可以看出，当地居民在调查和制订政策过程中起到了重要作用。当地居民的参与贯穿于各个阶段，包括评价火灾风险和动用的资源量及最后方案实施阶段。与会人员由如下的参与者和机构代表构成：志愿者森林保护巡逻队、森林土地所有者、当地官员、灭火队、当地环保团体、当地的环境咨询公司、当地环境问题专家以及当地媒体。

39.2.2　可燃物管理与灭火—— 全球概览

在对灭火进行多年投资后，许多发达国家不得不意识到由于大量可燃物的聚集，高强的火灾难以扑灭。经济学方面的分析很容易证明计划烧除或疏伐的单位面积成本远比灭火费用低，但是由于分析可燃物经营生产力方面的困难和缺乏完整数据（规划与监测成本），应予处理的最优林地面积仍在讨论中。过去几个季度中一直应对火灾问题的美国和澳大利亚火灾防治系统，决定增加对可燃物的管理，特别是使用计划烧除（Victorian Bushfire Colonel Iquiry in 2004；Forest Healthy Initiative by USDA forest Service in 2001），甚至让自然火也参与其部分工作。控制大面积和高强度的火灾总是要花费大量的成本。在加利福尼亚，研究人员通过使用火情发展模型 FARSITE 模拟灭火情景，已经证明，在林区有战略意义的立地（非线性防火道）上采用营林措施可以减少 500% 的经济成本（火灾破坏与灭火成本），并能够在 50 年和 100 年的回报期分别产生 2.94 和 1.47 的收益 - 成本比率。因而，可燃物管理应优先定位于减少大规模火灾，计划烧除是最好的工具。

39.3　方法概述

（1）景观可燃物管理技术以及防火道维护措施：在营林措施（剪枝和择伐）、计划烧除，以及放牧方面，需要有适应当地特定环境的管理大纲。在可能的地区，当地的农业活动应与火灾防治策略相结合，以促进农村发展和当地利益相关者的参与；

（2）当地利益相关人员和政策制定者参与方法：在当地相关人员中达成一致协议，对保证防火工程的社会可持续性有重要意义；

（3）土地规划和法规工具：例如，在意大利、西班牙和法国，放牧是法定的防火方法。在进行城市和基础设施规划中考虑火灾风险也是非常必要的。

39.4　未来需求

以下 3 点是将来防火道建设中要优先注意的：

（1）需要了解各个地区自然火动态和避免毁灭性森林大火的森林结构。像火行为模型 FARSITE 与地理信息系统等信息工具，能够为设计具有最好的效益 - 成本比率的防火基础设施提供信息；

（2）需要激励机制来保证经济上的可行性，并在景观层面上使可燃物管理政策具有合法性，特别要注重促使当地相关人员的参与；

（3）向社会和政策制定者说明在地中海生态系统中火灾是一个自然因素，在景观管理和土地规划中需要包含火灾风险管理。增强火灾是自然风险这一认识将有助于提高所采用措施的可行性。

参考文献

Agee, J. , Baahro, B. , Finney, M. , et al. 2000. The use of shaded fuelbreaks in landscape fire management. Forest Ecology and Management 127: 55 –66.

Finney, M. A. , Spapsis, D. B. , and Bahro, B. 1997. Use of FARSITE for stimulating fire suppression and analyzing fuel treatment economics. Symposium on Fire in California Ecosystems: Integrating Ecology , Prevention, and Management, 17 – 20 November 1997, San Diego, California. Association for Fire Ecology Misc. Pub. No. 1, pp. 18 –199.

Leone, V. 2002. Forest management: pre and post fire practices. In: Pardini, G. , and Pinto, J. eds. Fire, Landscape and Biodiversity: An Appraisal of the Effects and Effectiveness. Deversitas No. 9, Universitat de Girona, Spain.

Schmidt, W. C. , and Wakimoto, r. h. 1998. Cultural practices that can reduce fire hazards to home in the Interior West. In: fischerm, W. C. , and Arno, S. F. , eds. Protecting People and Homes from Wildfire in the Interior West: Proceedings of the Symposum and workshop, 6 –8 October 1987, Missionoula, MT. Gen. Techn. Rep. INT-251, UT: USDA, Forest Service , Intermountain Reseach Station , pp. 131 –141.

Tabara, D. , Sauri, D. , and Cerdan, R. 2003. Forest fire risk management and public patici pation. In : Changing Socioenvironmental Conditions: A Case Study in a Mediterranean Region. Risk Analysis 23(2): 249 –260.

Velez, R. 2000. La Defensa Contra Incendios Forestales. Fundamentosy Experiencias. McGraw-Hill, Madrid. ISBN: 84 –481 –2742 –0.

第40章　将农林复合系统作为森林景观恢复的工具

托马斯·K·埃德曼(Thomas K. Erdmann)

本章要点

在天然林恢复或全日照农作物都不是大范围森林景观恢复的可行选择的地方应该促进提供永久树木覆盖的农林复合系统。

恢复森林景观、发展可持续农业活动要取得成功，需要密切关注当地人民生计、森林利用和农耕方式的基本情况。

40.1　背景

40.1.1　林木覆盖，土壤肥力以及农业

森林土壤通常很肥沃，特别是在森林系统相对未受干扰的情况下，森林内的重要植物养分和有机物质能够长期得到有效循环。即使在森林土壤比较贫瘠的地方，大量的养分都聚集在地上生物质中，在相对比较年幼的次生林或丛林休闲地中，枯落物中的有机物质(如叶、树皮、枝条等)也能快速积累。而且深入土壤的树木根系还能够“泵出”土壤中其他物种不能获取的营养物质。

40.1.2　轮作农业的困境

很久以前农民就开始使用森林生态系统。通常情况下，人们采用轮作方式：先将一片森林清理、焚烧，然后在该地从事耕作活动，一直到土壤肥力耗尽或者杂草侵入而无法经营为止。在传统的经营体系中，这片土地接着就会被弃耕若干年。

如果土地的休耕期能够持续足够长的时间，那么这样的轮作就会是一种可持续的方式。然而，在许多热带地区的发展中国家中，人口快速增长促使当地人们需要越来越多的可耕地，从而导致土地休耕期越来越短，进一步导致土壤无法充分恢复肥力，土地生产力下降。长此以往就会导致土地严重退化而不能满足农业需求。为了获得肥沃的土地以满足粮食需求，农民被迫再次清除原始林，长期的结果是导致森林退化和毁林加速。

40.1.3　农林复合系统简介

农林复合系统并不是一种新的尝试，实际上自人类开始农业耕作活动以来它就存在了。然而，在最近30年才引起了足够的科学重视和系统性研究。农林复合系统被广泛接受的定义是：农林复合系统是一个土地利用技术和系统的集合名称，即有目的地把多年生

木本植物与农作物和(或)动物按照一定的空间和时间次序安排在同一土地经营单元上。这里的关键词是“有目的地”，人们是有意采用这样的方式。农林复合系统的一些经营方式能够在有助于恢复森林景观的同时，成为解决农业轮作困境的潜在途径。

40.1.4 多用途树种与品种的选择：天然林树种的驯化以及生物多样性的考虑

农林复合系统的基础之一是多用途树种。这是一种能够提供多种产品或服务功能的木本树种(灌木或乔木)，相比其他只有单一效用的树种更具有优势，应当被积极地应用于旨在发展可持续农业的恢复工作之中。许多固氮灌木既能够增加土壤肥力，为家畜提供营养丰富的饲料，同时还能保持土壤(防止土壤侵蚀)。类似地，果树既能够提供食物又能够保持土壤。

恢复工作中所选木本植物的种类对生物多样性也有重要影响。某些当地天然林的树种可能会为景观中受到威胁的关键动物提供食物。理想的情况是，选择既能填补这个生态位，又能为当地农业提供食物和服务价值的树种。我们应当加强这类天然林树种的繁殖，以便能种植在人口稠密的景观中，成为成功恢复景观的一个重要组成部分。将种植有价值的当地乡土树种与农业系统结合是驯化过程的第一步。

40.1.5 木本植物与草本农作物间的竞争

为了农业的持续而进行的森林景观恢复规划过程中，任何时候都要考虑的一个关键问题就是乔木、灌木与农作物之间在光照、水分和土壤养分方面的竞争。为了获得农产品产量与森林产品和服务之间的平衡，需要在空间安排上加以权衡。比如，我们需要加大绿篱灌木之间的行距，以在这种间作系统中获得期望的农业产量。

40.1.6 树木散生在景观中与恢复成为郁闭的森林

从社会经济学的角度看，在人口密集、耕地需求量大的景观中，把重要区域全部恢复成树木覆盖或森林是不大可能的。其替代方案是在耕地之间植树。可以在农田的边界沿坡地等高线种植绿篱，以及在住宅附近种植丛生乔木或灌木林等。种植的目的也是为了恢复木本植物的产品和功能。

40.1.7 利益相关者(客户)的需求与森林(树木)的服务

最后，也是最重要的一点，在任何森林景观恢复的初期，我们必须清楚地理解利益相关者(客户)是谁，他们对使用土地和自然资源的观点和优先权是什么。当恢复的目的是可持续农业时，主要的利益相关者群体是在所讨论的景观中从事农业活动的农民。了解当地农业系统及其与森林覆盖的关系是极为重要的事情之一。了解当地传统的森林系统利用情况也同样重要，即哪些树种的产品能为当地居民提供收益。这些都是设计适宜的恢复和干预措施所必须了解的。

40.2　案例

40.2.1　自然休耕林和次生林条件下庭园种植与农业的推广

在热带地区，多层结构的庭园植物中包括乔木、灌木，以及耐阴农作物。通常情况下，庭院中的多样性包括水果树、坚果树以及能够生产食用油的灌木和乔木，能够从中提取芳香物质的木本和草本植物，耐阴的树木如橡胶、可可、咖啡，耐阴的作物如香蕉、马铃薯、木薯和辣椒等。由于其多样性，这样的庭院结构有抗风险能力，并能够在全年提供经济产品和食物。这些植物都是当地大量穷困小农户重要的生计来源。庭院种植模式的建立、发展和多样化，很有可能为恢复全世界范围内退化和受到威胁的森林景观提供巨大可能，因此这样的实践措施应当被当作森林景观恢复(FLR)策略的一部分。以下 3 个关于经济作物和树木作物系统的实例与不同的庭院种植模式有紧密联系。这样的方法可以应用于次生林和老的休耕林区。实际上，在尼加拉瓜、巴西和秘鲁的雨林开垦者已采用过这种方法。

40.2.2　经济树种与森林恢复

40.2.2.1　婆罗洲的橡胶

橡胶是东南亚地区小的土地所有者的一种重要经济作物。虽然公开的说法并非如此，但橡胶确实提高了婆罗洲部分地区的树木覆盖。这源于当地农民从比较粗放的土地利用转变为集约土地利用系统，同时也因为当地人民进入一个换取现金的经济时期——橡胶是一种主要经济作物，另外为控制对森林的侵害以及将山地转向灌溉的稻谷生产，政府增加了强制性立法。在这种情况下，当地农民积极地学习在休耕林和次生林中营造人工林或橡胶种植园，或是在传统的多层庭院中增植橡胶树。在这两种情况下橡胶树都与果树、能够生产经济产品的其他树种以及自然更新的天然林混交。这样的人工林具有结构复杂性和植物多样性。因此政策结论是：当期望维护有林的景观时，应当优先提高乔木或乔木作物的种植技术。

40.2.2.2　科特迪瓦的可可树

可可的引进，使得大量移民涌进科特迪瓦地区，导致当地大量毁林。而最近，由于土地的稀缺以及当地政府对森林砍伐的强行控制措施改变了这种趋势。当地农民正在采用一种能够全面提高森林覆盖度的方法：在草地以及灌木休耕地中种植可可，并结合种植一些果树以及具有很高经济价值的用材树种(木材公司逐渐在老的可可种植园中的空地上种植高价值树木)。老龄的、低产的、时常被荫蔽的可可种植园正在用可可新品种进行更新，并会在其中间作一些香蕉或马铃薯。毁林使当地农民面临很大的挑战，他们被迫适应和创新，一些新的措施，使得森林和林木覆盖可能得以恢复。

40.2.2.3　中美洲树荫下咖啡种植

咖啡生长在天然林或人工林的荫蔽下，通常都与固氮功能的豆科植物生长在一起，全世界的咖啡种植都是如此。如前面的例子，这样的“咖啡林”不仅具有生物多样性，而且从经济学的观点看也具有多样性，因为它结合了果树与高价值用材树种。在中美洲和墨西哥，树荫下的咖啡种植园是一些候鸟的重要栖息地，他们同时也是当地贫困农民的生计来源。现在的建议是扩大这样的系统，并使其环境服务，如流域保护、生物多样性效益、碳汇等市场化。咖啡的这种种植方式可能是许多地区森林景观恢复策略的重要组成。

40.2.3 改良的休闲地

休闲地的改良措施一般是在丧失肥力的农耕地栽植或者播种豆科灌木。当准备开始种植农作物时，这些以前所种植的灌木就要被砍除，并作为“绿肥”埋入到土壤中。在有些情况下，这种方法可以在农业生产的最后一个或两个季节开始，农民对他们田间保留的能够改良土壤的木本植物进行更新，没有在除草过程中清除它们，亦甚至在锄地和除草过程中播种这些植物。另外一种休耕的做法是，当地农民进行田间清理时以较大间距保留一些树木，这些树木能够在耕作期间帮助保持土壤肥力(或提供其他的产品和服务)，并能在休耕期直接为其他植物生长提供适宜小气候。

40.2.3.1 赞比亚：使用固氮物种——印度田菁(*Sesbania sesban*)与非洲山毛豆(*Tephrosia vogelii*)

改良的休耕制度已被试验并被用于整个热带地区。其中最成功的实例之一是在赞比亚种植有固氮作用的田菁和非洲山毛豆。种植这两种植物两年后，该地的玉米产量就接近于肥力充足地区的产量。这两种植物与猪屎豆(*Crotalaria grahamiana*)的配合使用在肯尼亚西部取得了巨大成功，使当地玉米产量提高了两倍。贫困家庭更喜欢这种技术，而不是施用化肥。然而，在人口高速增长的热带地区，许多农民没有足够的土地来进行休耕，因而限制了这种技术的推广使用。

在森林景观恢复的初始阶段，综合改良休耕制度具有挑战性。如上所述，当作物耕作期再次开始时，乔木和灌木就要被清除，因此它们只能够临时恢复林木覆盖度。一个比较折中的做法就是在特定景观中指定连续的轮作农业区域，其中一些土地总会是改良的休耕地，这些改良的休耕地在指定区域内年年轮换。

40.2.4 绿篱间作

类似于改良的休耕地，绿篱间作同样是一种保持与恢复土壤肥力的实践方法，涉及在农地营造具有固氮作用的永久性灌木或小乔木树篱。绿篱会定期得到修剪，其修剪的生物质被埋入绿篱之间的农地中。

虽然在许多农业研究站的试验中取得了有希望的结果，但是这种技术措施还是没有被农民广泛采用。这是由于它有两个主要缺点，第一，农作物和绿篱中的乔灌木树种与农作物之间会产生激烈的竞争，特别是在半干旱和半湿润地区存在水分竞争的情况下。第二，种植过程中需要定期修剪，小农户没有充足的劳动力进行这项工作。另外，不安全的土地制度、获取土地和信贷的难度，以及推广机构强调土壤保持而不是经济回报，都是妨碍这种方法使用的主要原因。

40.2.4.1 潜在的不良影响

在特定景观中广泛使用上文例子中所述的方法也具有一定风险。首先，农林复合系统实践在经济方面取得的成功容易吸引大量的移民迁往该景观区域。人口的大量迁入会导致天然林进一步被毁；其次，在这些实践中所引入的外来物种可能会成为杂草，并取代当地木本植物，这会对当地自然景观的生物多样性造成不良影响。

40.3 方法概述

40.3.1 参与式农村快速评估

参与式农村快速评估方法(R/PRA)在乡村发展工作中被广泛接受和使用。总体来说，这是一种搜集信息和促使利益相关者参与的相当快速而有效的方法，特别适用于地方社区。这种方法能够灵活地应用于多种问题，通常是通过与大量的、混合群体或者数量较少、结构较单一的亚群体进行半结构访谈形式实现。在森林恢复背景下，可以使用这种方法来了解当地自然资源利用，特别是与天然林紧密联系的问题。这也是获得农业活动信息及与其相关的活动日程的重要方法。在快速评估期间，通常需要在景观中进行穿越调查，记录沿途的相关信息，而后整理出所遇到的情况。类似地，也经常使用参与性绘图方法。最重要的是，这种方法可以成为与景观中的利益相关者建立合作的一个起点。在分析了当地自然资源利用情况后，研究人员可以就解决有关问题的潜在方案组织一个参与式"头脑风暴"会议，许多恢复行动都是在这样的情况下提出的。

40.3.2 生计状况分析

下面所陈述的许多信息都是来自英国国际发展署和发展研究所的生计网上的信息。生计分析是一种以人为中心、旨在消除贫困的方法。这种方法对于各种森林景观恢复活动都很重要，特别是那些以农业为主要土地利用方式的景观，毕竟是人在从事农业活动。这种分析是以可持续生计框架为基础，这个框架包括考察各种资产(人力的、自然的、经济的、社会的或物质的资产)、脆弱性、以及生计政策如何改变结构和过程。除了要以人为本并且始终考虑可持续性以外，这种方法运用了以下核心观念：即动态、整体、微观与宏观相结合、灵活性，并且是建立在优势上而不是需求上。这种方法也寻求建立包括环境学、经济学、社会学以及政府相关人员参加的多学科团队。包括 R/PRAs 在内的许多工具已用于生计分析。在文献中引用的其他工具还包括性别、宏观经济、利益相关者分析以及政府评估。

40.3.3 恢复森林景观的农林复合技术

通过前文的案例部分我们可以发现，有许多农林复合系统实践措施和技术都可以与森林景观恢复活动相结合，以下是3种主要方法：

(1)恢复和维持土壤肥力技术(如改良休闲地的技术、绿篱间作技术)；

(2)土壤保持技术(如坡地上的绿篱间作技术、防风林)；

(3)提高收入的经济作物种植技术(如庭院种植)。

40.4 未来需求

未来工作应当优先考虑的问题：

（1）在农业用地和森林用地之间进行权衡：在以农业为主要土地利用方式的景观中恢复森林，主要障碍之一是在农业和森林之间寻求平衡。协商成功的关键是建立利益相关者之间的约定，这将最终决定恢复是否成功。一般来说，自然保护实践者几乎不具有与利益相关者协商土地利用规划的经验。因此重要的是在这方面得到一些训练和指导。加强自然保护机构与生计和发展组织之间的合作非常重要。

（2）乡土树种的繁殖：将乡土树种应用于农林复合系统当中可以使得森林景观恢复项目更有利于生物多样性，同时也能够提供当地农民所需要的产品和服务。遗憾的是，对许多乡土树种的生物学特性知之甚少。需要一些基础性、应用性研究以获得最适宜的繁殖技术。总的看来，应用于农林复合系统的树种都具有相似的驯化过程，在这方面已有很多文章，或许可以为景观恢复的实践者提供一些指导。

参考文献

de Jong , w. 2001 the impact of rubber on forest landscape inbroneo . angelsen , A . and kaimowitz , D . eds . Agriculture Technologies and Tropical Deforestation . CAB International, Wallingford and New York , pp. 367 – 381

landauer, k, and Brazil M. eds. 1990. Tropical Home Gardens. United Nations University, Tokyo.

Nair, P. K. R. 1993. An Introduction to Agroforestry.

Kluwer, Dordrecht, Boston and London

Place, F. Franzel, S. Noordin, Q, and Jama, B. 2003. Improved fallows in Kenya: history, farmer practice and impacts . Paper presented at the InWEnt , IFPRI, NEPAD and CTA conference , "successes in African Agriculture," Pretoria, South Africa

Ruf , F. 2001 Tree crops as deforestation and reforestation agents: the case of cocoa in Cote d'Ivoire and Sulawesi. In: Angelsen, A. and Kaimowitz, D .

eds. Ageicultural Technologies and Tropical Deforestation. CAB International, Wallingford and New York, pp. 291 – 315

参考读物

Angelsen, A, and Kaimowitz, D. eds. 2001. Ageicultural technoligies and Tropical Deforestation . CAB International , Wallingford and New York .

Elevitch, C. r. ED. 2004. The Overstory Book : Cultivating Commections with Trees . Permanent Agriculture Resources, Holualoa, Hawaii

Forestry innovations inAfrica: can they improve soil fertility on women farmers` fields? African Studies Quarterly6(1and2)

McNeely, J. A, and Scherr, S, J. 2003. Ecoagriculture: resStrategies to Feed the World and Save Wild Biodiversity. Island Press, Washington, USA, Covelo, California.

Schroth, G, da Fonseca, G. A. B. Harvey, C. A. Gascon, C. Vasconcelos, H. L. and Izac, A. M. N. eds. 2004. Agroforestry and Biodiversity Conservation in Tropical Landscapes. Island Press, Washington, Covelo, London.

Young,, A, 1989, Agroforestry for Soil Conservation. CAB International, Oxford , UK.

D 篇

解决森林恢复的具体问题

第十二部分　不同森林类型的恢复

第 41 章　热带干旱区森林恢复

詹姆斯·阿伦森(James Aronson)、丹尼尔·瓦劳里(Daniel Vallauri)
坦吉·贾弗里(Tanguy Jaffre)、波特·P·洛瑞(Porter P. Lowry II)

本章要点

由于人类过度开发热带干旱区森林，如今这个具有丰富生物的独特生态系统已经所剩无几了。

恢复热带干旱区森林的突出理由包括它们地带性物种的比例，它们在生产药物、香料、食品方面的潜力，游憩功能，独一无二的基因型及其对气候变化的潜在适应性。

案例分析表明，在景观水平上恢复热带干旱区森林，尽管是一项艰苦的事业，但具有非常大的可能性和必要性。

41.1　背景

地球上大片温暖地区——也许占所有热带地区的 40% ~45%——曾经被热带干旱区森林(TDF)覆盖。这些区域包括热带美洲和马达加斯加的背风沿海平原、加勒比的许多岛屿、太平洋和印度洋、以及许多非洲、亚洲和澳大利亚的内陆地区。今天，热带干旱区森林遭受了深度也许是不可逆转的改变，只有 1% ~2% 的区域内仍然是一个相对完整的和生态健康的状况，其余地方都是支离破碎，遭受了物种损失、栖息地变化和基因流失，它们濒临着灭绝的危险。

41.1.1　特性和生物财富

热带干旱区森林的存在，反映了其发生和变化的广泛的地质条件及其所遭受的难以预测的气候变化，它庇护了在结构、生理生态、化学和生态学上有显著特征和数量惊人的动植物种，还在主要生物体种群的特有种分布方面表现出了极高的比率。不过，可悲的是，热带干旱区森林的生态重要性和自然保护价值只是在最近10～15年才开始被承认，也就是说比热带湿润区森林晚得多。

热带干旱区森林的特点是树木覆盖连续和树冠层次多，表现出了一套独特的选择性力量，导致了一系列显著的生命形式演化。伴随不可预测的同期严重水分胁迫，常常是突发性的暴雨和高降雨量，导致动植物水分、能源及养分利用呈现脉冲式。

在气温永远不低于0℃的地区，资源的年际变化和不可预测性促进了那些具有化学生命形式和生殖系统多样性植被的进化，如令人印象深刻的一系列落叶、半落叶和常绿乔木、灌木、藤本。我们讲到系列演化，是因为事实上几乎有热带干旱区森林分布的每一个岛屿、半岛或列岛都有自己一套独特的物种，其中许多种是当地特有的。鉴于它们以前被破坏得支离破碎，每一个存活下来的热带干旱区森林群落都应该被作为具有最高自然保护价值的一个独特实体。

41.1.2　对人的吸引力及其后果

由于它的季节性、平缓的地形地貌、相对富饶的土壤和邻近可提供丰富食物和水源的热带海岸，很早以前，热带干旱区森林就吸引了人类定居者和狩猎。其丰富多样的矿藏也吸引了企业家和工业界。结果，这些森林的转化和退化持续了很长时间。

在受到人类影响以前，热带干旱区森林中有大量高大树木，这些树木的木材致密、坚硬、纹理美丽、芳香而且有极大价值，如檀香(*Santalum album*)。为了本地建筑，这些树木被择伐了，后来也进入了国际木材市场。只有比较少的人可以从中获利，当地社区的人几乎没有从中受益。

一旦树冠很大的巨型植物被砍伐，热带干旱区森林就渐渐地被大规模转变为其他用途，如放牧，或者成为农场或薪柴木炭的生产地(例如，在马达加斯加西南，见下文)。追溯到大约19世纪末期，这个过程基本上是一个反复燃烧和清理的过程，直到剩下很少或者没有原始的木本植物和土壤种子库。动物和微生物的生物区系也发生了变化。

现在，热带干旱区森林片段和邻近地区，大多数被广泛用于具有有限经济价值的牲畜或生物多样性利益。在一些地区的城市附近幸存的热带干旱区森林正在渐渐消失，为海边宾馆和都市无计划扩展让路。在少数地方，依然有一些热带干旱区森林，但是既没有得到保护，也没有为了“发展”而被照管，热带干旱区森林因为拥有生长缓慢且极其宝贵的木材(例如，破布木、桃花心木、柚木、檀香和黄木)依旧遭受择伐。这种目光短浅、对最有价值的剩余树木进行开发的行为成为不能容忍的“人为反向选择”的例子。在热带干旱区森林或者其他濒临灭绝的森林中，这种情况当然应加以控制并且重新立法，或者最好完全停止，直到出现自然更新或主动给予森林一段恢复时间以增加覆盖度。

41.1.3　恢复的原因

无论如何，必须认识到今天存留下来的热带干旱区森林已不是特别吸引人了，也很少能吸引游客的注意。热带干旱区森林年生产率很低，林农对其没有多少兴趣。因此为了保护而进行游说及恢复它们是有困难的。然而，仅仅是生物多样性这一条标准就足以成为需要付出更多努力的理由，特别是在景观和生态区尺度上。更重要的是，从经济角度看，恢复热带干旱区森林是绝对不可忽视的，即使大多数最具价值的用材树种和狩猎动物早就不存在了。

热带干旱区森林中的许多植物具有非木质产品价值，包括作为中成药、生物制药、食品、作物改良的潜在种源(例如，在新喀里多尼亚一个特有的野生稻种)、香水、化妆品等。同时，它与创新生态和文化旅游业结合起来，实施多目标、多用途林业经营，热带干旱区森林会具有显著的经济价值。恢复应当在这两种情景中发挥重要作用，社区参与也要包括在这些方案中。

此外，在城市或城市周边地区，像在格朗德特尔、新喀里多尼亚地区，本土热带干旱区森林恢复是满足市容绿化美化需求的最突出、最具成本效益的途径。维持生态系统适应气候的成本一定会低于以传统园艺方法种植外来物种和草坪，其结果具有审美优势。这样的花园森林，虽然只限于城市公园、路边种植区，但对教育工作可能是一个有益的补充，并可作为城市外或城市周围恢复项目的基因库。在这里恢复成片森林或热带干旱区森林片段之间的走廊都需要种子和种质资源。

最后，因为全球变暖和陆地系统整体趋向干旱，热带干旱区森林植物、微生物和动物代表的丰富遗传资本不应该被低估。人们预见这些生物体应该比那些适应了湿润的热带森林物种更容易对全球变暖和荒漠化产生反应。因此，管理人员和技术人员以及公共政策制定者应对他们予以特别关注。

41.2 案例

41.2.1 哥斯达黎加保护区——瓜纳卡斯特

自 1985 年以来，在丹·简森指导下，在哥斯达黎加北部瓜纳卡斯特，一直实施着一个大范围创新性的景观恢复和管理项目。这个 110000hm^2 的自然保护区起步于圣罗莎国家公园，通过富有远见的哥斯达黎加政府的努力，已经逐渐扩大到景观规模上，不仅包括热带干旱区森林而且还包括湿地森林和山地云雾林，以及 45000hm^2 近海海洋保护区，还使住在那里的人们成为景观整体的一部分。这种努力也许是独特的，但的确对世界热带干旱区森林保护十分重要。其关键是真正在景观尺度上做到了生态管理、保护和恢复相结合。恢复被看作是生物文化，涉及到发展高度创新的教育活动和生态经济。

41.2.2 新喀里多尼亚(法属太平洋领土)

随着作者之一(Jaffre)和他的同事 B. Suprin 及 J. M. Veillon(省环境事务局)的早期活动，15 年前人们就开始注意到位于西海岸最大岛屿新喀里多尼亚的香格里拉格朗德特的热带干旱区森林已陷入了逐渐萎缩的困境。1998 年，世界自然基金会(WWF)这一全球保护组织发起建立由民间组织(NGOs)、研究机构和政府组成的联合委员会，并在世界自然基金会(WWF)森林景观恢复方案框架下提出了一个全方位的热带干旱区森林项目。自 2001 年以来，这个项目已对许多分散的热带干旱区片林进行了初步勘察和测绘，针对其生态、造林、园艺进行了有价值的研究，以便为 2005 年开始的恢复试验做好准备工作。就在写作本文时，该项目正在采取一项重大行动，以确保在 Gouaro Deva 的重要景观试验恢复具有可能性，这一地点是在格朗德特尔仅存的包含一片面积较大（450hm²）森林的立地，具有能够保持以前在该地区广阔分布的热带干旱区森林代表种的潜力。综合保护、管理和恢复的试点项目的前景仍依赖于省和国家的政策、决策者和当地利益相关者的执行力。

除了恢复破碎化和退化森林景观面临挑战之外，由于外来物种入侵(蚂蚁、植物、鹿等)、火灾和过度放牧，所有热带干旱区森林都面临着不断加大的压力。新喀里多尼亚森林也许是世界上最濒危的热带干旱区森林，面临更多威胁。新喀里多尼亚是世界上最优先的保护热点之一，具有非常丰富和高比例的地方生物群，为了实现持久保护目标仍需做出相当大的努力。

41.2.3　马达加斯加西部

世界自然基金会和其他非政府组织一起呼吁关注在马达加斯加西部的，那些迫切需要启动保护、管理和恢复的遗留的热带干旱区森林令人震惊的状态。不同于新喀里多尼亚和哥斯达黎加，马达加斯加仍保留着相当大面积的森林，从Tulear北部森林中占优势的猴面包树到最西南端的多刺植物组成的森林。然而，几百年的猴面包树和所有当地各种物种越来越多地遭受砍伐和清理，以便为房屋和酒店腾出地方，同时由于贫困人口主要依赖于当地资源，其他独特的Didieraeaceae树和以大戟属植物为主的多刺植物组成的森林也被砍伐并被转化为木炭了。

在这种社会经济背景下，保护和恢复热带干旱区森林的挑战与人类的生命和生计是紧密相连的，而人类是影响环境的最主要原因。尽管马达加斯加政府已强化了其生物多样性保护承诺，他们通过“正常”行政措施落实政策的能力对于偏僻农村地区仍非常有限。需要采取其他办法以及利用社区保护措施，这样，自然资源管理就可以与当地(传统)经济和土地使用权制度教育青年，增进他们对自然生态系统短期和长期意义的基本理解紧紧地联系在一起。

41.3　方法概述

41.3.1　监测压力

控制牲畜、入侵物种、火灾或土地变化造成的压力本身就是一种恢复措施。例如，在阿根廷西北，一个名为卡洛斯的具有创新精神的地主兼牧场主，开发了控制放牛的技术，这种技术有利于重新主动地引入多用途乡土树种，如巴拉圭苏木(*Salpinia paraguariensis*)，它具有开花结实周期长的特点，能为牲畜提供营养丰富的饲料，同时也为鸟类、啮齿类动物和其他哺乳动物提供栖息地，还能为其他树木和灌木的更新提供一个有利的林下环境。

虽然也可以采取被动控制方法(见下文)，但在极端情况下采取直接行动或许是必要的。像夏威夷岛热带干旱区森林保护的自愿行动。在其他情况下，采取诸如篱笆墙或围栏等成本较高的方式也是必要的，例如在新喀里多尼亚引进鹿后反而阻止了热带干旱区森林的更新。

41.3.2 促进自然动态化

相对便宜的被动恢复技术最适合在控制或限制导致退化的根源后，生态系统恢复能力高的森林。这是许多过度放牧和严重火烧后的生态系统的情况。在那里，消除或完全禁止放牧和火烧数年后就能促进自我恢复。由于在干旱条件下建立人工林基地需要相当大的技术和资金投入，更好的做法是尝试被动恢复，并评估创新技术开发的效果和效益。不过，这样做需要热带干旱区森林生态功能的知识，尤其是动物(鸟、蝙蝠等)传播主要树木种子的知识。例如，在哥斯达黎加的被动恢复中就得到了有效使用。

41.3.3 积极恢复：改善种植方法

在许多实例中恢复需要通过种植木本植物，特别是原生态系统的常见种和框架树种，以及珍稀物种或濒危物种。“框架树种”方法源于澳大利亚昆士兰州，它被成功地应用到泰国北部热带干旱区森林中，似乎具有高度适宜性。使用这种方法，要选择 20 ~ 30 个关键树种一起构成所要恢复的森林的基本结构。然后需要培育苗木，进行实验种植，包括选择和评估树种、混交类型以及假定功能群落。该方法是对传统林业或植被营造方法的较大改进，因为过去通常只使用两个或三个速生树种。在长远计划中，目标是为框架树种创造一个岛屿或核心区，用动物传播繁殖体来促进哺乳动物、鸟类和其他传播者返回到该区域。

在有不可预测降雨的季节性干旱区种植树木，林业工作者、土地拥有者和生态恢复者不得不考虑常年的干旱风险。这里要强调选择合适品种、生产优质苗木并适时和有效地移栽的重要性。在一些情况下，应尝试直播干的种子或催芽的种子。接种适当的根瘤菌株或菌根也可能是有利的，甚至是必要的。

如上所述，热带干旱区森林的特点是空间异质性很大，这对小尺度上水分、养分和能源可获得性的差异产生了很大影响，因此按直线或准备好的梯田种植，不一定是最好的方式。

41.3.4 土壤肥力和改良

严重退化的热带干旱区森林土壤的有机质越来越贫乏，可利用的磷也很低。因此，即使原来的土壤可能十分肥沃，调节或添加有机或无机成分对植被建设常常是最核心的。

41.4 未来需求

人们已很少认识到热带干旱区森林的生态经济价值，更不用说采取行动。这就为近期行动提出了清晰的目标。

为了实现有意义的恢复目标，有必要更好地增加对热带干旱区森林生物多样性和生态系统功能的理解。从很早以前，人类开始选择性地砍伐高大、笔直、结实的树木，用来建造船只、房屋和用于其他需要密度大、耐久性相对高的木材的活动。过去清除整个林冠层的一个明确指征可能是出现了大量具有多样性的藤蔓植物，这些藤蔓植物属于多个科属，很明显它们会不断地攀爬到树木的顶部，比我们现在看到的任何树都要高。我们现在剩下的残存热带干旱区森林是不完整的，当森林恢复者设定恢复森林的结构、功能和成分目标时，必须要考虑到这种现状。

参考文献

Blakesley, D., Elliot, S., Kuarak, C., Navakitbumrung, P., Zangkum, S., and Anusarnsunthorn, V. 2002. Propagating framework tree species to restore seasonally dry tropical forest: implications of seasonal seed dispersal and dormancy. Forest Ecology and Management 164: 31－38.

Bullock, S. H., Mooney, H. A., and Medina, E. eds. 1995. Seasonally Dry Tropical Forests. Cambridge University Press, Cambridge, UK.

Gillespie T. G., and Jaffré, T. 2003. Tropical dry forest in New Caledonia. Biodiversity and Conservation 12: 1687－1697.

Janzen, D. H. 2002. Tropical dry forest: Area de Conservación Guanacaste, northwestern Costa Rica. In: Perrow, M., and Davy, A. eds. Handbook of Ecological Restoration, Vol. 2 Restoration in Practise. Cambridge University Press, Cambridge, UK, pp. 559－583.

Lowry, P. P., II, Munzinger, J., Bouchet, P, . Géraux, H., Bauer, A., Langrand, O., and Mittermeier, R. A. 2004. New Caledonia. In: Mittermeier, R. A., Robles Vii, E, Hoffman, M., Pilgrim, J., Brooks, T., Mittermeier, C. G., Lamoreux, J. L., and da Fonseca, G. A. B. eds. Hotspots Revisited: Earth's Biologically Richest and Most Threatened Ecoregions (in press).

Roth, L. C. 2001. Subsistence Farmers and Perverse Protection of Tropical Dry Forest. Journal of Forestry 99: 20－27.

补充阅读

Aronson, J., and Saravia Toledo, C. 1992. *Caesalpinia paraguariensis*: forage tree for all seasons. Economic Botany 46: 121－132.

Dirzo, R. 2001. Forest ecosystems functioning, threats and value: Mexico as a case study. In: Chichilnisky, G., Daily, G. C., Ehrlich, P., Heal, G., and Miller, J. eds. Managing Human-Dominated Ecosystems. Monographs in Systematic Botany from the Missouri Botanical Garden, vol. 84. Missouri Botanical Garden Press, St. Louis, MO, pp. 47－64.

Elliot, S., Navakitbumrung, R, Kuarak, C., Zangkum, S., Anusarnsunthorn, V., and Blakesley, D. 2003. Selecting framework tree species to restore seasonally dry tropical forest in northern Thailand based on field performance. Forest Ecology and Management 184: 177－191.

Gordon, J. E., Hawthorne, W. D., Reyes-Garcia, A., Sandoval, G., and Barrance, A. J. 2004. Assessing landscapes: a case study of tree and shrub diversity in the seasonally dry forest of Oaxaca, Mexico and southern Honduras. Biological Conservation 117: 429－442.

Janzen, D. H. 1988. Tropical dry forests: the most endangered major tropical ecosystem. In: Wilson, E-. O. ed. Biodiversity. National Academy Press, Washington, DC, pp. 130－137.

Lerdau, M., Whitbeck, J., and Hollbrook, N. M. 1991. Tropical deciduous forest: death of a biome. Trends in Ecology and Evolution 6: 201－202.

Murphy, P. G., and Lugo, A. E. 1986. Ecology of tropical dry forest. Annual Review of Ecology and Systematics 17: 67－88.

第 42 章　热带湿润区阔叶林恢复

大卫・南姆(David Lamb)

本章要点

三个问题证明热带湿润区阔叶林很难恢复：(1)森林所保持的植物和动物种的多样性；(2)很少了解这些物种的生态学特性；(3)生活在退化的热带景观中的人们常常是贫穷的并且没有多少资源。

恢复热带湿润区阔叶林时需要考虑的关键问题是：(1)使用什么物种；(2)从哪里获得种子；(3)如何育苗并进行造林；(4)如何确保动植物的多样性；(5)如何使得森林恢复能对土地拥有者产生吸引力。

如果要使恢复取得成功，所有利益相关者都必须能获益。

恢复所有原始的生物多样性也许非常困难，而恢复到一些中间阶段也许是完全可能的。如果对一些特殊的关键物种有兴趣的话，就需要分别恢复。

41.1　背景

退化的热带景观现在覆盖着大片地区。这些地区的自然条件和范围有相当大的差异，其中一些区域退化严重以至于已经超越了生态恢复的阈值，甚者有些已经被转化为草地。其中一些草地面积很大并且相对均一性高，只残存很少一些未受干扰的丛林植被。其他热带湿润阔叶林区虽然很少受干扰，但林分郁闭度降低，原来的林分结构和生物多样性丧失。现在许多退化景观是由草地和未受干扰的残存森林组成的退化森林镶嵌体。这些退化的地区在被人类占据和使用的程度上也不尽相同。一些土地退化相当严重以至于仅保留了很少的人口，然而其他土地仍被许多农民过度使用。这些差异意味着恢复退化的热带景观并没有简单的方案。在任何地区，采取的措施必须考虑当前生态和社会状况。

当然，上述问题也适用于许多非热带湿润阔叶林区。并且热带森林通常存在于那些植物可以快速生长的环境中，所以其演替发展和恢复的潜力是相当大的。但是相对于大多数情况而言，有 3 个特殊问题使得这些生态系统更加难于恢复。第一，若要恢复森林，必须考虑到未受干扰的热带湿润区阔叶林中现有的植物和动物物种的完整性和多样性。第二，有关大多数物种的生态学知识很少。第三，居住在这些退化的热带景观地区的人们通常都比较穷且缺乏资源。确实，他们穷困的一方面原因首先就是土地退化。如果恢复成功，一定会帮助他们摆脱贫穷。这通常意味着完整地恢复生物多样性很难在如此大的区域内实现。

42.2　案例

42.2.1　通过自然演替实现恢复

在波多黎各，20 世纪 40 年代弃耕的农田上，大面积热带森林得到扩展。几乎在没有主动干预的情况下，演替发生了，其结果是以极低成本增加了森林面积。更新的森林的密度、面积、地上生物量和物种密度与原来的林分基本相似，但是物种的组成不同于原来的林分，提示如果要恢复消失物种，就需要进行一些人为干预。

42.2.2　采矿后的强度恢复

在开采后的巴西铝土矿区进行的高强度热带湿润区阔叶林恢复项目就是一个例子。在这个案例中，矿业公司对当前一些植物和动物物种进行了广泛研究，揭示了其生态特性。恢复相当昂贵且需要高强度整地(重新覆盖表土，深度松土)和植树。以大约每公顷 2500 株的密度栽植了 160 种幼苗。为了发现潜在问题还进行了监测。在项目开展后的 13 年里，大多数原生物种出现在立地上，并且许多野生物种也在此地重新落户。

42.2.3　通过恢复增强景观连接

在许多热带区域，普遍残存的破碎森林是各种干扰的普遍结果。如果通过廊道把这些残片林连接起来，则可以使孤立的野生动植物种群重新联系起来。在昆士兰北部就创造了这样的廊道。在这个案例中廊道长 1.5km、宽 100m。为了减小所谓的边缘效应，通过增加有浓密树冠的树种来形成相对封闭的边界。应用了大约 100 个树种，并采用密集种植幼树(株行距小于 2m)的方法建立了新的森林。高强度的除草使林冠迅速郁闭。在廊道两端，来自未干扰森林的其他植物种类已经落户。

42.2.4　单一树种人工林促进恢复

多数传统人工林使用单一树种培育方式。这些人工林的初始栽植密度普遍为每公顷 1100 株左右，这意味着林冠迅速郁闭，杂草很快被排除。此后要进行疏伐，主伐时间大约是 40 年。如果这些人工林邻近未受干扰的森林，就可以形成由本土物种组成的林下层。如果没有进行疏伐并且一直不采伐，则植物物种的多样性可能会增加。通常会比一直不在该地种植要增加得多(由于野草竞争能力或周期性火灾继续烧毁)。一些在澳大利亚北部生长了 60 年的单一树种人工林(针叶树和阔叶树)从附近未受干扰的森林中获得了 350 多个乔木、灌木、附生物、藤生植物和草本植物种。一些树木已经长成并进入林冠层，并把单层林变成了复层林群落。虽然如此，应该指出的是，在大多数特定单一人工林中，都会为了保持生产力而积极管理，以防止发生这种情况。

42.2.5　利用高价值乡土物种

马来西亚有很长的育林历史。虽然它最出名的工作可能是为天然森林制定了育林方法，但也营造了大面积的人工林。许多早期工作涉及外来物种，如松树或橡胶人工林。但最近已有大量研究乡土树种造林的树种试验，以试验这些树种被设计生长在单一树种人工林和多树种人工林中的情况。

42.2.6 在大面积砍伐后的景观中重新造林

越南大部分地区山林被砍伐了。在近几年，大多数使用外来树种如桉树和相思进行了大面积造林，现在土地被分配给了农民，许多农民对造林有兴趣。但几乎没有人对森林恢复感兴趣，因为大多数负担不起费用。尽管越南是一个生物多样性丰富的国家。最有可能出现的是农业用地和小块人工林镶嵌的景观。这些人工林多数由乡土物种组成，其中一些可能包含两个或三个树种形成的简单混交林。这种组成随着立地而变化。这意味着尽管景观多样性将得到增强，但是立地多样性仍将保持适度。今后可能随着生活水准的提高，物种更丰富的人工林和形式更复杂的森林培育的机会也会增加，而在越南许多农村地区现在也正在进行这样的试验。

42.3 方法概述

42.3.1 选择恢复方法

各种各样的方法已被用于恢复热带湿润区阔叶林，其中一些方法已在《在立地层面上恢复树木覆盖的技术概览》一文中做了总结。在资金有限和再生林广泛分布的地方，简单地保护这些次生森林免受破坏并允许随演替发展可能更适宜。在大多数情况下，物种丰富且结构复杂的森林总会发育起来(见案例42.2.1)。这些森林不一定能恢复所有原始的植物或动物种类。例如，难以传播的大粒种子物种可能会缺乏，对生活环境有特殊要求的野生物种可能不适宜再生森林环境。确定哪一个种还没有占据特殊的立地需要有关原始林的生物学知识，而且也需要进行监测以确定恢复的程度。一旦任何已消失的物种被鉴别出来，就应该立即采取补救行动。

当缺少再生森林或再侵占的机会受限时(例如，因为残存原始林较远时)，就需要采取一些积极的干预形式。这可能包括最初种植一些能给杂草遮阴的短周期速生树种，这些树木可以种植在具体的目标物种林下。或者，初始恢复可以采取直接种植所有目标物种的方法。这样的积极干预需要大量资金，这种完全以植被恢复为目的的做法在一定条件下通常是可以接受的(见案例42.2.3)。更常见的是，只有在土地所有者期望获得好处，并且在大多数情况下这意味着需要某些形式的商业采伐的地方，才会进行造林。在这些情形中，积极干预包括多种方法，可能包括对次生林补植或某些形式的人工混交林。要使这种恢复有益于生物多样性，则要求土地所有者在现有立地上对优化产量和优化生物多样性进行平衡。在这些情况下，产品可能包括木材和非木质林产品(例如坚果、水果等)，并且这样的人工林可能包括树木和药用植物或经济作物。那就是说，在一定程度上可能可以提供不同程度的生物多样性效益以及为利益相关方提供各种收益。

42.3.2 要考虑的一些关键问题

不论采取哪种积极的干预形式，通常会出现几个关键问题。这些关键问题是在本文前面介绍中提及的 3 个问题后出现的。

42.3.2.1　使用哪些物种？

热带湿润区阔叶林包含很多物种，除曾经被作为收获木材的少数树种外，通常人们没有多少关于热带湿润区阔叶林内物种的生态学知识。由于种植树木大多包含着一些对商业利润的期望，人们将趋向于种植具有较高木材价值的树种。但这些本土物种具有特殊的立地需求，并且许多树种生长相对较慢。这意味着使用这些树种人工造林往往不能成功，尤其是在可供造林的土地质量差或杂草茂盛的地方。这将慢慢导致人工林经营者去使用相对少量的速生且抗性强的外来树种，例如松树、桉树和相思树等都是可以在这些贫瘠的立地上更好生长的树种。这些树种可以提供产品收益，但对生态服务的贡献不大。这样选择的原因是因为管理者通常未意识到可利用的多种选择，或者因为他们不能或不愿意为不同的选择去冒险。

42.3.2.2　从哪里获得种子？

许多热带森林植物的种子通常很难得到。许多树种常常在比较稀疏种群中以分散、孤立的形式出现，许多树种具有不规则的结实模式，仅在短期内产生种子而且很难储存。这意味着很难为了大规模种植而在天然林中收集种子。而且在严重退化的地方，从母树上收集到足够数量的种子可能更困难。

42.3.2.3　如何育苗与造林？

有些树种容易发芽且能快速地达到适于种植的幼苗规格。但许多树种发芽无规律，或在种植前需在苗圃内培育一年时间。有些树种仍然依赖于专门菌类，当土壤肥力耗尽或立地退化时，这些菌类可能就在地里消失了。这意味着在种植前需要在苗圃里对这些树种进行接种。简言之，不同树种需要不同的育苗技术。在特定的种植期内要把 100 个不同的树种一起种到地里，对于培育苗木来说是非常困难的。树种在造林地里具有不同的生长能力，对酸性土壤、低养分水平、全光照具有不同的耐受能力。对一个树种来讲是最理想的生存条件可能对其他树种是次优的。遗憾的是，我们对大多数热带湿润区阔叶林树种的特性和抗性还知之甚少。

42.3.2.4　如何使大规模植树活动吸引土地经营者？

在一个大区域内，使用大量树种为迅速重建生物多样性而进行的集约性森林恢复是一项昂贵的事情。除非有一些较快的回收资金的方式，否则只有极少的土地所有者有能力负担得起这样的恢复。但一些个人或团体认为获得资金收益并没有提供一系列森林服务重要。在这些情况下，提供产品收益同时带来生物多样性等服务功能的造林可能更有吸引力。这可能需要在林产品与生物多样性之间进行权衡。本章概括了基于立地的一些选择性方案（上述），到底选择哪一个将取决于生态和社会经济的情况。最有可能的解决方法是景观包含不同措施的镶嵌体，在一些地方发展集约经营的林产品生产基地，而在其他地方如河岸带或陡坡地上造林，则要以防护或生物多样性利益为主。

42.3.2.5　如何促进动物和植物多样性

人们普遍认为，一旦演替发展到了能产生足够复杂性的栖息地时，许多野生物种将进入并占领重新造林的地区。虽然从广义上看，这可能是事实，但在许多物种占领前，需要有一定的待造林最小面积。并且特殊物种有时会对栖息地或资源有特殊需求。面对这些物种要想恢复项目取得成功，需要对这些物种进行深入研究。当然，更普遍的先决条件是留在该地区未受干扰的残存片林中的任何野生物种都能到达新造林地区。也就是说，造林应该寻找并提供一个允许野生物种从残存片林迁移到新造林区的通道。

42.4 未来需要

有几个制约热带湿润区阔叶林恢复的关键问题。

42.4.1 关键结构物种的造林和生态学习性

有关一些关键物种在热带森林里启动和发展演替的生态学知识了解很少。这包括果实种子的物候学，还有从哪儿能获得这些物种的种子，如何储存这类种子，如何育苗和如何将这些幼苗种植到地里等方面的知识。

42.4.2 树种与立地的关系

有关大多数热带树种的分布模式和立地需求方面的知识也非常少。这个问题通常更加严峻，因为以前发现过一个特定物种的立地，现在某些方面却退化了，例如它们遭受了土壤肥力的退化。这意味着需要实施两个阶段的方案，最初种植(例如，固氮物种)改良立地，并且使它们更适合于目标物种。在第一次种植的森林被采伐或清除后(以偿还恢复的费用)在林下再引进种植偏好物种。

42.4.3 提高退化林或再生林的方法

退化林或再生林的面积在不断增加(例如一些经过农业或过度采伐干扰后的更新林)。和原生林相比，这些森林的动植物生物多样性较低，通常为附近社区提供商品和服务的能力也比较低。克服这两方面困难的方法就是以某些目标物种(例如即将灭绝的稀有物种，能提供具有商业吸引力的非木质林产品)来提高这些森林的恢复速度。但这样做的成本通常比较高且效率低，所以需要效率更高的更好方法。

42.4.4 克服对农场式林业的障碍

农场式林业是一项在重要地区的土地上恢复森林和解决农村贫困的措施。许多农民对在没有粮食生产需要和别的用途的土地上种树感兴趣。但由于土地使用权制度安排、资金约束、采伐限制或缺乏最适宜在立地上种植的树种的知识，农民植树意愿受到抑制。这些树种在生态和经济上应该都是可行的。农场式林业的困难通常是具体到特定的立地，所以要有专门的解决方案。一个普遍的原则是造林受益者(下游土地使用者、流域管理局、保护管理当局等)应该为土地所有者支付造林成本。

42.4.5 为农民提供更好的市场信息

虽然孤立的传统农业社区发展了适于他们特定条件的农业和造林系统，但在他们管理自己的农作物和土地时，公路通达和现金经济意味着要对其管理农作物和土地的方法进行重大变革。在许多情况下，他们关注中间人或木材买家，以使其农业活动能符合这些人而不是农业社区本身的需要。由于天然林面积减少，需要有关某些树木真正价值的更好信息和新兴的生态服务市场。

参考文献

Aide, T. M., Zimmerman, J. K., Pascarella, J. B., Rivera, L., and Marcano-Vega, H. 2000. Forest regeneration in a chronosequence of tropical abandoned pastures: implications for restoration ecology Restoration Ecology 8: 328 – 338.

Akioka, J. 1999. The Multi-Storied Forest Management Project in Malaysia. Forest Department, Peninsular Malaysia, Perak State Forestry Department, Japan International Cooperation Agency.

Appanah, S., and Weinland, G. 1993. Planting quality timber trees in Peninisular Malaysia: a Review. Malayan Forest record No. 38. Forest Research Institute of Malaysia, Kepong, Malaysia.

Goosem, S., and Tucker, N. 1995. Repairing the rainforest: theory and practice of rainforest reestablishment in north Queenslands Wet Tropics. Wet Tropics Management Authority, Cairns, Australia.

Keenan, R., Lamb, D., Woldring, O., Irvine, A., and Jensen, R. 1997. Restoration of plant diversity beneath tropical tree plantations in northern Australia. Forest Ecology and Management 99: 117 – 132.

Knowles, O. H., and Parrotta, J. 1995. Amazonian forest restoration: an innovative system for native species selection based on phenological data and performance indices. Commonwealth Forestry Review 74: 230 – 243.

Parrotta, J., and Knowles, H. 1999. Restoration of tropical moist forests on bauxite mined lands in the Brazillian Amazon. Restoration Ecology 7: 103 – 116.

Tucker, N. 2000a. Wildlife colonization of restored tropical lands: what can it do, how can we hasten it and what can we expect? In Elliott, S., Kerby, J., Blakesley, D., Hardwick, K., Woods, K., and Anusarnsunthorn, V., eds. Forest Restoration for Wildlife Conservation. International Tropical Timbers Organisation and Forest Restoration Research Unit, University of Chiang Mai, Thailand, pp. 279 – 295.

Tucker, N. 2000b. Linkage restoration: interpreting fragmentation theory for the design of rainforest linkage in the humid wet tropics of north-east Queensland. Ecological Management and Restoration 1: 35 – 41.

Zimmerman, J., Pascarella, J., and Aide, T. 2000. Barriers to forest regeneration in an abandoned pasture in Puerto Rica. Restoration Ecology 8: 350 – 360.

补充阅读

Banerjee, A. 1995. Rehabilitation of Degraded Forests in Asia. World Bank Technical Paper No. 270. World Bank, Washington, DC.

International Tropical Timbers Organisation 2002. ITTO Guidelines for the restoration, management and rehabilitation of degraded and secondary tropical forests. ITTO Policy Development Series No. 13. Yokohama, Japan.

Krishnapillay, B., ed. 2002. A Manual for Forest Plantation Establishment in Malaysia. Malayan Forest Records No. 45. Forest Research Institute, Malaysia.

Lamb, D. 1998. Large-scale ecological restoration of degraded tropical forest land: the potential role of timber plantations. Restoration Ecology 6: 271 – 279.

第 43 章　热带山地森林恢复

曼努埃尔 · R · 卡拉瓜泰(Manuel R. Guariguata)

本章要点

热带山地森林的特点使它们成为一个独特的生物多样性栖息地，但它们也有重要的经济和社会价值，例如防止滑坡、为下游提供稳定和清洁的水。

恢复山地森林的工具和方法与在低地中使用的并无多大区别，不过，可能影响某一项特定山地森林恢复活动结果的因素是山坡的陡峭度、易受侵蚀的程度、在强风中的暴露程度和缓慢的植物生长率。

在景观恢复的背景下，需要关注热带山地森林及其周围低地之间生态和社会之间的联系。

43.1　背景

43.1.1　热带山地森林的主要特点

小高程范围内的海拔、降水和盛行风方向的剧变，使热带山地森林物种和栖息地呈现出高度的多样化。此外，因为它们周围的温度比较凉爽，热带山地森林也成为典型的温带地区孑遗树种群避难地。此外，热带山地森林是独特脊椎动物的家园。例如，非洲山地大猩猩、中美洲的绿鸟鹃和南美洲的眼镜熊在缺少食物的季节，热带山地森林也成为许多鸟类在高海拔处的廊道。在气候条件差别很大(如在委内瑞拉西北被沙漠植被包围的情况)或植被类型差别很大(如在墨西哥被松 - 栎林包围的情况)的背景下，热带山地森林有时呈现为孤立的斑块，这也增加了对其保育的价值。

热带山地森林其他重要特点包括生长在土层薄和肥力低的陡峭斜坡上，长期受强风影响、接受太阳辐射低、有机物分解率低，所有这些都使得植物生长缓慢。从恢复的角度来看，这意味着将森林结构和组成恢复到理想水平可能比周围的低地要花更长时间。

43.1.2　恢复热带山地森林的社会经济理由

恢复热带山地森林能够实现经济及自然保护的目标。例如，在许多山区滑坡是损坏道路、水坝、人类居住区的一个主要原因。通过在毁林区、易于滑坡的立地上恢复森林覆盖率来增强基质的稳定性，可减少大规模侵蚀的发生。在人为毁林地区，恢复热带山地森林的正当理由是提供环境服务，因为它们可以截留云团，在当地水循环中发挥关键作用，特别是在没有较多降雨的地区。然而，其他地方的森林保护也需要主动地与高地森林恢复相联系。例如，减少低地森林覆盖可导致邻近山地森林没有太多云团可以截留。

43.1.3　在自然干扰下恢复山地森林

虽然通过抑制人为干扰，例如火灾和无节制放牧，对一个特定恢复行动来讲是一项重要的初始战略，但考虑自然干扰对森林恢复的影响也是成功的关键。举例来说，位于许多热带岛屿的山地森林通常容易遭受飓风的严重破坏，每个世纪多达 3 次。在这种情况下，各种选择中也许要包括在树干折断后具有重新发芽的能力的树种，树干应具有很高密度，或有特殊的建筑特性。例如，许多棕榈树在飓风中存活得很好。鉴别自然状态下存在反复滑坡可能性的地区有助于确定优先恢复区域，避免浪费投资的森林恢复活动。

43.2　案例

43.2.1　肯尼亚山脉

肯尼亚山坐落在肯尼亚高地中心，这个国家公园的面积为 715000hm^2，并于 1949 年公布在政府公报上。周围的森林又使得保护区面积增加了 1820km^2，使得肯尼亚山成为肯尼亚最大的天然林区。

这里的森林构成了一个主要集水区，全国五大河流中的两条——塔纳和尼罗河都发源于这里，这两条河流为 1/4 的肯尼亚居民和一半的土地提供了水源。用水户包括五大主要水电站、农地、牧场和主要城市。

周围森林面临的威胁包括非法伐木、生产木炭、种植大麻和侵占林地。因为全球气候变暖，山上的冰川也渐渐消退。在社区配合下，针对山地森林保护与恢复的需要，采取了一系列行动，这些都成为社区管理土地、恢复和保护肯尼亚独特环境的有趣例证。

43.2.2　危地马拉拉斯米纳斯山脉

危地马拉拉斯米纳斯山脉是一个生物宝库。至少有 885 种鸟类、哺乳类、两栖类、爬行类动物，总数达到占危地马拉和邻国伯利兹物种总数的 70 %。它也是 17 种独特乡土常绿针叶树种的重要基因库。因此这个地区被认为是在整个热带区开展造林与农林复合经营时不可替代的种子资源库。

除了其丰富多样的动植物群落，危地马拉拉斯米纳斯山脉在为下游波洛奇克和莫塔瓜山谷中的许多农民和村庄提供新鲜、干净的水方面也发挥着重要作用。超过 63 个常年流水的河流发源于该自然保护区，使之成为该国最大的水源地。当地人民依靠这些小河流为他们的农作物提供灌溉(例如甜瓜、烟草、葡萄、柑橘、西红柿)。较大一点的产业，如饮料、化肥、再生纸厂和水电站都依赖于 Rio Hondo 站的水。过去 10 年里，由于森林丧失水流量下降了 40%。

自从 1990 年 10 月以来，当地非政府组织 Defensores de la Naturaleza 接管了自然保护区。保护区管理人员实施的一项环境教育计划，旨在说服当地社区领导人保护、管理和恢复危地马拉拉斯米纳斯山脉森林，使它不仅可以继续为本地，还可以为下游提供服务功能。支付计划已经建立(见 第23章森林景观恢复和环境服务支付体系)，以确保这些从事保护和恢复流域的人，能够得到下游受益者支付的费用。

43.3 方法概述

43.3.1 克服自然演替障碍

在一个特定的退化立地上，设计恢复活动和选择种植什么物种(或不种植)时，评估废弃牧场或者如滑坡这样的自然干扰后的热带山地森林演替的模式，可以为我们提供重要线索。例如，在许多热带山地森林里，那些在老林分中占优势的冠层树种同样是空地、毁林区的侵占者。因此，如果恢复的目标是重建原有物种组成，选择这些特定物种可能是恰当的。

设计项目时，在值得恢复的立地上进行简单的观察和实验，可以帮助辨别什么是延迟自然森林恢复的主要生物和非生物障碍。例如在低地，阻碍热带山区森林恢复的一个主要因素是邻近地区森林的种子播散率低。不过，即使克服了种子缺乏的问题，在遗弃牧场上，杂草及蕨类植物也可以抑制树苗生长和存活。因此，在植树期间消除竞争性植物是非常必要的。控制放牧也可以促进建立人工林和通过次生演替恢复天然林。

另一种常见的热带山地森林自然恢复的障碍是脊椎动物大量食用毁林区的种子。在其他情况下，由于土壤坚实或经常出现的火灾减少了土壤养分，即使种子存活率非常高也会阻碍森林恢复。总之，恢复热带山地森林的战略可能必须要建立在对个案评估的基础上，并且在任何时候都要为同时克服多个障碍设计可能的方案。

43.3.2 人工林基地和残存森林的作用

热带山区的人工林可作为恢复策略的一部分，实现保护和生产的目的。但必须认真选择种植什么物种，花一些时间选择适宜树种比不管苗圃已育好了什么苗木，拿去就种更好些。当不易获取公开发表的信息时，通过几个月观察，增长率高、繁殖能力强或者具有其他有利特性的树种也能很容易被识别出来(图43-1)。

举例来说，在土壤严重退化的情况下，良好的候选树种是指那些可以快速形成森林郁闭冠层，且能改善土壤肥力的树种。然而，在某些情况下，这种选择可能只是整体恢复策略的一部分。例如，在哥伦比亚安第斯山脉，速生、固氮的人工林树种(桤木喜树)未必是长期恢复的最好手段，因为他们的下层林与年龄相似的天然更新次生林相比，似乎包含了较少的植物物种。不过，在严重退化的立地上种植固氮树种，如赤皮杨，可以在短期内帮助恢复土壤生产力。

在山地农业景观中种植防风林是众所周知的做法，这种做法旨在增加种子从附近和残存森林向其它地方传播扩散的比率。作为一种恢复工具，农业防风林的地点和空间布局对于生产性的景观是非常重要的，在这里恢复生态连通性和提高生物多样性也是一个管理目标。与森林连接的防风林也许包含了更多可自然播撒的种子，比那些未与森林相连的防风林更具多样性。这意味着，在某些情况下，设计恢复策略时需要考虑残存森林的大小和相

图43-1　在墨西哥韦拉克鲁斯州哈拉帕废弃牧场上为恢复热带云雾林而建立的人工林。该人工林是由原始林的典型种(栎属和水青冈属)和早期演替种(桤树属和山麻黄属)构成的混交林。(照片归 Guadalupe Williams-Linera 所有)

对位置。

43.4　未来需求

目前，大多数热带山地森林是高度分散的，其结果是许多脊椎动物物种可能会在当地绝迹，原因要么是残留的森林栖息地小，要么是因为缺乏供它们食用的植物，或者这两方面原因都有。在某些情况下，恢复热带山地森林可把重点放在通过人工林连接现有森林片段，方便鸟类迁徙，从而也使种子得到传播。我们需要更多的试验来帮助选择有适当特性的植物为了有利于动物迁徙和栖息地的利用，要对种植的树木的空间布局进行安排，本质上讲，也并不一定要恢复森林覆盖。

参考文献

Carlsson, U., and Lambrechts, C. 1999. Community initiatives and individual action on and around Mount Kenya National Park. Paper presented at the East Africa Environmental Network (EAEN) Annual Conference, 28 - 29 May 1999, Nairobi, Kenya.

Cordeiro, N. J., and Howe, H. E 2001. Low recruitment of trees dispersed by animals in African forest fragments. Conservation Biology 15: 1733 - 1741.

Emerton, L. 1999. Mount Kenya: the economics of community conservation. Evaluating Eden Series, discussion paper No. 4. International Institute for Environment and Development, London.

Guariguata, M. R. 1990. Landslide disturbance and forest regeneration in the upper Luquillo mountains of

Puerto Rico. Journal of Ecology 78: 814 – 832.

Harvey, C. A. 2000. Colonization of agricultural windbreaks by forest trees: effects of connectivity and remnant trees. Ecological Applications 10: 1762 – 1773.

Holl, K. D., Loik, M. E., Lin, E. H. V., and Samuels, I. A. 2000. Tropical montane forest restoration in Costa Rica: overcoming barriers to dispersal and establishment. Restoration Ecology 8: 339 – 349.

Kappelle, M., Geuze, T., Leal, M., and Cleef, A. M. 1996. Successional age and forest structure in a Costa Rican upper montane *Quercus* forest. Journal of Tropical Ecology 12: 681 – 698.

Knowles, O. H., and Parrotta, J. A. 1995. Amazonian forest restoration: an innovative system for native species selection based on phenological data and field performance indices. Commonwealth Forestry Review 74: 230 – 243.

Lawton, R. O., Nair, U. S., Pielke, R. A., and Welch, R. M. 2001. Climatic impact of tropical lowland deforestation on nearby montane cloud forests. Science 294: 584 – 587.

Murcia, C. 1997. Evaluation of Andean alder as a catalyst for the recovery of tropical cloud forests in Colombia. Forest Ecology and Management 99: 163 – 170.

Pedraza, R. A., and Williams-Linera, G. 2003. Evaluation of native tree species for the rehabilitation of deforested areas in a Mexican cloud forest. New Forests 26: 83 – 99.

Posada, J. M., Aide, T. M., and Cavelier, J. 2000. Cattle and weedy shrubs as restoration tools of tropical montane rainforest. Restoration Ecology 8: 370 – 379.

Shiels, A. B., and Walker, L. R. 2003. Bird perches increase forest seeds on Puerto Rican landslides. Restoration Ecology 11: 457 – 465.

Venegas, G., and Camacho, M. 2001. Efecto de un tratamiento silvicultural sobre la dinámica de un bosque secundario montano en Villa Mills, Costa Rica. Serie Técnica No. 322. CATIE, Turrialba, Costa Rica.

补充阅读

Bubb, P., May, I., Miles, L., and Sayer, J.. 2004. Cloud Forest Agenda. UNEP-WCMC, Cambridge, UK.

Guariguata, M. R., and Kattan, G. H., eds. 2002. Ecologia y conservacion de bosques neotropicales. Editorial Libro Universitario Regional, Costa Rica.

Kappelle, M., and Brown, A., eds. 2001. Bosques nublados del neotropico. InBio, Costa Rica.

第44章　洪泛平原森林恢复

西蒙·杜福尔(Simon Dufour)、埃尔韦·皮耶盖(Herve Piegay)

本章要点

人类社会的压力现已严重影响到洪泛平原森林的分布范围、结构和多样性。洪泛平原森林具有高度的生物多样性和特异性。河岸区域对鱼类、两栖类、哺乳类以及整个河流体系的功能起着重要作用。

洪泛平原森林恢复可分为集水区、河段以及地块这3个尺度。

洪泛平原森林恢复的重要工具包括：评估、调查、监测和流域综合管理。

44.1　背景

44.1.1　洪泛平原森林的特征

洪泛林是位于河流和溪流沿岸的独特生态系统，其生态系统的特点源于河流定期发生洪水。由于人为活动对集水区、河段和地块构成不同程度的压力，洪泛平原森林的范围、结构和多样性发生了很大变化。即使许多欧洲洪泛平原森林具有天然林的特征，但在二战后，由于广泛的土地利用变化，洪泛平原森林大多数都消失了。

自20世纪70年代起，很多自然科学团体和土地管理者意识到洪泛平原森林在生态、经济以及人类社会上的价值。这些森林在木材生产、水质保护、洪水控制、游憩和改善景观方面都具有很大的潜能和价值。此外，由于水对栖息地条件的影响，这些自然森林具有高度的生物多样性和生态特异性。河岸区域对鱼类、两栖类和哺乳类(例如河狸)等都有重要影响。另外，还给鸟类提供了繁殖栖息地，并为迁徙鸟类(如北部平原河流的鸣禽)提供了导航和中转休息的便利场所。现在，人们已充分意识到对洪泛平原森林进行保护和修复的必要性。

因为靠近河流及河流水文的动态变化，在水文控制下的森林生态系统发展了它们原始的生态进程。因此，周期性供水是形成洪泛平原森林特异性的关键步骤。陆地与水的交界处是生物变化、水分供应与水分含量、土壤湿度、有机物演化、种子传播和养分循环的重要区域。洪泛平原森林是整个动力系统的一部分，它们的保护和恢复必须要考虑到集水区和景观演化的水文地貌过程。

大多数情况下，重建洪泛平原森林的原生态条件是不可能的，但是减缓措施可以改进生态系统质量。为此，管理者必须找到可行的策略和操作方法。

44.1.2 一般原则

通常在以下 3 个尺度上恢复洪泛平原森林：

(1)集水区尺度：可以在集水区尺度或者河流上游的支流改善(更多的自然水平)控制因素(排水量、推移质供应)。改善一些河流的水文和泥沙状况，对洪泛林栖息地的结构和多样性具有积极作用。但由于河道随着时间变化可能发生调整，因此在促进自我修复时，对其成功性则难以评价。

(2)河段尺度(10～100km 长的河流)：改善流水河槽和洪泛平原之间的水文联系，是可以在河段尺度实施的方法，通过改变地形，降低河岸表面，来改善洪泛平原的水流状况。也可以通过提高地下水位改善水文联系。

(3)地块尺度(几公顷的森林)：维护河岸结构会减慢演替(当河流失去了这样做的能力时，保留先锋阶段)或者促进多种具体生态系统的改良(移除外来物种，在耕地上造林，控制放牧)。

根据目标可在不同尺度上促进森林恢复。在地块尺度上的干预常常很少产生社会接受与否的问题，因为地块很小并且很少涉及到用户。比起那些需要管理整个生态系统的方式，利益关系也没有那么复杂，冲突也少些。

44.1.2.1 水文连接

在恢复洪泛平原的过程中，重建水文变化是一个常见话题，特别是根据森林在河岸廊道内的位置，重建淹没森林的洪水波动状况。为此，必须在大范围内采取一些行动，通过具体管理策略控制以发电和抽水为目的的分水和贮水。在这个尺度上，增加水坝向下游的最小供水流量是最常见的做法之一。

在河段尺度上，可以采取各种各样的做法建立一个更加积极的水文联系。例如，拆除堤坝或者重新连接两边的渠道，恢复淹没区域。地下水位的低流量也应慎重考虑，特别是水坝下游和能够为农业和工业提供充足抽水条件的河段。管理者可采取一些措施来提高地下水水位，例如，提高洪泛平原以前的水系网络的流量，或者用人工方法从水库和运河里补水。

44.1.2.2 推移质搬运

恢复泥沙运输是另一个基于过程的选择。当泥沙运输被纵向或横向断开(阻止泥沙运输的堤防和水坝)时，完全恢复各种类型森林演替阶段的动力系统必须包括河槽转移以及维持推移质搬运。

通过洪水期间在河段尺度上增加各级堤岸的侵蚀和泥沙重新搬运，及拆除不必要的堤防，可以重新引入推移质，恢复河岸区动力。法国的艾茵河(Ainriver)正在考虑恢复沉积泥沙以保持河道的动力，20 世纪 60 年代法国艾因河上建设的大坝扰乱了洪峰流量和泥沙搬运的特点(通过一个生命自然化方案)。

即使在流域尺度上的基于过程恢复框架内，水坝和它们可能被移除的问题也在科学界引起了相当大的争论。从生态角度，看起来解决方案很不错(即更自然的水文，推移质搬运和生物学联系)，但现实情况要复杂得多。特别是应该区别对待位于河网上游的大水坝和小水坝。其次，必须考虑每个大坝的社会经济背景。最后，拆除大坝后的影响并不为人所知(例如，在沉积物被有机物和无机物污染的情况下)。

44.1.2.3　森林结构

建议在集水区和河段尺度上采取的各种行动，可以通过在更小尺度上实施干预来实现，重点是现有森林结构(廉价且简单)，通过改变退化林地结构，或创建新的林地来实现。

对于现有林地，林业行为必须适应它们的具体情况。一般来说，恢复的生态目标是改善生物多样性，通过尊循提高或者保存森林近自然功能和结构的一些基本规则来实现，这些规则包括：不同层的垂直复杂性(不同年龄结构)，由斑块镶嵌组成的不同演替状态，存在枯倒木，利用天然更新等。这个手段建议应用在河流两岸存在冲积森林但不能再通过河道过程来更新(首先是河岸侵蚀和洪水)的地方。保存先锋群落最好是通过人为方式来实现。此外，也需要抵制外来种，因为这些外来物种会在先锋群落生境中形成单一特征的群落。

对于那些被高度扰乱的森林结构，例如人工林，调整林业实践往往是不够的，除非是在很长时间内。相反，必须采取恢复原状的措施(定义为通过改变社会经济功能来改变林分结构)。这常常是高投资的集约型项目(像当地树种人工林)。在农区，为了保护生物多样性、管理洪水(保留能够削弱洪峰流量的低洼区)、水质(沿河流的农业缓冲带)和应对全球变暖(固定大气二氧化碳)，应该鼓励大面积营造人工林。

44.2　案例

洪泛平原森林恢复中经历的具体生态问题，包括基流量减少、洪峰流量消减、泥沙搬运中断、河道退化、地下水位降低、河床稳定、堤坝和洪水的保护、社会经济问题、工业和农业的用水、人类对森林廊道和景观片段的压力等。考察一下欧洲的例子，一小部分案例使用了一个基于过程的方法，例如在罗纳河、多瑙河、易北河、莱茵河(表44-1)。在美国北部，密西西比河和切萨皮克湾流域(马克河和萨斯奎汉河)则把重点放在改善水质上(营养、污染物质、泥沙含量)。

在世界其他地方，例如马来西亚，洪泛平原森林恢复的目标倾向于保护本土植物群落和动物群落。最后，在许多大型河流上，特别是新兴工业化国家正在开展恢复规划的情况下(印度的恒河、亚穆纳河，亚马孙尼亚流域的亚马孙河、索利莫伊斯河)，虽然要考虑恢复，但优先考虑的是对自然区域的保护和减少水域的物理化学污染。对欧洲、美国和亚洲的大河流的不同恢复措施建议的例子见表44-1。

表 44.1 针对欧洲、美洲和亚洲大河不同部位恢复方法建议的例子

	从集水区		到河段			到当地选择	
	增加整修后的最小流量	通过拆除或后移堤坝再淹没	重新连接以前的渠道	提高地下水位	降低河漫滩	在林地上再造林	修改林业做法和法律
奥地利多瑙河		x	x				
保加利亚多瑙河							x
德国易北河		x					
法国罗纳河	x		x	x			
法国莱茵河		x	x		x		
美国切萨皮克湾流域						x	
美国密西西比河下游			x			x	
美国萨克拉门托河中游						x	
美国基西米河流走廊		x					
日本千限河						x	x
马来西亚青纳巴坛干河流						x	x

44.2.1 在河段尺度上恢复物理过程：罗纳河(法国)

为了抵御洪水、改善通航和灌溉及电力生产，自 19 世纪中叶，罗纳河就已得到了治理。在法国境内的罗纳河沿岸大部是退化景观。在 Platiere(里昂南部 60km 处)，19 世纪末期修建防洪堤导致河道退化和河岸固定，在 1950 年后，化工厂抽水和在 1977 年后河流分水，导致了洪泛区河道断流和地下水位降低(从 19 世纪 60 年代到 1990 年降低了 2m)。结果，森林变得越来越干旱而失去了很多冲积区的特性。自 1992 年以来实施了恢复工程，方法是重新连通河道，将水重新注入含水土层，使得河水渗入地下，提高地下水位半米。对一些小片森林，虽然水文联系不常发生，但其功能则比 20 年前增强了。下一步改善水文联系的做法是增加最小流量，但这并不是来源于发电用水的河道。

44.2.2 恢复缓冲区以减少切萨皮克湾流域营养物污染

1983 年，联邦政府、州政府和当地利益相关者制定了一个方案，以恢复在弗吉尼亚州和马里兰州的切萨皮克湾流域的水质和卫生条件。该方案的目标是提高这个以前有林流域的水质和增加栖息地资源(300 年前森林覆盖为 95% 而现在只有 6%)。一项主要措施是恢复水系网岸边的森林。沿着河岸几乎恢复了 5000km，今天河岸森林对几乎 60% 的河网起到了缓冲作用。由于森林生长消耗了氮和磷，从而大大减少了切萨皮克湾内营养物的污染。

44.2.3 针对河岸覆盖特点采取行动：京那巴丹岸河沿岸再造林(马来西亚)

除了美国东南部之外，与工业化地区相比，非温带地区的洪泛平原森林恢复是近期才开展的，因此相关项目很少。京那巴丹岸河洪泛平原森林的恢复和保护项目是热带最先进的例子之一。位于婆罗洲岛上马来西亚部分的森林受到棕榈种植园的影响非常严重。这一方案是由沙巴州野生动物署、沙巴水利部和马来西亚世界自然基金会实施的，包括几项行动，特别是沿着河岸再造林和连接孤立的森林片段。在法规管理层面，措施包括修改那些使自然森林片段转变成棕榈种植园的法规，开展告知消费者棕榈油来源和棕榈油生产商行为的活动。

44.3　方法概述

两类工具须加以区分：(1)从多样性和连通性角度，理解分析洪泛平原生态系统状态的工具；(2)恢复项目中的执行工具和措施。

44.3.1　调查与评估

在改善任何景观斑块之前，需要理解景观功能，它如何演变到目前的状态，以及引起变化的人为原因。历史分析对理解过去一个世纪中森林覆盖的演化非常有帮助。土地调查图和航片是建立过去 50 ~ 100 年间冲积森林结构状态的有用文件。林业的书面报告对一些大型冲积森林廊道恢复也是有用的，如已经管理了数百年的莱茵河或密西西比河。

在地块尺度上采取行动之前，在更大区域范围内针对问题采取相应的行动，有助于将行动调整到适当的尺度上。国家尺度上的调查可作为确定项目地点的第一步。这样的调查对于那些小区域可以是非常详尽的，例如瑞士或者比利时，对较大的区域可粗一点(例如通过卫星图像)。不论用哪一个方法，调查都应该包括容纳每个地点相关信息的数据库(林地比例、林分结构、更新、植物多样性、河流形态等)。

44.3.2　监测

监测非常重要，跟所有恢复项目一样，应该包含生态和社会经济两方面因素。对于洪泛平原森林，对一些社会经济因素需要加以考虑，对其他大规模恢复工作，还要确保法律保护的地位和产权，理解并减轻对当地利益相关者的影响。特别是，对洪泛平原森林，需要测量反映水文学、地理学和生物学特性的一些变量(恢复之前和之后的调查)。

44.3.3　流域综合管理

流域综合管理是实现改善水质、地方发展、洪水管理等目标的措施之一，允许利益相关者在管理和实施洪泛平原森林恢复时考虑各种选择方案。决定进行干预时，要考虑全流域的情况(图 44-1)。

图 44-1 莱茵河瓦尔斯丹自然保护公园重新联结的河道
(照片所有权归 Simon Dufour 所有)

44.4 未来需求

44.4.1 增加知识

在过去几十年中，生态学家和地貌学家在理解河流廊道应对河流系统演变方面取得了重要进展。现在需要就立地条件对物种发育和生长、群落组成多样性的影响进行量化，还要更好地理解群落演替的潜在轨迹(断裂阈值，时间响应滞后)。为了估计洪泛平原森林的价值，量化大范围水文地质条件下森林对系统通量(水和养分消耗，有机物产生)的实际影响，例如高动态系统、冲刷或淤积河流、下游大坝以及文化景观等，需要开展实地研究。必须开发生物物理的耦合模型，以更好地评估所建议的管理方式和恢复效率。

44.4.2 当地行动，心系全球

大部分时间，是在地块尺度上制定恢复计划而不是更大尺度上。管理者应该发展宏观环境管理政策以使目前的环境政策变得更加敏锐。在欧洲，水框架指令是促进采取大规模措施的机会。例如，众所周知，河岸的反硝化能力依赖于土壤、根系和地下水之间的连接条件。然而，由于河道几何条件各种各样，这些条件并不存在于水网系统的任何地方。为提高水质，在沿河岸造林之前，必须确定目标河段。可利用地理信息系统来分析确定污染源和森林恢复潜在的自然障碍。

44.4.3 成本收益分析

一个最重要的问题是从资源、防洪、改善水质和遗产角度评估冲积森林和恢复措施的效益。为此，需要开发量化这些效益(成本容易估计)的技术方法工具。应该在不同地区

的示范项目中开展经济研究，以便向利益相关者证明各种措施带来的益处。

参考文献

FISRWG. 1998. Stream corridor restoration: principles, processes and practices. The Federal Interagency Stream Restoration Working Group, GPO item n°0120 – A.

Hughes, H. G. ed. 2003. The flooded forest: guidance for policy makers and river managers in Europe on the restoration of floodplain forests. FLOBAR2, Department of Geography, University of Cambridge, UK.

Naiman, R. J., and Décamps, H. eds. 1990. The Ecology and Management of Aquatic-Terrestrial Ecotones. MAB 4, UNESCO.

Teoh, C. H., Ng, A., Prudente, C., Pang, C., and Tek Choon Yee, J. 2001. Balancing the need for sustainable oil palm development and conservation: the lower Kinabatangan floodplains experience. Proceeding in ISP National Seminar, Strategic Directions for the Sustainablility of the Oil Palm Industry, Kota Kinabalu, Sabah, Malaysia, 11 – 12 June 2001.

补充阅读

Alpert. R, Griggs. F. T., and Peterson, D. R. 1999. Riparian forest restoration along large rivers: initial results from the Sacramento river project. Restoration Ecology 7(4): 360 – 368.

Goodwin, C. N., Hawkins, C. R, and Kershner, J. L. 1997. Riparian restoration in the Western United States: overview and perspective. Restoration Ecology 5(4): 4 – 14.

Griggs, ET., and Golet, G. H. 2002. Riparian valley oak (Quercus lobata) forest restoration on the Middle Sacramento River, California. USDA Forest Service: pp. 543 – 550.

Harris, R., and Olson, C. 1997. Two-stage system for prioritising riparian restoration at the stream reach and community scales. Restoration Ecology 5(4): 34 – 42.

Hunter, J. C., Willett, K. B., McCoy, M. C., Quinn, J. F., and Keller, K. E. 1999. Prospects for preservation and restoration of riparian forests in the Sacramento Valley, California, USA. Environmental Management 24(1): 65 – 75.

Landers, D. H. 1997. Riparian restoration: current status and the reach to the future. Restoration Ecology 5(4): 113 – 121.

Moring, J. R., Garman, G. C., and Mullen, D. M. 1985. The value of riparian zones for protecting aquatic systems: general concerns and recent studies in Maine. In: Johnson, R. R., Ziebell, C. D., Pattern, D. R., Folliot, P. F., and Hamre, R. H., eds. Riparian Ecosystems and their Management: Reconciling Conflicting Uses. USDA Forest Service.

National Research Council. 2002. Riparian Areas, Functions and Strategies for Management. National Academy Press, Washington DC.

Piégay, H., Pautou, G., and Ruffinoni, C. 2003. Les Forêts Riveraines des Cours d'Éau Ecologie, Fonctions, Gestion. Institut pour le Développement Forestier, Paris.

Schoenholtz, S. H., James, J. P., Kaminski, R. M., Leopold, B. D., and Ezell, A. W. 2001. Afforestation of bottomland hardwoods in the Lower Mississippi Alluvial Valley: status and trends. Wetlands 21(4): 602 – 613.

Tockner, K., and Schiemer, F. 1997. Ecological aspects of the restoration strategy for riverfloodplain system on the Danube River in Austria. Global Ecology and Biogeography Letters 6: 321 – 329.

第45章 地中海地区森林恢复

拉蒙·瓦列乔(Ramon Vallejo)

本章要点

经过几千年人类干预，地中海地区已发生了巨大变化。这种干预包括不同的植树阶段，其结果各不同。

废弃土地和森林火灾是地中海北部常见的问题，与此同时南部地区对薪柴和饲料的需要是关键问题。

由于数百年的景观改造，地中海地区指导恢复的参照生态系统很少。取而代之的有3种类型的景观：高度退化的、人工栽培的和半自然的景观。第二种景观类型在现有土地利用状况下也正在变化。

试图保护重要的人工栽培景观和恢复严重退化的或承受压力的生态系统都面临挑战。

45.1 背景

45.1.1 地中海森林退化：新面孔下的老问题

几千年来，人类对地中海盆地进行了广泛而高强度的开发利用。纵观历史长河，过度开采资源的时期导致了显著的森林损失和景观重塑。在公元前4世纪，柏拉图已就希腊高地森林的退化和土壤流失发出了警告：“曾经被森林覆盖并生产丰富牧草的山，现在只能为蜜蜂生产粮食”。在过去，人口数量的起伏带来了土地开发的波动，伴随着过牧的高峰，为发展农业而砍伐森林，为了烧柴、生产木炭、木材而过度采伐森林，还有周期性土地废弃。频繁的战争也往往破坏了森林。尤其是在危机情况下森林被过度使用。影响森林的结果是植被退化、森林面积减少、土壤质量下降、土壤侵蚀和洪灾增加。由17～19世纪的旅行者所传达的地中海森林影像，与来自20世纪早期的直接影像都是令人沮丧的。大部分山区被描述成残破，而稀少的被保护的森林，隐藏在偏远的地方，或者属于有钱家庭和贵族的私人狩猎公园。

社会经济和政治环境驱动了土地利用和森林采伐，这在一个具有悠久历史的人类居住区尤为明显，如地中海盆地。在欧洲南部，自20世纪中叶以来，经济发展已经产生了一个鲜明的变化趋势，从数千年的稳步退化转变到一个更新的新阶段，这与从森林、林地所获得的直接市场利润降低以及农村人口减少有关。但十分清楚的是，在经济不发达的南欧地区没有表现出同样的趋势。

与此同时，在地中海南部和东部的国家，资源开发大多遵循着同样的历史趋势，与日益增加的人口数量和直接依赖于自然资源的农村人口有关。无论现在还是过去，由于对食物、薪材和纤维的基本需要，贫困是致使森林退化的一个主要驱动因素。

欧洲南部最近的土地利用变化正在导致低产土地被遗弃，以及大幅度减少放牧压力和森林采伐。这些变化使得植被自发地得到了恢复，也增加了荒地之间的连通性，促进了森林和灌丛的薪柴量积累。此外，在 20 世纪进行的大规模植树造林项目也显著增加了森林覆盖，其中大多是松树，少量是桉树。这种景观结构和组成上的显著变化的一个直接后果是，自 20 世纪 70 年代以来，大的山林火灾在地中海地区北部国家蔓延。在该地区，山林火灾现已成为主要的森林管理问题。如果农村废弃土地的趋势继续下去的话，火灾问题在地中海南部国家将会变得越来越尖锐。

45. 1. 2　结构问题

古代社会调整他们的生活以与大自然保持同步。工业化导致了两种步调之间的差距急剧加大。目前的工业化和后工业化社会的变化速度比森林的变化快，结果，针对当前森林（或更普遍的来自土地使用利益）需求的林业政策仅在几十年内就可能变得过时了，留下的问题可能难以扭转，甚至不可逆转。这种不匹配的例子包括（1）20 世纪 30 年代间，在葡萄牙，皆伐栓皮栎林用于生产小麦，后来因为土地生产力差，那些土地被遗弃了，近期又试图在这些退化土地上恢复栓皮栎林。（2）20 世纪 60 年代，在西班牙西部干旱地区营造桉树人工林，现在已经放弃不再发展了，它们多次遭受火灾，有些地方不得不花费很大经济成本将其连根拔起，以恢复乡土森林。

森林管理和恢复受到土地所有权以及传统用途和权利的限制，而这在整个地中海国家中是非常多样的。有的国家大部分林地是私有的，如葡萄牙有 90%。有的国家几乎所有的林地都是公有的，如土耳其、希腊和马格里布。

45. 1. 3　造林活动

很久以前人们就认识到需要保护和增加森林。13 世纪的西班牙国王阿方索五世就推进立法以保护森林，防止火灾和无节制的采伐森林。在西班牙，一些相关记载说明油松造林可以追溯到中世纪早期。在整个中世纪和现代，森林在与放牧和农业竞争，与尝试把森林转换成草场和农田的农民竞争。传统上，放牧被林业人认为是森林保护的首要敌人。在地中海西部地区传统的放牧林地（德西萨、蒙塔多、帕斯科洛、阿伯拉图）被认为有多功能的适应性，并且在土地利用方面采取了折衷的办法，一些森林用于解决农村人口需求。在整个 18 世纪和 19 世纪，有一种维护和促进森林的愿望。在 19 世纪末开始造林并在 20 世纪得到全面发展。在欧洲南部，这些造林工作主要关注流域保护和沙丘固定。

随着社会经济发展和人们对森林资源依赖的减少，对自然的新看法正在欧洲地中海国家发展。对荒地正在产生新的需求，更多地偏向于休闲、生态、文化和景观价值。当然，这些对森林和其他荒地利用的新需求，需要有与之相适应的森林恢复技术。基于这一点，在欧盟共同农业政策支持下，有近来搁置的农地上造林的举措，其目的就是恢复本土森林生态系统。

45.2 案例

严格来说，地中海国家以前开展的造林项目不是我们今天所理解的恢复项目。但是，它们和全球恢复有共同目标，如减少土壤侵蚀和径流，或恢复天然林，虽然在重建过程中有时也使用外来物种。

45.2.1 新老方法

45.2.1.1 19 世纪后期和 20 世纪早期的埃斯普尼亚山脉(西班牙东南，穆尔西亚)

长期以来频繁而严重的水灾给西班牙东部沿海平原造成了严重的人员伤亡和大量的经济损失。这些都是来自附近山区的洪水造成的。海军为了建造船舶进行了长期过度开采和大量伐木活动，特别是在 18 世纪期间，这里大多是不毛之地。在 1879 年 10 月遭受特大水灾之后(761 人伤亡)，1886 年在赛古拉流域，林业行政部门推出了造林项目，称为防洪工程。这个项目的领导之一——森林工程师(R. Codorniu)在 1889 年撰文指出，他没有在流域的山坡上看到一棵树。这个项目始于 1892 年，包括造林 $5000hm^2$，还有谷坊、防火道和现场临时苗圃。立地气候是干旱到亚湿润。在研究了立地生态条件后，种植的树种多半是本地的地中海白松、黑松、海岸松、意大利松等针叶树种，也有较小比例的阔叶树(葡萄牙栎、小叶榆)和其他外来的或者非本土的树种，例如金丝雀蔓草、刺槐、西班牙蓝冷杉。1902 年为了这个项目生产了 200 万棵苗木。在那个时代，人工造林大部分是手

图 45-1 Sierra Espuna **地区的例子，1985 年该地种植工作全貌**

工劳动，花了近 30 年时间(今天将难以重复)。为了达到林分全部存活的要求，每年都要补植。如今，造林地已经被美丽的二代更新松树林覆盖了(图 45-1，图 45-2)，并且有丰富的林下层和一些分散的片林，也有单棵阔叶树，一般是石栎。自从营造森林以来，流域发生的洪水频率显著减少。通过执行一些保护条例后，1978 年该地被宣布成为自然公园，1992 年又被宣布成为地区级公园。林地构成了绿岛，被半干旱气候下的农田和荒漠化丘陵景观所包围，成为整个地区主要的绿色休闲吸引力。因此，这个林地主要带来了和当地人相关的生态旅游经济活动。

图 45-2　Sierra Espuna 地区的例子，2004 年现状

(照片归 Ramon Vallejo 所有)

45.2.1.2　管理阿巴特拉的试点项目(西班牙东部，阿利坎特)

在埃斯普纳东北部 50km 处，海拔很低并受制于半干旱气候(每年 300 ~ 350mm 的降水)，克雷维恩提山脉的阿巴特拉造林地由近 $25hm^2$ 的治沙试点工程组成，这是西班牙环境部门首先发起的，也是北地中海国家在联合国防治荒漠化公约框架内的首创。这个区域植被稀少，土壤紧实，水蚀形式主要是细沟蚀和沟蚀。1970 年，曾试图在这个区域的梯田上用地中海白松重新营造人工林以恢复森林，第二次在 1990 年，但两次都没有成功。梯田呈现出进一步退化的迹象。在西班牙环境部倡议下，瓦伦西亚地区森林管理局实施了一个试点恢复项目，目的是将最新科技创新成果用在实践中，这些研究和开发项目是由地方、国家和欧盟委员会资助的。CEAM 基金会(地中海环境研究中心)对该项目进行了科学评估。在这些退化的半干旱地区进行人工造林面临的挑战是提高成活率(往往低于 50%)和生长量。在西班牙，灌溉不适用于常规造林。这个项目的主要目标是提高森林植被覆盖率和生物多样性，并且阻止土壤退化，特别是土壤侵蚀。以同一地区以前对造林立地的物理和生态学特性、退化过程的具体研究为基础。在 2002 ~ 2004 年实施了恢复工程。相对较多的乡土灌木和乔木被栽植在不同生境的立地上：在土壤退化最严重的立地上种植野生橄榄(*Olea europaea* var. *glvestris*)，胶泥树(*Pistacia lentiscus*)，胭脂橡树(*Quercus coccifera*)，刺杜松(*Juniperus oxycedrus*)，夹竹桃(*Nerium oleander*)，地中海白松(*Pinus halepen-*

sis)，角豆树(*Ceratonia siliqua*)，红鼠李(*Rhamnus lycioides*)，山达脂树(*Tetraclinis articulata*)，球果杜松豆(*Retama sphaerocarpa*)，脆麻黄(*Ephedra fragilis*)，欧洲棕榈(*Chamaerops humilis*)，非洲柽柳(*Tamarix africana*)，猪毛菜属(*Salsola genistoides*)和鬼针草(*Stipa tenacissima*)。使用最新的质量控制标准在苗圃中生产树苗，促进根系发育和形成良好的生理状态。在极端干燥的立地条件下，通过整地优化集水效果，建立微集水区收集径流，并辅助以枯枝落叶覆盖地表。用城市高质量固体生物复合肥料改良土壤，用树荫保护树苗。整地技术有效地收集径流，能显著增加定植苗木的供应能力。结果，在这些荒芜、半干旱退化的土地上，树苗成活率和生长量比常规要高很多。在种植 2 年以后，一些树苗达到了 70cm 高。尽管该项目还处在早期开发阶段，在移植的关键期，良好种苗的稳定生长为项目中期恢复成熟和多样的本地马基(Macchia)群落的带来了希望。此恢复项目将带来生态系统的多样化，并提高对土壤侵蚀和洪水的防护。

45.2.2 国家动员项目

在 1970 年，为阻止沙漠化，阿尔及利亚政府开展了一个叫做绿色带的雄心勃勃的造林项目。目标区域是一段狭长(1500km，或者 300 万 hm^2)的干旱草原，年降水量 200～300mm，从西到东穿越整个国家，与撒哈拉沙漠平行。因为过度放牧和不适当的农作使这里的草原退化，加剧了风蚀，恶化了干旱区自然环境。这个项目早期专门由军人种植地中海白松来实施。当地老百姓，特别是放牧者强烈反对阻止他们放牧的人工造林行为，在某种情况下毁坏了天然的鬼针草草场(*Stipa tenacissima*)。后来(自 1986 年后)，在国家森林研究所指导下，重新修改了整个项目。当地人参与了造林项目并引入了农村发展指标，把造林与其他活动结合起来。结果，使用的植物种更加多样化，包括乡土和外来物种：柏木蔷薇(*Cupressus sempervirens*)，绿干柏(*C. arizonica*)，三刺皂荚(*Gleditsia triacanthos*)，木麻黄(*Casuarina* sp.)，金合欢(*Acaia* sp.)，大西洋黄连木(*Pistacia atlantica*)，沙枣(*Eleagnus angustifolia*)，霍霍巴(*Simmondsia chinensis*)。此外，直播草本植物种子固定沙丘，而饲料灌木(滨藜、仙人掌、马占相思、牧豆)和乔木(柽柳、法国蔷薇、沙枣)用于小家庭种植。最初的 300 万 hm^2 的宏大目标被修订为 30 万 hm^2。估计人工林长期保存率在 70% 左右。项目接受了正反两方面的报道。消极的方面包括最初缺乏与当地居民的协议，大面积应用单一的地中海松，扩大了虫害(主要是松树蛾)范围，缺乏对生物多样性的重视。积极的方面包括，在适宜的地方营造了当地地中海松林，以及国家和国际对这项行动的影响。

45.2.3 西迪贾比尔试点的经验：接近极限的恢复

西迪贾比尔座落在摩洛哥东南部，年降水量是 200～300mm，年际变化率很大，处于具有生产能力的临界区域。同前面的案例一样，过度放牧和农业种植导致严重的风蚀和水蚀，在这个区域还存在粮食种植与薪柴、饲料生产之间的竞争。由世界银行资助的一个项目的目标是恢复树木覆盖，以生产薪柴、饲料，建立防护林带降低干旱对农场、牧场的影响。为达到这个目的，选择了适宜的乔木和饲料灌木，包括本土和外来种。苗木是使用现有材料在当地苗圃中生产的，并通过减少灌溉使得苗木预先适应缺水胁迫。在冬天从 11

月到翌年2月当降水量累积达到50mm时即进行栽植。项目占地22hm²，在1991～1993年期间实施。通过对18个树种的检验，发现生长效果最好的是一些外来种，特别是兰叶相思(*Acaia cyanophylla*)(薪柴树种)两年内高度就达到2.5m，还有一些桉树。在种植之后本地植物新娘金雀花(*Retama monosperma*)第一年即100%成活。它在当地是被用来当作薪柴，世界其他温暖地区则将其当作观赏植物来培育。大洋洲滨藜(*Atriplex nummularia*)也有良好的成活率和生长量。这些植物可以从土壤中积累盐分并用作饲料，尽管在没有更适口植物的时候羊才会选择它们。但它们在北非的广泛种植也遭到了质疑。本土物种，例如刺阿干树(*Argania spinosa*)(良好的饲料植物)、大西洋黄连木(*Pistacia atantica*)、阿拉伯树胶(*Acacia gummiferd*)(非洲本土的植物)也有令人满意的结果。这个试点项目证明了使用适当的树种和种植技术，既可以促进生态系统的恢复又能为当地居民提供有价值的资源。

45.3　方法概述

在欧洲南部的水文和森林恢复项目有着悠久传统。短期整治河道的项目与长期保护流域的造林项目相结合，已在全球范围带来了退化生态系统和景观的改善，并减少了洪水和土壤侵蚀。如今，这些项目必须符合社会对生物多样性和景观服务的需求。最近的研究成果和开发的进展已使得利用各种本土木本植物来进行森林恢复成为可能。在地中海地区，一个特殊困难是缺乏原始的参照生态系统来指导恢复。而在过去的土地使用制度下形成的多功能文化景观尽管十分普遍，却也在现在的土地使用方式下慢慢退化。

一些欧盟委员会研究项目开发了新的森林恢复技术。这些技术主要是高质量种苗培育程序和整地技术，包括微径流区集水、地面覆盖和有机质改良，以及利用树荫在苛刻的土壤和气候条件下提高幼苗成活率和促进生长。这些技术考虑了使用当地种子，允许使用替代材料，因此价格低廉而得到了广泛应用。

监测和评价一贯是造林项目的弱项。这些不足限制了从过去成功和失败中学习的机会，特别是利用来自以前造林项目的独一无二的信息。为此，欧洲研究和发展委员会正在针对评价工具和欧洲南部以前的森林恢复项目开展相关研究工作(参见REACTION项目：*www.ceam.es/reaction*)。

45.4　未来需求

森林恢复是一个非常昂贵的活动，谁来买单？地中海国家常常使用公共资金来实施恢复。从市场角度看，半干旱和干旱气候条件下，发展森林的直接利益普遍降低导致了收益低于成本。因此，与森林恢复相关的最大效益来源于这些乔木和灌木林所提供的非市场化的产品和生态服务，例如，减少土壤侵蚀和洪水、固碳、增加多样性、提高景观美学和休闲娱乐价值。森林恢复的公共投资大多取决于政治变化，特别是在发展中国家。为了促进持续的森林恢复活动，很显然需要从经济上将森林产品和生态服务国际化。

参考文献

Cortina, J., and Vallejo, V. R. 1999. Restoration of Mediterranean ecosystems. In: Farina, A. ed. Perspectives in Ecology. Backhuys, Leiden, pp. 479 –490.

Molina, J. L., Navarro, M., Montero de Burgos, J. L., and Herranz, J. L. 1989. Afforestation Techniques in Mediterranean Countries (multilingual publication: Spanish. English and French). ICONA, Madrid.

Pausas, J. G., Bladé, C., Valdecantos, A., et al. 2004. Pines and oaks in the restoration of Mediterranean landscapes of Spain: new perspectives for an old practice a review. Plant Ecology 171: 209 –220.

Pausas, J. G., and Vallejo, V. R. 1999. The role of fire in European Mediterranean ecosystems. In: Chuvieco, E. ed. Remote Sensing of Large Wildfires. Springer-Verlag, Berlin, pp. 3 –16.

Vallejo, V. R., Bautista, S., and Cortina, J. 1999. Restoration for soil protection after disturbances. In: Trabaud, L. ed. Life and Environment in the Mediterranean. WIT Press, Southampton, pp. 301 –343.

第46章　温带森林恢复

阿德里安·牛顿(Adrian Newton)、艾伦·沃森·菲特斯通(Alan Watson Featherstone)

本章要点

温带森林的动植物物种多样性一般会比热带森林低，但真菌、苔藓、地衣的多样性可以非常高，特别是在湿度高的地区。

在数百年甚至数千年间，人类活动使得很多温带森林遭到了重大改变，限制了我们对原始生态系统的理解，阻碍了恢复目标的实现。

存在温带森林的地方，土地价值非常高，恢复的机会出因此受限。

经过人为干扰的温带森林恢复几率非常低。

我们对土壤动物区系和微生物群落的功能了解很少，而这些对生态系统功能非常重要，在制订恢复计划时应对此加以关注。

46.1　背景

46.1.1　温带森林描述

在地球表面，温带森林覆盖面积大于2000万km^2，包括很多森林类型，如北方针叶林，美国、欧洲、西亚、中国和日本的混交落叶林，还有智利、新西兰和塔斯马尼亚的常绿雨林。在北半球，优势树种是橡树科(Fagaceae)或者如松树(*Pinus*)和云杉(*Picea*)的针叶树。南半球森林的优势树种是南方山毛榉(*Nothofagus* spp.)，南洋杉科和罗汉松科的混交针叶林。温带森林的植物和动物物种多样性总体要比热带森林低，但真菌、苔藓、地衣的多样性也许非常高，特别是在湿度大的地区。南半球的特点是有很多物种的分布受限。温带森林的结构是复杂的，多达7个明显的林冠层。最大树高可达50m、周长可达2m以上。自然和人类的干扰模式(例如风和火)，影响了森林的结构和组成的空间变化。当冠层树木死亡时，形成的空隙就会被森林植物区系的不同成分所占领。“空隙动态”的过程对于保持林分结构和多样性非常重要。

温带森林为人类提供了很多服务，包括流域保护和稳定土壤，而且也占了森林生态系统一半以上的碳储存，在很多区域还提供了休闲功用。天然温带森林是具有经济重要性的用材树种的遗传物质的重要储存库，例如，橡树、山毛榉、松树、桉树。然而，过度采伐的后果是500多种温带树种正面临灭绝。在欧洲和亚洲的部分地区，为了农业种植，大部分温带森林被清除了。毁林已经发生几千年了，在很多区域，毁林依旧是主要威胁，仍然在大范围内进行木材采伐。结果，很多温带森林高度破碎化，原始林只分布在非常有限的范围内。温带森林面临的其他威胁主要包括物种入侵、城市发展、脊椎动物的啃食、采矿、酸雨和空气污染。

46.1.2 恢复问题

森林景观恢复要防止由以上提到的威胁因素造成的森林丧失和退化，并且恢复森林生态系统功能。关于温带森林恢复的许多问题与其他森林类型的问题相似。像其他地方一样，恢复的关键是识别森林丧失和退化的主要原因，寻找解决这些问题的管理对策。温带森林的特殊问题包括：

(1)温带森林的属性：凯蒂和蒙德提供了一份关于温带落叶林生态系统特性和属性的详细分析，这个分析可以用来详细说明恢复的目标，或者作为监控恢复过程的基础(表46-1)。虽然迈出了有价值的第一步，但这个分析很少强调景观尺度的属性，并且限于美国东部的温带落叶林生态系统。因此，有必要将这个方法推广到其他的温带森林类型中，例如，针叶林和南半球森林，并且可扩展到景观尺度上。

表 46-1 温带落叶林生态系统恢复、管理和评价的生态特征

特征	潜在价值
树的大小	老林常常有数量相对多的高大树木。在 10 个原始地点记录的平均基底段面积为每公顷 29 +4 平方米。
冠层构成	成熟林常常被少数相对耐阴的树种占据，而演替的森林中常常并存有大量树种，包括耐阴树种。
粗木质残体	包括倒木，残桩和大树枝。对于许多生物，包括鸟类，哺乳动物，无脊椎动物和真菌的重要栖息地的组成部分。老龄林记录的蓄积量常常最大(在 10 个原始地点记录的平均值为每公顷 27mg)
草本层	许多温带落叶林具有多样性的草本植物群的特征，这些草本植物对伐木和放牧都非常敏感。
附生苔藓和地衣	典型的多种隐花植物群落(苔藓，地衣和)可能典型地出现在树干和树枝上，特别是在未受干扰和空气污染的森林和潮湿环境中。
野生动物树木	许多鸟类、哺乳动物、无脊椎动物需要一些有特殊特性的树木作为栖息地(如做为筑巢、栖息、休息、觅食的地点)。大直径的残桩(站立的死木)和中空木(中间腐烂的活立木)都有着特别的重要性。成熟林常常是每 10 公顷有≥4 种的野生动物树木。
真菌	温带森林中常常有多种大的真菌群体，这些真菌在分解和营养循中扮演着重要角色。许多温带树木与外生真菌菌根构成了合作关系，帮助吸收养分，成为许多其他生物的重要食源。对真菌群落组成的记录仍然很缺乏，但老林的多样性可能超过每公顷 100 种。
鸟类	鸟类群落构成似乎对森林斑块面积尤为敏感，一些种群依赖于大面积未受干扰的森林。
大型食肉动物	由于大型食肉动物一般都处于食物链顶部，它们的存在代表着整个食物网未受干扰。它们在控制食草动物的数量和过度放牧上扮演着重要角色。很明显，在很多温带森林里大型食肉动物已经灭绝，因此食肉动物可能是恢复措施中应当考虑的一个明确目标。
森林面积	在很多地区，作为人类活动的结果，曾经连续的森林都被破坏得支离破碎。破碎化降低了生物多样性，改变了残存森林的物种组成。由于哺乳类和鸟类需要较大的领地，它们受影响最大。对于一个要包含完整的补充物种的森林，它必须足够大，以满足那些要求有最大面积的物种的需求(即 >100000 公顷)。

改编自 Keddy 和 Drummond，1996 年。

(2)恢复目标的定义：在一些地区，例如中欧和东亚，几千年前就发生了毁林。在这种情况下，原始森林的特点很难甚至不可能得到精确定义，使得确定适宜的恢复目标变得极其复杂。

(3)森林恢复率：与热带森林相比温带树种特别是那些生长在贫瘠或者边际地带的树种，生长率较低。减轻干扰后，森林恢复率也低，特别是许多针叶林生长很慢，完全恢复原始森林生态系统的特点需要花上几个世纪时间。

(4)恢复关键生态过程：生态过程和自然干扰体系(例如，大规模的偶发山火、风倒、虫害蔓延等)是温带森林的重要特点，特别是在景观水平上。原始森林和取代它们的生态简化的人工林之间关键的不同点就是缺乏这些过程。今天，恢复这些生态过程面临着许多挑战，然而，这对恢复森林生态系统的全部功能至关重要。

(5)恢复次生林的潜力：在一些温带地区，以前的森林被清除了(例如，美国北部和斯堪的纳维亚部分地区)，次生林自然地生长起来，为了促进这些地方的森林恢复进一步向原始林方向发展，需要减少经营。

(6)社会经济背景：广阔的温带森林位于高度经济发展的国家。尽管这对获得必要的经济支持是有价值的，但也带来了困难。土地价格很高，特别是那些有农业价值的土地，加上高昂的劳动力成本，使得森林恢复的成本很高。许多地区的土地使用呈现为集约模式，这种模式具有悠久的文化传统，欧洲的大部分地区都是这种情况。这也大量地减少了森林恢复的面积范围，而且需要发展与相关土地拥有者的伙伴关系才能获得用于恢复的土地。在这样的情况下，森林恢复带来的经济激励是至关重要的。

(7)生态复杂性：鉴于对温带森林的生态功能理解很好，且温带森林的结构和成分也相对简单，可以认为在技术上温带生态系统的恢复比热带森林简单。然而，关于土壤生物区系和微生物群落的功能很少为人所知，而这些对于生态功能具有至关重要的作用。

(8)恢复的方法：理论上讲，森林恢复重点应该鼓励自然更新和生态恢复。然而，很多温带森林已经严重退化以至于为了促进恢复，需要人工种植树木。要实现恢复目标，就需要精心地管理这些树木，并且应该尽可能地模仿自然更新。在商业造林中使用的典型森林培育方法一般不适合于森林景观恢复。

46.2　案例

46.2.1　苏格兰格伦阿弗里克的喀里多尼亚松林

苏格兰喀里多尼亚森林中的乡土松林，以苏格兰松为主(*Pinus sylverstris*)，它们属于欧洲北部针叶林的最西端部分，最初有 150 万 hm^2。到了 20 世纪末期，面积减少到 17000hm^2。孤立的残存林主要由老龄树木构成，实际中面临着森林完全消失的危险。位于北部高地因弗内斯西部的格伦阿弗里克拥有第三大本土残存松林，这也是苏格兰面积最大的、受干扰最少的森林。大多数松林属于英国政府。从 19 世纪 60 年代开始恢复工作，那时已有 800hm^2 森林被篱笆围住以防止鹿和羊啃食。这使得新一代幼树更新成为可能——在 150 年里首次这样做(图 46-1 和 46-2)。恢复工作实际上在 1990 年以前就不断加强了，最初主要使用了以下的管理技术：

图46-1 Athnamulloch. 1991年在苏格兰高地的格伦阿弗里克种植欧洲赤松苗，这里是克莱多尼亚(Caledonia)森林恢复的一部分。(照片归Alan Watson Featherstone/Forest Light. 所有)

图46-2 Athnamulloch. 至2002年，这些种植的松树苗壮成长并在其中出现了自然更新的花楸。因没有鹿群的过度放牧，石楠和蓝莓也蓬勃生长，遮住了大部分暴露的松桩。(照片所有权归Alan Featherstone/Forest Light. 所有)

——利用篱笆防止鹿的啃食，促进存活下来的本土森林的自然更新。

——培育当地种源，种植乡土树木，努力按照天然更新模式在森林已经消失的区域扩大森林面积。

——大面积砍伐掉外来树种构成的商业人工林，因为它们阻止了本土森林的更新。

最近几年，恢复工作进入了一个新的阶段，即更多地强调纠正树种多样性的不平衡(由过去食草动物的选择性放牧和啃食造成的)，连接整个流域的森林片段以强化森林景观的整体性，并强调恢复生态系统其他成分，例如稀有树种，林地昆虫如树蚁，森林地面的开花植物等。进一步恢复森林群落的一个关键因素是减少鹿的繁殖，使正在进行更新的树木和草本植物可能不再需要围栏的保护。将来需要做的其他重要工作包括将剩余人工林(其中多数是松树)转换或者天然化使其森林结构更加自然。由于格伦阿弗里克的生态重要性及其恢复工作取得的进展，2002 年这里 15000hm^2 的土地被划定为国家自然保护区——英国迫切需要保护的一类地区。恢复活动的一个最关键特征是使用了志愿者劳动力：热衷于参加森林恢复实际活动的人普遍欢迎“森林工作周”。

46.2.2　智利瓦蒂文生态区的温带雨林

智利南部的温带森林占了南半球温带森林总面积的一半以上，共 1340 万 hm^2。森林里有 900 多种植物，90% 以上是本土物种。为发展农业而进行的皆伐、人为火灾、放牧、采伐使得智利原始森林面积减少了 50% 以上。瓦蒂文生态区的温带雨林已经被世界自然基金会确认为恢复保护行动的优先区域。虽然在智利对本土森林重要性的认识正在增长，但是恢复本土森林仅仅从最近才开始。首先是由学术研究者和非政府保护组织合伙运作的。已经开展的第一个尝试是恢复智利柏(*Fitzroya cupressoides*)种群，这是一个受到威胁、具有很高木材价值的针叶林。为做到这一点，首先进行了大量的野外调查，以确认在这个种被认为已经灭绝的区域有一些残留种群的存在。这为当地苗圃培养苗木提供了种条来源。幼苗种植在残存林附近的一些立地上，主要是农田。因为这个树种生长得非常缓慢，能存活几千年，显然需要在很长的时间尺度上才能恢复这种森林(智利柏林)。然而，这一举措的真正价值在于如何在实践中扩大恢复示范活动的影响，并提高人们对恢复该地区本土森林的意识。在这样的背景下当地土地私有者加入了这个倡议，则具有特殊的重要性。

在智利岛的一个野外站——森达达尔文，已经由森达达尔文基金会逐步提出了进一步的恢复倡议。这个地区是智利南部非常典型的地方，遭受了森林火灾、采伐、放牧的综合影响。通过赶走在残余森林里的牲畜，并且使用篱笆来进行恢复。尽管恢复森林非常缓慢，但是在第一个十年里森林覆盖已经有了显著增加。有证据表明，由于森林火灾造成土壤有机质损失，土壤变得渍涝，限制了树苗生长。研究指出，在一些立地上腐烂圆木和树桩的存在为种苗生长提供了环境。为了协助恢复过程，最近的活动重点是开发苗圃育苗设施，为人工造林培养乡土树苗。为了协助植物和动物物种在残存森林之间的移动，沿着连接森林片段的直线廊道种植了苗木。用这种方式，通过发展与相邻土地拥有者的合作，森林恢复朝着重建景观的方向发展。

46.3　方法概述

基于多年的研究和森林管理，大量关于不同物种的生态需求和森林动态过程的现有信息为恢复温带森林提供了极大帮助。

46.3.1　地理信息系统

地理信息系统(GIS)已经被证明是规划和管理森林恢复项目有价值的工具。它们的数据库包括环境信息，例如土壤、水文、当前的土地利用，与森林覆盖图和相关生物多样性图相结合，可用于在景观尺度上确定森林恢复地点和制订恢复计划的优先区域。

46.3.2 空间模型

森林立体动态模型正日益被用来探索各种管理方案和可能的恢复途径。空间模拟方法再加上地理信息系统，可用来分析特定种的分布和对栖息地的要求。

46.4 未来需求

从以立地为基础的恢复行为转化为在景观尺度上的森林恢复是一个普遍的需求。连接森林片段形成森林栖息地网络，是景观背景下的一个有用理念。

在温带森林中，需要加强对不同恢复方案有效性的研究，例如，扩大森林片段的核心区面积还是增加片段之间的连接性。还需要研究适宜的监测方法，监测森林是否朝着恢复目标的方向发展。

一个关键的需求是确定在集约、竞争性土地利用情况下如何恢复森林景观，例如，通过发展与众多土地拥有者的合作关系，建立适宜的政策和筹资支持机制等。

日益增长的重点是需要恢复退化温带森林的生态过程。许多恢复活动现在仅仅关注重新恢复森林覆盖率，而不是恢复整个植物和动物群落。因为土壤微生物群落对生态系统的功能十分重要，特别需要实用方法重建已退化的土壤微生物群落。

参考文献

Armesto, J. J. , Villagrún, C. , and Arroyo M. K. , eds. 1995. Ecología de los Bosques Nativos de Chile. Editorial Universitaria, Santiago de Chile, Chile.

Groombridge, B. , and Jenkins, M. D. 2002. World Atlas of Biodiversity. California University Press, Berkeley, CA.

Humphrey, J. , Newton, A. , Latham, J. , et al. , eds. 2003. The Restoration of Wooded Landscapes. Forestry Commission, Edinburgh, UK.

Keddy, P. A. , and Drummond, C. G. 1996. Ecological properties for the evaluation, management, and restoration of temperate deciduous forest ecosystems. Ecological Applications 6(3): 748 – 762.

Oldfield, S. , Lusty, C. , and MacKinven, A. , eds. 1998. The World List of Threatened Trees. World Conservation Press, WCMC, Cambridge, UK.

补充阅读

Buckley, E, Ito, S. , and McLachlan, S. M. 2003. Temperate woodlands. In: Handbook of Restoration Ecology, Cambridge University Press, Cambridge, UK.

Hunter, M. I. 1999. Maintaining Biodiversity in Forest Ecosystems. Cambridge University Press, Cambridge, UK.

Peterken, G. F. 1996. Natural Woodland. Ecology and Conservation in Northern Temperate Regions. Cambridge University Press, Cambridge, UK.

案例研究：芬兰的北方森林生态恢复

作者：Jussi Paivinen 和 Marja Hokkanen

芬兰 2/3 的土地覆盖着森林。千百年来，刀耕火种的文化以及焦油燃烧已经影响了森林的结构。二战后的集约化林业经营也使得森林栖息环境产生了重大变化。只有很少的天然林保存了下来，但呈现破碎化且主要分布在保护区中。

在天然的北方森林中，一直都有各种大小和处在不同腐烂阶段的腐木。这些腐木源于各种各样的树种，并且远比商品林中要丰富得多。当树木倒下时，他们就形成了小的林窗，那里就会长出新苗。落叶树需要更多阳光，它们的生长空间要稍微大些，而云杉类树种则生长在比较遮阴的地方。由于不断变化，天然林就像马赛克一样分布，大小和种类不同的树木随机生长，时常可以发现小的林窗和丛林。

作为有效防火的结果，芬兰几乎不会再发生大面积林火。过去，时常有林火残留下的已经死亡的或正在死亡的烧焦树木。如果林火限于地面，那么整个林分也许还可以幸存；如果林火到达了树木顶部，至少有些树木有时甚至是全部树木，会死亡。林火通常增加了森林的马赛克状分布特性。林火发生之后，会发现死木和腐木不均匀地分布在林中。林窗中长出的小树苗已经成形，常常增加了森林中不同树龄和树种分布以及森林空间的变化。

森林是芬兰 564 种（占 38%）受威胁物种的主要栖息地。此外，在芬兰大约有 60 种（占 33%）栖居森林的物种已经濒于灭绝了。更多物种已在这个国家的一些地区。尤其是南部消失了，那里受人类影响最大，且时间最长。特别是无脊椎动物，尤其是甲虫和真菌已经灭绝了。

在小部分保护区中的森林得到重新恢复。据估计，在芬兰保护区，矿质土上需要恢复的森林约有 29000 公顷，此外，许多将要扩展并纳入到现有保护区范围内的地方也需要进行生态恢复。在 2003 至 2012 年间，在芬兰南部和西部的保护区中有 16500 公顷森林有待得到恢复。但由于开始了为濒危物种创造栖息地的自然过程，未来森林生态恢复的需求将减少。

增加死木和腐木数量

主要在腐木自然延续处于遭受破坏的危险状态的地方，以及缺少腐木但周围有有价值物种的地区，死木和腐木数量会增加。

通过对立木树皮进行环剥或者砍倒方式，可以制造死木或腐木。无论是剥皮或者砍倒都主要用电锯完成。无论是环剥铁还是标记工具都可用来剥皮。开挖机可以用于连同根部一起伐倒树木。裸露的矿质土壤形成一个有益于树苗的下层。

创造小林窗

在单一的幼龄针叶林中常常可以创造小林窗。这样的小林窗可以通过伐倒上百平方米范围内的所有针叶树来建立。有两种主要方法：可以创造小林窗让新的落叶树在其中生长，或者砍倒现有丧失了对光和生长空间竞争力的落叶树周围的针叶树。创造小林窗增加落叶树的数量和森林的多样性。生长在林窗上的小树苗也增加了林分年龄结构的多样性。

火烧

火烧也是一种森林恢复方法。选择的火烧地点通常是具有中低肥力的地方，因为高肥力的森林通常太潮湿而不易燃烧。当森林燃烧时，一些树木被烧焦了，有些立即就死亡了，有些要过许多年才死去。结果就是，这个地区就会在不同阶段持续产生腐木。大火之后树种多样性通常会增加。这些新的林分有时成簇生长，有时分开，保持树木之间的不同距离。这些树木年龄各异，因为部分原有树木在大火中幸存下来。因火烧而增加的隔离状态是某些特定珍稀或濒危物种生存的前提条件。

欧盟支持芬兰恢复北方森林。有几个项目已经获得了欧盟“自然生命”的资金支持，以恢复森林生态。目前正在实施的最大项目是“北方森林以及森林覆盖沼泽恢复项目”(www. metsa. fi/metsa-life)，其中，大约5000公顷已经建立的属于“自然2000”的商品林将得到恢复。这个项目将持续到2007年底，国有企业Metsahallitus和它的合作方负责执行该项目。

第十三部分　干扰后的森林景观恢复

第 47 章　火灾后的森林景观恢复

皮特·莫尔(Peter Moore)

本章要点

分析火灾情况，利用有效的数据为恢复提供决策支持。

重点明确火灾原因、火灾责任人，以及火灾影响对象。

对于由自然因素引起的火干扰，若不采用耐火物种，就有必要对恢复地点进行保护。

47.1　背景

从保护目的来看，火灾后的景观恢复的必要性是显而易见的。然而，若不理解火灾的原因和火在生态系统中的作用，就可能完全误解“显而易见”的含义。

47.1.1　火的简要回顾

纵观历史，很多大型火灾损坏了人类财产，令人难忘。其中许多事件给人类带来了灾难性后果，这样的事情依然在发生着。2003 年发生在葡萄牙、西班牙、洛杉矶和澳大利亚东部的大火，1997～1998 年间发生在婆罗洲的火灾都是例子。

火是人类掌握的最古老工具之一。几百年来，火被当作备耕时进行土地清理的工具。对成千上万处于农地前沿并不断向森林中推进以获取土地的农民、牧民和种植园主来讲，火是最直接的工具，并且显然是清理植被和给贫瘠土地最廉价、最有效的追肥办法。在很多情况下，我们看到发展中国家刻意用火实际上是在重复发达国家的历史行为，例如在 18 世纪美国东北部，火还被用来清理森林以改变土地利用方式——最初是农业。

47.1.2　景观中的火

在世界范围内，与广泛存在的人类城市化和农业活动一样，对植被覆盖高的地区，火是突出的干扰因子。在很多生态系统里，火是自然的、基本的、有生态意义的驱动力，整合自然和生物属性，形成景观的生物多样性，并且影响着全球的碳循环。自中生代以来，火就成为了景观的一部分。火和草共同创造了大草原和广阔的平原，同时也为食草动物大规模繁衍提供了机会。例如，澳大利亚的植被受到火的大范围影响，先是被土著人(原住民)焚烧，然后被欧洲殖民者焚烧。这些普遍存在的火，影响了澳大利亚植被向现代植物的转变，现代的植物被认为不仅能耐受火灾，而且能适应火灾，在再生和生命周期中还必须有火的存在。很多生态系统都是如此。

森林火灾的发生，既有人为原因也有自然原因。闪电是引起火灾最常见的自然原因。全球范围内大部分火灾是由人类活动造成的。自然引起和人为造成的火灾在程度和时间上不同，由人为造成的火灾通常要小一些。虽然很难准确地列举数据。欧洲共同体全球火灾面积评估项目指出，在2000年(该年度内都没有发生严重的火灾)全球范围内有 $2.51 \times 10^8 hm^2$ 的火烧面积。

在火灾敏感的生态系统中，火灾会造成严重的危害。这个例子广为人知：热带雨林生态系统具有较高的湿度和水分，它们通常不会燃烧，但是一旦发生火灾，其破坏性会非常严重。火灾对热带雨林生态系统的破坏能够持续很长时间。

频繁火灾可能会造成很多问题，但是火灾太少也会引发一系列问题。发生在寒带森林里的火灾大多是由闪电造成的。不过，有些国家，例如美国，为防止火势失去控制，采取灭火的政策。在这样的情况下，抑制火灾可导致非自然的情况——本该经历小规模、间歇性火干扰的森林从此不再燃烧。抑制火灾可导致死生物量的存在，改变树种组成，因此，一旦发生火灾，本来是小型的林火就可能变成剧烈的、大规模的火灾。在美国，自1986年以来，这个结论几乎年年得到了印证。

理解景观中火的发生和抑制原因是非常重要的。如果不针对原因采取措施，景观恢复将是非常困难和没有价值的。

47.1.3 火灾影响

在塑造整个世界的生态系统中，火灾已经发挥着而且将继续发挥着重要作用。火灾能使本地物种灭绝，改变物种的组成和演替阶段，并为生态系统功能(包括土壤和水文)带来重大变化。在世界上几乎所有的森林生态系统中，人类通过改变火灾的频率和强度改变了自然状态。人类消除或抑制火，改变景观的性质，自然的林火因此无法发生(如果没有人类施加影响则会发生)。人类、火和森林之间的相互关系非常复杂，一直是研究和报道的对象。

然而，在一些生态系统中，火灾是一种不正常的、非自然的过程，严重地破坏了植被，并可能导致长期退化。例如对火敏感的生态系统，尤其是热带地区，由于人口日益增加，经济和土地利用压力日益增大，越来越容易受火灾的侵袭。

在许多发达国家，自然区域减少和退化的过程已经放慢或逆转。公众对火灾的看法一般是消极的、破坏性的，这导致了人们对抑制火灾的关注。这种看法对“植被格局产生了深远影响”。

47.1.4 火灾的影响周期

火灾体系的关键要素如下：

(1)火灾发生的季节；

(2)火灾的范围和程度；

(3)火灾的强度——无论过低或过高都会产生消极或积极的影响；

(4)火灾的频率——两次火之间相隔的时间太长或太短都是不利的。

火灾影响周期取决于火体系的特点。火灾的影响是消极的还是积极的依赖于一个限度，即火灾是否超出于景观能够容许的限度。不当的季节，规模过小或过大，强度太高或太低，频度过高或者频度不够，都将导致景观失去平衡，产生消极影响。如果周期很长，超出景观固有的平衡，火灾将导致长期的生态系统改变。

火灾的这些特性，如果超出生态系统缓冲能力，就能产生显著的影响。因此，也许火灾本身没有积极或消极的意义，但总是有深远的影响，具有潜在的长远作用。当景观生态系统具有全球重要性时，火灾尤其受到关注。这种情况下，评估和管理火灾在维持景观价值方面的作用则变得更加重要。

改变火灾体系超出景观容许能力，就很可能改变火灾的影响，这种变化可以认为是消极或积极的，取决于分析的角度。

47.1.5 火灾后的恢复问题

47.1.5.1 为什么和什么时候恢复?

在景观中，自然和人为火灾的作用，为景观恢复决策建立了因果条件。在特定景观中，决策需要建立在对火灾影响的清晰理解上。这需要了解火灾在景观中的状态——火灾的发生地点有多少？是否经常发生？规模有多大？强度有多大？什么季节发生？在景观中导致火灾发生的原因也必须确定。森林大火被认为有以下几种特点：

火源——引燃的方式。例如，闪电、火柴、金属撞击岩石；

原因——人为引起火灾。例如，农民、游客、或者清理土地的承包商；

动机——点火原因。例如，玩忽职守、生计，或者意外。

具备了丰富的火灾特性知识，掌握了火灾发生的内在原因，理解火灾在特定景观中所发挥的作用，就可以解决以下几个关于恢复的问题：

恢复可能成功或有用吗?

相同的物种能被用来恢复吗?

若不得不恢复，前期的工作可为后续努力创造条件吗?

47.1.5.2 火灾作为自然干扰因素

恢复的必要性依赖于火灾体系及其是否超出了景观所能承受的程度。具体做法包括以下几条：

1. 控制在景观可承受的范围内

(1)减少火源；

(2)管理可燃物；

(3)抑制不符合景观需求的火灾(一个非常难做的决定);

(4)重新种植乡土物种以弥补损失，通常要开展护林工作，防止产生与景观不相容的火灾;

(5)消除易燃物种或者入侵物种(某些情况下要用火来清除);

(6)开展保护、恢复以及防止景观(例如土壤、排水线)退化等实际工作。

2. 引入火以重建与景观一致的火灾体系

(1)在景观能承受范围内，建立火灾体系;

(2)测量可燃物，如有必要进行管理;

(3)抑制不符合景观要求的火灾;

(4)清理易燃物种或者入侵物种(在某些情况用火来清理);

(5)开展保护、恢复以及防止景观(例如土壤、排水线)退化等实际工作。

47.1.5.3 火灾是退化的因素

如果景观中的火灾没有自然作用，那么应对措施就非常明确，需要控制火灾以减少对景观的胁迫。在景观中完全消除火灾基本上是不可能的，许多意外和极少发生的因素可能创造了导致火灾的条件。

47.1.5.4 用火当作工具

如果火灾被当作工具使用，首先必须满足如下几个条件：点火装置、火源和诱发因素。根据经验，景观恢复可以有多种方案。如果火灾对景观没有不利的影响，就没有必要去处理火灾，可以开展针对其他目标的恢复措施。也许大火还可以被用来作为加速景观恢复的有用工具。

47.2 案例

无论世界上什么地方，火灾后通常都很少进行景观恢复。在管理火灾的各项工作中有两项——防火和恢复，在各地大多都被完全忽略或未受重视。火烧迹地上的很多工作，其目的(简化为防止侵蚀)和措施(简化为飞播草籽)都被大大简化了。因此，在文献和文件中，没有对火灾之后开展的恢复工作做认真记录。

47.2.1 印度尼西亚东部加里曼丹热带雨林恢复重建的尝试

在20世纪80年代和90年代初，婆罗洲东部的武吉苏哈托大公园被一场大火烧毁，在省内其他地区经营的一些木材特许经营公司被要求重建公园。他们采取的措施比较简单——引种马占相思，并在道路两边树立标识以标记每个公司的责任范围。植被盖度已经逐渐恢复，引入种形成的植被在物种组成、结构和生境方面不同于在火灾中失去的植被。

德国技术合作公司的可持续森林管理项目(该项目在森林大火时正在执行)为重建受到火灾影响的森林，制定了下列原则:

(1)维持森林面积;

(2)森林资源的可持续管理：根据当地条件和森林功能，经特许经营公司股东同意，制定健全的经济管理目标。为实现这些管理目标，要采取育林措施;

(3)生态可持续性：管理目标应该针对当地立地类型。造林活动应该对残存林分产生最小的负面影响，并且应该优先管理残存的林分，进行天然更新，并利用适宜的乡土树种混交；

(4)森林保护：森林是最重要的资产，所以它必须得到保护，以免受到害虫、疾病、非法采伐、火灾和其他干扰的影响；

(5)社区参与以通过森林资源和保护森林获取收益，增加社区福利。

47.2.2　大型森林恢复：美国加利福尼亚红杉—国王峡谷国家公园的森林恢复

加利福尼亚州国王峡谷国家公园中，森林开发从许多方面改变了植被。人们为了建造房屋和停车场砍伐了树木，使林冠层出现明显空缺。因为伐除了威胁人类和财产安全的树木，森林的上层木变得越来越少。践踏和土壤压实减少或消除了森林下层诸如草、野花、灌木和树苗等植物。影响森林再生潜力的土壤种子库正在枯竭；处于草甸边缘或者溪流旁的小型湿地斑块也已消失。

人类开发造成的影响与自然造成的影响非常相似，一场大火毁坏了成熟林斑块，在冠层形成了空缺。火灾造成的林隙和林窗，被大量的灌木和树种更新后形成的斑块填补，特别是在完整的冠层下面巨型红杉没有再生能力。

恢复过程中，将在火灾过后的林窗和林隙中出现的灌木和更新种绘制成图，其更新格局被用作大规模森林植被恢复的模式。在大规模森林中恢复植被的短期目标是重现物种组成、密度和自然火灾形成的空间格局；长期目标是让迹地成为大森林周边地区自然火灾体系的典型，重建自然变异范围，而后让自然过程去稀疏植被。

47.2.3　火灾之后的地中海森林景观恢复

火灾是使地中海森林适应自然干扰的组成部分。而在过去的几十年间，自然火灾体系被改变了，大规模、高密度、高频率的人为火灾不断发生。2003 年，在葡萄牙，世界自然基金会(WWF)和当地非政府组织(NGO)ADPM 共同提出计划，以恢复被大火毁坏的森林景观。采取了以下一系列措施：

(1)利用地理信息系统对土壤退化和不同景观成分的水蚀风险进行评估；

(2)用地理信息系统评估森林覆被中的火灾发生率和森林景观中生境类型镶嵌下的菌根组成；

(3)社会经济影响分析，包括预测生产力损失和在放弃使用森林下，农村人口外流的风险；

(4)为了阻止退化和促进火烧迹地的自然恢复，在景观中采取了不同技术，包括烧伤植被的管理技术，最佳的做法并不是将烧伤植被从森林中伐除，因为它们可以保护土壤和促进自然更新；

(5)积极恢复有土壤侵蚀风险和初期自然再生能力差的区域，尽量增加有萌蘖能力的物种的种植，例如常绿栎树，小型树木——树莓(strawberry tree)、番樱桃(myrtle)、乳香树(mastic tree)，并与豆科灌木结合种植；

(6)萌蘖树木管理，主要是橡树类，通过稀疏萌蘖促进形成健康的矮林林地；

(7)清理易燃的、组成单一的灌木林地，例如，岩生灌木和种植分散的树木和灌木，以及草地斑块，以增加植物多样性，加快新旧交替，减少火灾风险；

(8)在火灾影响很小的迹地上自然更新效果良好，不需进行人工干预；

(9)减少森林景观中火灾再次发生的风险；

(10)在森林景观中，特别是经过对森林经营导致景观结构单一的地方，要构建自然防火线；

(11)在沟壑和河网地带恢复河岸森林植被；

(12)重新规划人工林，木材(纸浆)商品林应该与橡树(oak)、白蜡树(ash)、栗树(chestnut)、杜松(juniper)、石松(stone pine)等主导的林地交错分布；

(13)恢复被焚烧的森林景观的经济和社会潜力；

(14)为了理解和恢复被烧伤森林景观的经济和社会价值，各项活动都应该是参与式的；

(15)恢复应有设计和计划，以减少大规模火灾的风险。也包括资金投入计划，如政府补贴或环境服务支付手段，支持建立自然和经济的防火机制，促使私人和公共土地利用方式的多元化。

47.2.4 潜在的不利影响

火灾后重建的不利影响很可能是源自选择不当的(外来)物种，物理恢复措施改变和影响土壤及其排水性能，或树木再植改变了当地物种的最佳组合。2000 年，在蒙大拿州苦根马齿苋(Bitterroot)国家森林中，野火烧毁了大面积区域。大火之前对野火和可燃物处置造成的干扰，与为控制侵蚀所引入的外来物种一起，共同导致了景观中外来物种的入侵。对入侵物种有利的条件包括光、营养水平、植物间竞争减弱，以及裸露的土壤等。两年以后，在一些立地，耐火烧的野草密度增加，并且出现在本没有外来物种的地块上。黑矢车菊(有几个种)的增加与火灾的严重程度有关——火灾越严重，其密度越大。美国新墨西哥州大量事实表明，野火之后的入侵种抑制了乡土植物的恢复。

47.3 方法概述

构建火灾后恢复所要求的主要信息是全面了解火灾情况。即事实、诱发因素以及需要搜集的其他信息，包括前面列举的内容。相关的数据、火灾体系的确认、明确的火灾原因(引燃物、起源、动机)。这些都为处理火灾和恢复景观奠定了坚实基础。在发展中国家，火灾往往被视为其发展的一部分。因此，有必要对经济发展中的生活需求和部门用火进行分析。

如果能够获得数据和信息资料，火灾分析就是最基本的，而且也相对简单。关键是处理火灾动因，这是确定恢复策略的必要组成部分。虽然没有已记载的“正式”或“系统”的程序，火情分析基本上要回答以下一系列问题：

(1)关于火灾：火灾是什么时候开始的？是从哪儿开始的？是什么时候结束的？烧毁面积有多大？引燃物是什么？

为什么火势开始蔓延？可能蔓延到哪里？一年或一个季节当中什么时候可能发生火

情呢?

(2)关于人：谁在管理和影响土地利用(社区、林业机构、有特许经营权的公司、农业部、交通部、省和地方的领导机构，还是其他)?谁受影响了(运输部门、旅游部门、卫生部门、农业部门、制造业)?谁可以协助灭火(消防部门、社区、林业机构、有特许经营权的公司、农业部、交通部门、省和地方领导机构)?

(3)对于上述已确定的有关部门，还必须明确：他们发挥什么样的作用?他们的动机是什么呢?为什么应该考虑他们?谁该负责并应当扑灭火灾?谁受到影响，因而需要(想要)灭火?谁为带来损失的火灾负责?谁受火灾影响?应由谁支付和承担恢复任务?

(4)关于景观：在火灾和人类共同影响下，什么是理想的景观状态?火灾在景观中有生态学作用吗?火灾在景观中应该或者必须发挥作用吗?

尽可能整理出这些问题的答案(有时猜测可能是唯一的信息来源)，就可以将林火的情形描绘出来。

一旦掌握了火情之后，就可以确定出重建策略和技术。如果火情反复，其后的恢复不可能成功；或者要求进行火情管理，以确保恢复区域不会着火，不会在它能承受火灾之前被烧掉。

47.4　未来需求

人们日益认识到社区在火灾管理中的强大能力。可以培养和利用它们的动机、技能和对火情的掌控能力。社区或地方对火情及其作用的了解，以及用火技术都应当是加强火情管理的基础。在政府机构的结构和应对手段正在完善、应对火灾的资源和支持受到限制的国家，提高对社区火灾管理(CBFIM)及当地人口在景观火灾中核心作用的认识，是十分必要的。

如前所述，关键是获取、维护、或着手记录不利火灾、火灾利用和火灾行为，通过分析来改进主动用火和获取减少火灾不利影响的相关技术。

参考文献

Cochrane, M. A. 2002. Spreading like wildfre— tropical forest fires in Latin America and the Caribbean. Prevention, assessment and early warning. UNEE Regional Office for Latin America and the Caribbean, Mexico.

Gill, A. M. 1981. Adaptive responses of Australian vascular plant species to fires. In: Gill, A. M., Groves, R. H., and Noble, I. R., eds. Fire and the Australian Biota. Australian Academy of Science, Canberra.

Goldammer, J. 2000. Global Fire Issues. In: Saile, R, Stehling, H., and von der Heyde, B., eds. WALDINFO 26. Special Issue Forest Fire Management in Technical Co – operation. Gesellschaft ftir Technische Zusammenarbeit (GTZ). Eschborn, Germany.

Hunter, M. E., Omi, RN., Martinson, E. J., Chong, G. W., Kalkhan, M. A., and Stohlgren, T. J. 2003. Effects of fuel treatments, post – fire rehabilitation treatments and wildfire on establishment of invasive species. Second International Wildland Fire Ecology and Fire Management congress and Fifth Symposium on Fire and Forest Meteorology, Orlando, Florida, 16 – 20 November.

Jackson, W. J., and Moore, RE 1998. The role of indigenous use of fire in forest management and conservation. International Seminar on Cultivating Forests: Alternative Forest Management Practices and Techniques for Community Forestry. Regional Community Forestry Training Center, Bangkok, Thailand.

Joint Research Center of the European Commission. 2002. Global Burnt Area 2000 (GBA2000) dataset: http://www. gvm. jrc. i t/fire/gb a2000/.

Luke, R. H., and McArthur, A. G. 1978. Bushfires in Australia. Australian Government Publishing Service, Canberra.

Singh, G., Kershaw, A. P., and Clark, R. 1981. Quaternary vegetation and fire history in Australia. In: Gill, A. M., Groves, R. H., and Noble, I. R., eds. Fire and the Australian Biota. Australian Academy of Science, Canberra.

Sutherland, S. 2003. Wildfire and weeds in the northern Rockies. Second International Wildland Fire Ecology and Fire Management congress and Fifth Symposium on Fire and Forest Meteorology. Orlando, Florida, 16 – 20 November.

参考资料

US National Parks Service

http://www. nps. gov/fire/fire/fireprogram. html.

Global Fire Manitoring Centre

http://www. fire. uni-freiburg. de/programmes/natcon/natcon 5. htm.

补充阅读

Bowman, M. 2003. Landscape analysis of aboriginal fire management in Central Arnhem Land, North Australia. Second International Wildland Fire Ecology and Fire Management Congress, Orlando, Florida, 16 – 20 November.

Ganz, D., Fisher, R. J., and Moore, P. F. 2003. Further defining community-based fire management: criti cal elements and rapid appraisal tools. Third Inter national Wildland Fire Conference, October 6 – 8, Sydney, Australia.

Moore, P. F. 2001. Fires, community action and law enforcement in S. E. Asia. Paper prepared for the Forest Law Enforcement and Governance: World Bank East Asia Ministerial Conference, September 11 – 13, Denpasar, Indonesia.

Moore, P. F. 2001. Forest fires in ASEAN: data, definitions and disaster? ASEAN Regional Center for Biodiversity Conservation, Workshop on Forest Fires: Its Impact on Biodiversity, Brunei Darussalam, 20 – 23 March.

Moore, P. F., Ganz, D., Tan, L., Enters, T., and Durst, P. B., eds. 2002. Communities in flames: proceedings of an international conference on community involvement in fire management. FAO RAP Publication 2002/25.

Petty, A., Banfai, D., Prior, L. D., and Lehmann, C. (2003) Introducing the Kakadu Landscape Change Project: a multidisciplinary assessment of 50 years of landscape change in the tropical Savannah Region of Northern Australia. Third International Wildland Fire Conference, October 6 – 8, Sydney, Australia.

Reeb, D., Moore, P. E, and Ganz, D. 2003. Five Case Studies of Community Based Fire Management. FAO Headquarters, Rome.

第 48 章　风暴之后的森林恢复

丹尼尔·瓦劳里(Daniel Vallauri)

本章要点

在风暴之后，典型的措施是进行恢复，尽快实施清除伐作业并重新种植。

这导致了两个矛盾：一个是经济矛盾，经济利益并非总能得到保证，而投资则要推进；另一个是生态矛盾，自然干扰因素，包括风暴，对维持生态功能生物多样性十分重要。

大量文献和实地经验都涵盖了大规模应用自然动态。

不管理论还是实际操作中，为了鼓励提高森林管理水平，风暴后的重建问题都是重要话题。

游说、政策和宣传都是非常必要的。

48.1　背景

温带地区每年都有风暴毁坏森林，给森林拥有者带来了巨大的经济损失。在北欧，平均每年被毁坏的区域相当于商业林面积的净增值，而受影响的森林面积则更大。

风暴造成的森林毁坏经常被称作气候灾害或经济灾难。在风暴过后，政治家、普通市民、媒体和林学家采取的一个典型做法是尽快实施拯救性采伐并重新种植。然而，对风暴的响应举措，有两大矛盾应当引起注意：

1. 经济矛盾

折倒木已经部分失去其木材价值。在被风暴毁坏的森林中进行采伐作业会更加困难和危险。而且，很多树木的价值已无法支付采伐成本。人工重植(包括土壤处理)成本也很高。总之，对社会而言，这种抢救性采伐作业、人工重植都是非常昂贵的，因此常常通过欧盟或国家补贴支持这些行动。这就引发了第一个矛盾：尽管在风暴过后采取的各种措施常常无法保证经济效益，但却推动并增加了投资。

2. 生态矛盾

现代生态理论认为，包括风暴在内的自然干扰对维护过熟林的功能是十分重要的，因而可以为维持生物多样性做出积极贡献。事实上，它们使物种多样性得到了增加并且使森林循环得到了长期维护。在过去几十年里，人类对森林的利用改变着森林结构和组成，这一事实已从一定程度上解释了这个矛盾。经营有时削弱了森林抵抗力(例如，大面积、单纯的、同龄云杉或者杨树人工林）和森林的自我修复能力（在没有帮助情况下的再生能力），特别是在欧洲中部和西部地区更是如此。

在一场风暴之后，森林保护者应主要解决以下几个问题：

(1)避免通过采伐施加过多人为干预，特别是对土壤或者重要栖息地。无数经验证明，对于生物多样性而言，风暴直接影响和危害远远小于未经良好计划且执行不力的灾后措施；

(2)不仅要考虑重建森林生产力，同时应考虑森林的生物多样性和其他社会功能，还要避免采取错误的恢复策略；

(3)森林问题难以引起公众关注，但风暴却不然，所以，如果想加强林地管理措施，调整林业政策，灾后是进行有效说服和宣传的一个重要时机。

今天，林业面临的问题是如何在复杂、多变的社会和经济环境中实现可持续和多功能管理。有预言说，作为全球气候变化的结果，温带地区的风暴会越来越频繁地发生。因此，最重要的是风暴为我们提供了实施与更适应自然法则的森林管理的机会。对关键问题的探索和回答，有助于促进这一进程：即我们如何在科学的基础上将管理和自然干扰结合在一起？我们如何提高森林的抗性？我们如何能重建自然的恢复力？我们如何促进恢复？

48.2 案例

许多文献探讨了风暴对森林的作用以及各种背景下的恢复问题。下面是关于欧洲和北美温带森林的几个例子。

48.2.1 在生态研究中学习

除了变化以外，没有什么是永恒的——Eraclite

森林管理应该与生态干扰更好地结合起来。这需要加深对自然干扰机制和森林抵抗力及恢复力的理解，这对森林景观恢复是不可或缺的。

我们以法国枫丹白露国家森林的数据作为例证列举了风暴干扰的以下要点：

(1)时间周期和频率强度。风、冰风暴、龙卷风等气象数据，以及分析过去影响森林的事件有助于评估风险。例如经过分析，在枫丹白露每25年或者30年发生一次中等级的风暴（在20世纪的1938年、1967年、1990年），其中一半以上是发生在11月至下一年1月之间。

(2)森林的抗风问题很复杂，气候、地形、生态因素之间呈现着非线性、多尺度的关系。生态因素中，土壤和林分结构之间的关系具有决定性（根系类型、落叶或常绿等）意义。在景观尺度上，过于简单的森林结构对强风非常敏感。在枫丹白露，所有的林分对于时速≥120km的风都非常敏感，而且，生长在沙质或者潮湿土壤上的浅根性常绿植物（如云杉）更容易受到损害。

(3)前两点的一种结果就是风暴可能会对森林造成不同程度的损害，包括损伤程度（树被连根拔起或折断）和空间分布（单株空缺、中等规模的林隙、非常大的林隙）。在枫丹白露，冬季风暴对过熟阔叶林的破坏常达每公顷2.7株到21.2株（山毛榉树胸径大多为

35 ~ 85cm)，并且在 4% ~ 21% 的森林区域内形成镶嵌分布的小林隙(平均 175m^2)。

(4)森林恢复能力取决于许多因素，包括生物多样性，生态系统健康和结构的复杂性(林分和下层林木)。还取决于林隙的大小、特性和周边环境(例如种子的可获得性)、自然恢复发生的快慢程度，是否是期望的目标物种等。在枫丹白露，单株林隙常被榉树填补，而较大的林隙则由橡树占据，桦树则占领裸露地。

(5)如果森林是近自然结构，风暴可维持自然功能，这些生态功能反过来又可以维持生物多样性，包括依靠空地和潮湿栖息地的物种。

48.2.2　纽约州：禁止在保护区实施拯救伐

1995 年 7 月，纽约州北部的强风给大约 400000hm^2 的私人和公共森林造成了重大损害。大约 175000hm^2 是在阿迪罗戴克(Adirondack)森林公园维护的公共区域中，毁坏特别严重的森林达 9700hm^2(60% ~ 100%)，中等受损的达 25300hm^2(30% ~ 60%)。

自 20 世纪 50 年代以来，纽约州灾后政策就以技术为基础，关注森林健康(火灾威胁、枯死木、虫害)，通常会启动全面、快速的拯救伐作业，包括荒野地区(虽然这要得到州里的野生动物立法机构的批准)。

对 1995 年风暴的具体分析包含了两个关键因素：一个以科学为基础、准备充分的专业技术(包括一个可以快速、可靠地评价各种情境的信息系统)、来自社会的生态压力和对木材经济需求的减弱。为了保护森林，当地官员采取了新的政策，几乎完全扭转了以前政策：为了保护森林必须坚守“永久野生”，不能实施拯救伐作业声明。而且，作业仅限于清洁道路、步道和露营设施。采伐作业被当做是不经济的举措而明确制止。

在欧洲，这个政策的另一个例子是 1983 年和 1990 年风暴过后的巴伐利亚国家公园(德国)。这两个例子都与 2004 年 11 月毁坏塔特拉(Tatra)国家公园(斯洛伐克)的风暴相关。塔特拉(Tatra)国家公园人工恢复工作始于 1915 年，在风暴之后采取了拯救伐和人工种植云杉措施，导致 90 年后发生了同样的灾难性后果。

48.2.3　1999 年法国风暴后的恢复：短期财政补贴政策

1999 年 12 月发生在法国的风暴影响了大约 500000hm^2 森林，约为法国森林面积的 1/30，(1.4 亿 m^3 的木材被刮倒在地)。毁坏的严重性以及社会争论都迫使森林利益相关者(包括非政府组织)修订策略，更加谨慎地开展了恢复设计。

世界自然基金会(WWF)提出了以科学为基础的策略，强调多功能和可持续管理。该策略概括为 7 个主要原则：

(1)明确分析景观中的森林目标；

(2)明确最优措施(伐木，种植，自然恢复)；

(3)遵循自然的时间尺度(特别是自然恢复)；

(4)在采伐的同时减少其他可能导致退化的做法(例如，使用农药等)；

(5)利用好自然提供的所有机会(自然演替)；

(6)更加接近和模仿自然并促进自然过程；

(7)避免费力不讨好，只要较低成本大自然就可以做得更好(减少人工作业、耕作、喷洒农药)。

世界自然基金会(WWF)及其非政府组织合作伙伴提出了一套详细的管理规则建议,并在2000年作为有关规章出版。国家森林办公室、国家和城市森林管理部门也在2001年出版了关于恢复的详细指南。

尽管法国的森林管理原则在文件中发生了重要改变,但在实际中仍有两个主要问题:

(1)拯救作业是一种规范,进行得非常匆忙,有时很少关注土地和生物多样性敏感性。甚至在一些保护区,或被确立为具有高保护价值的森林中实施(例如,孚日山脉的森林是高度濒危的北欧雷鸟、松鸡的最后栖息地)。因风暴造成的心理冲击和出售受损木材的愿望,森林管理人员和森林所有者希望所有工作都能够迅速开展,这意味着很多时候他们只是采取以往的措施,而忘记了最近制定的规则。

(2)在1999年12月的风暴过后,法国(包括欧盟的补贴)在全国范围内对森林补贴框架进行了重新修订,并针对各区域做了相应调整。虽然在国家层面上有了改进,但地方政府层面却几乎没提供补贴。其结果是,恢复工作仍依赖于拯救伐作业和人工种植而不是依靠天然更新。伐木补贴多达1500欧元/hm^2,对关键环境问题没有任何明确的规定(如保留枯立木或生境树)。

48.3 方法概述

48.3.1 了解风暴、森林生态和恢复

针对不同国家和森林类型,关于暴风及其对森林、生物多样性影响和恢复策略的文章频现于科学文献中。有些报告进行了很好的综合和总结,但尚未得到充分利用成为森林更新管理和制定政策的参考。

48.3.2 森林政策

在制定国家森林法规和科学管理方针中的考虑自然干扰因素主要出于3个原因:第一,森林管理人员通常被动地接受风暴而不是主动接受,而我们必须预见风暴对森林的破坏;第二,如前所述,目前国家政策和补贴更多地支持快速实施拯救伐作业;第三,如果加深对森林生态的认识,并将其深深融入到管理规则和文化中,对这种扰动、灾难性和心理冲击的快速反应则很难产生良好效果。重要的是要做好准备。政治游说有助于澄清拯救采伐、保留死木、保护区内的采伐、病虫害管理、生物多样性和可持续管理等问题。当务之急是针对这些问题形成相应的法律、补贴、技术方法。

48.3.3 恢复的指导方针

“让拖拉机慢下来”,“确立明智的恢复目标,以及与多功能森林可持续管理相一致的路径”,“留出时间让大自然自己运行”,“ 只在必要的时候提供帮助”,“拯救自然节省金钱”,这些有可能变成风暴后森林恢复的格言可以解释为:“思考,只在需要时伐木、种植”,而不是通常的“伐木、翻耕、种植,然后思考”的模式。

许多地区都有良好的指导方针和经验,特别是在过去15年间那些遭受暴风侵袭的地

区，比如美国、瑞士、德国，还有法国。然而，将现有指导方针和实践经验发扬光大，对于未来相当重要。可以从这些实例中总结出关键原则，包括尊重森林生态、森林功能、自然动态、生物多样性，更广泛地利用自然给树木免费提供的东西，保证为中期阶段所需要的森林管理措施提供补贴(例如疏伐和补植)。

48.3.4　出版和交流

森林问题往往过于专业和复杂，因而一直未受媒体关注，也从未陷入激烈的政治或社会辩论中。对于许多发达国家来说，森林问题不是重要的金融问题，也没有足够的视觉吸引力。森林问题总是有太长的议程，很少发生的能吸引人们注意力的灾难性紧急事件，也就是说，除了森林火灾和狂风暴雨外，它们并不“迷人”。最近，各个国家的辩论已经证明，风暴带来的多方面问题(森林管理不善、生物多样性、恢复)应成为媒体报道的主题。这也是林学家和森林保护者向社会解释他们的选择、想法和专业经验的重要机会。但当它成为一个热门话题时，从风暴结束的那天到事件之后的几个月，专业人士应准备好，在恰当的时间提供正确讯息。就像世界自然基金会(WWF)欧洲森林团队所传授的那样，一揽子快速反应的做法是非常有效的。

48.4　未来需要

48.4.1　从过去事件中学习，修正指导方针和试点

虽然还有一些重要问题仍需研究，比如比较异龄林与同龄林对风暴的抵抗力，拯救伐作业的经济性等问题。但就科学知识而言，需要综合和大力推广重要理念，而不是开展新的研究。从对保护区过熟林生态学研究中可以学到更多东西。

另一个重要的需要，是修订科学管理的原则和方法(地理信息系统、建立模型)，以及生态学和经济学专业知识，以适应不同区域的情况。因此，应该提倡在风暴之后进行广泛的经验交流，推动建立长期恢复试点的网络。

48.4.2　政策需要

为了促进森林管理，不论是理论还是实践，风暴后的恢复已经成为一个重要话题，在欧洲更是如此。对于欧洲来说，可以调整欧盟用于风灾和人工林补贴的使用原则。修改国家森林法时，进行耐心细致地说服也是非常必要的。

参考文献

Fisher, A. 1992. Long term vegetation development in Bavarian mountain forest ecosystems following natural destruction. Vegetatio 103: 93 – 104.

Mortier, F. 2001. Reconstitution des forêts après tempêtes. ONE Paris.

Pontailler, J. Y., Faille, A., and Lemée, G. 1997. Storms drive successional dynamics in natural forests: a case study in Fontainebleau forest (France). Forest Ecology and Management 98(1): 1 – 15.

Robinson, G., and Zappieri, J. 1999. Conservation policy in time and space: lessons from divergent approaches to salvage logging on public lands. Conservation ecology [online] 3(1): 3, http: //www. consecol. org/vol3/iss 1/art3.

Rogers, P. 1996. Disturbance ecology and forest management: a review of the literature. USDA Forest Service Intermountain Research Station, report INT-GTR-336.

Schaetzl, R. J., Johnson, D. L., Burns, S. F., and Small, T. W. 1989. Tree uprooting: review of impacts on forest ecology. Vegetatio 79: 165 – 176.

Vallauri, D. 2001. Si la forêt s'écroule. Quelle gestion forestière françcaise après les tempêtes. Revue Forestière Française 54(1): 43 – 54.

WWF. Greenpeace, RNF, FNE. 2000. Partnership charter for forest restoration after the December 99 storms in France. Paris.

补充阅读

Armstrong, G. W. 1999. A stochastic characterisation of the natural disturbance regime of the boreal mixedwood forest with implications for sustainable forest management. Canadian Journal for Forestry Research 29: 424 – 433.

Baker, W. L. 1992. The landscape ecology of large disturbances in the design and management of nature reserves. Landscape Ecology 7(3): 181 – 194.

Bergeron, Y., and Harvey, B. 1997. Basing silviculture on natural ecosystem dynamics: an approach applied to the southern boreal mixedwood forest of Quebec. Forest Ecology and Management 92(1 – 3): 235 – 242.

Dale, V. H., Lugo, A. E., MacMahon, J. A., and Pickett, S. T. A. 1998. Ecosystem management in the context of large, infrequent disturbances. Ecosystems 1: 546 – 557.

Ennos, A. R. 1997. Wind as an ecological factor. Trends in Ecology and Evolution 12(3): 108 – 111.

Faille, A., Lemée, G., and Pontailler, J. Y. 1984a. Dynamique des clairières d'une forêt inexploitée (réserves biologiques de la forêt de Fontainebleau). I. Origine et état actuel des ouvertures. Acta Oecologica, Oecologica Generalis 5(1): 35 – 51.

Faille, A., Lemée, G., and Pontailler, J. Y. 1984b. Dynamique des clairières d'une forêt inexploitée (réserves biologiques de la forêt de Fontainebleau). II. Fermeture des clairières actuelles. Acta Oecologica, Oecologica Generalis 5(2): 181 – 199.

Foster, D. R., Knight, D. H., and Franklin, J. F. 1998. Landscape patterns and legacies resulting from large, infrequent forest disturbances. Ecosystems 1: 497 – 510.

Larsen, J. B. 1995. Ecological stability of forests and sustainable silviculture. Forest Ecology and Management 73: 85 – 96.

Peterson, C. J., and Pickett, S. T. A. 1991. Treefall and resprouting following catastrophic windthrow in an old-growth hemlock-hardwoods forest. Forest Ecology and Management 42(3 – 4): 205 – 217.

Peterson, C. J., and Pickett, S. T. A. 1995. Forest reorganisation: a case study in an old-growth forest catastrophic blowdown. Ecology 76: 763 – 774.

Pickett, S. T. A., Kolasa, J., Armesto, J. J., and Collins, S. L. 1989. The ecological concept of disturbance and its expression at various hierarchical levels. Oikos 54: 129 – 136.

Romme, W. H., Everham, E. H., Frelich, L. E., Moritz, M. A., and Sparks, R. E. 1998. Are large, infrequent disturbances qualitatively different from small, frequent disturbances? Ecosystems 1: 524 – 534.

Schaetzl, R. J., Johnson, D. L., Burns, S. F., and Small, T. W. 1989. Tree uprooting: review of terminology, process and environmental implications. Canadian Journal of Forest Research 19: 1 - 11.

Sousa, W. P. 1984. The role of disturbance in natural communities. Annual Review of Ecological Systematics 15: 353 - 391.

Ulanova, N. G. 2000. The effect of windthrow on forests at different spatial scales: a review. Forest Ecology and Management 135: 155 - 167.

第49章　森林恢复中的入侵物种风险管理

杰弗里·A·麦克尼利(Jeffrey A. McNeely)

本章要点

由于会导致巨大生态和经济损失，应高度重视具有入侵性的引进物种。森林恢复往往等同于消除这些物种。另一方面，在某些情况下，使用不适宜的物种进行恢复会导致外来物种入侵。

恢复往往等同于消除这些物种。

恰当地预防和处理外来物种，是解决问题的最重要办法。

因为这是跨越国界的问题，所以有必要签署共同协议，提高应对外来入侵物种的能力。

49.1　背景

49.1.1　入侵物种概述

全球化促进了包括植物在内的商品的自由流动：一方面，几乎可从世界任何地方获得植物，用于各种用途；另一方面，那些被人们从世界的一个地方移植到另一个地方的物种能够扩展到其种植区域以外的地方，最终导致对自然生态系统的严重损害。而且，全球贸易、交通和旅游为物种的非目的性引入提供了新的机会，比如，引进非本土的甲虫可能会毁坏用来恢复森林的植物种类。

在新环境里定植的外来物种，会不断扩散和蔓延，损害生态系统的健康和人类利益，因此被称为外来入侵物种。比如，一种植物或动物被运输到其自然生长的生态系统之外，其繁殖无法控制，在其入侵的生态系统中危害本土物种、破坏农业、威胁公众健康，并且产生其他一些不希望有的、但又常常不可逆转的干扰。

世界40万种维管束植物中，可能有多达10%的植物都可以通过直接或间接的方式入侵其他生态系统，并危害本土生物种群。通过抑制或排斥本土物种，外来入侵物种可以改变生态系统结构和物种组成，它们直接竞争资源和间接改变营养成分的循环方式。

外来入侵物种对人类的经济利益有许多不利影响。入侵性杂草会减少作物产量，增加防治成本，导致集水区和淡水生态系统退化而减少水的供应。作物、禽畜和林木的病虫害会彻底摧毁植物，或者降低产量、增加作物病虫害的防治成本。

49.1.2　入侵物种控制

清除外来入侵物种，常常是恢复现有森林质量工作的重要组成部分。

由于适应能力较强、缺少天敌，外来物种非常难于控制，而且会严重妨碍恢复工作。比如，英国的许多自然保护区的一项重要任务就是控制源自喜马拉雅山的杜鹃花。在最近几十年里，控制措施通常是采用除草剂和火。然而，如果不能进行适当的监督和管理，这两种措施反过来可能会严重破坏自然景观。

此外，一些利益相关者并不希望一些入侵物种被消除，比如外来物种能够带来经济利益。在这种情况下，将有必要进行谈判协商以权衡利弊，明确如何能最有效地保留这些物种，并确保可以控制其扩散。

49.2　案例

49.2.1　有意引进的外来种

在某些情况下，引进的物种可能成为一个重大问题。它们的蔓延，是以牺牲本土物种为代价，进而影响到整个生态系统。影响本土生物多样性的著名树种有：侵入南非的北半球松树和澳洲毛洋槐，从南美洲侵入美国佛罗里达州沃格拉德斯(*Everglads*)国家公园的白千层(*Melaleuca*)。这些植物和许多其他木本植物都是人为引进的，但产生了意想不到的后果。在农林业中使用的2000多种物种中，10%以上具有入侵性。当然只有1 %左右的物种的入侵性比较严重，其中包括一些受欢迎的物种，如木麻黄木莲、银合欢、辐射松。

49.2.2　无意引进的外来种

无意识引进的外来入侵物危害性也许最大，例如，病原体可以毁灭用来恢复栖息地的全部森林物种。荷兰榆树真菌病、美国北部的美国栗火疫病就是著名的例子。害虫可能对本土森林或种植园产生极大影响，例如舞毒蛾(*Lymantria dispar*)，或者天牛。每年害虫造成的经济损失达几亿美元，森林生态系统也因此受到极大影响，甚至在一些保护得很好的国家公园也是如此。

49.2.3　夏威夷：控制入侵性杂草以恢复独特的生态系统

在夏威夷，外来入侵性杂草大大增加了在干旱森林中发生火灾的频率和强度。这导致几乎所有本土干旱森林转变为外来物种占优势的草原。于是，当地开展了一项研究，以调查在景观水平上应用除草剂而后用乡土树种重新造林对减少火灾隐患的作用，以及在改变入侵性杂草单纯群落对生态系统的不利影响方面发挥的作用。坐落在夏威夷大岛北柯纳的卡屋布雷夫森林，成功实施了小规模恢复和对外来杂草的控制工作，为将恢复扩大到景观水平上提供了必要的原始资料。使用除草剂后，喷泉草(狼尾草)的覆盖度从90 %以上有效地减少到10%以下。在此之后，可以观察到自然更新：杂草被清除后，首先是藤本植物，然后是草本植物，再后是2到3年生的乡土树木。此外，有关记载表明，乡土树木的冠层覆盖可以减少50%的喷泉草生物量，当喷泉草从林区清除后，乡土树木生长量则增加了 50%。

49.2.4 新喀里多尼亚：控制干旱森林中的入侵物种

自从 150 年前欧洲人抵达新喀里多尼亚后，有 800 多种外来植物物种、400 多种无脊椎动物和 36 种以上的脊椎动物侵入了原来的生态系统。一个明显的例子就是印尼鹿(*Cervus timorensis russa*)。这些鹿是供岛内猎人娱乐的，因为无任何天然捕食者，它们繁殖得很快，并因其以干旱森林树种为食物而逐渐成为严重问题。不仅如此，这些鹿啃食下层林木和树苗，阻碍了天然更新。篱笆一直被用来阻止有蹄类动物的破坏，但因费用昂贵，这种技术推广价值不大。因此当地正在开展研究，以识别哪些植物是鹿最喜食的，从而在恢复中重点选用那些物种。

49.3 方法概述

49.3.1 预防

要防止危害，就需要预测哪些物种可能造成危害，以防止其传播，并有效地处理入侵物种已造成的问题。区分外来种与入侵物种并不简单；在一部分景观中有用的物种可能在另一部分景观中根本不需要，而变成入侵物种。第一道防线是避免引入外来物种。森林恢复应该尽量使用乡土物种。有人认为，有的非本地树种很可能具有受当地人欣赏的特点，例如可以生产有价值的水果、坚果或者树胶。在这种情况下，要努力确保该物种不会成为入侵物种。

49.3.2 保留有目的引进的树种

密切关注外来物种，确保为了某种经济目的而引入的物种发挥预期的经济效益，防止其进入野生环境而对本土生态系统及其生物多样性造成不可预料的不利影响。

种植不育系也许是一种较好的管理办法，这样外来物种就不会繁殖和蔓延了。在试图恢复栖息地的时候，仅采用本土物种是最佳选择。

49.3.3 国际协定

为关注与防止外来物种入侵相关的一些问题，1951 年建立了国际植物保护公约，并制定了新的国际方案，以应对当前的严重问题。

49.3.4 在立地水平上管理外来入侵物种的最佳实践

预防和管理外来入侵物种的最佳做法业已形成。

49.3.5 全球战略

全球外来物种项目组织制定了一项全球性战略。该战略得到了广泛宣传，并为世界各国提供了指导方针。该战略涉及科学研究、能力建设、宣传、国际合作、快速反应等诸多方面。这些内容将在后面第四部分详细介绍。

49.4　未来需求

外来入侵物种应该作为森林恢复的一部分，对其处理必须要有一个全面的解决框架。下面是该框架的主要内容：

(1)有效处理外来入侵物种(IAS)的国家能力。国家能力建设包括：①设计和建立快速反应机制，一旦出现潜在的入侵物种，可利用足够的资金和管理支持对其进行侦查观测并立即作出反应；②适当的培训和教育活动，包括提高海关官员、外勤人员、管理人员和决策者的个人能力；③建立国家和区域机构，促进生物多样性专家与农业检疫专家的合作，针对外来入侵物种制定预案；④培养边界控制和检验检疫的基本能力，确保农业检疫人员、海关官员，以及食品检验人员深入了解生物安全协议。

(2)地区、国家与全球水平上的基础和应用研究：要求在生物分类学、入侵途径、管理措施以及有效监测等方面进行研究，进一步了解树种如何以及为什么会定植，以改进对潜在入侵性物种的预测。进一步了解外来物种从引进到定居之间的时间滞后效应，以及从贸易商品、包装材料、船体压舱水、个人行李和其他的运输工具中清除外来物种的最佳办法。

(3)有效的技术交流：无论是在国家内部还是国家之间都需要一个可获取信息的知识库，一个可以审查引种建议的规划系统，和了解情况的民众。要许多重要入侵物种的信息是通过先进发达的电子手段获得的，也开发和推广利用其他媒介的技术。

(4)适当的经济政策：新的或适宜的经济体制有助于确保解决外来入侵物种的成本能很好地反映到市场价格中。引进对经济有害的外来物种的单位应该承担因此而造成的损失。自然和环境资源的使用权应该包括阻止潜在外来入侵物种蔓延的义务，并且进口商也应为意外引入潜在的外来入侵物种导致的成本付责任险。

(5)有效的国家、区域、国际法律和制度框架：有关机构之间的协调与合作非常必要，这种协作可以解决可能存在的差距、缺陷和不一致性，并促进众多国际机构间更多一些相互支持，以应对外来入侵物种(IAS)。应依照 Shine 等人的建议设计国家、法律和制度框架(Shine 等，2000)。

(6)环境风险分析系统：该系统可以在许多国家现有的环境影响评估系统基础上开发建立。风险分析方法可以用于确定和评估外来物种活动产生的有关风险，并确定适当的、可行的措施，以便进行风险管理。还包括设定指标来衡量外来物种对自然生态系统的影响，或对其进行分级，包括用于评估栖息地或生态系统入侵可能性的具体草案。

(7)公众意识和公众参与：若要成功管理外来入侵物种，必须有广大公众的参与。提高公众意识需要关键人物积极参与，包括植物园、苗圃、农业供应商及其他相关人士。也可以招收市民作为志愿者，清除某些外来物种，如清除国家公园中入侵木本物种。

(8)国家战略和计划：控制外来入侵物种的许多方面需要很好地协调，国家战略应该促进可以引入外来入侵物种的行业间的合作，这些行业包括军事、林业、农业、水产养殖、运输、旅游、卫生及供水行业。对人类健康、动物健康、植物健康，以及其他相关领域负有责任的政府机构需要以可持续发展为共同目标，确保他们的所有工作依法进行(国家和国际立法)。这样的国家战略和计划也可以促进不同学科之间的协作，从而寻求新的方法来应对外来入侵物种问题。

(9)将外来入侵物种问题纳入全球变化倡议中：与外来入侵物种有关的全球变化问题，主要与气候变化有关，但也包括氮循环的变化、经济发展、土地利用，及其他提高外来入侵物种定植可能性的根本变化。而且，应对全球变化问题，如固碳、利用生物能，以及恢复退化土地等方案，应以通过使用本土物种、减少外来入侵物种蔓延风险的方式来设计。

(10)促进国际合作：外来入侵物种是国际上广泛存在的问题，国际合作必不可少。通过国际合作可以发展所需的各种方法、策略、模型、工具器械，以及潜在的合作伙伴，从而确保外来入侵物种问题可以得到有效解决。更好地促进国际合作的关键包括：制订一套被普遍采纳的国际通用术语；在农业、贸易、旅游、卫生和运输等国际组织之间的跨部门协作；涉及植物检疫、生物安全和生物多样性等与外来入侵物种有关的国际机构应加强联系；以及通过强有力的联系来协调国家层面的项目活动。

参考文献

Cordell, S., Cabin, R. J., Weller, S. G., and Lorence, D. H. 2002. Simple and cost-effective methods control fountain grass in dry forests (Hawaii). Ecological Restoration 20: 139 – 140.

Gargominy, O., Bouchet, R, Pascal, M., Jaffré. T., and Tourneur, J. C. 1996. Conséquences des introductions d'espèces animales et végétales sur la biodiversité en nouvelle-calédonie. Revue d'Ecologie (Terre et Vie) 51: 375 – 402.

McNeely, J. A., Mooney, H. A., Neville, L., Schei, P., and Wagge J. eds. 2001. A global strategy on invasive alien species. IUCN, Gland, Switzerland.

Perrings, C., Williamson, M., and Dalmazzone, S. eds. 2002. The Economics of Biological Invasions. Edward Elgar Publishing, Cheltenham, UK.

Rejmanek, M., and Richardson, D. M. 1996. What attributes make some plant species more invasive? Ecology 77(6): 1655 – 1661.

Richardson, D. M. 1999. Commercial forestry and agroforestry as sources of invasive alien trees and shrubs. In: Sandlund, O. T., Schei, P. J., and Viken, A. eds. Invasive Species and Biodiversity Management. Kluwer Academic Publishers, Dordrecht, pp. 237 – 257.

Shine, C., Williams, N., and Burhenne-Guilmin, F. 2000. Legal and institutional frameworks on alien invasive species: a contribution to the Global Invasive Species Programme Global Strategy Document. IUCN Environmental Law Programme, Bonn, Germany.

Wittenberg, R., and Cock, M. eds. 2001. Invasive Alien Species: A Tool Kit of Best Prevention and Management Practices. CAB International, Wallingford, UK.

第 50 章　控制侵蚀的首要步骤

史蒂夫·惠森南特(Steve Whisenant)

本章要点

尽管自然侵蚀可发生在各种地形中，但多数恢复工作要重点控制加速侵蚀(由人类活动造成)。

增加植被或枯枝落叶的覆盖，或是二者兼用，是减少侵蚀最有效的策略。

50.1　背景

森林景观恢复要求土壤资源具有稳定性。侵蚀造成土壤物理、化学和生物特性发生不可逆转的变化和退化。尽管自然侵蚀可发生在各种地形上，由人类活动造成的加速侵蚀才是多数恢复工作要重点控制的。风力侵蚀是一个严重问题，通过种植树木也许会减少其发生。山坡侵蚀、风力侵蚀和崩塌是常见的问题，这些是本章重点。

50.1.1　理解侵蚀过程的多样性

坡面侵蚀是由雨滴直接打击地表土壤、表层流(细沟间)、细沟流所引起。当降雨填满洼地且降雨速度超过入渗速率时，就开始产生地表径流。虽然地表径流经常被看作地表层流，但是典型的地表径流包括浅层水流和称为细沟的水道。由细沟间流分离和搬运的沉积物的数量，比溅蚀和细沟蚀要少。细沟很小，通过普通的耕作措施就可以夷平，但也可能变得很大(例如冲沟)而不能用耕作措施夷平。细沟蚀比地表径流的侵蚀强烈得多，是坡长、水流深度、剪切力和临界流量的函数。当径流的侵蚀力超过了土壤抗分离的能力时就会产生细沟蚀。凹凸不平的地表水流集中到细沟中，从而增加了径流的深度和速度。一旦形成细沟，就使得集中径流的剥蚀能力增强，从而加速沟蚀过程。细沟因朔源侵蚀向上发育。有些细沟发展迅速，深度下切，与相邻的相比，这些较大的细沟更长和更深。偶而毗邻的细沟水流通过侵蚀细沟之间的边界与主要细沟连通。当细沟水流集中到较大细沟时，先前平行的细沟发育成明显的树状排水系统。随着细沟之间联通，水流集中，流速加快，导致细沟深度下切并发育成沟道。

风力侵蚀对土壤细微颗粒例如淤泥质土、黏土和有机材料影响最为严重的。这种风力驱动下的分类过程增加了风蚀地区粗物质的比例。风吹颗粒以 3 种方式移动：①跳跃。颗粒在地表弹跃；②悬浮在风中；③地表蠕动。颗粒跳跃碰撞推进更大颗粒的运动造成了更大颗粒的运动。风力侵蚀量受土壤侵蚀度、地面粗糙度、气候、土壤无遮盖的距离和植被覆盖的影响。因而，粗糙的土壤表面、降低土壤表面风速和更多的植被或枯枝落叶覆盖土壤表面可以减少风力侵蚀。

滑坡是指那种在没有初始液态物质帮助下形成的坡面构成物质的向下运动。这种运动发生在陡坡上，受重力影响，经常因土壤中水的重力而加剧。当毁林、采矿、火灾、过度放牧、建筑或者耕种等活动减少植被，打乱了地形—气候—植被之间的平衡时，陡坡将会发生滑坡。植被生长很好的斜坡通常比植被生长不好的斜坡向下移动得慢。植物，特别是木本植物有强而深的根系，极大地增加了土壤张力，对斜坡起到了稳定作用。在某些情况下，植物也从斜坡上蒸发大量水分，因而减少了滑坡体的重量。

50.1.2 防止风蚀和水蚀

增加植被或枯落物的覆盖，尤其是同时采取这两种方式的话，是减少侵蚀最有效的措施。植物保护土壤主要通过它们的树冠和向土壤表面掉落枝叶，并利用根系稳定土壤。土壤表面的枯枝落叶可以减少侵蚀。可以通过以下措施减少由水或风引起的土壤侵蚀：

(1)建立或维持植被覆盖，特别是在最可能发生侵蚀的时期。虽然多年生植物是最合适的，但是一年生植物也可在关键时期提供短期季节性防护；

(2)在植被覆盖形成以前，可用枯落物、岩石、木质剩余物、防蚀席，或者其他材料做成地面覆盖物；

(3)通过改变地上结构或对土壤表面进行处理(如坑或犁沟)来增加土壤表面粗糙度，注意应与风和水流的方向垂直。这样能增加入渗，减少水流速度，并且减小初始风速；

(4)减小无阻碍坡面的长度。这样能减少水或风分离和搬运土壤颗粒的能力，并且能减少地表径流的合流和形成较大细沟和沟道的机会；

(5)尽可能在土壤中加入有机物。像先前的措施一样，它能增加入渗率和入渗量，因而减少侵蚀水量。加入生物量也能刺激植物生长和改进土壤结构及营养循环，促进土壤生物的发育。

50.1.3 防止陡坡滑坡的其他防护措施

上述的每个措施都能防止滑坡。下面两个措施能对易于产生滑坡的斜坡提供具体防护。

(1)具有强大木质根系的乔灌木能有效地稳定易于产生滑坡的斜坡。在滑动面下大量的主根发育可以极大地增强斜面的抗剪强度，这对稳定坡面具有强大影响；

(2)高蒸腾率通过减少土壤水分而阻止滑坡。增加水分可导致斜坡滑坡的剪切压力。蒸腾随特定树种叶面积的增加而增加。因此，新种植的植物蒸腾失水量经常随植物密度增加和树木生长而增加。重要的是选择在最有可能发生滑坡的多雨季节仍具有蒸腾能力的树种。

50.2　案例

50.2.1　中国四川省的斜坡稳定

在长江上游，毁林后不稳定的斜坡非常易于发生滑坡。为减少滑坡和侵蚀土壤进入三峡水库，四川林业科学研究院和几个合作组织开展了森林景观恢复工作。目标是在这个流域的农地和毁林坡地上造林。他们用村庄附近的薪炭林、药用植物、木本经济作物和花椒构造景观。稳定斜坡的树木构成了村庄之间的景观斑块，这些树将来能提供木材资源。许多长而陡的坡面被修成梯田，这样可以增加地面粗糙度和水流入渗。在这些地区，劳动力较为充足，因此用岩石加固许多梯田地坎（图50-1）。这为森林景观恢复创造了一个稳定的环境。森林恢复能够提供土壤覆盖，增加土壤有机物质和增加木本植物，提高土壤抗剪强度。通过仔细管理，森林植被将会永久地固定边坡。

图50-1　用岩石加固的梯田

50.2.2　中国陕西省对移动沙丘的固定

在中国陕西北部的榆林市附近，高度活跃的沙丘经常覆盖用于生产的农田。这些由于过度放牧形成的沙丘正在由北向南移动，侵蚀着有生产力的农田。当地科研人员发明了一个简单实用的稳定沙丘的措施，即把切割成1m长的休眠柳条(*Salix* spp.)垂直插入沙丘，留大约10cm露在地面。柳条生根后快速生长并开始固定沙丘，从而能控制其他被风吹起的土壤和有机颗粒（图50-2）。结合对绵羊和山羊的有效禁牧，这个沙丘固定项目有效地保护了农田。推进改良沙源地放牧的政策(在北方的沙漠)也减少了侵入农田的沙量。

图 50-2 柳枝扦插防沙项目

50.2.3 尼日尔通过流域恢复减少异地侵蚀

在尼日尔西南的萨赫尔红土高原，沿平缓坡面等高线上带状分布着森林植被。由于砍伐木材和放牧造成植被带退化，在高原保留的水越来越少，这减少了植物生长能力并显著增加了高原径流量。在暴风雨期间增加的径流量导致毗邻村庄和农田遭受严重侵蚀和洪灾。减少这种异地侵蚀，要求恢复高原植被和自然水文状态，这可以通过在高原上的微型集水区种植速生灌木来实现。集水区有充足的水量供灌丛生长。这些灌木可以形成地面覆盖和枯枝落叶，为土壤遮荫、减少风速，其根系还能增加土壤有机物。这些变化极大地增加了土壤入渗率、保水能力、营养循环和能量流，有效地防止了高原以及高原周围的村庄和农场遭受侵蚀和洪灾。

50.3 方法概述

减少侵蚀的最有效措施是政府的政策，以及维护被半分解的枯落物、枯枝落叶或木屑覆盖的健康植被。虽然概念很简单，但能够保护土壤免受雨滴打击，增加渗透、减少径流、减少颗粒跳跃，并显著地减少土壤侵蚀。一旦某片区域的植被被清除，在下个侵蚀季节来临前重建地表覆盖就十分重要。

50.3.1 保持地面覆盖的放牧管理

即使在森林环境下，粗放的放牧管理造成的土地退化也比其他活动更为严重。允许植物周期性增长和再生的放牧行为能更加有效地稳定土壤资源。为使最新种植的森林免受食草动物的破坏，需要对其保护好几年。

50.3.2 维护土壤覆盖和根生物量的森林采伐计划、措施和空间模式

必须在空间上有计划地合理安排薪炭林、用材林或者其他形式的森林采伐，以保持植

物和枯落物对土壤有良好的覆盖。异龄林和混交林更宜采用小面积采伐，可以减少能引起土壤流失的受干扰面积。减少集材道数量的采伐方法可以减少水流集中和侵蚀问题。在地表留下更多树叶、半分解的枯落物和木质碎片也会减少侵蚀危险。

50.3.3　保护土壤的本地材料

多年生植物是最终保护土壤的最有效和最实用的手段。然而，在其种植后尚未完全发挥作用的期间，要抓紧采取其他措施保护土壤，可使用当地可获取的有机材料。可将这些有机材料混合到土壤里或置于土壤表面以减少侵蚀、增加入渗和缓和极端温度。有机物质包括野火产生的木质碎片(图 50-3)、动物排泄物、轧棉碎屑、椰子纤维、橄榄的浆状物质和其他可用的材料，它们都可以用来保护土壤表面。砂砾或石块也可用作地表层的阻碍物或保护土壤表面。

图 50-3　在墨西哥蒙特雷郊外的 Chipinque 生态公园经受一场自然火灾后，将剩下的木质残体作为地上屏障，以减少土壤侵蚀，保持水分，增加树木的自然再生。(照片归 Steve Whisenant. 所有)

50.3.4　土壤表面处理或地上障碍物

在增加植物生长所需的土壤有效水分时，使土壤表面粗糙化可以减少风和水的侵蚀。在适当情况下坑、微型集水区、犁沟或者耕作行为也可用于增加土壤表面的粗糙度。岩石、砂砾、梯田、土埂或者植物材料是可用的潜在地表障碍物。这些地表变化有助于其他植物生长，建立正反馈改善系统，增加滤渗、水存贮和营养循环。这些都可以促进改善立地的更多功能。

50.3.5　土壤调理剂(聚丙烯酰胺)

聚丙烯酰胺(PAMs)是束缚土壤颗粒、减少表面结皮覆盖、增加孔隙和入渗的聚合物。它可以在短时间内快速增加渗透量从而减弱侵蚀。在森林恢复时大量应用仍然太昂贵，但在特别需要优先恢复的区域，可能具有实用价值。

50.4 未来需求

50.4.1 阻止退化森林管理的政策

政府政策既可能会增加森林的土壤侵蚀，也可以是鼓励森林景观恢复和管理，在提供重要的产品和生态服务的同时而不增加土壤流失。防止完全清除陡坡上树木的政策对土壤流失会产生巨大的影响。

50.4.2 提高对流域层面各种过程的理解

森林恢复项目通常是根据特定区域的属性、目标、权属单元和林窗情况来制定规划的。这种方法实际上假设，立地与景观或流域的其他部分在功能上是孤立的。这种假设虽然在制定规划时是有效的，但会带来一些问题，因为景观的各个部分是连续获得或丧失水分、养分、土壤、有机质以及种子的。有机质、地形或者微地形特点控制着水分、养分和有机质的运动。更多地认识和理解这些资源的流动有助于森林景观恢复。

参考文献

Brooks, K., Folliott, P. F., Gregersen, H. M., and Thames, J. L. 1991. Hydrology and the Management of Watersheds. Iowa State University Press, Ames, Iowa.

Manu, A., Thurow, T. L., Juo, A. S. R., and Zanguina, I. 1999. Agroecological impacts of five years of a practical programme for restoration of a degraded Sahelian watershed. In: Lal, R., ed. Integrated Watershed Management in the Global Ecosystem. CRC Press, New York, pp. 145 – 163.

Morgan, R. P. C., and Rickson, R. J. 1995. Slope Stabilization and Runoff Control: A Bioengineering Approach. E. and F. N. Spon, New York.

Toy. T. J., Foster, G. R., and Renard, K. G. 2002. Soil Erosion: Process, Prediction, Measurement, and Control. John Wiley and Sons, New York.

Whisenant, S. G. 1999. Repairing Damaged Wildlands: A Process-Oriented, Landscape-Scale Approach. Cambridge University Press, Cambridge, UK.

补充阅读

Lal, R. 1990. Soil Erosion in the Tropics: Principles and Management. McGraw Hill, New York.

Satterlund, D. R., and Adams, P. W. 1992. Wildland Watershed Management, 2nd ed. John Wiley and Sons, New York.

Wu, X. B., Thurow, T. L., and Whisenant, S. G. 2000. Fragmentation and changes in hydrologic function of tiger bush landscapes, southwest Niger. Journal of Ecology 88: 790 – 800.

第51章　废弃地的森林恢复

乔塞·M. 瑞·拜纳亚西(José M. Rry Benayas)

本章要点

由于生态或社会方面的一些原因而废弃的土地可以通过自然或经营措施来恢复。

相当数量的公共和个人基金已投到了废弃地造林，但常常没有好的规划。

废弃地具有巨大的恢复潜力。

必须将恢复废弃地视为对生态系统产品和服务的投资。

51.1　背景

全球因农业活动而导致退化的土地大约有12,400,000km^2。近些年来，由于多种生态和社会经济原因，大片农田和牧场被荒废。多数情况下最终导致土地荒废的生态因素是在景观水平上管理不善(即不恰当的农业生产和过度放牧)，包括生产力丧失或超出土地载畜量。导致土地退化的社会经济因素包括：农田生产力丧失、劳动力向工业和服务部门转移、减少对农作物和地区性补贴，补贴休耕项目。

废弃地和其他毁林区域会发生的变化有：①次生演替或被动恢复；②进行主动恢复，主要包括种植和管理当地的灌木和乔木。在世界上，废弃土地和被动恢复已使很多地方得到了恢复，而且比积极恢复的成本低得多。但当废弃地遭受持续退化(例如，在干旱地区的土壤侵蚀)，天然植被在这个区域不能恢复(例如，在热带杂草占据了荒废的农田)，加速次生演替可以进行时（例如，在废弃的地中海农田重新造林)，就必须采取积极恢复。在乡村地区采取积极恢复措施的额外收益是创造与生态管理有关的劳动就业。

这个问题之所以非常重要还因为公共和私有资金投资到废弃地上重新造林。从整体上考虑，这些行动必须被视为恢复世界自然资本和生态系统，为人类提供服务。因此，需要研究，以优化投资－收益比。

51.2　案例

世界范围内的大量生态恢复案例涉及到废弃地和相关的次生演替。科技文献报道了成功和失败案例。在一些情景下，次生演替可以恢复生态系统功能，这些情景包括：未被长期使用的废弃农田和牧场，植被侵占和生长不受气候或土壤的限制，废弃地规模相对较小，或在废弃地附近有残存的天然植被。已有的成功案例包括热带的刀耕火种区域和小牧场已转变为森林，地中海的山区牧场和农田已转变成森林或灌丛，以及非洲被遗弃的农村地区已转为稀树草原或矮灌丛。

失败的报道主要涉及退化土地的环境条件不利于天然更新。实例包括世界各地的干旱和半干旱区的所有荒漠化土地，地表密实的大型热带牧场，和被遗弃长满了杂草的热带耕地，如野生甘蔗细茎(*Saccharaum spontaneum*)阻碍了天然植被的生长。目前发现在废弃的热带牧场上苗木死亡率在 50% 以上，然而如果实施适当的管理，死亡率则下降到低于 25% 。当生态系统被破坏时，积极的恢复是必要的。在评估恢复需求时，自然生态系统功能例如种子传播是必须解决的问题。许多热带雨林依靠动物传播种子(多达 90% 的树种)。在马达加斯加东部的雨林中，栖木狐猴对森林维护和更新起着重要作用，由于狐猴群被消灭，马达加斯加大部分的雨林地区出现了严重退化，演替被由外来物种主导。

51.2.1 欧洲地中海环境中植树

在欧洲地中海环境中，来自欧盟的公共基金可用来鼓励农民退耕还林(图 51-1)。在这些生态系统中，多种非生物和生物因素阻碍了灌木和乔木的生长。还有一些研究一直致力于研究人工林项目如何从管理中获得适当利益。如果不采取任何措施，当地栎类苗木第一年的死亡率常达到 60% 以上，如果采用管理措施则会降至 10% 左右。而且研究表明，适当的管理可使得植入的苗木快速形成小区覆盖，到第七年就会形成慢生树种的繁殖苗。据报道：西班牙中部的一片冬青(*Q. iles*)人工试验林，前 3 年实施了人工遮荫和夏季灌溉，后 6 年停止管理，有管理的小区的苗木覆盖比没有管理的小区的苗木覆盖高 50% 。此外经营的幼苗结实率为 15% ，而没有经营的结实率只有 1.5% 。

图 51-1 欧洲地中海地区的退耕还林

51.2.2　拉丁美洲镶嵌雨林景观的主动和被动恢复

镶嵌的景观是拉丁美洲许多雨林地区的典型特点，主要由空旷地、次生林和有限的残存原始林片断组成。部分空旷地是农业边际土地，多数是废弃地。在这样的土地上，来自相邻种源区的森林天然更新十分迅速。据报道，在瓦哈卡(墨西哥)的云雾林景观中，废弃了 35 年的牧场上的树木的平均木段面积达到当地天然林的 63%。

然而，天然更新后，物种多样性通常是很低的，典型的林分中，几个速生先锋种占优势。典型原始森林混交树种的天然更新只有经过很长时间才能出现。在土地废弃后，栽植森林自身组成树种的苗木可以加速复杂群落的恢复过程。先锋林分或单一树种人工林可以通过演替后期动物传播种子的树木的苗木来补植，或初植时对演替后期树种和先锋种进行混交。一些地方正在积极开展与这个主题有关的生态学研究，如恰帕斯高地(墨西哥)。为了获取薪柴，当地玛雅社区大量采伐森林，导致那里阔叶树种减少，松树比例扩大。在松树占优势的森林和皆伐地之间的边缘地带，引入阔叶树幼苗，3 年后的保存率大于 50%，这可归因于松树对引入幼苗的正面影响。然而，松树在某些环境中也可能抑制乡土植被的定植。

51.3　方法概述

恢复废弃地的可行措施要结合生态的社会经济(有时“不采取行动”)及相关技术。到目前为止，被动恢复被认为是将废弃地变成“原始”或健康生态系统的主要力量。它的优势在于廉价，而缺点是它在生产力低的生态系统中可能非常缓慢，参与的人较少(不需要劳动力)，并且可能会使废弃地变成退化更严重的土地或自演替环。与本地用户和土地管理者达成协议后，可以在一些地方通过简单的禁牧帮助促进次生演替。为此，可以使用围栏，虽然在一些情况下这可能会增加实际费用。

51.3.1　主动恢复技术

在缺水地区，本地乔灌木苗木生长受限，建议在主动恢复项目中使用一些技术。这些技术包括人工遮荫、旱季灌溉、消除杂草竞争、能吸收和缓慢释放水分的保水剂、整地增加入渗和改变微地形、将径流导向已造林的区域。当养分有限时，可以利用农业和工业肥料及复合肥或植物残渣。另一项已得到成功应用的技术是在天然形成的灌木保护下栽植苗木，这可改善植入苗木的小环境。本书其他章节中对许多技术都有更详细的讨论。应该指出的是，我们需要根据气候、生物物理和社会经济条件来选择技术。

51.3.2　社会经济措施

社会经济措施可以是被动的，也可以是主动的。在自由市场经济时代，畜牧业或农业生产的成本 - 效益比造成了世界各地大范围的土地废弃。在另外的情况下，取消不合理的补贴——例如欧洲共同农业政策鼓励在非经济和贫瘠的土地上开展农作，以促进天然更新。也存在着促进遗弃放牧地和放弃农业生产的积极财政措施。

一种很有希望的创新手段就是生态环境补偿，它有利于鼓励森林保护和恢复。这个方法已经在哥斯达黎加得到了广泛运用(参见环境服务和恢复的支付)。

其他措施如共同农业政策对弃耕农地的补贴项目，鼓励将农地转变成森林植被或恢复成自然植被。这项措施被广泛应用于地中海的一些欧盟国家，然而这项补贴可鼓励一些地主在已经废弃或正在经历被动恢复的土地上翻耕造林，结果限制了这项措施的成功。

其他的社会经济措施还比较少，它们与主动恢复、环境教育以及当地可持续发展之间的联系有关。例如，在发展中国家大面积废弃地上造林或次生林补植需要劳动力和小型企业，例如专门设置苗圃。

51.4 未来需要

51.4.1 评估生态系统价值

在放弃的土地上开展任何一项恢复项目前都有必要回答这个问题：主动还是被动恢复？答案是必须评估各种方案的成本和效益。我们不能忘记人们从生态系统功能中获得的环境效益或损失的效益都是权衡的内容。我们需要更好的知识，知道什么可以在不同生态系统中增加废弃地自然演替及其时限。应适当监测天然更新，并采用技术手段如外业工作、遥感和地理信息系统(GIS)等将其绘制成图。我们也必须考虑主动恢复的潜在社会效益，尤其是在发展中国家还有必要就正确评估这些效益开展科学研究。

51.4.2 反思重新造林的概念

在如同干旱的地中海地区那样的地方，由于植物生产十分有限，在那里的荒废农田上重新造林，我们似乎还需要有不同的理念。现在采用的方法是按行大面积种植人工林。通常选用的是外来物种，形成的人工纯林极少予以管理。恢复生态学和森林景观恢复提供了更多综合性措施。土地废弃后，造林的做法应转变为稀植、多样，策略性选定种植点、合理管理的片状造林。这些片林实际上成为大量强度利用或废弃土地中功能性生态系统的岛屿，与其他土地利用(例如，放牧或作物生产)和周围环境的被动恢复是相兼容的。由于许多有机体需要寻求庇护和养料，这些岛屿可以作为不同种类的动植物繁殖体的“来源和陷阱”。在世界范围内，这些生物多样性库可以作为大范围被动恢复的核心。这些经验需要尽快得到应用、分享和广泛传播。

参考文献

Bot, A. J., Nachtergaele, F. O., and Young, A. 2000. Land Resource Potential and Constraints at Regional and Country Levels. Land and Water Development Division, FAO, Rome, Italy (available on line at ftp://ftp. fao. org/agl/agll/docs/ wsr. pdf).

Holloway, L. 2000. Catalysing Rainforest Restoration in Madagascar. In: Lorenco, W. R., and Goodman, S. M., eds. Diversity and Endemism in Madagascar. Orstom Editions. Paris.

Hooper, E., Condit, R., and Legendre, P. 2002. Responses of 20 native tree species to reforestation strategies for abandoned farmland in Panama. Ecological Applications 12: 1626 - 1641.

Rey Benayas, J. M. 1998. Growth and mortality in *Quercus ilex* L. seedlings after irrigation and artificial shading in Mediterranean set-aside agricultural lands. Annals of Forest Sciences 55: 801 – 807.

Rey Benayas, J. M., and Camacho, A. 2004. Performance of *Quercus ilex* saplings planted in abandoned Mediterranean cropland after long-term interruption of their management. Forest Ecology and Management 194: 223 – 233.

Running, S. W. 2003. Climate-driven increases in global terrestrial net primary production from 1982 to 1999. Science 300: 1560 – 1563.

补充阅读

Bakker, J. P., van Andel, J., and van der Maarel, E. 1998. Plant species diversity and restoration ecology: introduction. Applied Vegetation Science 1: 3 – 8.

Perrow, M. R., and Davy, A. J. 2002. Handbook of Ecological Restoration. Vol. 2. Restoration in Practice. Cambridge University Press, Cambridge.

Temperton, V. M., Hobbs, R. J., Nuttle, T., and Halle, S. 2004. Assembly Rules and Restoration Ecology. Bridging the Gap Between Theory and Practice. Island Press, Washington.

第52章　过伐热带林恢复

塞萨尔·萨博加尔(Cesar Sabogal)、罗伯特·纳思(Robert Nasi)

本章要点

过伐林是重要的退化森林，它们也许继续作为木材的来源并提供重要的林产品，特别是对以此为生的当地人而言。

恢复是通过合理采伐、育林和管理实践，防止增加更多的过伐面积。

急需适当地宣传现有最适于恢复过度伐林的策略、途径和技术。

52.1　背景

52.1.1　过伐林和采伐的影响

使用重型机械的不良采伐作业是热带森林退化的一个重要原因。“过伐林”这个术语通常指的就是这种情况。

根据直接或间接干扰程度，过伐林的情况较宽泛，这取决于伐木系统(表52-1)、木材的采伐强度和频率以及监督控制的质量。残存林分的受损程度随着使用机械的大小和采伐量的增加而增加。

采伐作业一般会不可避免地影响土壤、溪流、剩余植被、动物和生物多样性，形成了采伐空地、集材道等不同结构的斑块。对土壤的影响和残存森林的危害，随采伐强度的增加而增加。高采伐率形成大的林窗，有利于速生先锋种或非目的种、杂草(例如藤本)生长，并诱发环境干化。此外，大的空地常受到阻碍树木更新的藤本植物入侵，并且在重度过伐林中，这些空地也可能增加火灾蔓延的风险(特别是在长期干旱期间)。提高采伐率也会导致残存林分的枯竭，在合理的和经济有利的采伐周期内，木材产量难以恢复。对高价值树种的采伐压力将导致不良趋势(砍伐了大树而留下遗传品质较差的树木作为将来种子的来源)。

社会压力(如移民)大和存在严重体制缺陷(如执法)的地区还会有明显的、间接影响。在这种情况下，过伐林经常遭受更大干扰，导致进一步退化甚至转变为其它的土地利用方式。森林所有者和管理者几乎都面临的更大威胁是土地侵占、非法采伐、侵占和火灾。这种悲剧是热带地区关于可持续林业普遍争论的症结所在，并且还将持续一段时间。

52.1.2　为什么恢复过伐林?

过伐林是重要的退化森林。它们也许会继续作为木材的来源并提供重要的林产品，特别是对以此为生的当地人而言。这样的森林仍然提供着特殊的生物多样性保护服务，对于其他的环境服务也很重要(例如水、碳等)。随着景观破碎化的警报频响，这些残存森林资源——常常是以过伐林或退化原始林斑块形式出现，已经成为森林恢复战略的重要组成部分。过伐林也为在农业前沿区域稳定小规模移民提供了一种宝贵方法。

恢复过伐林的目标，必须建立在社会需求之上，并包含社会和生态目标。恢复目标还要取决于退化程度、土地拥有者或者使用者预期的未来状况和景观层面上的背景(生物物理的和社会经济的)。恢复工作可以强调恢复生物多样性和其他环境服务的防护功能，也可以更为重视生态系统生产功能的潜力(安全网功能、商业生产，或多用途)，或两者兼顾。

52.1.3　改善采伐作业

恢复工作的一个内容是通过合理采伐、育林和管理实践防止增加过伐林面积。通过合理规划和认真执行采伐作业，实际上可以有效减少不合理采伐的负面影响。现在较为广泛使用的一个术语是减小影响的采伐(RIL)，包含了伐前和伐后的一系列措施指南，旨在保护最先更新的林木(苗、幼树、干、小树)免受伤害，最大程度地降低对土壤的破坏，防止对非目的物种(野生的和非木质林产品)不必要的伤害以及保护重要的生态过程(水文和碳汇)。联合国粮农组织出版了《森林采伐实践规范》，这一规范被广泛用作细化类似森林采伐指南的参考。

减小影响的采伐(RIL)技术是通向可持续经营的实质性进一步改进，减小影响的采伐(RIL)需要综合营造林原则、规范和实践经验。这些技术的目的应该是使采伐率低于一个可接受的临界值，这个临界值应与木材生长能力相匹配；控制采伐对树木种类多样性和组成的影响；通过减少采伐的生态影响，维持用材树种群。

52.2　案例

52.2.1　通过补植恢复退化森林

在东南亚的许多地区，过度砍伐和森林火灾，或者二者结合，对数百万公顷的森林造成了中等到严重程度的破坏。

恢复这些森林的一个很重要的措施就是在森林内补植，按行栽植或者在林间空地上栽植。如果周围树木比较小的话(树高低于10m)可按行种植，当周围树木比较高时(高于10m)可在林间空地上种植。实际应用中，不管是人工或者自然更新，两种种植方式都可以互为补充。

在印度尼西亚，不可持续经营和森林大火造成了超过2000万hm^2森林的退化。1987年，印尼森林与资产作物部的一个项目(项目名称：Tropenbos Kalimantan Project)于1987年展开了一项研究计划，希望通过广泛种植本地的龙脑香树来恢复严重破坏的森林。项目组首先在东加里曼丹的 Wanariset 试验林进行了行状种植试验，主要补植龙脑香树。苗木生产中使用的技术，包括用种子在苗圃培养苗木，在森林中搜集野生苗，在苗圃中培养插条苗。龙脑香树的无性繁殖，特别是插条生产，达到了预期的效果，并且在大范围内得到了应用。例如，在东加里曼丹，用树枝插条培养的柳桉(*Shorea* spp.)。

另外一个关于补植的实践经验来自于印度尼西亚南加里曼丹的马辰，属于芬兰国际开发署资助的造林和热带雨林管理项目。

52.2.2 采伐迹地与集材道的恢复

使用重型机械进行无计划采伐会对土壤、水路和植被造成严重破坏，特别是开放采运基础设施(道路、集材场以及集材道)。针对受影响区域已经进行了多种修复尝试。在经过重度采伐的龙脑香林里，集材道和集材场占了工作区域的很高比例(40%)。这种程度的干扰也影响了残存林分的恢复，下一个采伐周期从 20 ~ 30 年延长到 40 ~ 50 年。

在马来西亚的沙巴，为在集材场和集材道上种植龙脑香树采用了两种恢复方式，直接在空地上种植树苗；种植庇护物种，随后在其下面栽植龙脑香树。在空地直接种植，通常应该选用耐旱、耐热、抗病虫的树种，这种选择的主要缺点是龙脑香树苗木生长速度慢，不能及时防护侵蚀或恢复受损土壤。因此，这种方式最适合集材道，因为道路两边的植被提供了林冠遮荫，沿着滑道两侧天然更新的先锋树种也提供了有机质，有助于改良土壤。

作为在空地种植的替代方案，特别是对面积较大的空地，要先种植当地速生先锋树种，然后在林冠下种植龙脑香树苗。先锋树种能快速适应退化土地，生长速度比龙脑香树要快得多。当栽种龙脑香树苗后，应疏伐庇护树增加龙脑香树苗的光照量。

使用这个方式有如下优点：①庇护树种生长快速使得它们能与藤蔓和竹子充分竞争，降低土壤侵蚀；②快速生长和产生的有机物会改善土壤理化性质，特别是应用固氮树种时；③当在现有林冠下种植龙脑香树苗时，可以选用很多树种，而热量和水分胁迫导致的树木死亡率也将减少。

52.3 方法概述

针对既定恢复目标采取的干预措施有很多种，从简单地保护立地以免其受到进一步干扰(非法采伐、火灾)，允许天然更新和自然演替恢复生态系统功能，到集约化育林措施以改善树种组成和提高商业产量，一直到防止土壤侵蚀的水土保持措施。

很多关于如何恢复过伐林的工具和技术可以在造林和森林经营相关的文献中找到。

恢复过伐林可考虑 4 个步骤：确保对恢复区的保护、恢复计划、执行恢复干预措施、监测和评估。下面的章节主要介绍在规划和实施方面的一些工具和技术。

52.3.1 确保对恢复区的保护

恢复工作中的前提是要保证被恢复区域的安全性，从而避免出现不希望的干扰(非法砍伐、侵占林地、放牧等)，这就要求对当地情况进行具体评估(开发活动和结果，过去和现在的协定)，分析它的结果，以及有效控制和减少压力及风险因素的能力。一系列参与式技术可以用于这些目的，ITTO 恢复指南也提供了一些原则和建议(参见原则 8，11，12，15，16，20 和 22)。

实地评估后，需要采取一些预防或矫正措施。在许多情况下，最关键的是火灾预防及控制措施。不良的采伐会为火灾爆发提供有利条件(例如，枝桠堆积、野草丛生、土壤有机质分解，这些都会增加火灾危险)。其他威胁常常来自外部，比如非法砍伐活动、农业扩张、人口定居等。所以对于恢复区土地可持续利用来讲，火灾预防和控制是关键。可以采取多种被动和主动的措施，比如向当地群众咨询和培训当地人，设立绿色防火缓冲带(特别是当地人认为有价值的组成物种)，以及早期侦探与灭火系统。(有关火灾和恢复的更多信息请参考第 47 章"火灾后的森林景观恢复")

52.3.2　制定恢复计划

保护和恢复的措施都要有充分的计划，而且制定一个中期管理/恢复计划也许是必须的。

制定管理计划需要的信息包括活立木及其相关情况的清查资料，包括组成、大小和树干质量。应当考虑进行更新评估(苗木、幼树、商业或专门的用材树种和非木质产品树种的前期生长情况)。关于 NTFPs(非木质林产品)的信息可作为清查的一部分加以收集。对于规划，很重要的是要对影响恢复工作的物理条件进行系统评估(水网、地形、土壤、植被等)。

对现在和将来有经济价值或用途的树种的前期更新是干预的第一目标。为了指导营林干预决策，可以应用一个被称作诊断抽样的简化评估方法。诊断抽样可以快速经济地估计出林分的潜在产量，并判断出是否需要进行相关的处理。如果有需要的话，是否会被推迟？究竟需要什么样的处理方法？使用该方法的步骤和外业程序请参考 Hutchinson 和 FAO 的有关文献。

针对监测目的，应当建立固定样地、或者连续森林清查样地，以便提供森林生长的基线数据以及干预产生的结果数据。

在中期计划基础上，常常需要制定年度计划(在林班水平上)。这是一种指导实施计划活动的操作工具。它可能包括控制侵蚀和(或)保护(加强)生物多样性(尤其是植被类型或物种)，划分出保留水文作用的河流廊道或野生动物廊道等措施。

52.3.3　实施育林干预措施

通常情况下育林干预措施是解决相关问题的必要手段，比如商业树种枯竭，低生长率问题，及保证未来商业材的价值。根据林分和具体目标情况，可以应用各种方案，包括改善处理措施、促进天然更新补植、直接栽植。

只要有丰富的目的种(现在或潜在有经济价值)，利用以前存在的天然更新是最经济、最安全的恢复原有林分的方法。这种方法可以在因无控制的木材砍伐而造成轻度退化的森林中使用。但在退化更严重的森林中，因为缺乏足够的更新或者对整个区域不均匀干扰，使得育林工作很困难，这就需要采取成本更高的干预措施。

下面是一些干预实例。有兴趣的读者可以在本书相关章节中找到更多详细信息。

52.3.3.1 改善措施

改善措施(或者抚育作业)是为了给目的树种提供更多空间。首先要进行上层清除作业，清除(通常采用药物环剥的方法)林冠上层过熟、有缺陷的、商业价值不大的树木个体(遗迹)。第二阶段是解放伐，这种处理方式是使目的树种中的小树苗摆脱与经济价值不高的非目的树种之间的竞争。解放伐的方案可以很容易根据市场需求变化，或者替代经营需求(例如，保持动物的关键食物来源)进行调整。

改善用材林(TSI)是一种广为人知的、目前在龙脑香林中应用的营林措施。通常在砍伐后 5 ~ 10 年内实施。该方法基本上是清除掉不需要的树木及蔓藤，以改善余下树木的生长条件和林分的物种组成。该方法的具体介绍请参考 Weidelt 和 Banaag 的相关文献。

52.3.3.2 促进天然更新的措施

缺乏前期更新(或没有理想的空间分布)，尤其是没有理想的目的树种，是受到严重干扰的森林中普通存在的问题。如果目的是恢复这些种群，那么，促进它的天然更新的措施就成为采伐后干预措施的优先选项。

52.3.3.3 补植

补植(也叫做林下种植)是指在那些退化森林中引入有价值的树种而保留原有的有价值个体。当目的树种天然更新的数量不足，或土壤性质已发生变化而不再适合其他用途的地方，甚至真正的兴趣是引入不易更新的高价值种或者关键物种、具有经济或当地价值的果树或其他种时，应该采用过伐林的补植。

52.3.3.4 直接种植

在过伐林中直接种植有时是为了恢复当地某些受到采伐基础设施严重影响的区域(比如道路、集材场)。种植成片的乔灌木主要是为了控制土壤侵蚀(比如稳定斜坡)。另一种选择是在集材场或其他开阔区域种植一些经济树种。

52.4 未来需求

我们可能都很了解木材采伐对热带雨林的总体影响，也了解恢复这些生态系统的行动路线。我们当然需要了解更多，但是除了这些之外，首先我们需要应用那些我们已经知道的办法，并在实践中不断学习。这需要进行实质性努力以传播最适宜的森林恢复战略、途径和技术。提高认知，进行培训和技术支持是恢复的前提条件。

改善过伐林面临的许多挑战，下面就是一些最大的压力：

(1)分析恢复方案的经济和环境成本与效益，以及对森林生产力、树种多样性恢复和二氧化碳吸收的影响；

(2)针对树种、立地开发补植指南；

(3)开发对树种多样性影响最小的经济有效的防火措施；

(4)针对过伐林恢复，建立充足的和支持性的法律框架。

参考文献

Adjers, G. , Hadengganan, S. , Kuusipalo, J. , Nuryanto, K. , and Vesa, L. 1995. Enrichment planting of dipterocarps in logged-over secondary forests: effect of width, direction and maintenance method of planting line on selected *Shorea* species. Forest Ecology and Management 73: 259 – 270.

Applegate, G. , Putz, P. E. , and Snook, L. K. 2004. Who pays for and who benefits from improved timber harvesting practices in the tropics? Lessons learned and information gaps. CIFOR, Bogor, Indonesia.

Banerjee, A. K. 1995. Rehabilitation of degraded forests in Asia. World Bank Technical Paper Number 270. World Bank, Washington, DC.

Bruijnzeel, L. A. , and Critchley, W. R. S. 1994. Environmental impacts of logging moist tropical forests. International Hydrological Programme/ IHP Humid Tropics Programme Series No. 7. UNESCO-IHP-MAB. Paris, France.

Carter, J. 1996. Recent Approaches to Participatory Forest Resource Assessment. Rural Development Forestry Study Guide 2. ODI, London.

Dupuy, B. 1998. Bases pour une Sylviculture en Forêt Dense Tropicale Humide Africaine. Document 4. Projet FORAFRI, CIRAD, CIFOR, Montpellier, France.

Dykstra, D. , and Heinrich, R. 1996. FAO_ Model code of forest harvesting practice. Food and Agriculture Organisation of the United Nations. FAO, Rome.

Effendi, R. , Priadjati, A. , Omom, M. , Rayan, M. , Tolkamp, W. , and Nasty, E-. 2001. Rehabilitation of Wanariset secondary forest (East Kalimantan) through dipterocarp species line plantings. *In*: Hillegers, P. J. M. , and longh, H. H. , eds. The Balance Between Biodiversity Conservation and Sustain able Use of Tropical Rain Forests. Tropenbos International, Wageningen, The Netherlands, pp. 31 – 44.

FAO. 1998. Guidelines for the Management of Tropical Forests-1. The Production of Wood. FAO Forestry Paper 135. Rome.

FAO. 2000. Management of Natural Forests of Dry Tropical Zones. FAO Conservation Guide 32. Rome. Prepared by R. Bellefontaine. A. Gaston and Y. Petrucci.

Fimbel, R. , Grajal, A. , and Robinson, J. , eds. 2001. Conserving Wildlife in Managed Tropical Forests. Columbia University Press, New York.

Frumhoff, P. C. 1995. Conserving wildlife in tropical forests managed for timber. BioScience 45 (7): 456 – 464.

Grieser Johns, A. 1997. Timber Production and Biodiversity Conservation in Tropical Rain Forests. Cambridge Studies in Applied Ecology and Resource Management. Cambridge University Press, Cambridge, UK.

Haworth, J. 1999. Life After Logging: The Impacts of Commercial Timber Extraction in Tropical Rainforests. Friends of the Earth Trust, London.

Higman, S. , Bass, S. , Judd, N. , Mayers, J. , and Nussbaum, R. 1999. The Sustainable Forestry Handbook. A Practical Guide for Tropical Forest Managers on Implementing New Standards. IIED-SGS. Earthscan Publications Ltd. , London.

Hutchinson, I. D. 1988. Points of departure for silviculture in humid tropical forests. Commonwealth Forestry Review 67(3): 223 – 229.

Hutchinson, I. D. 1991. Diagnostic sampling to orient silviculture and management in natural tropical forest. Commonwealth Forestry Review 70(3): 113 – 132.

International Tropical Timber Organisation (ITTO). 2002. ITTO guidelines for the restoration, management and rehabilitation of degraded and secondary tropical forests. ITTO Policy Development Series No. 13. ITTO, Yokohama, Japan.

JaCkson, W. J. , and Ingles, A. W. 1998. Participatory Techniques For Community Forestry. A Field

Manual. IUCN, Gland, Switzerland and Cambridge. UK and World Wide Fund for Nature, Gland. Switzerland.

Korpelainen, H., Adjers, G., Kuusipalo. J., Nuryanto, K.. and Otsamo, A. 1995. Profitability of rehabilitation of overlogged dipterocarp forest: a case study from South Kalimantan, Indonesia. Forest Ecology and Management 79: 207 –215.

Lamprecht, H. 1989. Silviculture in the Tropics. Tropical Forest Ecosystems and Their Tree Species-Possibilities and Methods for Their Long-Term Utilization. GTZ, Eschborn, Germany.

Montagnini, F. 1997. Enrichment planting in overexploited subtropical forests of the Paranaense region of Misiones, Argentina. Forest Ecology and Management 99: 237 –246.

Nussbaum, R., and Hoe, A. L. 1996. Rehabilitation of degraded sites in logged-over forest using dipterocarps. *In*: Schulte, A., and Schöne, D., eds. Dipterocarp Forest Ecosystems. Towards Sustainable Management. World Scientific Publ., Singapore, pp. 446 –463.

Peters. C. M. 1996. The Ecology and Management of Non-Timber Forest Resources. World Bank Technical Paper Number 322. Washington, DC.

Putz, F. E., Redford, K. H., Robinson, J. G., Fimbel, R., and Blate, G. M. 2002. Biodiversity conservation in the context of tropical forest management. The World Bank, Environment Department Papers, Paper No. 75. Washington, DC.

Sheil, D., et al. 2002. Exploring biological diversity, environment and local's people's perspectives in forest landscapes. Methods for a multidisciplinary landscape assessment. CIFOR, Bogor, Indonesia.

Sist, P., Fimbel, R., Nasi, R., Sheil, D., and Chevallier, M. -H. 2003. Sustainable management of mixed dipterocarp forests needs more ecological rules than a minimum diameter for harvesting. Environmental Conservation 30(4): 364 –374.

Stadtmtiller, T. 1994. Impacto hidrol6gico del manejo forestal de bosques naturales tropicales: medidas como mitigarlo. Una revisi6n bibliogr6fica. CATIE, Proyecto silvicultura de Bosques Naturales, Turrialba, Costa Rica.

Thomson, L. 2001. Management of natural forests for conservation of forest genetic resources. *In*: FAO/DFSC/IPGRI, Forest Genetic Resources Conservation and Management. Vol. 2: In Managed Natural Forests and Protected Areas (In Situ). International Plant Genetic Resources Institutte, Rome pp. 13 –44.

Tuomela, K., Kuusipalo, J., Vesa, L., Nuryanto, K., Sagala, A. P. S., and Adjers, G. 1996. Growth of dipterocarp seedlings in artificial gaps: an experiment in a logged-over rainforest in South Kalimantan, Indonesia. Forest Ecology and Management (81): 95 –100.

Wadsworth, F. H. 1997. Forest Production for Tropical America. USDA Forest Service. Agriculture Handbook 710. USDA, Washington, DC.

Weaver, P. L. 1993. Secondary forest management. In: Parrotta, J. A., and Kanashiro, M., eds. Management and Rehabilitation of Degraded Lands and Secondary Forests in Amazonia. Proceedings of an International Symposium. Santarem, Para, Brazil, 18 –22 April 1993, International Institute of Tropical Forestry, USDA Forest Service, and UNESCO Man and the Biosphere Programme. Rio Piedras, Puerto Rico and Paris, pp. 117 –128.

Weidelt, H. -J., and Banaag, V. S. 1982. Aspects of Management and Silviculture of Philippine Dipterocarp Forests. Philippines-German Rain Forest Development Project. GTZ, Eschborn, Germany.

Woods, P. 1989. Effects of logging, drought, and fire on structure and composition of tropical forests in Sabah, Malaysia. Biotropica 21: 290 –298.

Wyatt-Smith, J. 1963. Manual of Malayan silviculture for inland forests. Malayan Forest Record No. 23, part III.

补充阅读

Hutchinson. I. D. 1996. Techniques for silviculture and management in natural tropical forests, logged and secondary. *In*: Parrotta. J. A. . and Kanashiro, M. , eds. Management and Rehabilitation of Degraded Lands and Secondary Forests in Amazonia. Proceedings of an International Symposium. Santarem. Para. Brazil. 18 – 22 April 1993, International Institute of Tropical Forestry, USDA Forest Service, and UNESCO Man and the Biosphere Program. Rio Piedras, Puerto Rico and Paris, pp. 142 – 152.

Louman, B. , Quires, D. , Nilsson, M. , eds. 2001. Silvicultura de Bosques Latifoliados Húmedos en América Central. CATIE, Turrialba, Costa Rica. Serie técnica: Manual técnico/CATIE no. 46.

Weaver, P. L. 1987. Enrichment plantings in tropical America. *In*: Figueroa, J. C. , Wadsworth, F. H. , and Branham, S. , eds. Management of the Forests of Tropical America: Prospects and Technologies. Proceedings of a Conference. San Juan, Puerto Rico, September 22 – 27, 1986, pp. 259 – 278.

第 53 章　露天矿区复垦

乔塞・曼努埃尔・尼古劳・伊瓦拉(José Manuel Nicolau Ibarra)
马里亚诺・莫雷诺・代・拉斯・埃拉(Mariano Moreno de las Heras)

本章要点

矿区复垦项目失败的深层原因常常是应用不当的概念框架，包括对参考生态系统的理解不充分、规划期短以及对紧急事件考虑不充分。

为了在区域尺度上把复垦区域整合到保护方案中，矿业公司和环境机构必须进行合作。

针对地形设计，已开发出了良好的侵蚀模型作为工具。

需要改进的主要领域是执行要求采矿点进行恢复的法律。

53.1　背景

涉及到搬移土壤的人类活动，例如露天挖掘开采、城市发展、市政工程等，是泥沙通过河流到达海洋的第一来源。在区域尺度上，采矿对生物多样性、水质、土地使用的影响越来越频繁，是对自然造成巨大干扰的人类行为之一。事实上，在非能源和能源矿物开采之间存在着反馈互动，这也造成了温室气体的排放。在最近 20 年里，世界各地都在广泛发展采矿后的复垦技术。而实践中，大多数复垦土地的恢复结果都不理想。

矿区复垦项目失败背后的原因常常是应用不当的概念框架，包括对参考生态系统的理解不充分、规划期短以及对紧急事件考虑不充分。矿区恢复有两种驱动因素：确定性和偶然性，我们常常只考虑确定性的过程。此外，必须认识到复垦区域是一个与周围环境相互作用的开放性生态系统。图 53-1 中展示了包括矿区恢复规划实践结果的一个概念模型。这个模型认为变化多于均衡才是自然的本质，随之而来的是新的生态范式。

复垦成功与否也取决于几个偶然的环境事件，这些事件常常具有不可预见性：(1)初始情况(自然气候和地形，表土的类型和量)；(2)自然灾害(干旱、暴雨、霜冻、虫害)；(3)周围生态系统与人的影响(径流和泥沙沉积、繁殖体源、食草动物、放牧、打猎、土地利用)；(4)人类偶然事件(改变与中断采矿作业，复垦项目中的错误，法律规定的变化等)。

矿区复垦的确定性过程已经得到过很好研究，已经开发了一套复垦技术和工具。矿区复垦中最典型的是非生物限制因子和养分循环。Bradshaw 指出了对矿山土壤中发现的主要物理和化学问题的短期和长期处理方法，如表 53-1 所示。

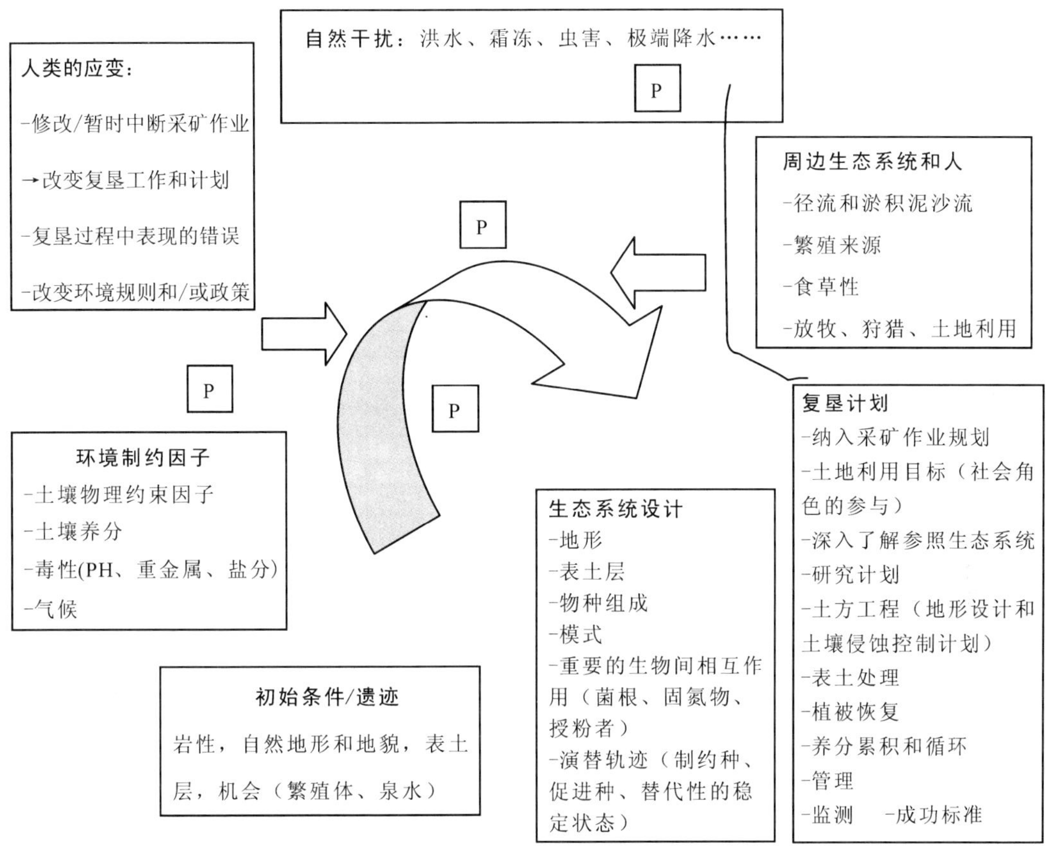

图 53-1　露天矿区复垦概念框架

表 53-1　矿区土壤及其处理的特殊问题(Bradshaw. **1988**).

范畴		存在问题	即时处理方法	长期处理方法
物理	结构	太紧凑	撕裂或松动	植被
		太松散	压实或以细粒材料恢复	植被
	稳定性	不稳定	稳定剂或覆盖物	植被
	湿度	太湿	排水	排水
		太干	有机覆盖物	植被
营养	常量营养素	氮	肥料	豆科植物
	微量营养元素	其他	肥料 + 石灰	肥料 + 石灰
			肥料	—
毒性	pH	太高	有机质或硫化铁矿的废弃物	风化
		太低	石灰	石灰
	重金属	太高	有机覆盖物或耐受性栽培变种	惰性覆盖物或耐受性栽培变种
	盐分	太高	风化或灌溉	耐受性品种或栽培变种

按照建议的概念框架，在图 5-31 中的复垦计划展示，为了改善露天矿复垦效果，从实用观点出发需要仔细考虑的主要问题。此外：

(1)为了更好地利用采矿作业所提供的机会，开采与复垦活动二者必须综合进行。这样可使得复垦项目更廉价、更快捷而且更成功；

(2)复垦项目须由公司和社会人员一起设计、开发。至关重要的是就复垦区的最终目标以及利用维护达成一致；

(3)尽管已经有一般性的复垦方法，但为了使其适应当地情况并获得参照生态系统更多的知识，开展具体的研究是非常必要的。在这个阶段公司与保护组织及非政府组织的合作是很有价值的；

4)一份监测和调查计划对于检查、改进或者调整已经采取的做法是至关重要的。

53.2 案例

53.2.1 澳大利亚西部铝氧石矿赤桉林恢复的防火管理

1963 年，澳大利亚美铝公司开始在澳大利亚西部的赤桉林里开采铝土矿。从那时起，已有 10600hm^2 的树林被恢复，这里的气候是典型的冬季降雨和夏季干旱的地中海气候。早期恢复工作是从澳大利亚东部引进松树和桉树。因为这些非本地树种对自然干扰有很强的适应能力，所以植物丰度依旧很低且生态演替很慢。现在的恢复目标是重建能实现林地用途的功能性赤桉林生态系统(生态保护、木材生产、集水区保护、休闲娱乐)。恢复先从重塑 2 ~5m 高的坑壁开始，重新铺表土。随着表土层回填，一些树桩、原木和岩石被重新送回开采区，从而为动物群提供栖息地。在地表开挖一条深达 1.5m 的沟。70 ~100 种当地植物种子混播在刚耕耘过的土地上，其他的植物则用栽植方法。混合肥料(氮、磷、钾以及一些微量元素)以每公顷 500kg 的用量由直升飞机播撒下去。

1997 年，美铝公司和自然保持与土地管理部门 (CALM)完成了标准和规范的制定。这些标准要求使恢复区有抗火灾能力，能够纳入到 CALM 的赤桉林火灾管理方案中。为了能够确定在何时以及在何种条件下火应该被重新引进到恢复区，美铝公司支持就植被和相关动物群落对对火灾的反应进行研究。

53.2.2 在铝土矿恢复热带森林——以巴西亚马孙为例

自 1979 年开始，巴西北里约矿业公司(MRN)发起了一项森林恢复计划，旨在以每年 100 公顷的速度恢复帕拉州特龙贝塔斯铝土矿区被毁坏的常绿赤道雨林。特龙贝塔斯铝土矿座落在位于海拔 180m 的高地上的 Saraca-Taquera 国家森林里。在大多数热带区域，由于缺乏一些基本信息很多恢复工作都受到限制，如缺少森林干扰之前各种当地树种特性的基本资料，也缺乏设计有效恢复方案的生态干扰和自然恢复方面的知识。但值得关注的是 MRN 却是一个例外，它运用系统调查苗圃和现场的策略，开发了基于 70 种以上本地原始林树种混交种植的造林方案。

他们在过去 11 年中主要进行了两项研究，还试验了一些造林和整地方法以及表土替换方案。他们开展的本土森林植物种繁殖和效果评估方案涉及到：果实生物气候学、种子生活力、种子发芽处理、繁殖方法(直接播种、根桩萌蘖苗、野生苗、苗圃苗)，以及在种植后最初两年的早期成活和生长评价。总共评估了 160 个物种恢复中采用了标准的复垦整地顺序，其中包括整平黏土覆盖层，更换大约15cm的表土和木屑(在采矿前移走，堆积6个月后用)，按行挖90cm深的沟(行间距1m)，沿着开好的沟交替栽植，株行距2m×2m(每公顷2500棵树)，依据树种和技术措施选用种子、根蘖苗或容器苗种植。每公顷总投资大约2500镑。

从这一实践可以得出以下结论：仔细的整地措施，尤其是明智的表土处理和在树木种植前的回填，对于森林恢复、消除杂草竞争、加速天然林演替是最重要的措施。造林地区的植物丰富度在很大程度上依赖于野生动物对种子的传播。所以恢复管理人员应该认识到野生动物的关键作用，积极鼓励保护周围环境中的野生生物资源，并且设计恢复措施以便为多种多样的野生物种提供适宜的栖息地。

53.2.3　半干旱环境的乌特里利亚斯特鲁埃尔(utrillas-Teruel)(西班牙)地区露天煤矿复垦

MFUSA公司于20世纪80年代早期开始在乌特里利亚斯(Utrillas)煤矿区露天开采。此矿区位于西班牙中东部，海拔1100m，主要制约性因素是土壤水分不足，植物可利用的水分低。年平均降雨量是466mm，5月和6月占28%，9月占20%。从6月至10月水分短缺量292mm。与社会参与者协商后，矿区恢复目的定位于农业用途。

改善土壤水分含量是在乌特里利亚斯(Urillas)地区取得成功的关键因素。MFUSA公司制定了一个恢复方案，将构成生态系统的三要素，即地貌、土壤、植被，通过综合方式加以设计利用，以优化水分和养分供应，并控制非生物因素开发引起的侵蚀。

位于约30°坡上的平台地形不得不被放弃，因为在陡峭的山坡上，降雨入渗率低，并且径流会导致高强度的细沟蚀和面蚀。反过来，通过减少径流再次渗入斜坡下部土壤中的机会，细沟侵蚀又会加重坡面水分亏缺情况。因此最佳地形是把水文流域作为复垦区单元，它是由覆盖天然植被的斜坡、平坦的农业用地，以及包括水道、水池和沉砂池所构成的排水网络。还依据物理性能(保持水分能力)仔细进行了表土挑选。

人工边坡的特点如下：坡度在18~21°之间；隔断源自平台、轨道、上部护堤的径流；铺表土(50cm厚)；沿坡面横向耕种；提供有机肥；在冬末播种草本植物；给种子覆土。3年后的冬季，即可栽种木本植物。

此方案已成功地恢复了草类植被，控制了土壤侵蚀，并且开始形成新的土壤。即便如此，生态演替进展依然较缓慢，而且引种的草类群落已经抑制了自然入侵过程。

53.2.4　威尔士南部煤田恢复因开采干扰的土地所遇到的困难

19世纪40年代，威尔士南部pwll du矿山开始复垦。在20世纪，3个露天矿得到了复垦。

最近的土地复垦活动包括应用表土(100~150cm)和允许在恢复的可结籽的草地上放羊。复垦区由平民协会来管理。

然而，官方列出的“已复垦”的矿区土地状况非常差。现场的问题包括：侵蚀沟、植被覆盖稀少、土壤侵蚀和不良的土壤结构。周围地区受到了径流加速的影响，有时还有化学和泥沙污染。这些问题一部分是由于不良的工程、缺乏土地管理导致的，但被自然过程进一步放大了。一些矿山尾渣(土壤)含有高比例易碎的页岩石，当暴露在干扰(风化)的环境下，它们会迅速分解，产生的黏土堵塞土壤孔隙，阻碍水分入渗，导致土地进一步恶化，出现的现象包括水涝，苔藓(地衣、裸地)代替了草，土壤微生物死亡，土壤容重增加，土壤团粒稳定性减小。

牛津布鲁克斯大学的专家小组采取了很多补救措施，包括开发一些活跃的微生物群，它们能够使黏土转化为具有水稳性的团粒土壤。要做到这些则需要引进深根树种，因为它们是有活力和可靠的土壤形成者，只要少量人为帮助，它们就可以支持庞大而活跃的微生物种群。

53.3 方法概述

在本章的参考文献中可以找到大量工具，下面的这些工具对于矿区复垦则更为具体：

(1)为保护最珍贵的生态区免受采矿影响，应采取的第一项措施是利用地理信息系统(GIS)，在区域尺度上应用环境规划方法；

(2)关于地形设计，埃文斯提出，“为了能成功地结合地形提出设计方案，必须预测最后地形的稳定性，这意味着要使用水文和侵蚀模型”。近年来，已经开发了一些复垦区的侵蚀模型，这些模型已经应用在地貌设计中。我们建议使用 RUSL(修订的通用土壤流失方程)1.06(可应用在采矿区，建筑地点和复垦区)，这是一个可以估测年地表水蚀的模型，并可用于边坡设计，此模型可以通过查看国际侵蚀控制协会网站 http://sedlab. olemiss/rasle 免费获得；

(3)露天采矿对场外最严重的干扰是对水生生态系统的影响，制定出侵蚀和径流控制方案是至关重要的。这方面的一些软件包已在市面上出售，我们建议要评估侵蚀和沙沉控制方案的有效性，这也可以通过国际侵蚀控制协会获得：http://www.ieca.org；

(4)虽然表土处理是关键，但如预先计划，就很容易解决。至关重要的一点是表土存放，应以小规模堆积形式进行短期存放。第二点是在重新构建的地形上铺表土，为避免土壤过于紧实，须使用那种既不过于干燥也不过于潮湿的表土。

(5)在土地复垦中改良土壤是很常见的。表 53-1 显示了由 Bradshaw 提出的若干补救程序；

(6)从实用角度来看，一种非常有用的“工具”是在采矿和复垦工程中，依靠在实地工作的环境专家。这个专家除了要负责履行复垦工程职责外，还应能预见突发事件，并能充分利用物理环境、采矿作业、当地政府和社会因素带来的各种机会令复垦受益。

53.4 未来需求

露天矿复垦的效果会因国家、环境以及公司的不同而显示出很大差异，这样一来，各种需求也就不同。在发达国家中，主要任务是要复垦已经复垦过、但不能满足最低要求的数千公顷的土地。

从技术角度来看，最薄弱的环节是地形设计和生态系统动态方面的知识，复垦规划方案中应纳入侵蚀和水文模型。而且，参考生态系统应当用于复垦生态系统设计，以确定若干演替轨迹、稳定的状态和不可逆的阈值。

在发展中国家，正如巴西铝土矿，研究力度必须加强。在一些情况下，有关土地复垦的法规必须得到加强，但最重要的是法律必须得到遵守和执行。而在实践中这往往似乎是空想。在许多情况下，发现矿床和开发矿区会对环境造成深度的影响，导致社会和政治冲突、腐败、甚至武装暴力。面对如此强烈的不平衡，社会或者政客们都没有做好充分准备与跨国矿业公司建立积极的关系。鉴于此，一个良好实用的国际采矿守则将是有益的。

我们认为，非政府组织在以下几方面是非常有帮助的：①促进实验研究；②培训当地从事复垦的人员；③支持当地社团参与；④为发展中国家政府提出建议。

参考文献

Australian Environment Protection Agency. 1995. Rehabilitation and revegetation. Best Practice Environmental Management in Mining. Commonwealth of Australia，Barton.

Bradshaw，A. D. 1988. Alternative Endpoints for Reclamation. In：Cairns，J. R.，ed. Rehabilitating Damaged Ecosystems，vol. 1. CRC Press，Boca Raton，Florida，pp. 70 – 85.

Evans，K. 2000. Methods for assessing mine site rehabilitation design for erosion impact. Australian Journal of Soil Research 38：231 – 247.

Fifield，S. J. 1997. Field Manual for Effective Sediment and Erosion Control Methods. Hydrodynamics，Inc.，Parker，CO.

Haigh，M. 1992. Problems in the reclamation of coalmine disturbed lands in Wales. International Journal of Surface Mining and Reclamation 6：31 – 37.

Haigh，M. 2000. The aims of Land reclamation. In：Haigh，M.，ed. Reclaimed Land. Erosion Control，Soils and Ecology. A. A. Balkema，Rotterdam，The Netherlands. pp. 1 – 20.

Kolasa，J.，and Pickett，S. T. A. 1991. Ecological heterogeneity. Ecological Studies，No. 86. SpringerVerlag，New York.

Nicolau，J. M. 2002. Runoff generation and routing on artificial slopes in a Mediterranean-continental environment：the Teruel coalfield，Spain. Hydrological Processes 16：631 – 647.

Nicolau，J. M. 2003. Trends in relief design and construction in opencast mining reclamation. Land Degradation and Development 14：215 – 226.

Parrotta，J. A.，and Knowles，O. H. 2001. Restoring tropical forests on lands mined for bauxite：examples from Brazilian Amazon. Ecological Engineering 17：219 – 239.

Pickett，S. T. A.，Cadenasso，M. L.，and Bartha，S. 2001. Implications from the Buell-Small Succession Study for Vegetation Restoration. Applied Vege tation Science 4：41 – 52.

Smith，M. A.，Grant，C. D.，Loneragan，W. A.，and Koch，J. M. 2004. Fire management implications of fuel loads and vegetation structure in jarrah forest restoration on bauxite mines in Western Australia. Forest Ecology and Management 187：247 – 266.

Toy，T.，and Foster，G. 1998. Guidelines for the Use of the Revised Universal Soil Loss Equation (RUSLE) version 1.06 on Mined Lands，Construction Sites and Reclaimed Lands. Office of Surface Mining，Denver，CO.

补充阅读

Barnhisel, R. I. , Darmondy, R. G. , and Daniels, W. L. , eds. 2000. Reclamation of drastically disturbed lands, No. 41 Agronomy series. ASA, CSSA, SSSA Publishers. Madison, WI.

Bradshaw, A. D. 2000. The use of natural processes in reclamation-advantages and difficulties. Landscape and Urban Planning 51: 89 – 100.

Haigh, M. , ed. 2000. Reclaimed Land. Erosion Control, Soils and Ecology. A. A. Balkema. , Rotterdam, the Netherlands.

Harris, J. A. , Birch, R, and Palmer, J. 1996. Land Restoration and Reclamation. Principles and Practice. Longman Higher Education, Horlow, Essex, UK.

Hobbs, R. J. 1999. Restoration of disturbed ecosystems. In: Walker, L. R. , ed. Ecosystems of Disturbed Ground. Series Ecosystems of the World, 16. Elsevier, New York, pp. 673 – 689.

Parker, V. T. , and Pickett, S. T. A. 1997. Restoration as an ecosystem process: implications of the modern ecological paradigm. In: Urbanska, K. , Webb, N. , and Edwards, R, eds. Restoration Ecology and Sustainable Development. Cambridge University Press, Cambridge, UK, pp. 17 – 32.

Urbanska, K. , Webb, N. , and Edwards, P. , eds. 1997. Restoration Ecology and Sustainable Development. Cambridge University Press, Cambridge, UK.

第十四部分　森林景观恢复中的人工林

第54章　人工商品林在森林景观恢复中的作用

杰弗里·萨耶尔(Jeffrey Sayer)、克里斯·埃莉奥特(Chris Elliot)

本章要点

人工林基地可能给恢复景观功能带来机会，但也可能对自然系统构成威胁。

本章举例说明了人工商品林如何作为解决恢复面临的挑战的办法之一，而不总是问题的一部分。

需要得到认可的一项基本原则是人工林也应当提供多种产品和环境功能。

更有利于环境的方法已经应用到了人工林建设过程中。

54.1　背景

世界木材来自人工林的比例在快速增长。其中许多是大规模工业人工林基地，并且常常是营造在退化土地上。一些人工林基地本身就为恢复景观功能的提供了机会，但也可能构成对自然系统的威胁。植树被当作解决许多环境问题的办法，因此有很多国家植树活动和绿化沙漠项目等。而在许多地方，环境保护团体反对所有的人工林业，因为它取代了乡土植被，并且常常侵占当地人利用的土地。人工林经常被看作单一栽培，生物多样性低，或者环境价值低，尽管很多实验证明即使在集约经营的人工林中常常也能提供高得令人惊讶的生物多样性价值。此外，工业人工林可以成为景观镶嵌体的一部分，有助于产品和环境功能的结合。欧盟已经率先使用了生态环境支付体系，以实现景观的多功能。

人工林被联合国国粮农组织(FAO)定义为“在造林或更新过程中通过栽植或直播建立的林分”。FAO没有将其定义限定为用材林或纸浆林。因为人工橡胶林为木材工业提供纤维的重要性在不断增加，它已被纳入到全球人工林评估中。FAO最新数字显示：新的人工林面积正以每年450万 hm^2 的速度在扩展，其中亚洲和南美占大部分。这当中又约有70%，或者每年310万 hm^2 属于新造人工林；其余的，高达30%的惊人比例，没有得到看护，甚至最终死亡。

到目前为止在全球约18700万 hm^2 人工林中，亚洲面积最大，占世界总面积的62%。从组成看，尽管种植树种的多样性在增加，松树(20%)和桉树(10%)依旧是世界范围内的优势树种。工业人工林(为木材加工厂提供木材和纤维)占全球人工林的48%，非工业林(提供薪柴或者水土防护)占26%，剩余26%的种植目的不明确。

与发展中国家相比，工业化国家人工林范围很难测算。在西欧，大多数森林都包含一些人工种植的树木，因此，与热带地区新造人工林相比，人工林和天然林之间的区别不明显。工业化国家没有打算详细区分人工林和天然林。

FAO确认了10个人工林发展项目最大的国家(根据报道的占全球人工林面积百分比)：中国(24%)、印度(18%)、俄罗斯联邦(9%)、美国(9%)、日本(6%)、印度尼西亚(5%)、巴西(3%)、泰国(3%)、乌克兰(2%)、伊朗伊斯兰共和国(1%)。这些国家的人工林占了全球的80%，国内都有大面积退化景观。

全球对森林景观恢复的兴趣在一定程度上是由人工林的环境问题所引发的。公众对苏格兰大规模西加云杉(*Picea sitchensis*)人工林的批评，导致了英国林业委员会重新修订高地植树政策。现在的重点是为了宜人的环境和野生生物价值而种植本土森林树种，不只是种植的树种，人工林空间布局也模仿天然林地。由世界银行补贴的大面积人工商品林是20世纪80年代印度环境运动的一个诱因。农民抱怨种植外来树种不能给动物提供饲料，并且非木质林产品的供应不能满足他们日常生活需要。他们发起了"拥抱树木"运动以阻止由于营造人工林而清除天然林的行为。

印度尼西亚的纸浆林已经遭到环境学家的强烈反对，因为它们常常取代天然林并且拒绝当地人进入。类似的争议也涉及智利的人工商品林，以及越南政府发起的人工林计划。

然而，森林景观恢复几乎常常包括重新植树，本章旨在用事例说明人工商品林如何作为解决恢复面临挑战的办法的一部分，而不总是问题的一部分。

54.2 案例

54.2.1 对环境有利的人工商品林：巴西人工林

美国亿万富翁哈维·路德维在巴西的加里(Jari)建立的人工林是一个杰出的例子。这个例子诠释了一个明智的管理如何使主要的环境威胁变成景观管理的良好典范。这个项目从大面积区种植单一外来树种开始。虽然很多树死亡了，人工林没有达到它们的商业目的，但人工林的建立确实引起了天然林大面积丧失。加里(Jari)的人工林两次易手，现在被巴西的一家家族公司拥有。目前种植在30万 hm^2 土地的人工林中有多个树种，并且在人工林区域内的大面积天然林被保护起来了。除此以外，最近的70万 hm^2 天然林已被置于可持续用材林经营之下。加里(Jari)的经营已经获得了国际认证。这个区域现在呈现为一个包含保护、管理，环境友好型人工林的平衡景观。

54.2.2 对环境有利的人工商品林：苏门答腊人工纸浆林

苏门答腊的人工纸浆林因其环境和社会的负面影响已遭到了许多批评。这些人工林常常取代具有很高生物多样性价值的天然林，并且因为造林而迫使当地人搬迁。印度尼西亚法律虽然要求人工林公司拿出 1/3 的土地恢复天然林，但是这个规章大部分情况下未受重视，天然林常常被二次承包商非法采伐，并将采伐的木材销往纸浆厂。迫于环境非政府组织的压力，APRIL 公司现在支持建立国家公园以保护在人工林栽培区内残存的森林。人工林公司的基础设施允许公园管理者使用，人工林经营的利润也帮助支付了公园保护的费用。

54.2.3　对环境有利的人工商品林：英国的人工针叶林

在英国，外来树种人工针叶林一直以来就遭到公众的反对，公众通常更喜欢开阔无树的苏格兰高地和威尔士高地景观，尽管这些地方是 19 世纪过度放牧的产物。出现在 Smout 高地人工林的矛盾现象也是一个好的例证。由于人工商品针叶林开始被逐步排除，出现了一个新的问题。人们发现人工针叶林为英国大量的稀有猎鹰和灰背隼(falco columbarius)种群提供了栖息地。人工商品林被砍伐后早期出现的演替林地为稀有物种提供了唯一栖息地。在这种情况下，保持一些人工商品林地将有助于维护景观功能。

54.3　方法概述

在许多景观里，人工商品林在恢复中具有潜在作用，这主要取决于它在景观中的位置以及如何得到管理。

人工林并不总是只有一个树种，并不一定总是使得其林下土地裸露，可以在人工林里促进杂草和当地树木自然侵占。各种当地树种可以沿着水路混合种植，或者围绕人工林周边种植以缓和人工林的视觉影响，并为野生动物提供栖息地。人工林可在天然片林之间提供廊道，还可以提供许多林地产品以减少对天然林的压力。人工林有时候可以作为庇护作物加以种植，以改善土壤，为种植当地树种创造条件。

人工林常常用工业化的技术建立起来，导致了林分均一，从而使得生物多样性及其他环境和社会价值相对比较低。但是人们在应用更多环境友好措施建立人工林方面已做了大量工作。在把人工商品林应用于景观恢复目标中，确保人工林得到管理以达到可能的最高标准是非常必要的。国际热带木材组织(ITTO)关于人工林建立和可持续经营的指南依然是解决人工林经营中重要问题的良好信息来源。但是那些指南是 11 年前发布的，并且没有足够重视景观和生物多样性问题。而这些正是现在关注的问题，本书其余章节也针对这些问题。最近的 ITTO 关于恢复经营和重建退化热带次生林的指南更进一步关注了这些大尺度的问题，应该是当前可获得的有关人工林在恢复景观功能中作用的最好技术文献。

要发挥人工林有益作用，关键是要制定一个人工林景观的愿景，这一愿景要建立在所有利益相关方对景观用途的需求上，在制定过程中，公众参与非常重要。人工商品林公司必须尽早加入这个过程，并且让他们明白只有以环境可持续方式发展人工林，他们企业的经济能力才会提高。说服他们的理由包括可持续经营可以避免当地人的反对或者破坏人工林，可以获得绿色证书从而能更好地进入市场，以及被视为好的企业公民有很多优势。

需要得到认可的基本原则是人工林应该提供多种产品和环境功能。通过人工林的多样化或者发展镶嵌景观可以获得这种多功能性，其中镶嵌景观以在空间上分散的方式设计产品和环境功能，达到“整体大于部分之和”的目标。实现理想的镶嵌景观通常是比较困难的，因为它要求在不同的土地管理者和所有者之间协调土地配置。正规的空间规划可以达到这个要求，但在当地土地拥有者中进行非正式协商也是有效的。一些大的人工林经营者控制了足够的土地还可以独自建立镶嵌景观。

大量的出版物涉及到如何经营人工林才能支持生物多样性保护的目标，其中一些被列在本章的参考文献中。很多强调了人工林本身如何促进生物多样性。现在业界对人工林景观生态学显示出更多的兴趣。这方面的大量实践来自西欧和地中海，参考资料中列出的关于景观生态的书也开始介绍这些经验。

54.4 未来需求

关于如何将正在发展的景观生态作为森林景观恢复的工具来使用，还有很多方面需要学习。这是未来几十年自然保护面临的挑战之一。

一个新的挑战正在出现，它将在未来的人工林和景观中发挥重要作用，这就是固碳造林重要的资金前景。只有当人工林能提供多种环境利益时才可以得到保护团体的认可。这意味着为了碳汇而营造的森林也必须提供景观和生物多样性效益，还要对森林景观恢复做出贡献。

参考文献

APRIL. 2004. Sustainability Report 2004. Asia Pacific Resources International Holdings ltd. Jakarta, Indonesia.

Carrere, R. , and Lohmann, L. 1996. Pulping the South: Industrial Tree Plantations and the World Paper Economy. Zed Books, London.

Cossalter, C. , and Pye-Smith, C. 2003. Fast Wood Forestry: Myths and Realities. CIFOR, Bogor, Indonesia.

ITTO. 1993. ITTO Guidelines for the Establishment and Sustainable Management of Planted Tropical Forests. ITTO, Yokohama, Japan.

ITTO. 2002. ITTO Guidelines for the Restoration, Management and Rehabilitation of Degraded and Secondary Tropical Forests. ITTO, Yokohama, Japan.

IUFRO. 2003. Occasional paper No. 15. Part 1: Science and technology-building the future of the world's forests. Part 11: Planted forests and biodiversity. ISSN 1024 - 1414X, IUFRO, Vienna.

Lang, C. 2002. The pulp invasion: The international pulp and paper industry in the Mekong Region. World Rainforest Movement, Moreton-on-theMarsh, UK.

Liu, J. , and Taylor, W. W. 2002. Integrating Landscape Ecology into Natural Resource Management. Cambridge University Press, Cambridge, UK.

Nilsen, R. , ed. 1991. Helping Nature Heal: An Introduction to Environmental Restoration. A Whole Earth Catalogue, Ten Speed Press, Berkeley, CA. (Deals with restoration in a U. S. context.)

Smout, T. C. 2000. Nature Contested: Environmental History in Scotland and Northern England since 1600. Edinburgh University Press, Edinburgh, UK.

Whisenant, S. G. 1999. Repairing Damaged Wildlands—A Process-Oriented, Landscape-Scale Approach. Cambridge University Press, Cambridge, UK.

补充阅读

Aide, T. M. , Zimmerman, J. K. , et al. 2000. Forest regeneration in a chronosequence of tropical abandoned pastures: implications for restoration ecology. Restoration Ecology 8(4): 328 – 338.

Buckley, G. R, ed. 1989. Biological Habitat Reconstruction. Belhaven Press, London.

Cairns, J. Jr. , ed. 1988. Rehabilitating Damaged Ecosystems, Vols 1 and 2. CRC Press, Boca Raton, FL.

FAO. 2001. Global Forest Resources Assessment 2000-Main Report. Forestry Paper 140. ISBN 92 – 5 – 104642 – 5. FAO, Rome.

Gobster, P. H. , and Bruce Hull, R. , eds. 1999. Restoring Nature: Perspectives from the Social Sciences and Humanities. Island Press, Washington, DC.

Holl, K. D. , Loik, M. E. , et al. 2000. Tropical montane forest restoration in Costa Rica: overcoming barriers to dispersal and establishment. Restoration Ecology 8(4): 339 – 349.

Jordan, W. R. III, Gilpin, M. E. , and Abets, J. D. , eds. 1987. Restoration Ecology: A Synthetic Approach to Ecological Research. Cambridge University Press, Cambridge, UK.

Lamb, D. 1998. Large scale ecological restoration of degraded tropical forest lands: the potential role of timber plantations. Restoration Ecology 6(3): 271 – 279.

Luken, J. O. 1990. Directing Ecological Succession. Chapman and Hall, London.

Reiners, W. A. , and Driese, K. L. 2003. Propagation of Ecological Influence Through Environmental Space. Cambridge University Press, Cambridge, UK.

Walker, L. R. , and del Moral, R. 2003. Primary Succession and Ecosystem Rehabilitation. Cambridge University Press, Cambridge, UK.

参考资料

www. metsopaper. com.

www. developments. org. uk/data/issue21/amazon. htm.

第55章　恢复人工同龄林中生物多样性

弗洛伦西亚·蒙塔格里利(Florencia Montagnini)

本章要点

虽然人工同龄林提供的生物价值少于天然林，但是他们比严重退化的土地提供的价值多，甚至是通向森林景观恢复的一步。

人工林可以帮助恢复生物多样性，通过：①吸引种子传播者；②减少杂草促进苗木生长；③改善微环境等。

通过设计人工林也可以改善生物多样性，通过：①低密度种植；②使物种混交；③使用乡土物种；④在接近天然种源的地方栽植；⑤通过间伐促进更多乡土植被恢复。

对于如何更好地实现景观中人工林与森林的连通性，以及改进与人工林相关的立法，还需要进一步开展工作。

55.1　背景

人工同龄林(在同一时间或者几个月内种植树苗建立的人工林)是热带和温带地区最常见的人工林类型。通常，这些人工林是单一性的(在一大片地区种植一个树种)。很多时候，它们由外来树种构成(例如，在南半球的松树人工林；除了澳大利亚外，在温带或热带地区的桉树人工林；在印度尼西亚或拉丁美洲的柚木)。营造人工林多数目的是工业(木材和纤维)利用。然而，除了能够提供木材产品，人工林还具有防止沙漠化、提供薪柴、保护水土资源、恢复退化土地、增加农村就业以及吸收碳以抵消碳排放的功能。人工林也是当地农民现金、存款和保险的来源。

在保持或恢复生物多样性方面，人工林常常被看做具有消极的一面。据称单一栽植外来种的人工林与种植单一栽培的大豆或者其他农作物没有什么不同。一些作者甚至不希望使用人工森林这样的术语，声称单一特性的人工林不是真正的森林。

虽然人工林总体上比天然林支持的本土野生物种要少，但有时候它们也许比同一地区其他土地利用方式(农业、牧业、退化地)拥有更多的生物多样性。

55.1.1　同龄人工林和生物多样性

在某些特定的情况下，人工林可以服务于生物多样性：

1. *在严重退化的地区*

人工林的林下能够比农业用地和牧场支持更多的乡土植物多样性。人工林组成成分、设计和管理随着人工林的目标而改变，而影响其内部和周围多样性的因素也是如此。

2. *在天然更新缓慢且非常困难的区域*

在一些区域，天然更新因为物理或者生物的障碍(种源的距离，土壤紧实等)而被明显地延迟。人工林的建立可能克服这些障碍，通过吸引种子传播媒介到这种景观中改善区域内的局部微环境，因而加速生物多样性的恢复。人工林通过促进当地树种更新，并为森林动物提供栖息地，帮助当地恢复生物多样性。

在投入生产的大规模、单一栽培的人工林中，公司老板对生物多样性的关注常常仅限于关注因法律或社会压力而划出的保护区域，例如经营人工林是为了解决一些保护方面的问题。人工林首要的利益不是生物多样性，但是生物多样性的保护或者恢复也许可以成为一个次要的目标。总之，有一些案例说明，恢复现存人工林生物多样性和自然性是必然的，应当积极探索，例如：

(1)退化土地上，在哪里营造人工林能够恢复成本土森林；

(2)什么地方的人工林已被废弃；

(3)什么时候，非天然的人工林通过简单地改变管理方式，就依旧可以为特殊的和重要的物种提供栖息地，如为特殊的筑巢鸟或者可以利用它们的哺乳动物经营人工林，例如巴拿马天蓬树(*Dipteryx panamensis*) 人工林，其种子可以喂养哥斯达黎加东北部濒临灭绝的绿金刚鹦鹉；

(4)当人工林位于靠近生物重要性的区域时，调整那里的人工林经营能够帮助维持或者支持这些区域；

(5)依据法律、经济可行性，当部分人工林地不再是人工林时，可以通过适当的经营方式来平衡人工林对生物多样性的影响。

要判断什么时候和什么地方可以应用这些方法，重要的是理解人工林存在的环境和改变生物多样性的因素。在所有的情况下，关键的问题是是否允许或者促进天然更新而产生理想的变化，还是需要一些更积极的干预方式。在一些情况下，恢复可能全面地形成更自然的森林，另一些情况下，虽然人工林保护高度非自然状况，但却具有支持少量期望物种(对于维持功能型景观非常重要的物种)的特定要素。

55.1.2　改变人工同龄林中生物多样性的因素

以下因素可以改变人工同龄林中的生物多样性：

使用非本土物种：尽管它们并不总是具有入侵性，非本土物种常常很难适应于当地环境条件，他们能够扰乱包括脊椎动物和非脊椎动物在内的物种功能组之间的生态平衡，并且长远来看，能够引起生态系统活力方面的问题。由于缺乏传统捕食者，它们会旺盛生长而失去控制。

人工纯林或人工混交林树种多样性：单一特征人工林的生物多样性明显比人工混交林低。相比之下，在水平和垂直空间上，人工混交林中有丰富的生境变化，可以吸引大量的动物(鸟、蝙蝠和其他哺乳动物)从附近天然林中带来种子。

森林栖息地和微生境的丧失：如果人工林取代了天然林就会丧失一些物种。热带有很多更新造林项目就是这样，在原来曾经生长雨林的地方营造了单一树种人工林。

其他天然栖息地的丧失：有时候，人工林被营造在历史上从未有过森林的地区(无林地造林)，例如，在阿根廷拉普拉塔河流三角洲和乌拉圭的纸浆林和用材林，那里的生态系统是大草原。在这里，人工林导致特殊生物多样性和景观自然性的丧失。

人工林开发情况：例如，当市场变化影响树木产品的价格时，人工林不再具有生产力，人工林拥有者也不再为了产品而管理人工林，可能允许人工林冠下开始天然更新的进程。例如，1960 年美国林务局和自然资源部在波多黎各营造了一些人工林。对这些人工林的经营措施有限，结果在加勒比松树、红木和其他外来树种林冠下发现有丰富的林下生物质和生物多样性。

通过树种对土壤产生化学影响：据称，桉树对下层植被有不利影响。然而，这种影响随着植物种和立地而变化。例如，在埃塞俄比亚的高地生态系统，桉树和松树人工林里的草本植物丰富度和生物量与天然林里的一样(在人工林下发现的物种多数是广泛分布的物种，主要是来自山地或者森林草地的杂草)。

55.2 案例

55.2.1 通过混交乡土树种增加热带人工林的生物多样性

在拉塞尔瓦生态站，结合了乡土物种的人工混交林与纯林相对照，发现其林下有相对丰富和大量的更新种。在危地马拉独蕊树(*Vochysia Guatemalensis*)、蔻木(肉豆)(*Virola koschnyi*)、亚马逊榄仁树(*Terminalia amazonia*)、海伦木(*Hyeronima alchorneoides*)、独蕊树(*Vochysia ferruginea*)下，植物种丰富度较高，该区域的这些树种通常都是由农民种植的(图 55-1)。具有较低或中等光照条件的林下自然更新较多。进入开阔牧场的大部分种子是风媒传播的，而进入人工林的大部分种子是鸟或者蝙蝠传播的。这证明了人工林通过吸引传播种子的鸟和蝙蝠到这个区域来，可促进树木更新。不同树种人工林创造了不同的遮荫条件和枯落物积累，反过来会影响森林更新。在这些人工林里，来自杂草的竞争是影响树木入侵的主要因素。人工林地上大量枯落物的累积可能有助于减少杂草，因此促进树木侵入林下。以恢复当地生物多样性为目的经营人工林农民在收获木材之后，可以利用天然更新获得有用物种。以这种方式，他们获得了人工林木材销售利润后，还可以在更新林中培育更有价值的用材树种。

55.2.2 疏伐以恢复柚木人工林纯林中的生物多样性

在帕里塔河谷，调查了种植在原始草场或者农地上的 7 个 3 ~ 12 年生的柚木林分和 1 个 49 年生的林分。土壤是酸性的老城土和新开发土。初始株行距是 2.5m × 3m 或者 3m × 3m。沿着横切面设置调查小区，观测了树木断面积、郁闭度、落叶量、植物覆盖度、株数、下层植物生物量。总共记录了 66 科 132 属植物。柚木密度是预测林下发育状况的最佳指标。由此可以推断疏伐是这些人工林里恢复下层生物多样性最重要的管理策略。

图55-1　哥斯达黎加拉塞尔弗生物站一处12年人工林中乡土树种 *Vochysia guatemalensis* 下的林木下层更新
（照片归 Florencia Montagnimi. 所有）

55.2.3　处理人工林中的入侵种以恢复本地生物多样性

在有些情况，曾经的林区侵入了杂草，例如，印度尼西亚的血草（*Imperata cylindrical*），巴西的巴西针茅（*Imperata brasiliensis*），巴拿马的甜根子草（*Saccharum spontaneum*），非洲人工林中的象草（*Pennisetum purpureum*），或是侵入了蕨类。杂草的竞争优势，加之退化土壤缺乏营养，阻止了当地树种的萌芽和生长。这些草地常常由于火灾抑制了树种的侵入与定居。在很多情况下，不清除入侵植被就种树是不可行的。在消除和减少入侵植被之后，种植的速生树种通常是外来树种，以促进树木覆盖，抑制杂草生长，改善环境。根据目的不同，这样做或者有利于为恢复原来的森林而需定植的其他物种，或者有利于发展混交或单一树种人工林。

55.2.4　美国东部防止人工林中的入侵种

在美国东部，森林恢复最具挑战性的入侵物种是非本土的灌木阿穆尔河金银花（*Lonicera maackii*），它们具有平茬后重新萌发的能力，并且很可能对本土植被产生抑制作用，会把入侵立地很快变为灌木地。在俄亥俄州西南部，人们用除草剂来清除金银花，以促进本土树种苗木的生长〔美国红岑（*Fraxinus pennsylvanica*），黄橡树（*Quercus muehlenbergii*），（*Prunus seroptina*），黑核桃（*Juglans nigra*），红叶加拿大紫荆（*Cercis Canadensis*），大花山

图 55-2 与哥斯达黎加拉塞尔弗生物站种植园中乡土树种恢复相比，在没有种植人工林的地方，木本物种的恢复非常少。从每个人工林树种下和没有被树木覆盖的地方收集种子，以比较鸟和鼠类对种子的传播情况。

茱萸(*Cornus florida*)]。最后的结果是恢复取得成功，本土森林植被多样性在不断增加。

55.3 方法概述

55.3.1 吸引种子传播者到景观中的作用

人工林在景观中的位置会影响传播种子的鸟的运动。例如，如果人工林配置在森林片段之间则有利于鸟的运动，会吸引更多的种子传播者。连接森林与人工林的狭长片中的树种增长较快，因为一些树种由于其结构特性被当作好的"栖木"。例如哥斯达黎加拉塞尔瓦生态站发现，与同样人工林中别的乡土树种相比，在危地马拉独蕊树(*Vochysia guatemalensis*)林冠下的天然更新更丰富一些，其原因是这个树种的结构特性，其分枝结构特别适于鸟和蝙蝠栖息。除此之外，这个树种的结构特性形成了多样性的光环境，可以容纳更多的物种。

55.3.2 为改善当地微气候而植树

以上例子中提到过人工林为耐阴苗木创造了良好的光照条件。通过人工林树荫抑制草和蕨类的生长，可以促进森林中的苗木生长。树冠下的温度波动也会得到改善，枯枝落叶的产生也抑制了杂草生长。

55.3.3　影响人工林冠层下天然更新的因素

55.3.3.1　人工林类型

低密度人工林也许有利于杂草生长，从而取代了多种下层植物。初植密度大(2m×2m，3m×3m)可以确保早期对杂草遮荫，有利于耐阴苗木的竞争。为了确保苗木生长有足够的空间，后期还需要进行疏伐。

55.3.3.2　人工林设计

人工混交林有多种环境适宜种子传播者，并且创造了更多的生态位，允许多种多样的更新。

为了适应不同的市场需求，常常在不同时间种植，以便形成不同林龄镶嵌的人工林。这样也提供了更加多样的环境，有利于其他树种补充进来，并创造了不同的生态位，有利于一些野生物种的栖息。

加大种植株行距和间伐可以允许更多的光线到达林冠下层。与此同时，迅速发育的人工林林冠提供的遮荫有利于抑制入侵性杂草，因此，有益于林冠下层阔叶树的侵入，增加了生物多样性。

55.3.3.3　与天然林和其他种源的距离

如果人工林像岛一样被营造在广阔的牧场或其他退化土地上，因缺乏种子和其他繁殖体，就会严重阻碍更新。

55.3.3.4　树种选择

应该首选乡土先锋物种，因为速生先锋树种能很快形成遮荫而阻止杂草。乡土树种也能与其他生态系统很好地平衡。然而，在极端情况下，当土地被严重破坏，致使本土物种不能生长的时候，正如在例子中说明的那样，外来物种就是一种选择。

55.3.3.5　人工林管理

间伐可能是最重要的促进人工林内树种更新的经营干预措施。例如，在法国的阿尔卑斯用外来物种欧洲黑松(*Pinus nigra*)造林 120 年之后，对森林恢复的分析显示，要使得松树为本地阔叶植被起到真正的呵护作用，必须进行间伐和补植。间伐可促进本土物种种子的传播。在受槲寄生感染的区域，推荐在松树人工林中采用林窗或者小块皆伐的方式。可种植乡土树种片林作为将来乡土树种更新的种源。

即使有外来树种，有一系列经营策略也可以用来增加人工林生态系统的多样性。这些策略包括上面已经提到的疏伐，减少经营管理强度(施肥、除草)；种植多样化的树种，种植不同林龄镶嵌的人工林；保留景观中的森林片断。在森林认证(根据 FSC 体系)指南中的管理策略也有利于确保以促进野生动物栖息地的方式来管理人工林和本土森林。

55.4　未来需求

需要更多关于人工林和景观连通性的经验。例如，通过在景观中使用林带或者孤立树，作为人工林的实际缓冲区，改变人工林的形态等措施，以获得连通性。

针对人工林与周围环境之间的关系，还需要做更多工作，采用景观方法有助于处理人工林内部及与其周边的关系。

还需要有针对人工林树木更新长期动态方面的信息，而目前多数研究集中在人工幼林。

为了促进生物多样性，需要具体的，特别是针对疏伐和补植的管理指南，。例如，阿什顿等人设计了一套适用于斯里兰卡森林的综合指南。这个指南提出了增加大量下层植被和冠层植物种的造林措施，包括每一个植物种需要的林隙大小，种植模式(单株、或丛状或块状)，以及每个种的经济价值。下一章"工业原料林建设中的最佳实践"提供了促进生物多样性的其他经营干预方法。

询问农民种树的目标与偏好，应该注意向农民提供既能保证经济效益，又有助于提高生物多样性的选择方案。

最后，许多国家需要改进人工林相关补贴、建设和监测的法规，加强它们对生物多样性的影响。

参考文献

Ashton, P. M. S., Gamage, S., Gunatilekke, I. A. U. N., and Gunatilekke, C. V. S. 1997. Restoration of a Sri Lanka rainforest: using Caribbean pine *Pinus caribaea* as a nurse for establishing late successional tree species. Journal of Applied Ecology 34: 915 – 925.

Ashton, P. M. S., Gunatilleke, C. V. S., Singhakumara, B. M. P., and Gunatilleke, I. A. U. N. 2001. Restoration pathways for rain forest in southwest Sri Lanka: a review of concepts and models. Forest Ecology and Management 525: 1 – 23.

Carnevale, N. J., and Montagnini, F. 2002. Facilitating regeneration of secondary forests with the use of mixed and pure plantations of indigenous tree species. Forest Ecology and Management 163: 217 – 227.

Carnus, J. -M., Parrotta, J., Brockerhoff, E. G., et al. 2003. Planted forests and biodiversity. In: Buck, A., Parrotta, J., and Eolfrum, G., eds. Science and Technology Building the Future of the World's Forests. Planted Forests and Biodiversity. IUFRO Occasional Paper No. 15. IUFRO, Vienna, Austria, pp. 33 – 49.

Chapman, C. A., and Chapman, L. J. 1996. Exotic tree plantation and the regeneration of natural forest in Kibale National Park, Uganda. Biological Conservation 76(3): 253 – 257.

Cossalter, C., and Pye-Smith, C. 2003. Fast-wood forestry. Myths and realities. Forest perspectives. Center for International Forestry Research (CIFOR), Jakarta, Indonesia.

Cusack, D., and Montagnini, F. 2004. The role of native species plantations in recovery of under story diversity in degraded pasturelands of Costa Rica. Forest Ecology and Management 188: 1 – 15.

Fimbel, R. A., and Fimbel, C. C. 1996. The role of exotic conifer plantations in rehabilitating degraded tropical forest lands: a case study from the Kibale forest in Uganda. Forest Ecology and Management 81: 215 – 226.

Guariguata, M. R., Rheingans, R., and Montagnini, F. 1995. Early woody invasion under tree plantations in Costa Rica: implications for forest restoration. Restoration Ecology 3(4): 252 – 260.

Hartman, K. M., and McCarthy, B. C. 2004. Restoration of a forest understory after the removal of an invasive shrub, Amur honeysuckle (*Lonicera maackii*). Restoration Ecology 12(2): 154 – 165.

Keenan, R. J., Lamb, D., Parrotta, J., and Kikkawa, J. 1999. Ecosystem management in tropical timber plantations: satisfying economic, conservation, and social objectives. Journal of Sustainable Forestry 9: 117

-134.

Kuusipalo, J., Goran, A., Jafarsidik, Y., Otsamo, A., Tuomela, K., and Vuokko, R. 1995. Restoration of natural vegetation in degraded *Imperata cylindrica* grassland: understory development in forest plantations. Journal of Vegetation Science 6: 205-210.

Lamb, D. 1998. Large scale ecological restoration of degraded tropical forest lands: the potential role of timber plantations. Restoration Ecology 6: 271-279.

Luoma. J. 2002. Understory vegetation characteristics along teak (*Tectona grandis*) plantation/ natural forest ecotones in Costa Rica. In: Tropical Resources: The Bulletin of the Tropical Resources Institute. Yale University, School of Forestry and Environmental Studies, New Haven, CT, pp. 11-16.

Michelsen, A., Lisanework, N., Friis, I., and Holst, N. 1996. Comparison of understory vegetation and soil fertility in plantations and adjacent natural forests in the Ethiopian highlands. Journal of Applied Ecology 33: 627-642.

Montagnini, F. 2001. Strategies for the recovery of degraded ecosystems: experiences from Latin America. Interciencia 26(10): 498-503.

Otsamo, A., Hadi, T. S., Kurniati, L., and Vuokko, R. 1999. Early performance of 12 *Acacia crassicarpa* provenances on an *Imperata cylindrica* dominated grassland in South Kalimantan, Indonesia. Journal of Tropical Forest Science 11 (1): 36-46.

Parrotta J. A. 1992. The role of plantation forests in rehabilitating degraded tropical ecosystems. Agriculture, Ecosystems and Environment 41: 115-133.

Parrotta, J. A. and Turnbull, J. 1997. Catalizing native forest regeneration on degraded tropical lands. Forest Ecology and Management 99: 1-290.

PRORENA. 2003. The Native Species Reforestation Project (PRORENA) Strategic Plan 2003-2008. Center for Tropical Forest Science (CTFS) (Smithsonian Tropical Research Institute) (STRI), and Tropical Resources Institute at the Yale School of Forestry and Environmental Studies, New Haven, CT. (Unpublished document.)

Vallauri, D., Aronson, J., and Barbero, M. 2002. An analysis of forest restoration 120 years after reforestation of badlands in the south-western Alps. Restoration Ecology 10(1): 16-26.

补充阅读

Montagnini, F., and Jordan, C. F. 2005. Plantations and agroforestry systems, pp. 163-215. In: Montagnini, F., and Jordan, C. F. 2005. Tropical Forest Ecology. The Basis for Conservation and Management. Springer-Verlag, Berlin-New York.

Piotto, D., Montagnini, F., Kanninen, M., Ugalde, L., and Viquez, E. 2004. Forest plantations in Costa Rica and Nicaragua: performance of species and preferences of farmers. Journal of Sustainable Forestry 18 (4): 57-77.

第56章　工业原料林建设中的最佳实践

尼盖尔·杜德莱(Nigel Dudley)

本章要点

由于不良的管理措施和很少或没有对景观内造林地点进行规划，人工林对于森林和森林生物多样性有很大威胁。

然而，位置适当、管理良好的人工林有时能够在健康、具有多样性和多功能的森林景观中发挥重要作用。

急需针对人工林的良好社会和环境管理开展能力建设。

56.1　背景

过去10年里，世界人工林面积增加了17%，一半是从天然林转变成人工林，一半是在无林地或毁林地上造林。人工用材林经常增加环境和社会成本，特别是当通过转化天然林建立人工林时，例如在印度尼西亚和智利就是如此。建立人工林常常伴随不加选择地皆伐森林、无控制地烧山、无视当地社区权益。除非在政策和实践上有显著的改变，否则很多区域的人工林扩张将继续威胁高保护价值森林、淡水生态系统、依赖森林的社区及濒危物种的栖息地。然而，位置适当、管理良好的人工林能够在健康的、具有多样性和多功能的森林景观中发挥重要作用，例如，提供可持续的木材资源，使其他地区成为保护地。如果管理适当，人工林产业也能够创造有价值的外汇收入，并且为生产国提供就业机会。森林景观恢复原则承认人工林能够在一个可持续性的森林景观中发挥作用，如果他们在景观中处于合适的位置(例如不在具有高生物多样性潜力的地区)能得到很好地管理，就能够支持当地社区。人工林产业可持续的关键要素有以下几点：

(1)维护高保护价值森林：人工林不应取代高保护价值的森林。为了使人工林与其他土地利用方式镶嵌成为一个整体，通常需要在广大的利益相关方之间进行良好协商。

(2)多功能的森林景观：人工林应该通过在天然林之间提供作为缓冲区的走廊，来提高其环境价值，应该为当地社区提供利益来提高其社会价值。

(3)健全的环境管理措施：企业应当采取环境管理措施以减少对环境的影响，例如，空气和水污染、森林火灾、土壤侵蚀、害虫入侵和生物多样性丧失。

(4)尊重当地社区和原住民的权利：企业应当认可当地和原住民社区使用和管理土地及资源的合法与传统权利。

(5)正面的社会影响：企业应当维持和提高从事人工林经营的工人和社区的社会和经

济福祉。

(6)法规体系：法规应当鼓励最佳的实践活动。至少，企业应当尊重所有的国家法律。负责任的企业对经营的标准要求常常严于当地和国家法律，特别是在管理体系不发达或者执法能力非常弱的地方。

(7)透明度：企业应当接受并公开与他们的社会和环境业绩相关的政策、实践和实施计划。他们应当鼓励独立的、公开的监督，在标准开发和业绩监测方面应当有当地利益相关者的参与。

56.2　方法概述

确保人工林发挥正面而不是负面的作用取决于两点：人工林地点应选在不会毁坏有价值的天然栖息地或破坏人们生计的地方；要用减少不利影响的方式经营人工林。

56.2.1　人工林选址

许多人工林规划得不好。通过对当地社区的咨询和基线调查可以减少这些问题。现在有下面一些工具：

(1)成本效益初步分析：通过案头研究、遥感、初步的立地调查来判断投资是否合理，这涉及到政府政策和规章条例，土地使用权，与当地社区相关的社会问题，地理(土壤、气候、地形)，土地利用现状，附近的保护区，现有和规划的基础设施(路、河流等)，人工林树种选择和经济等多方面。

(2)可行性研究：为作出是否开展项目的决定提供所需要的信息，包括地形、植被(土地覆盖)、生态和生物多样性、土壤、主要河流和地下水资源的水文状况、土地使用和土地权属、社会经济、投资项目利率。如果需要的话，对人工林树种进行田间实验。还要考虑经济因素。

(3)营造人工林的原则：一些已有的原则为造林地选择提供了基础，包括应该减少对重要天然栖息地的影响和减小对当地社区的不利影响。

56.2.2　管理人工林

一旦确定了适合的立地，需要注意最大限度地降低人工林的环境和社会成本，特别强调地下水的污染，土壤侵蚀和火灾干扰。有一些操作规范和详细指南可应用于可信的第三方认证体系。图表 56-1 给出了最佳做法的一个指导大纲，可以作为立地水平上快速评估的工具。

图表 56-1　对人工林经营者的指导大纲

规划

已经做了可行性研究吗？

已经做了环境影响评价吗？

有管理计划吗？

管理计划包括生物多样性和环境问题吗?

管理计划包括社会问题吗?

社会价值

保护人权

咨询过利益相关者吗?

做了试图涵盖所有利益相关者的努力吗?

咨询了弱势群体和社区吗?

掌握了附近人工林分布的信息吗?

针对人工林选择开展了相应的咨询工作吗?

当地居民参与了管理决策吗?

参与的比例水平(选择一项)

- 积极咨询
- 寻找一致的意见
- 协商
- 共享权利
- 转移权利

当地社区利益

为人工林而确定了当地社区联络官员吗?

人工林可以提供多少工作岗位?

- 永久的
- 临时的

当地人获得工作的比例是多少?

- 永久的
- 临时的

工资水平与国家的标准一样吗?

人工林为当地社区提供了以下利益吗?

优先得到它们的产品?

改善道路或者其他基础设施?

为社区参与管理提供机会?

休闲娱乐机会?

水文服务(改善下游的淡水水源和渔业)?

生物价值

提供生物多样性

有人工林生物多样性保护方面的官员吗?

有人工林生物多样性的保护方面计划吗?

对工人进行了生物多样性保护方面的指导吗?

人工林被建立在以下这些地方吗?

- 原始林
- 次生林
- 矮林
- 农地
- 毁林地
- 无林地

为保护以下栖息地,企业有足够的规定吗?

依旧是天然或者半天然森林片段?

保护林，例如，保护退化立地，斜坡和景观价值？
河岸林地和其他天然植被？
湿地，泥碳地，沼泽？
景观中单个树（如，作为猛禽的巢）？
其他的微环境（廊道，巢址，野兽的巢穴）？
在人工林中已经有天然林恢复了吗？
在人工林中的生物多样性得到了充分保护吗？
稀有或者濒危的物种？

保护区的保护

人工林是在保护区内吗？
人工林是直接与保护区相邻吗？
人工林增加了进入保护区的方便性吗？（例如，打猎和非法砍伐）

文化遗址和美学价值的保护

有专门负责文化遗迹和美学价值保护的职员吗？
制定了与文化价值相结合的综合管理计划了吗？
做出了保护下面文物的规定了吗？
考古遗址（例如土筑的城）？
历史遗址（例如建筑、道路）？
精神遗址（例如小片圣林、墓地）？
基葬遗址？
可以辨认的文化遗址，如建筑？
栽培区（例如果园）
当地认为重要的区域？
与植被管理有重要历史联系的区域（古代矮林）

环境价值

人工林在整地、栽植、施肥、间伐和主伐期间有减少环境破坏的详细措施吗？
有专门负责环境管理的职员吗？

整地

整地包含下列部分或者全部要求吗？
避免敏感性土壤的步骤？
土壤侵蚀控制措施？
在陡坡上等高翻耕？
在湿地不用重型机械？
切断陡坡上的径流？
排水系统中修建沉淀池？
在土壤含水量很高的时候避免使用重型机械的步骤？
沿等高线和自然水道的渗漏缓冲区域？

种植

避免在以下区域种植吗？
悬崖边？
陡坡？
洞穴和灰岩坑？
围绕河流交汇和湿地的缓冲区域？
有历史和文化价值的地点？

施肥

采取了以下步骤减少肥料流失带来的危害吗？

立地和树种相匹配吗？

使用缓释肥料或者缓释措施？

使用避免在大范围扩散肥料的措施？

在速生期使用？

避免在生长慢的时期和大雨时使用？

避免在河流交汇处和地下水源附近使用？

监测损失，包括人工林附近藻类大繁殖的情况？

选择替代方法，例如木屑、复合肥、覆盖物、粪肥等？

主伐和择伐

为了避免人工林主伐期间产生危害采取了以下措施吗？

避免在可能加剧土壤流失的时候采伐？

林班和伐区规划？

规划择伐路线？

避免采伐生物多样性重要区域？

避免采伐文化重要性区域？

择伐技术的应用范围取决于土壤和气候条件？

与当地人一起确认导致最小扰动的主伐时间？

确保安全设备的足够供应？

道路的建设和使用

有专门负责道路建设和维护的职员吗？

人工林采取以下步骤以减少道路建设和使用的影响？

有减小道路的长度、宽度、坡度的计划吗？

避免在高侵蚀风险区修建道路？

在道路修建后压实了道路和恢复了植被吗？

设置了桥梁、沟渠和涵洞吗？

设置了定点排水沟、淤泥沉积区和池塘吗？

使用和强制限度了吗？

限制道路上车辆的大小和重量了吗？

当不需要时，关闭二级道路？

在雨季和其他不利气候条件下关闭道路？

为当地社区减少污染和噪音？

害虫和杂草的控制

减少入侵物种的风险

采取了以下步骤来减少人工林入侵物种了吗？

避免可能的入侵物种？

注意种子和其他进口材料的卫生，避免引进害虫和疾病？

规划道路以减少入侵物种的蔓延？

培训员工识别入侵物种？

有控制害虫的计划？

控制杂草

为了减少杂草及其控制带来的影响人工林采取了以下措施吗？

指导所有员工识别主要的杂草物种？

人工除草？

火烧除草？

使用小型机械设备除草？

用除草剂点状除草？

使用普通的除草剂？

控制害虫和病害

采取了以下措施以减少人工林病害虫吗？

选择抗病虫害的树种？

使用减少害虫发生的植树方法？（如，不同树种和林龄树种镶嵌种植，包括天然林）

培训工人识别病害虫的攻击和关键害虫？

使用栽培和生物控制措施？

使用杀虫剂？

杀虫剂的使用

采取了以下措施以减少杀虫剂对人工林的有害影响吗？

选择最小毒性和持久性最短的杀虫剂？

训练工人安全使用杀虫剂？

提供和使用安全设备？

采取措施避免扩散或者污染水流？

在安全的地方储存杀虫剂？

减少使用杀虫剂的机会？

火的控制和管理

人工林有专门负责防火管理的职员吗？

人工林是否采取以下的措施防止火灾？

与当地的居民协调以确保对人工林的反感程度最小？

有关于火灾危害的公共教育材料（例如招贴画或者传单）

通过防火隔离带、树种选择与规划减小火灾风险？

建造瞭望塔？

任命当地防火职员？

培训并装备防火人员？

职员培训

人工林企业提供了以下培训机会了吗？

相关的书面信息（如果需要的话，应当翻译成当地语言）

在田间使用的卡片（如，鉴别害虫的图表，避免种植人工林的区域）

关于健康和环境安全程序的影像？

长期职工和临时职工的培训课程？

针对承包商的相关培训？

针对以下题目，人工林是否提供了相关信息：

人工林企业的社会关系？

生物多样性管理？

在经营期间对环境的保护？

害虫、病害和杂草的控制？

监测和评价

人工林是否有监测和评价计划？

人工林独立认证（例如，由隶属于森林管理委员会的认证专家进行）？

56.3 未来需求

急需有关人工林良好的社会和环境管理的能力建设。只有少数公司通过认证采用了最佳实践。要给所有公司形成压力，包括通过市场手段，以达到最佳实践措施的基本要求。从技术观点看，对于人工林立地选择需要有更好的指南，作为一个工具，这将有助于对在人工林内保留天然植被做出规划。

参考文献

Burrough, E. R., Jr., and King, J. G. 1989. Reduction in soil erosion on forest roads. USDA Forest Service, General Technical Report INT-264, Ogden, UT.

Davis-Case, D. 1990. The community's toolbox: the idea, methods and tools for participatory assessment, monitoring and evaluation in community forestry. Community Forestry Field Manual No. 2. UN Food and Agriculture Organisation, Rome.

Dykstra, D. P., and Heinrich, R. 1996. FAO Model Guide of Forestry Practice. Food and Agricultural Organisation of the United Nations, Rome.

Food and Agriculture Organisation of the United Nations. 1977. Planning Forest Roads and Harvesting Systems, FAO Paper No. 2, Forestry Department. FAO, Rome.

Food and Agriculture Organisation of the United Nations. 1978. Establishment Techniques for Forest Plantations. FAO Forestry Paper No. 8. FAO, Rome.

Hamilton, L. S. 1988. Minimising the adverse impacts of harvesting in humid tropical forests. In: Lugo, A., Clark, J. R., and Child, R. D., eds. Ecological Development in the Humid Tropics. Winrock International Institute for Agricultural Development, Morrilton, AR.

Hurst, P., Hay, A., and Dudley, N. 1991. The Pesticides Manual. Journeyman Press: London and Concord, MA.

Sedlak, O. 1988a. Principles of Forest Road Nets. Food and Agriculture Organisation of the United Nations, Rome.

Sedlak, O. 1988b. Maintenance of Forest Roads, Food and Agriculture Organisation of the United Nations, Rome.

E 篇

经验教训和展望

第 57 章　世界自然基金会在生态区尺度上开展森林恢复的经验教训

尼盖尔·杜德莱(Nigel Dudley)

本章要点

森林景观恢复应该是一个在景观层面上整合森林保护和可持续经营的过程。

根据不同情况，可应用一系列不同的方法，以成功地实现景观恢复，这些方法包括通过协商方式影响相关政策和利益相关者、研究、能力建设以及实际干预。

监控和相关评估都是至关重要的，同时也是对景观尺度上开展森林恢复的真正挑战。

57.1　背景

尽管单独的森林景观恢复项目已经开展了很长时间，但是直到最近，人们才将其纳入到更广范围的环保项目或是可持续发展活动中。2000 年，全球性的环保组织——世界自然基金会制订了在全球开展一系列森林景观恢复项目的目标，即“至少 10 个森林景观恢复项目尚在实施之中”。世界自然基金会希望通过这些项目来尝试在景观层面恢复森林多重功能的理念和方法。该目标已经实现，并提供了初步的经验和教训。同时，参与者也在积极地向那些参与景观恢复的环保和发展组织、政府机构和研究机构学习。世界自然基金会的合作伙伴国际保护联盟(IUCN)的经验尤为重要。本章总结了到目前为止的一些重要经验。

57.1.1　需求日益受到重视

直到最近，发展组织对于景观恢复需求的认识要远比保护专家们清晰得多。许多保护生物学家认为保护现存的自然或半自然栖息地要比恢复退化的栖息地重要得多。从保护的角度而言，无论如何，景观恢复都很难取得非常显著的成效。这就意味着景观恢复项目一直更专注于人类需求方面，如燃料、饲料、防护林等，而不是潜在的保护效益。以前，人们都反对景观恢复目标，甚至在世界自然基金会内部也是如此。但在此类项目实施的 5 年时间里，至少一部分争议已经逐渐减少或者消失了。研究表明：许多生物多样性很高的生态系统都需要进行恢复，这要么是因为自然栖息地已经减少到临界值以下，要么是因为森林丧失正引起诸如淡水和红树林中的泥沙淤积等问题。因此，在环保项目中开展景观恢复活动已经获得了包括《生物多样性保护公约》在内的越来越多的支持。

57.1.2　将景观恢复需求与保护和管理相结合

景观恢复通常都有一定的时限。虽然经常要求较长时间，但最终结果可能会使生态系统在一个保护区范围内实现自我维持，或者要求一定程度上的持续管理。在制订景观恢复计划时，一个重要的因素就是要决定怎样使一个恢复的森林得到长期管理，这一点有助于决定需要采取哪些恢复活动。恢复与管理之间的过渡有时非常细微，例如，消除外来入侵物种可能会是一次单一的行动，也可能是一项长期管理任务。有时景观恢复可能就是对一处已经因为某种原因受到保护或是得到管理的景观进行干预。例如，在芬兰的一些保护区，通过人为增加枯朽木数量来帮助维持一些濒危的嗜尸性物种(参见第 29 章“将森林景观中的枯死木恢复为重要微生境”)，人们假定自然过程将来可以维持这种小生境。

57.1.3　应将景观恢复视为一个过程

景观恢复是一种有一定时效性的干预、有别于包括保护在内的其他“永久性”的管理活动。因此，具体的景观项目需要确认一个终点。这就提出了一个与理论和实践相关的问题，即这样一个终点应该是什么。许多保护组织都不知不觉地认为景观恢复应该致力于重新创建一个“天然林”，就像没有人类干扰时一样。但是世界上许多森林都是在智人进化之后才开始发展的，而且从来就不存在人类未出现之前的原始状态。更具体一点说，如果许多景观恢复活动主要以提供食物或能量为主要目的的话，那么此类活动的社会目标就意味着一些有用的森林在很大程度上处于一种非天然状态。从生物多样性保护的角度而言，这种现象有时也是存在的，例如，用大火减少森林面积来提供草原栖息地，或者反之，在那些森林面积很小而且非常分散的地区，通过人工灭火来保护残存物种。在很多情况下，为景观恢复设立一个终点都是一种挑战，涉及到景观区域内保护和发展的长期目标。

57.1.4　需要一系列的应对措施

从世界自然基金会和其他景观恢复项目的经验可以看出，传统景观恢复项目的关注点在于建立苗圃和种树，这通常与改变森林覆盖或质量没有必然联系，当然也有例外情况。在很多情况下，大面积种树也过于昂贵。此类项目实施了 5 种不同应对措施。

改变政策，以较大程度地提高自然更新或近自然森林管理的比例。例如，与越南和中国政府合作，在诸如中国“退耕还林项目”和越南“500 万公顷造林项目”等政策性项目中推动政策转变，提高天然更新的比例。这两个项目基本上完全集中于人工造林(参见第 11 章“不利的政策导向”，第 21 章案例分析：越南的森林景观恢复监测)。

在景观和生态区层面上通过利益相关方参与和协商来创造有利于自然更新的条件。例如，在新喀里多尼亚和马达加斯加与当地机构合作(参见第 14 章案例分析，马达加斯加：在潮湿森林中实施森林景观恢复计划)，目的是就有利于人类社会和野生生物的优先领域和具体行动达成一致。

通过管理干预以改变森林管理的性质，从而提高森林质量。例如，世界自然基金会欧洲森林项目组在大风暴后采取应对行动，或采取措施管理次生林中的枯朽木(参见第 48

章风暴之后的森林恢复”以及上文中关于枯朽木的章节）。

利用专家开发技术和传播专业知识来推动景观恢复。例如，为了帮助改进欧盟赠款的使用，葡萄牙正在开发技术指南（参见第 11 章案例分析“欧盟的造林政策及其对森林恢复的实际影响”）。另一个例子就是在 Danube 地区运用经济分析来支持濒危岛屿森林生态系统的自然更新（参见第 19 章“WWF 在大规模保护项目中对森林景观恢复进行干预的实践经验”）。

通过地理信息系统（GIS）制图和实地调查找出实际需求，实施小规模种树策略。例如在马来西亚沙巴沿着京那巴丹岸河的河岸上，通过棕榈园将大象栖息地重新连接起来，从而使得大象群可以自然移动，而且可以减少森林片断化的其他影响（参见第 26 章“恢复现有原生森林景的质量”）。

57.1.5 改变政策常常是最紧迫的挑战

一系列国家级和国际性承诺、实践项目以及研讨会都证明了政府、企业和社区对景观恢复问题的重视和支持。然而，目前多数大规模景观恢复项目的做法仍十分有限，包括过分强调种植大规模外来单一物种。尽管这些可能会在景观中起一定作用，但是它们只是森林资产构成中相当小的一部分。与越南、中国、马达加斯加、摩洛哥、英国和葡萄牙多个国家政府间的合作表明，大家都愿意尝试新的方法。从口头到行动的转变，包括改变那些已经发展到一定程度而且有很好资金支持的项目，可以说是一个巨大的挑战，但这可能是最大程度地产生影响的办法。然而，与捐赠机构或一些可能支持景观恢复的机构所实施的实践项目相比，政策层面上的工作很少能够那样普及，因为实践项目可及时报告结果，而政策变化的影响虽然更深远，却很难明确报告。建立支持景观恢复工作的长期政策是急需开展的优先工作。

57.1.6 很难衡量成败

保护与发展综合项目（ICDPs）中所做的工作表明，良好的监测和评价体系常常是成功的关键，它可以为项目人员提供进行适应性管理所需的信息，这在复杂的项目中是经常需要的。因此，发展监测项目是世界自然基金会景观恢复项目第一个独立开展的工作。世界自然基金会已经对此进行了检验，并在实际项目中加以应用，但离获得所有相关信息还是有一定差距（参见第 21 章案例分析，越南的森林景观恢复监测）。为达到目标而开展的景观恢复项目带来的变化并不容易察觉，可能很慢才能显现，或者很难用简单的统计数据来表示，因此，监测其效果或结果必然是一个长期的过程。这些也恰恰是许多政府和资助机构所要求的数据，这就需要在改进监测系统方面做更多工作。

57.1.7 正在实施的多数景观恢复项目都很少致力于协调生态和人的需求

确实如前所述，大多数景观恢复项目已经关注了人的需求，但经常是以局外人的视角认识这些需求是什么。比方说，许多薪柴项目都失败了，因为这些项目的策划人没有理解当地社区的能源需求。对当地社区而言，他们的能源需求可能至少在短期内通过燃烧粪便或其他材料就可以很好地得到解决，而不需要将宝贵的土地用于植树。另一方面，许多基于保护的景观恢复项目都忽视了其他利益方对景观的需要，结果是那些导致森林退化的因素还存在，并且损害着正在开展的景观恢复工作，因此，必须对社会需求和保护需求加以协调，尤其是在那些人们最直接依赖森林资源的地区，要通过对现有工作的分析使之得到强化。

57.1.8　许多基本问题还有待解答

当世界自然基金会开始实施森林恢复项目时，我们曾以为我们会获得很多经验。但事实上我们却发现了更多问题，而不是答案。这包括一些非常基本的问题，例如，自然更新适用于哪些地方，生物廊道的效能如何，如何在更广的景观区域内开展利益相关者评估活动，以及非木质林产品采集的可持续性。许多重要的景观恢复规则更多是基于假设，而不是研究，这也在一定程度上反应出了资金的困难。景观恢复需要投入研究资金，以推进可持续森林经营。虽然像国际生态恢复协会这样一些机构能够帮助传播信息，但也急需更好地协调研究者和那些从事实际恢复工作的人员。

57.1.9　需要行动

社会变化很少是源于某个人或是某个组织，然而很多人却愿意这样去想。当变化动力积累到一定程度，能够说服怀疑者并能够压倒反对意见时，变化才有可能发生。到目前为止，至少从将景观恢复作为保护战略的主要部分这一角度来看，还只是少数人的热情，而不是一个得到广泛支持的优先领域。大的保护组织中普遍缺少景观恢复项目就足以说明这一点。现在需要对早期实践给予更多的推动和更多的支持，尤其是更广泛的政府承诺。

57.1.10　热情高但资金少

事实证明，筹措景观恢复的资金非常难，因为缺乏经验，景观恢复通常被许多大的捐赠机构甚至政府置于目标之外。目前需要开展的大规模景观恢复也要求有大量现成的资金支持。因此，在捐赠机构、多边贷款银行以及政府部门间寻求支持是保证未来成功的一个核心问题。

参考文献

Dudley, N., andMansourian, S. 2003. Forest Landscape Restoration and WWF's Conservation Priorities. WWF International, Gland, Switzerland.

Leach, G., and Mearns, R. 1988. Beyond the Fuelwood Crisis. Earthscan, London.

McShane, T. O., and Wells, M. P. 2004. Getting Biodiversity Projects to Work: Towards more effective conservation and development. Columbia University Press, New York.

第58章　热带退化林地可持续重建的三要素：地方参与、生计需求、制度安排

Unna Chokkalingam, Cesar Sabogal, Everaldo Almeida,
Antonio P. Carandang, Tini Gumartini, Wil de Jong, Silvio Brienza, Jr.,
AbelMeza Lopez, Murniati, Ani Adiwinata Nawir,
Lukas Rumboko Wibowo, Takeshi Toma, Eva Wollenberg, and Zhou Zaizhi

本章要点

国际林业研究中心(CIFOR)主持的一项关于6个国家造林、重建、恢复的研究中得出了以下3个主要教训：

在恢复项目中，需要强化当地组织的参与。

在选择方法和措施时需要考虑当地社会经济需求。

从长远来看，需要建立明确而适当的制度支持和安排。

58.1　背景

很多热带国家，政府机构、国际机构、私营部门及社会团体在森林景观恢复活动中投入了很多努力和资源，以满足林产品和环境服务方面不断增长的需求。各个项目在规模、目标、背景条件以及实施策略方面都有很多区别，结果也不尽相同。至关重要的是要在战略上从这些项目中获得经验，并将其应用于规划和指导未来的行动，以增加成功的机会和长期的可持续性。本章介绍的主要经验和范例是基于"森林景观恢复行动—过去的经验教训"评估研究项目的初步成果。这一研究是由国际林业研究中心(CIFOR)与秘鲁、巴西、越南、菲律宾、印度尼西亚和中国6个国家的合作者共同完成的。此研究全面比较了各个国家森林景观恢复项目，评估了案例中的技术、生态、社会经济结果，并通过研讨会征集了利益相关者的建议(*http：//www. cifor. cgiar. org/rehab/*)。

该研究专注于那些在以前的林地上种树，通过细致确立各种技术、社会经济或机构干预以提高生产力、生计或环境服务的景观恢复行动。那些将森林重建作为一部分的综合性项目也被纳入了研究范围。研究中调查了各种重建方法，包括农林复合、人工林和人工促进天然更新。

基于对不同情况的考虑，各国采取了多种方法和激励措施以重建退化土地。本研究中的4个亚洲国家在森林重建方面都有着悠久历史，其政府在提供资金和实施项目方面，尤其是早期更起着重要作用。在最近几十年里，由国际上捐赠资金支持的森林重建项目的重

要性大大提升。目前的趋势是转向私营部门或社区为基础的地方政府的重建活动，以获得生产、生活或环境效益。在菲律宾和中国，这一趋势体现在林权和制度安排的多样性，多方参与制订了许多相关目标。虽然这些项目在实地取得的成效尚不明确，但中国和越南报道了森林覆盖的增长情况。在越南、中国、菲律宾以及近期在印度尼西亚，政治推动和政策变化造成了大规模投入的不连续性。尽管在中国和越南通过保护手段实现自然更新也非常重要，但人工造林尤其是营造速生外来树种，已成为亚洲的主要措施。

和亚洲国家政府所起的重要作用相比，在巴西和秘鲁，农户们小规模重建森林的行为却显得更为重要，因为侵入式的农业和畜牧业生产方式是导致林地退化的主要原因。政府主要为农户参与提供各种激励和项目。在巴西，农民协会在讨论项目和提供支持方面起着重要作用。这些森林重建项目都始于20世纪90年代，虽然在不断发展，但数量仍然较少，项目规模一般都不大，包括农林复合方式的经济作物、当地速生树种，并且与其他生计相关的活动如养蜂或养鱼相结合。

58.1.1　从过去的重建项目中获得的三个主要经验

从6个国家针对退化热带林地开展的可持续森林重建项目中获得的3方面经验是：

(1)加强地方组织及其对项目的参与。从提出项目概念到实施和管理的各个层面，都应该更加关注地方组织的参与。主要利益相关方的积极参与，及充分考虑当地知识和实践经验对于持续开展项目工作十分重要。农林业政策应该注重发展和加强地方组织，促进技术转让的适当策略。(图58-1)一个组织良好的群体更可能获得成功，尤其是在产品收获、加工、商品化阶段。在秘鲁、巴西、亚马孙、菲律宾、印度尼西亚有很多反映这一结论的正反两方面例子。

图58-1　在东加里曼丹的私有土地上，由林业部门和当地农民参与的社会林业项目，种植的柚木树种是由农民们选择的。(照片归Takeshi Toma所有)

(2)在选择方法和措施时需要考虑当地社会经济需求。在计划中必须包括改善生计的活动，开展的项目也应该针对当地人的需求，从而确保他们对项目的持续参与和兴趣。但在一些情况下，重建项目实际上剥夺了当地人原来的生计(例如在计划开展重建的土地上就无法再进行农业耕作)，却没有给他们提供其他替代生计。在菲律宾和越南，人们发现项目受益人经常放火焚烧项目区，这样他们就可以被重新雇佣去种树或重建森林。因此，在推动森林重建之前，迫切需要对未来的生产系统进行社会经济分析并开展小规模试验。如果当地农户和社区能够直接从重建后的森林中获益则是有帮助的。准备推广的各种技术应该与实际情况和生产者的能力相匹配。那些结合了短采伐期和良好市场前景的树种的生产体系更容易被接受。如果森林重建旨在实现经济目标，那么在一开始就应该考虑产品加工和商品化。综合生产体系(例如：农林复合经营、畜牧和渔业)有助于增强粮食安全，并抵御市场不稳定性。在6个国家中都有反映这一结论的正反两方面例子。

(3)确保清晰而适当的制度支持和安排。适当而有力的制度支持对于促进重建项目中的投资和当地参与，并确保项目的可持续性是至关重要的。这包括非常明确而且毫无争议的土地权属状况，正在推进的法律框架和政策，以及不同层面机构间的良好协调。同样重要的还有正规的制度安排，这包括经过全面和共同协商，在众多利益相关者之间就任务、权利、成本和利益进行明确界定。被多方认可的明晰的制度安排有利于避免冲突，有助于支持协调一致的项目管理和完成既定任务，确保不同的利益相关者能够获得共同认可的利益，保障他们对项目长期成功的投入。实施协议是这种制度安排的一个重要部分。在越南、中国和印度尼西亚有很多正反两方面的例子支持这一结论。

上述3个有助于成功重建森林的因素彼此间高度关联，在具有不同实施方、项目规模、项目目标、资金来源以及社会经济条件的各种不同项目中都会出现。项目类型涵盖从政府推动的造林到社区森林管理、社区共管、国有或私营公司的人工林、公司与社区合作伙伴关系、合作社或小组活动、综合生计项目以及私人林场或农林复合项目。下文则通过不同国家的案例来分别对这3方面经验进行具体描述。有些案例可能不仅仅涉及一个具体的经验，但是我们将其放在与其相关的主要经验之下。

58.2 案例

58.2.1 在森林重建项目中加强地方组织和参与

58.2.1.1 KMYLB (Farmers Association for Forest Land Inc.) 菲律宾宿务岛 Alcoy 市 Nugas 地区 Brgy 镇农林复合发展股份公司

KMYLB 是菲律宾政府环境与自然资源部的一个社区森林管理项目(CBFM)，位于宿务岛南部的一个公有林区。1651hm^2 的项目区内很早就有土著人居住。这里在20世纪80年代就成为了政府主导的一个社会林业项目点，许多农户都获得了管理合同证书。1996年政府又与当地农户签署了再造林合同，以恢复剩余的空地。作为再造林合同的一部分，一些社区组织的活动促成了 KMYLB 这一群众组织的诞生。政府在1999年与该群众组织签署了社区森林管理(CBFM)协议，整合了许多管理合同中涉及的地区、人工林以及该地区剩余的天然林。社区组织促使当地社区积极投入到森林发展与保护之中。从实例可以观察到社区森林管理(CBFM)赢得了社区成员的高度配合和兴趣。通过经营森林中的园地和社区林场，可确保每个成员都能持续获得利益。虽然也确实出现过许多组织方面的问题，但是这些问题都是暂时的，而且这些问题还帮助社区组织逐渐发展成熟，强化其内部政策。群众组织的优势以及它对 CBFM 地区成功的开发和保护，使其成为国际非政府组织和其他组织支持体系和生计项目经常参考的一个范例。

58. 2. 1. 2　秘鲁 Rio Cumbaza 盆地农林复合发展情况

San Martin 地区(土地面积 190 万 hm^2)是秘鲁亚马逊毁林最严重的地区。毁林和土地退化主要是短周期刀耕火种式的农业和非法作物生产的结果。由非政府组织 CEDISA (Centro de Desarrollo e Investigacion de la Selva Alta)开展的“Rio Cumbaza 盆地经营、保护和生产发展”项目，推动了农林复合系统，以重建和维持土地生产力(图 58-2)。农户们已经完全接受了这些系统，因为这些系统依托于有经济优势的树种，如咖啡，并结合了那些有短期效益的树种(例如 *Parica Schizolobium amazonicum*，云杉光皮树 *Calycophyllum spruceanum*，*Colubrina glandulosa*)，以及传统上用于生计及当地买卖的其他树种(主要是水果类)。许多家庭都积极参与到重建区域的设计和实施活动中。这一项目也促使农户们组织起来，来增强他们在当地和区域市场上以及与发展机构的谈判能力。其中之一就是生态农户委员会，他们在保护区的缓冲区采用了低影响的生产策略(包括农林复合以及天然次生林经营)。这个项目促进了社区参与自然资源保护与管理、增加产品附加值，以及开发非传统木材品种市场。

图 58-2　在秘鲁开展的恢复退化森林和改善农民生计的混农林业试验(照片归 Takeshi Toma 所有)

58. 2. 2　在选择方法和途径时考虑当地社会经济需求

58. 2. 2. 1　越南 Bai Bang 纸浆厂

耗资 3. 6 亿美元的越南 Bai Bang 纸浆厂在 1974 ~ 1992 年实施、运营。该项目由越南政府和瑞典发展援助署设计，并没有考虑如何从周边地区获取充足的木材供应，而当地小农户依靠技术含量很低的农业生产方式和放牧来维持生计，已经给周边土地利用造成了很大压力，结果纸浆厂长期不能满负荷生产。当地人反对林业部门对木材和林地的垄断。林业企业砍伐的木材和竹子只有一小部分被用于纸浆厂，而大约50%却被用于它处，例如被运到河内作薪材。随着修筑新路以及林业企业的失业，当地人对林地的压力进一步增加。然而最近几年，私营农户一直给纸浆厂卖木材，极大地改变了原料供应状况，纸浆厂生产达到了设计能力。虽然一些国有林业企业还在为 Bai Bang 提供木材，但是目前绝大多数的竹材都是农户种植和销售的。这个项目的整个过程中一个主要的失误之处是项目设计考虑不周，导致项目采取了不当策略。当造纸厂为人们提供了一个稳定的市场时，人们可向其出售木材产品，也因此开始种树了。

58.2.2.2 退化牧场重建项目—巴西亚马逊制造商协会

巴西亚马逊 Rondônia 地区 Ouro Preto D'Oeste 市的制造商协会(APA)于1992年成立，由该地区小农户出资发起，其目标是针对刀耕火种农业和养牛业提供替代土地利用方式。在政府资助项目(类型 A-环境部，巴西生物多样性基金)以及非政府组织(拉丁美洲 Laici 运动、Acre-Pesacre 混农林业系统研究与推广组)的支持下，APA 专注于通过综合各种果树和林木种植的生产系统以及水产养殖和养蜂，来重建退化牧场和次生林。在大约300个家庭的参与下，该协会为源自重建地区的各种产品的加工和销售改进了基础设施，这些产品包括果浆和糖浆、罐装棕榈心、蜂蜜、瓜拿纳粉、药用油以及用木材废料制作的家具。这些家庭的劳动条件和生活质量都有了明显提高，从而促进了此项目的可持续性。

58.2.2.3 巴西亚马逊帕拉州 Sao Geraldo do Araguaia 市 Novo Paraiso 港的项目

AGROCANP (Associacao dos Pequenos Productores do Grotao dos Caboclos de Novo Paraiso)是 Novo Paraiso 社区小型农户和当地住户组织的一个协会。该协会于1996年在几个农户的土地上开展了退化土地重建项目。这个项目得到了一家非政府组织的支持，其资金来源于一个政府项目(类型 A - 环境部)。该项目开展的活动包括引入被称为"阶段性农业"的农林复合生产系统，即在同一地区的大、中、小型树种中混种杂草、灌木和木本植物。该项目也同样遇到了20世纪70年代到80年代期间在亚马逊执行其他项目时所遇到的问题。农户在最初项目建议阶段没有直接参与，甚至对于在农林复合模式中要选取什么样的树种也很少参与意见。对于要种的产品也没有进行任何市场调查或设计。虽然劳动力投入很大，却无法保证生产和收入。在这种情况下，各家各户放弃了农林复合模式，又重新转向他们唯一的收入来源，即饲养牲畜产奶。

58.2.3 确保明确且适当的制度支持和安排

58.2.3.1 印度尼西亚 Yogyakarta 省 Gunung Kidul 农场林业

GunungKidul 过去是一个干旱区，水资源贫瘠，因此当地人生活很贫困。当地社区在20世纪70年代开始重建退化的土地。当地政府通过正式承认社区行动、制定当地规定和提供资金支持等各种举措来鼓励社区的各种努力。社区和当地林业部门利用参与式方法成功地重建了退化的土地。11072hm^2 的干旱土地上主要种植了柚木，还有一些相思树，既有木材又有生态方面的效益。当地的土地生产力、森林覆盖率以及水资源量都得以提高，泥沙沉积减少了，小气候获得了改善。这一切又进一步增加了木材、饲料、薪柴的供给。

社区收入增加，教育、健康以及其他服务的状况也得到了改善。

这个案例和其他很多案例的不同点就在于这个项目不是自上而下，即由政府强迫社区去采取某项行动，相反，政府只是恰当地回应了当地需求，提供强有力的制度和资金支持。当地机构得到了认可，被赋予了应有的权力，技术上也得到了支持，社区可以出售木材，并继续他们的各种活动，因此社区本身有很高的积极性来改变土地利用方式及其生计，这些又得到了来自社区的强有力的支持。在这些做法的实施过程中，政府、林业部门、社区之间的权利和义务得到了清晰划分。

58.2.3.2　中国广东多样化的制度安排

最近几年，中国南方的广东省在规范制度安排、明确不同利益方权利和作用方面积累了很多经验，确保了大规模重建项目的成功实施和可持续性。由于重建方面的努力，从1985年到2003年，广东省森林覆盖率从原来的27%增长到57%。该省的各种制度安排成为了全国退化林地重建的典范。在农村地区开展了稳定土地权属和组织制度改革，以及开放木材市场，激发了不同利益方参与到重建活动中。出现了利益方之间的多样化组织形式，例如各级政府间、国有林场和村委会、村委会与私营个体合作或联合造林、股份合作制、私人租赁土地投资造林。从1999~2000年，广东省颁布了一系列优惠政策，进一步鼓励和推进私人投资发展商品林。自1993年以来，在广东省已有540000个私有企业(包括个人以及私营、民营和国外企业)利用各种制度安排投资造林。截止2003年他们已经通过种植速生丰产林重建了104万 hm^2 退化地。

广东省多个机构参与的不同管理类型，是与通过各种正式合同明确界定不同利益方之间责任、权利、利益相联系的。例如，在开平市赤坎和蚬岗镇为期30年的合作造林项目中，国有林场提供资金和技术，村委会提供退化的林地，乡镇林业站提供监管。一开始就通过协商，确定了这三家利益方的权利、责任，以及成本分担、利益共享方式，然后在合同中加以明确。在30年的合同期间，根据商定的比例将源自速生丰产林的木材和人工采脂林的净利润，在这些利益方之间进行分配，50%归投资方，40%归土地所有方，10%归监管方。投资方从项目计划到实施享有决定权，并负责造林和人工林管护。土地所有方和监管方在项目计划到实施中享有建议权，并保护人工林，防止受到人为或自然的破坏。在项目到期后的半年内，土地将返还给村委会。

58.2.3.3　越南北部3个德国发展银行资助的造林项目

在越南北部的Bac Giang、Quang Ninh和Lang Son省，实施了3个由德国发展银行(KfW)资助的造林项目。自项目开始以来(1995年、1999年和2001年)，已经通过人工造林和天然更新新建了大约23000 hm^2 森林，设立了17000个银行存款账户，总金额250万欧元。项目产生了积极成果，因为它们在已开展了国有林地分配的地区进行，参与的农户对自己的土地有明确的所有权。这些项目在80个社区开展(每个社区有若干村庄)，创建了林场群，在75个社区完成了村庄土地利用规划。此外，投入这些项目的资金得到了审慎利用，为参与的农户带来了直接效益，同时各方也同意严格承担责任。明晰的土地所有权、参与农户的利益、角色与责任的认同这三个关键因素的综合在一起是该项目成功的关键要素。

58.3 方法概述

58.3.1 强化当地组织及其对项目的参与

关于在资源管理中加强当地参与和合作的各种工具文献很多。主要文献包括 Borrini-Feyerabend 、联合国粮农组织(FAO)社区森林管理系列、曼谷亚太地区社区林业培训中心的培训材料，主要包括用于社会沟通、信息收集和评估、当地组织发展、计划、执行、考虑当地知识、冲突管理以及监测和评价的参与式工具和过程。国际林业研究中心(CIFOR开)发了互动式工具，用于共同学习、共同制定愿景和实现愿景的路径，在社区参与和社区组织、冲突管理，以及在社区管理的景观 、人工林景观和恢复退化的景观中运用当地知识这些方面都有标准、指标或指南。同时还设计了一些工具来促使当地林区居民运用当地知识，共同投入到可持续森林管理标准和指标的开发中。许多工具都可以直接应用，或者很易于增加在重建项目中的参与度。

58.3.2 在选择方法时考虑当地社会经济需求

英国国际发展署(DFID)的可持续生计工具包为在项目周期中从计划、执行、监测到评估的不同阶段应用可持续生计措施提供了各种工具。FAO 出版了一个手册介绍了基于社区需求的树种选择。Ames 提供的方法可以比较生产商品林产品和当地其他收入来源之间的经济价值。《ITTO 景观恢复指南》就提高生计的活动提供了多种建议，包括评估森林产品和生态环境服务支付的前景、评估不同土地利用方式以及权衡其他土地利用方式、提高重建产品的价值、发展加工和营销伙伴关系。

针对林产品加工和商品化，包括商业规划、企业发展途径、市场分析和开发，业界已经对各种工具进行了概述和评估。后者在规模小、资本少、技术含量低的企业内将生态可持续性和社会金融目标融合在一起。尤其是在从事林产品生产的技术人员、潜在的生产者和市场之间构建的网络被认为是一种可行的方法。

CIFOR 和其他机构开发了各种指标，用以衡量和评估不同项目、进程或政策变化的社会经济影响。目前关于森林重建的回顾研究有一套指标专门用来评价重建行动的影响。

58.3.3 确保明确且适当的制度支持和安排

FAO 提供了一个用于快速评估树木和土地权属的工具。参与式制图可用于不同利益方之间就土地权属边界达成一致。其他可用于设计和评价制度安排的工具包括小组和关键人物访谈、维恩图、矩阵、流程图、不同制度安排的成本 - 效益分析、利益相关方分析和“4 Rs”方法。“4 Rs”方法试图通过不同的权利、责任、特定资源的回报和各种关系来确定利益相关方。“4 Rs”方法注重土地权属问题，认为它在明确人们管理土地和树木的不同关注点和能力方面至关重要。利益相关方之间的关系包括服务、法律/合同、市场、信息交流和权力各个方面。CIFOR 为制度安排、土地所有权、法律框架制订了一般性通用的指标，以确保社区管理的大规模人工林景观具有可持续性。

58.4 未来需求

基于本研究项目的结果，出现了以下一些需求：

(1)改进现有参与式方法和工具，以适应具有不同管理目标、社会经济和生态条件及利益群体的重建项目。

(2)就如何设计、实施和监测重建活动，针对不同重建目标和立地条件的参与式方法和工具，制订简单的技术指南。

(3)采取参与式规划过程针对退化森林景观制订简单可验证的管理方案。这种管理方案包括：绘制地图，识别土地权属安排，选择恰当的重建和生计手段，制订一项经营策略，建立一个监测框架，清晰地分配权利、责任、成本和收益，为协调活动和执行协议所做的正式安排。

(4)评估社区林产品和生态环境服务支付的前景。这包括生产高价值工业用材，生产当地生活和市场所需的木材、薪材和其他林产品，以及当地和国际层面对生物多样性保护、流域管理和碳功能进行补偿的种种可行性。

(5)不同重建方法对社区潜在的贡献和影响的评估框架，从而和当地其他收入来源和其他土地使用方式进行对比。

(6)适应于特定类型退化林地具体条件的市场研究和可行的市场策略。通过促进当地有附加值产品的生产和加工，发展合作伙伴关系以增加对加工和营销投入，提高当地的收入预期。

(7)促使政策层、捐赠方和项目执行者支持在重建项目中真正实现当地参与和考虑当地需求。将景观重建和区域发展策略以及基于当地条件和需求的社区发展行为相结合非常重要。

(8)包括激励在内的、支持不同重建目标的制度和政治手段。

参考文献

Ames, M. 1998. Assessing the profitability of forest-based enterprises. In: Wollenberg, E., and Ingles, A., eds. Incomes from the Forest: Methods for the Development and Conservation of Forest Products for Local Communities. CIFOR, Bogor, Indonesia, and IUCN.

Borrini-Feyerabend, G., ed. 1997. Beyond Fences: Seeking Social Sustainability in Conservation. IUCN, Gland, Switzerland.

CIFOR. ACM Team. 2003. Co-Learn: collaborative learning. CIFOR, Bogor, Indonesia. CD ROM and manual.

Deng Huizhen. 2003. To confidently development "non-public-system" forestry. Guangdong Forestry 2003(1): 8-9.

FAO. 1994. Tree and land tenure: rapid appraisal tools. Community Forestry Manual No. 4. FAO, Rome.

FAO. 1995. Selecting tree species on the basis of community needs. Community Forestry Field Manual No. 5. FAO, Rome.

Grimble, R., and Chan, M. K. 1995. Stakeholder analysis for natural resource management in developing countries. Natural Resources Forum 19: 113 – 124.

Haggith, M., Prabhu, R., Purnomo, H., et al. 1999. CIMAT: a knowledge-based system for developing criteria and indicators for sustainable forest management. In: Cortes, U., and Sanchez-Marre, M., eds. Environmental Decision Support Systems and Artificial Intelligence: Papers from the AAAI Workshop. Technical Report. No. WS-99-07 CIFOR, Indonesia. Pp. 82 – 89

ITTO. 2002. ITTO guidelines for the restoration of degraded forests, the management of secondary forests degraded and rehabilitation of degraded forest lands in tropical regions. ITTO, CIFOR, FAO, IUCN, WWF International, Yokohama, Japan. ITTO Policy Development Series. No. 13.

KfW Project in Brief. 2003 KfW Afforestation Project Circular, Hanoi.

Lecup, I., Nicholson, K., Purwandono, H., and Karki, S. 1998. Methods for assessing the feasibility of sustainable non-timber forest product-based enterprises. In: Wollenberg, E., and Ingles, A., eds. Incomes from the Forest: Methods for the Development and Conservation of Forest Products for Local Communities. CIFOR, Bogor, Indonesia, and IUCN.

Ohlsson, B., Sandewall, M., Sandewall, R. K., and Phon, N. H. 2004. Government plans and farmers intentions – a study on forest land use planning in Vietnam. Ambio; in press.

Poulsen, J., Applegate, G., and Raymond, D. 2001. Linking C&I to a code of practice for industrial tropical tree plantations. CIFOR, Bogor, Indonesia.

Ritchie, B., McDougall, C., Haggith, M., and Burford de Oliveira, N. 2000. Criteria and indicators of sustainability in community managed forest landscapes: an introductory guide. CIFOR, Bogor, Indonesia.

Sayer, J., Chokkalingam, U., and Poulsen, J. 2004. The restoration of forest biodiversity and ecological values. Forest Ecology and Management 201: 3 – 11.

SFA (State Forestry Administration). 1999. Forestry development ofChina. Chinese Forestry Publishing House, Beijing.

Sim, H. C., Appanah, S., and Durst, P. B., eds. 2003. Bringing back the forests, Policies and Practices for degraded lands and forests. Proceedings of an international conference, 7 – 10 October 2002, Kuala Lumpur, Malaysia, FAO Regional Office for Asia and Pacific, Bangkok, Thailand.

Vira, B., Dubois, O., Daniels, S. E., and Walker, G. B. 1998. Institutional pluralism in forestry: considerations of analytical and operational tools. Unasylva 49(194): 35 – 42.

Wollenberg, E., Anau, N., Iwan, R., van heist, M, Limberg, G., and Sudana M. 2002. Building agreements among stakeholders. ITTO Tropical Forest Update 12(2): 1 – 7.

第 59 章　展望：携手共进，推进森林景观恢复

斯蒂芬妮·曼索瑞安(Stephanie Mansourian)、马克·奥尔德里奇(Mark Aldrich)
尼盖尔·杜德莱(Nigel Dudley)

59.1　综述

本书的主要目的是收集整理世界各地林业工作者的知识与经验，为保护工作者和其他人进行森林恢复提供一些帮助。这里所谈到的是在景观背景下的森林恢复，我们认为，对于在森林已经丧失或退化的区域恢复健康的森林植被和功能，这是一种更切合实际的尺度。在有幸获得众多一流专家的帮助后，我们编成了这本书。下面是对一些重要经验教训或现有知识状况进行的简要总结。

很明显，我们的研究中尚有大量未知内容。因此，本书另一个目的是要强调进一步发展的领域，呼吁保护团体或其他组织关注这些需求。从不同章节之间的差别可以看出，我们非常需要一个综合性框架。本书内容广博，利用书中收集的信息，我们试图勾勒出在景观尺度恢复森林的框架，虽然这并不意味着要形成一个严格的框架，但还是希望这个框架能成为实践者的指南。当然，这个框架还需要在使用中得到检验和改进。此外，通过本书，我们可以看出还有许多方面需要研究，其中最需要强调的被总结在下面，更多详细的生态学研究需求参见附件 1。

59.2　汲取的经验教训

我们以出自本书的一些关键经验教训作为开始：

(1)森林恢复项目的许多经验是针对某个立地的，我们要利用这些经验，并从中学习加以分享和推广。然而，在大尺度上进行森林恢复尚缺乏经验(参见第 19 章、第 20 章、第 27 章、第 48 章和第 52 章)。

(2)社会、政治和经济因素是森林恢复成功的基础，但这些方面往往还没有成为森林恢复行动的一部分(参见第 4 章、第 6 章、第 17 章和第 57 章)。

(3)在森林恢复中常常没有关注造成森林丧失和退化的重要原因，结果导致森林恢复的努力以失败告终(参见第 10 章和第 11 章)。

(4)政策改变能够有力地推动大尺度上的森林恢复，这会产生比大量小规模行动更有意义的结果(参见第 17 章、第 48 章和第 50 章)。

(5)学科间仍缺乏沟通：经济学家分析毁林成本，而林业工作者们着眼于森林恢复的潜力，发展组织则推动可持续农业(参见第 10 章、第 13 章、第 18 章和第 21 章)。

(6)森林恢复目标的是动态，并没有终极状态；更确切地说，对于景观而言最有利的

结束状态就是将其推向一个自然发展的道路。尽管参照景观和森林是帮助确定森林恢复目标的关键方面，但并不是要唯一考虑的因素，随着人类对森林的长期作用和文化景观认识的演进，对未来各种变化的预期，比如气候类型，都是需要在设定森林景观恢复目标时加以考虑的因素(参见第 14 章和第 15 章)。

(7)在长期的森林恢复行动中，环境、社会经济和政治情况也在不断变化，因此增加了制定恢复规划的复杂性。气候变化是增加这一过程复杂性和不确定性的另一个因素(参见第 4 章、第 5 章和第 9 章)。

(8)为了使恢复的景观能够满足不同利益相关者的需求，进行协商和权衡很重要(参见第 8 章和第 18 章)。

(9)林地权属不安全，林产品的处置权不清晰，维护和恢复森林的激励机制就受到了限制(参见第 12 章)。

(10)实施森林恢复不但要扭转森林丧失，而且还要扭转森林退化。因此，提高森林质量就要相应地关注森林组成、类型、功能、更新过程、恢复能力和连续性(参见第 26 章)。

(11)森林景观恢复面临的长期挑战涉及大尺度上、综合社会和生态方面以及大范围监测森林规划(参见第 9 章、第 13 章、第 20 章和第 21 章)。

(12)森林恢复并不需要总以最直接的或显而易见的方式进行；例如，推广获取收益的替代方式可以帮助减轻土地压力，从而支持天然更新(参见第 19 章)。

(13)即使为了纯粹的生物多样性保护目标，仅仅保护森林也是不够的。要想森林恢复活动带来一些变化，通常需要在景观尺度上，依托森林保护和经营以及其他相关要素进行规划和实施(参见第 7 章)。

(14)森林恢复融资是一个挑战。存在着许多可能的资金渠道，包括公共部门(通过补贴和奖励)，私营企业(通过生态服务支付和公益投资)和多边援助机构(通过赠款)。通过《京都议定书》也可能为森林恢复提供融资。当然对这些“碳汇”项目还存在着一些不确定性和担忧，因为批评家们认为资金和行动应该用于从源头减少化石燃料的排放，而不是吸收碳(参见第 22 章、第 23 章和第 24 章)。

(15)农业和森林之间经常争夺土地。利用农林复合系统来恢复森林景观能够帮助处理两者之间的平衡(参见第 40 章)。

(16)为了恢复的目的，了解林火的作用是十分重要的。在一些情况下，火是一个很重要的因素，而在其他情况下，它完全是非自然的(参见第 39 章和第 47 章)。

(17)风暴后的森林恢复常常没有得到很好管理。由于气候变化，预计风暴会越来越频繁，这时的一个挑战是如何利用灾害引起媒体的注意，游说政府出台更好的政策和改进政策的实施(参见第 48 章)。

(18)作为提供多种生产和环境功能的景观斑块中的一部分，管理良好的工业人工林在森林景观恢复中可起到一定作用(参见第 54 章和 56 章)。

(19)国际林业研究中心(CIFOR)主持了一项针对 6 个国家过去造林/再造林做法的综合研究，得出了 3 个关键经验，即有必要强化当地组织及其参与；有必要充分考虑当地社会经济需求以选择不同的方式和方案；有必要确保清晰、适当的制度支持和安排(参见第

58 章)。

59.3 新兴的森林景观恢复框架

通过编辑本书和识别关键性经验教训，我们发现迫切需要建立一个综合框架，来帮助管理者们根据退化状况、森林丧失/退化的影响、资金、可利用的人力资源、政治和制度因素、区域面积大小、森林恢复目标等方面作出选择(提供选择)。

本部分将概述森林景观恢复的框架，并针对每个因素，指出现有知识、工具和方法上存在的不足。

这个框架经过精炼和测试后，将形成一套与现有保护框架相配套的工具，例如 WWF 的一套生态区域方法，大自然保护协会的 5-S 途径，或者新南威尔士首创的系统保护规划。虽然我们意识到在以后数年里，需要就此做许多工作，但本书总结的很多要素为构建这样的框架奠定了基础。

这个框架包括以下几点：

(1)一个系统方法，反映了整个景观系统的复杂性及其各部分之间的关系——生态和社会两方面。一个需要恢复的景观是一个功能不完善的系统，其组成部分不能发挥它们潜在的作用。因此，采取一个系统的方法能够使得我们对整个系统有更好的理解，且有助于确保采取综合方法来恢复不同部分的功能。比如，目前许多森林恢复的做法仅仅关注重建树木覆盖，而不是整个动植物群落，或者不能解决诸如环境服务功能或原有的景观格局这样一些问题。

(2)一个适应性管理方法：鉴于森林恢复涉及的长期性和不确定性程度，以及变化的条件，开展适应性管理确保系统里留有余地非常重要。推进试验方法或者“从干中学”也很重要，但这只有在具备了适当的监测和跟踪工具时才会有效果。

(3)一个整体方法：重要的是，不要孤立于其他保护和发展项目来考虑森林恢复，而是将其作为共同实现可持续生态系统或景观行动中不可分割的一部分。这就预示着应将森林恢复整合到现有规划方法中，比如不但包括那些与保护区选择或者森林管理有关的方面，还有发展项目、物种保护、淡水项目等，而且将对待森林保护、经营和恢复作为对待各种森林的整体方法中的要素也非常重要。

59.3.1 新兴的森林景观恢复框架的要素

建议这个框架包括 13 个要素，每个要素的细节详述如下：

(1)评估森林丧失和恢复的影响；

(2)关注森林丧失和退化的主要原因；

(3)政策支持环境；

(4)协商并确定优先方面；

(5)设定景观恢复的多重目标；

(6)授权和参与；

(7)多种实施规模；

(8)由多学科组成的团队来实施；

(9)建立各种模型和决策支持工具；

(10)可持续融资；

(11)衡量景观价值的变化(监测和评估)；

(12)能力建设/推广和交流；

(13)重点突出的研究项目。

59.3.1.1 评估森林丧失和恢复的影响

一定要真正认识到森林丧失和退化产生的影响，否则，将难以协调必要的利益相关者的充分参与，并让他们了解长期恢复项目可能带来的发展。森林恢复的受益者往往不是那些生活在森林附近的人们，而是那些森林服务功能的下游使用者。因此，需要认真考虑森林恢复的成本和利益分配。并不是所有的成本和利益都能以货币形式来计算，而且需要考虑包括与下一代人之间的平等在内的问题。

突出的需求包括：

(1)提供测量森林价值的更有效方法，以推动森林恢复(比如通过支付体系)；

(2)针对不同人群的森林产品和服务有不同的重要性，森林质量和范围变化的影响也不同，需要提供评估和描述的方法(参见第4章和第12章)。

59.3.1.2 关注森林丧失和退化的主要原因

过去森林恢复项目的失败可以归结为没有考虑森林丧失和退化的根本原因。需要仔细分配资源，以确保相关数据的收集，提高对森林丧失和退化原因的认识，进而帮助制订今后森林恢复干预规划。

突出的需求包括：

(1)在森林恢复项目中，对相关威胁进行更有效的综合分析；

(2)需更有效地突破威胁评估和项目活动实施之间的差距(参见第10章)。

59.3.1.3 政治支持环境

大多数机构在开展森林恢复时并没有考虑到当地的政治和法律环境。然而，政策能决定森林恢复干预手段的成败，或者能够成为支持大规模森林恢复工作的一个主要工具。

突出的需求包括：

(1)说服政府部门和决策者认识到开展生态有益、社会可行的森林恢复的必要性、重要性以及紧迫性(参见第7章和第14章)；

(2)在理论和实践中，鼓励改进森林经营措施(以减少对森林恢复的需求)(参见第48章、第50章和第56章)；

(3)形成充分的法律支持体系来加强森林恢复(参见第52章、第53章、第56章和第58章)；

(4)改变重大政策，以改进森林恢复，包括取消不当的补贴，为负责任的森林恢复引入积极的激励手段(参见第11章、第17章和第45章)；

(5)在当地建立有代表性、可靠、有力的组织机构，以支持综合性森林恢复项目(参见第58章)；

(6)鼓励发展天然、多样化森林的政策；

(7)强化执行与森林恢复有关的各种重要法律，进一步遵循这些法律(参见 48 章和第 53 章)；

(8)更好地理解土地所有权中的各种复杂问题，以及这些问题如何与诸如激励手段和政策环境等多种因素相互作用。

59.3.1.4　协商和确定优先方面

从立地到景观的变化和从一个到多个利益相关者的变化情况相似。在景观尺度上，每个利益相关者可能有着不同的需求和期望。为此，有必要就森林恢复干预手段及其结果进行协商，因为它们将影响到许多人。

要关注的问题包括：

(1)发起森林恢复项目的那些人与其他利益相关者在恢复优先区上如何达成共识；

(2)更具体点，根据生活在森林地区的当地人口所面临的各种限制因素，应如何选定核心区、最小可用区域、待恢复森林的类型等；

(3)利益相关者们如何在社会、经济和生态各种优先考虑因素之间进行权衡并达成共识。

突出的需求包括：

(1)确定怎样能够在竞争激烈的集约化土地利用中，实现森林景观恢复(参见第 40 章和第 45 章)；

(2)协调和管理多种利益间平衡的步骤(特别包括农业和森林恢复)(参见第 8 章和第 40 章)；

(3)在考虑恢复森林景观功能时，更多权衡利弊的谈判经验(参见第 8 章和第 18 章)。

59.3.1.5　设定森林景观恢复的多重目标

在森林景观恢复项目中，人们倾向于只确立 1 ~ 2 个有限目标。而事实上，复杂的景观中又有不同的利益相关者，成功地恢复森林将要求确立多个目标。在实际遇到的各种情况下，实现生态和社会经济目标对森林景观恢复尤为重要。

突出的需求包括：

(1)更好地理解森林恢复本身可能经过的过程，并采用更准确的方法来衡量这个过程(参见第 9 章和第 14 章)；

(2)增加经营森林以获得多种产品和实现多种目标的知识；

(3)在高保护价值森林概念框架内，为生态和社会评估及发挥各种恢复技术在这些方面的作用提供指南。

59.3.1.6　授权和参与

森林景观恢复框架中一项必备内容就是要确保需要参与的人在决策时有发言权，而这些决策将影响到这些人的未来和他们赖以生存的土地。虽然在保护和发展方面有着大量关于参与式方法的经验，但这些经验大多数只在相对较小的范围内(村庄或社区)实施过，而在整个景观范围内如何实现有效参与，许多方面还有待进一步探索。

突出的需求包括：

(1)在更大的景观尺度上促使利益相关者有效参与恢复工作的各种工具(参见第 18 章)

（2）更好地理解森林在防止和减轻贫困方面的作用（参见第 4 章）。

59.3.1.7 多种实施规模

不单单是一些技术，如种子繁育，而且在这些技术之外，还有许多因素似乎都会影响森林恢复，因此需要在大范围、不同层次上规划一项恢复工作，需要许多不同领域的人一起来完成。然而，大范围规划最终将要转化为一系列以立地为单元的做法，这些做法将对整个景观恢复做出贡献。

突出的需求包括：

在大范围森林恢复工作中，将规划转变为执行的经验（参见第 57 章）。

59.3.1.8 由多学科组成的团队来实施

为了应对景观恢复过程中遇到的社会、经济、政治以及组织制度等方面问题，恢复工作将需要有比现在参与的学科还要多的领域的参与。组成多学科团队，并系统地加以利用，对于成功地开展景观恢复至关重要。

突出的需求包括：

（1）为开展综合性、多学科的分析和执行项目而改进各种方法；

（2）在地方和国际层面上，增进不同机构和非政府组织之间的合作（参见第 13 章和第 58 章）。

59.3.1.9 建立各种模型和决策支持工具

改进的技术模型能帮助形成一个协调一致的、为大家接受的景观恢复规划。尽管针对保护的其他方面，如保护区域的选择，已经开发了许多复杂的模型方法，但针对森林景观恢复决策的模型方法尚未得到很好开发。

突出的需求包括：

以 GIS 为基础的参与式决策支持工具，用以指导对景观尺度上与恢复相关的方面进行抉择（恢复中的干预手段、物种混交、地点等等）（参见第 16 章）。

59.3.1.10 可持续融资

为了推动景观恢复，在可能的情况下，我们也需要各种论点，这些论点也可以用经济学术语来表达。这可以通过更好地将森林提供的各种产品和服务价值化来实现。

突出的需求包括：

（1）发展各种策略，以降低操作成本，增加鼓励天然更新的激励手段，将试验层面获得的恢复方法应用到大面积上。比如，考虑增加恢复后的区域的生产能力，补偿土地所有者的机会成本，生态环境服务支付和实施税收激励等都十分重要（参见第 36 章和第 40 章）；

（2）创新资金支持森林恢复的方法，包括使森林恢复在融资上更有吸引的多种替代方案（参见第 23 章、第 24 章和第 31 章）；

（3）更好地理解针对不同环境服务支付体系需要什么样的不同机制；更好地理解各种环境服务支付体系对穷人的影响以及穷人如何真正地从中受益（参见第 23 章）；

（4）对不同生态服务进行重组或“打捆”的信息；

（5）分析财务和环境成本，恢复方案的效益及其对森林生产力、物种恢复、生物多样性、碳排放的影响（参见第 52 章）。

59.3.1.11　衡量景观价值的变化(监测和评估)

全书中反复提到在监测方面的若干需求。尽管针对调查方法已经有许多专门技术，在森林景观恢复中，我们仍要学习对生物多样性和更为关键的生态完整性进行监测以及经济社会方面的精确方法，以评估恢复项目的长期成果。从帮助指导在不同条件下选择最佳恢复途径的角度看，监测也是必要的。从过去恢复工作获得的经验仍在不断积累，这些经验对于调整现在的做法和指导今后采取的干预手段都非常重要。

突出的需求包括：

(1)改进景观恢复中人类福利的监测和评估方法(参见第20章和第21章)；

(2)监测恢复项目的统一步骤；

(3)足够的资金用以支持长期的监测、评估和适应性管理；

(4)有效地阐释生态和社会经济指标的监测结果，将信息传递到景观恢复活动中；

(5)关于如何设计和实施，以及怎样从涉及众多利益相关者的监测工作中进行学习的良好做法。

59.3.1.12　能力建设、推广和交流

现在已经有许多与恢复相关的工具、方法、手段和经验，而且我们知道其中哪些有用，哪些没用。现在迫切需要将这些工具更好地加以利用、共享和广泛推广。现有的机构，如国际生态恢复学会(SERI)，显然已拥有了很多这方面知识，虽然也有创新的方法，如生物多样性公约建立的信息交流机制，世界保护区委员会的PALNET体系，均可以扩大这些知识的覆盖面。不能忽视社区和传统知识，特别是本书谈到的森林防火(参见第47章)或传统草药(参见第34章)或非木质林产品(参见第31章)方面，都专门提到了这个问题。在政府架构和各种方法正处于发展中，并且资源和支持可能有限的一些国家里，认识社区知识并从中学习显得尤为重要。

突出的需求包括：

(1)大力推广森林恢复的最佳策略、方法和技术(参见第48章和第52章)；

(2)提高认识、开展培训和提供技术支持，因为这些是在实践中开展恢复的前提条件；

(3)冲突管理的能力建设，以及在保护和林业机构间商讨如何提高跨尺度、跨学科的工作能力。虽然这些工具和技能大部分我们已经了解，但仅仅以有限方式应用于自然资源管理领域(参见第18章)；

(4)适应于不同区域情况的各种科学管理的规定和工具(GIS，模型建立)，以及生态和经济方面的专业技能。

此外，需要各种专门培训项目来推广现有知识，针对不同听众设计培训内容，比如：

(1)农民：农民可能需要鼓励，并培训他们采用更好的农业技术，使其为森林景观恢复带来更多益处。

(2)当地林业官员：当地林业官员可能需要看到比重新种植数公顷森林的严格林业目标更广泛的内容，比如，不关注质量问题或缺乏当地社区必要参与的后果。

(3)造林公司：另一个认识到的培训需求是让各种造林公司了解和执行人工林的最低社会与环境管理标准(参见第55章和第56章)。

(4)保护工作者：直接参与恢复项目的生态学者和保护主义者可能会要求在森林恢复的背景下开展适应性和参与式研究方法的培训。

59.3.1.13 重点突出的研究项目

本书虽然概述了许多现有的森林恢复知识，但也提出了许多研究需求。通过出版本书，希望能发起一个更为清晰和明确的森林恢复研究项目。附录1特别列出了一些最重要而急需的优先研究领域。

59.4 为一个愿景而共同努力

面对世界森林承受着日益增长的威胁，推而广之是对人们赖以生存的自然资源的威胁，迫切需要我们采取有效措施，大面积恢复森林生态系统及其功能。然而，根据我们已有的经验，这个过程不但费时、耗资，而且还有许多未知问题。

因此，更有效地分享现有的与恢复相关的知识，将恢复更彻底地与相关保护和发展活动相结合就显得更加紧迫和重要。本书的内容和其他类似的有用资源为我们提供了一个好的开端。然而，正如本章所指出的那样，仅推广现有的知识还不够，因为还有许多方面有待我们去理解。

作为其中一部分，2001年WWF森林项目，在对保护区的长期承诺和改进商品林管理，特别是认证之外，增加了景观尺度上的第三个焦点主题——森林景观恢复。

这样做是为了直接响应部分WWF网络和合作伙伴们(特别是南亚、地中海地区、东非和拉美的部分地区)的要求，他们感到除了保护区和改善管理工作外，还急需努力实施森林恢复，以开始应对世界上许多地方正在持续发生的森林丧失和退化。

随着对景观层面森林保护的重视，WWF森林项目正在积极开展工作，整合方法和行动，以便在WWF确定的全球200个生态区域中，实现其在保护区、改进森林经营和恢复方面的目标。

通过森林项目中的森林恢复部分，WWF正在与各国政府、国际组织、土著居民和其他社区，以及私营企业就以下方面开展合作：

(1)在优先的景观区域内，开发和实施一系列的森林景观恢复项目(参见*http://www.panda.org/forests/restoration/*)。

(2)在较大的景观范围内，帮助和培养当地规划和实施各种森林恢复干预的能力。

(3)开发各种适当的监测工具和技术来衡量取得的进展。

(4)通过与地方合作和建立广泛的伙伴关系，如森林景观恢复全球合作伙伴关系(*http://www.unep-wcmc.org/forest/restoration/globalpartnership/*)，来推广应用森林景观恢复方法。

(5)制作文献、交流和分享教训与经验。

(6)强调政府和私营企业，包括造林公司能够在退化地区对恢复森林及其功能做出贡献的途径。

(7)取消或重新调整对森林丧失或退化有影响的经济、财政和政策激励措施。

(8)确定、研究和促成潜在的支持森林景观恢复的投资和资金机制，如碳知识项目、生态服务支付等。

此外，许多其他机构，如世界自然保护联盟(IUCN)、英国林业委员会、国际林业研究中心、国际生态恢复学会、El萨尔瓦多、芬兰、意大利、日本、肯尼亚、南非、瑞士和美国等国政府，以及全世界森林恢复实践者们，正在致力于森林景观恢复，并做出了各自的重要贡献，确保未来的恢复工作是在景观尺度上进行和实施，并提高生态完整性，增加人类福祉。

在这一充满挑战的背景下，我们一定要共同努力，在需要的地方建立战略合作伙伴关系，以保证我们拥有更多健康的森林，在尚未确定的将来，这些森林能够支持人们和生物多样性。

如果我们沿着这条路去做，并根据教训和经验不断调整、不断学习，我们将能够实现这个愿景。20年或30年后回头再看，我们会认同，为了生物多样性和人类的将来，21世纪第一个10年的确标志着成功恢复世界上丧失和退化的森林这一全球性努力的开始。

附件

森林恢复必需的生态研究

1　森林生态系统恢复的长期效应

通过了解不同生态系统长期的动态变化，帮助建立实际的恢复目标。

了解在较长时间内，不同森林生态系统其质量恢复的能力，尤其是森林退化后的多长时间内依然有恢复的可能及其恢复速度（例如掩埋的种子的可存活时间），了解这些对于确定自然更新是否就已经足够了，还是需要更有效的措施则非常关键。

从生态、社会以及经济等方面衡量不同恢复方法的可持续性。

确定自然演替的可控时机，从而取得理想结果。

了解土地废弃之后要采取的方式，以增强自然演替。

2　如何适应气候变化

进行野外试验，在条件合适的情况下，制订森林恢复在减轻气候变化的影响以及建立应对气候变化的适应机制方面的作用。

建立合作伙伴关系，分析气候的影响并提出恢复方式的建议。

3　树种知识

了解在生态系统恢复过程中，单个物种以及微生境所起的作用。

如果需要种树，则需弄清本土物种的潜力，包括：遗传信息、繁殖技术、生态演替的动态过程、不同树种之间的关系、本土树种在人工林基地中的生长情况，以及一些具体树种在苗圃中的繁殖情况。

对具体信息进行宣传，包括获取本土树种及其种子的途径，种子储存方法，如何育苗，以及怎样在田间播种等。

4　人工林基地

对选用本土树种的人工林基地，要针对不同区域编写便于使用的造林指南，以使当地农民更容易接受。

收集更多有关人工林基地内树木更替的长期动态信息（到目前为止，大多数研究都还只关注建成时间较短的人工林基地）。

加强对人工林基地在景观中的作用及其局限性的认识。

5　关联性和连通性

了解通道和生态踏脚石的作用，尤其是如何使其最大程度地发挥作用，发挥作用和失去效应的条件、需要避免的问题；当遇到不适合的生境时，物种的分散距离，入侵物种或者有害物种如何利用通道等。

总结更多关于景观内森林连通性的经验；例如，可以通过划定界线来保持连通性，甚至联系景观内独立的林木，这样可以缓冲人工林基地区域，改变人工林基地的外形。

6　林火

加强对自然林火机制的理解，包括为避免高强度林火的破坏力所必须的森林结构以及相关的管理措施。

按照成本效益原则制订对生物多样性影响最小的林火控制措施。

7　入侵物种

完善控制入侵物种的方法。

将制订控制外来入侵物种的综合方法作为森林恢复的一部分。

8　人为和自然干扰

起草实践准则，或者实施人工干扰的原则。

制订并宣传恢复退化的或者再生森林的方法。

针对不同物种、不同地区的种植编写方法手册。

9　水和森林

从供水角度，开发计算不同的恢复及管理措施所取得净增效益的工具和方法。

加强对流域尺度过程的理解。

10　物种和立地条件的联系

探明物种与立地之间的关系——通常情况下，我们对于大多数热带树种的分布情况及其对立地的需要等方面还知之甚少。

进一步量化立地条件(具体到每一个参数)对物种生长繁殖、种群结构、多样性等方面的影响，同时，要进一步了解种群的潜在发展轨迹(如临界阈值、反应时间的滞后性等)。